JN023834

改訂新版

物理学実験

元京都大学教授 吉川泰三
京都大学名誉教授 竹山幹夫
京都大学教授 木方洋
元関西大学教授 小松沢衵
元京都大学助教授 林顕彰
共著

学術図書出版社

改訂新版の出版にあたって

本書は初版以来25年も経過し，その間に科学と技術の進歩は目覚しいものがあった．時勢の進運に伴ない学生に課する基礎的な物理学の実験も，その内容を改善し刷新する必要のあることは言うまでもない．このたび出版社を通じて本書の採用校に現在実施中の実験，希望する実験，その他につき広く問い合わせ，その回答を検討したうえで，本書の内容を取捨選択し，新規の実験も追加するとともに，努めてSI単位系を採用することにした．幸いに優秀な先生方の協力により陣容を新たにし，遅ればせながら改訂版を出版するに至ったことは望外の喜びである．しかし，短時間のうちに改訂を急いだため，なお不充分な点や間違いなどがあるかも知れない．今後版を重ねる折に，これらの点を改善し修正したいと願っている．

改訂に当って協力を賜った諸先生方をはじめとし，援助を頂いた京都大学教養部，関西大学工学部および京都産業大学教養部の物理学教室の各位に対し，さらに面倒をお掛けした学術図書出版社の発田卓士氏に対し，深甚の謝意を表する．

昭和57年3月

編　　　者

はしがき

本書は大学の基礎教育科目における物理学実験の指導書として編集したもので，その内容は第1編総説および第2編実験からなる．

第1編の総説では，初心者が実験をはじめるにさきだって，まず修得しなければならない事がら，たとえば，測定値の計算，誤差の処理，実験結果の表わし方，そのほか基本的な測定器械の構造，取扱い方などについて説明し，これを第I章に測定値と誤差およびその取扱い方，第II章，第III章に基本的な測定器械として示した．適当な時期に実験の時間を講義にかえ，教官の適切な説明により，第1編の意味を学生に一層よく理解させるように願えれば幸である．

第2編の実験には，いままで学生に課した多くの実験の中から，学生実験の主旨に添い，その上，なるべく装置なども手軽にできるような実験を46種目選んで集録した．しかし設備，時間などの都合により，適当に取捨選択して実施されたい．実験は学生の自学自修の場であり，学生が実験を行う際は，あらかじめ題目に関連する現象，使用する原理，方法などについて研究し，充分な予備知識を整えておく必要がある．この意味で，第2編の各実験の説明の項には，題目に関して不明な点がないように，また使用する原理などは結果を示すに止めず，その由来をも明らかにし，なるべくていねいな解説を加えるように努めた．

本書が実験の指導書として学生諸君に活用され，将来，重要な研究実験を仕遂げるための能力を養う手引ともなれば，編者の喜びこれに過ぐるものはない．とはいえ，本書の原稿は吉川の執筆によるもので，内容に不備な点も多く，また誤りがあるかもわからない．大方のご叱正を得て，改版の折にその非を改めたいと念願している．

なお，本書の出版に当り，多大な助力と激励とを賜った京都大学教養部物理学教室員各位，並びに学術図書出版社の発田卓士氏に対し，心から感謝の意を表する次第である．

昭和32年5月

編　　者

目　次

第1編　総　説

第2編　実　験

第1編　総　　説

一般の注意

（1） **学生実験の目的**　学生実験では，学生の能力に応じて適当な実験が課せられるが，とくに初心者に対しては簡単平易な実験が割当てられる．いかに平易な実験でも正当な結果をうるためには，適切な実験操作に従って慎重に行わなければならない．学生実験の目的は学習した知識を実験に応用して理解を深めるとともに，器械の使用法，実験の方法，測定値の計算，報告または論文の書き方などの正しい操作を心得て，将来困難な独創的な研究実験を仕遂げるための能力を養うことにある．したがって，実験に際しては，実験操作に充分留意し，結果を求めることだけに焦ってはならない．

（2） **実験に関する予備知識**　実験の題目は前もって与えられるから，実験をするまでに題目に関連する現象，実験に応用する原理，実験の方法などについて調査研究する．充分に予備知識を整えた後に指導書に従って忠実に，しかも批判的な注意を払いながら順序よく実験を進める．自発的な研究を怠り予備知識なしに，ただ指導書に盲従して行うのでは実験の効果はあがらない．なお実験によっては，特別な技術または熟練を要することがある．このような場合は，まず予備実験を行い，その要領を会得したうえで，本実験を行うようにする．

（3） **使用器械に対する注意**　測定器械についてあらかじめその構造，原理，使用法を一通り理解してから使用する．器械によっては使用前にこれを正しい使用状態に整備すること，すなわち**調節** (adjustment) を行う必要がある．精密な器械ほど綿密な調節が必要で，調節せずに使用しては結果は無意味となる．また要求する実験結果の精疎の度を考慮して，それにふさわしい器械を選択使用することも大切である．むやみに精密な器械を使うことは避けねばならない．さらに，多くの器械を同時に使用する場合には，楽な姿勢で手順よく観測できるように器械を配置し，器械に対する照明，暖房装置の位置などにも留意する必要がある．一般に器械の使用に際しては，これをていねいに扱うことが肝要で，その性能を損わないように注意する．

なお，実験中の安全対策，公害の原因となる有害物質の取扱いにも充分な配慮を要する．

（4）**観測の心構え**　観測に際しては細心の注意を払い，忠実な観測を旨とし，どのような場合でもその観測が最後であり，これによって最良の結果を得る心構えで行う．結果を予想して測定値を無理にそれに一致させたり，失敗したらやり直せばよいというような心掛では，とうていよい結果が望めない．一期一会（イチゴイチエ）の覚悟をもって，真剣な態度で臨まなければならない．

多くの場合，共同者の一人は観測者として，他は記録者として交互に替りあって作業するが，記録者もまた観測者と同様に，極めて慎重に観測の結果を記録しあるいは図示して過誤を避け，観測者に対して忠実な協力者としての役目を果すことが大切である．

（5）**実験帳**　実験には必ず実験帳，数表，方眼紙，定規，コンパスなどを用意する．実験帳には**実験題目**，**日時**，**天候**，**共同者の氏名**はもちろんのこと，**使用器械**，できればその番号も記入し，**測定値**は洩れなく書きとめ，**計算**も順序よく書いておく．計算はなるべくその場で行い，遅くもその日のうちに果すように努める．また実験中に気づいた事がら，疑問の点，感想など付記する．これらの記録は，報告あるいは論文を書くときに貴重な材料となり，実験報告を吟味検討する場合に重要な資料となる．

（6）**実験後の後始末**　実験終了後は使用した**器械器具の整理**を忘れてはならない．たとえば，天秤の分銅，容器内の液体，配線用の針金，火気などの後始末をよくする．机上を整理し，箱に納める器械は箱に納め，借り出した器具はこれを必ず返却する．

（7）**報告書**　実験帳の記録を基として実験報告書を作り，これを教員に提出してその批判を求める．報告書には，実験帳から得た材料の外に，実験に使用した原理，装置についても，簡潔にその要旨を記入し，実験結果に対してはこれを吟味し，誤差の原因を明らかにしておく．報告書の用紙，提出時期その他については，教員の指示に従うようにする．

第Ⅰ章　測定値と誤差およびその取扱い方

§1. 測定と誤差

a)　**測　定**　ある量とその単位とを比較することを**測定**（measurement）という．ただし測定は，単なる目測を意味するものでなく，必ず**測定器械**すなわち単位を標示する標準器，あるいは単位を示す目盛，または単位と関係のある目盛を施した器械を使用して，結果の正確を期さねばならない．このように測定によって，測る量が単位の何倍であるかを示す数値を求めたとき，これを**測定値**といい，測定値にはふつうその単位名を添えて表す．

測定に際して，測る量を直接に測定器械と比較して測るとき，これを**直接測定**（direct measurement）といい，これに対して測る量と一定の関係にある他の量を測り，計算上からその量の測定値を求める方法を**間接測定**（indirect measurement）という．多くの物理量の測定は間接測定に属する．

b)　**誤　差**　正しい器械を使用し，綿密な注意を払って測定しても，器械は完璧でなく，観測者の判断力にも限度があるから，絶対に正確な測定値は得られない．また，同じ条件の下で測定を繰返しても，そのたびごとに測定値に多少の差異を生ずる．したがって，測定値は絶対的に正しいものではなく，測る量の**真値**（true value）とは異なる．測定値と真値との差を**絶対誤差**（absolute error）または単に**誤差**といい．誤差と真値または測定値との比を**相対誤差**（relative error）という．すなわち

誤差＝測定値－真値，　　　相対誤差＝誤差/真値あるいは測定値．

また相対誤差を，これに100をかけて百分率で表し，**百分率誤差**（percentage error）とも呼ぶ．

誤差は，生ずる原因によって分類すれば，つぎのように大別される．

（i）　**系統誤差**（systematic error）　これは測定値にある定まった影響を与える原因に基づく誤差である．これはさらに，測定器械の不完全，使用法の誤りによる**器械的誤差**（instrumental error），観測者の性質，性癖に原因する**個人的誤差**（personal error），および使用する理論の誤りおよび省略による**理論的誤差**（theoretical error）に分けられる．しかしこの種の誤差は器械についての知識を豊かにし，観測者自身の誤差を明らかにし，さらに理論を検討すれば，これを避けることができる．故に測定に際しては，この種の誤差を除くことに努力しなければならない．

（ii）　**偶然誤差**（accidental error）　これは観測者の支配し得ない環境，条件などの微細な変化により，偶然にしかもかならず生ずる原因不明の誤差である．したがって，この誤差はいかに努力しても避けられず，測定値には常につきまとう．故にこの誤差のために真値は，求められず，単に名目だけのものとなる．またこの誤差はその性質上，同じ測定を幾度も繰り返すとき，ある測定には正，他の測定には負として偶発的に現わ

れ，系統誤差のように一方的に偏った現われ方をしない．故に，測定回数が多いときには，正負の偶然誤差の現われる機会が等しくなり，その総和は相殺して零となる．

この他に観測者の不注意による**過失誤差**（erratic error）もあるが，これは注意深く観測し，または結果を整理すれば除かれる．測定は慎重に行うべきものであり，不注意な過失をおかさないことが建て前である．この意味で，今後はこの種の誤差を考えないことにする．

以上のように系統誤差を除いても測定値にはかならず偶然誤差を伴なうから，その誤差の程度，あるいは測定値の信用の程度を決めるにはどうすればよいか，また真値は不明であるから，測定値から最も確からしい値，すなわち**最確値**（most probable value）を合理的に定めるにはどうすればよいか，ということが問題になる．これについては，§4 以下に述べることとする．

c）平均値　入念な観測でも偶然誤差は避けられないから，ただ1回の観測で得た測定値には信用がおけない．故に同じ条件の下に，何回も測定を繰返して，それらの測定値の平均を求めるのがふつうである．直接測定の場合には，平均値を求めることが，すなわち，最確値を求めることになる．例えば，測定値 $q_1, q_2, \cdots, q_n$ を得たとき，平均値 $\bar{q}$ は，

$$\bar{q} = (q_1+q_2+\cdots\cdots+q_n)/n = (\sum q_i)/n \qquad (\mathrm{I\cdot 1})$$

として示されるが，$\bar{q}$ は測定回数が多いほど，ますます真値に近づく．なぜかというと，いま仮りに真値を q とし，各測定値の誤差をそれぞれ $x_1, x_2, \cdots, x_n$ とすれば，

$$x_i = q_i - q, \qquad \text{ただし}\, i = 1, 2, \cdots, n.$$

$$\therefore \quad \sum x_i = \sum(q_i - q) = \sum q_i - nq, \quad \text{ところが} \quad \sum q_i = n\bar{q}.$$

$$\therefore \quad \sum x_i = n(\bar{q} - q).$$

測定が入念に行われて，測定回数 n が極めて多ければ，偶然誤差の性質として，

$$\lim_{n\to\infty} \sum x_i = 0.$$

故に $n = \infty$ とすれば，$\bar{q}$ は q に限りなく近づく．したがって，

直接測定においては，平均値 $\bar{q}$ は個々の測定値 q_i にくらべて最確値である

と推定される．また測定回数 n が多いほど平均値の信用度が高まることも明らかである．故に測定の際には，同じ条件の下に幾回も繰返して，測定値の平均値を求め，これを求める測定結果とする．ただし，平均値を求める場合は，計算のし方，平均のとり方などに注意を要する．

測定値および平均値の信用度は，測定回数が多い場合は§5に述べる方法で示されるが，測定回数が少ないときには，個々の測定値 q_i と平均値 $\bar{q}$ との差，すなわち**偏差**（deviation），

偏差 ＝ 測定値－平均値

を求め，偏差（$q_i - \bar{q}$）の分散の度合から，それらの信用度がほぼ推定される．

なお，各測定値が測定の方法，使用器械，観測者の違いによってその価値を異にする場合もあるが，このような場合には，測定値に価値の軽重に相応する**重み**（weight）をつけて平均値を求めればよい．例えば，測定値 $q_1, q_2, \cdots, q_n$ に対する重みをそれぞれ $w_1, w_2, \cdots, w_n$ とすれば，

$$\bar{q}=\frac{w_1q_1+w_2q_2+\cdots\cdots+w_nq_n}{w_1+w_2+\cdots\cdots+w_n}=\frac{\sum w_iq_i}{\sum w_i}. \tag{I·2}$$

これを**付重平均**（weighted mean）という．重みは適当な差がつくように，主観的に決め，または測定の度数によって決めるのがふつうである．とくに各測定値の信用度が明示されている場合は，§6の注意に示す方法によって重みを決めればよい．

§2．測定の精度

a）測定値の有効数字　直接測定において，測定器械の目盛から測定値を読み取る場合に，測る量またはこれを指示する指針が器械の目盛線とちょうど一致することは稀れで，食い違うことが多い．

この食い違いに対しては，測定器械の最小の目盛の 1/10 までを目測で読み取るのがふつうである．

したがって測定値の最後の桁の数字は少なくとも器械の1目盛の1/10程度において疑わしい．例えば物体の長さを測る場合に，cm の目盛尺を用いて 34.5 cm を得たとすれば，この誤差は ±0.1 cm 程度であり，また mm の目盛尺を使用して 34.50 cm を得たときには，誤差は ±0.01 cm 程度である．これらの測定値の最後の桁の5および0は一応信頼される数字と考えられるから，測定値としての 34.5 cm と 34.50 cm とは意義を異にする．数学上では両方とも等しく，これを 34.5000 cm と記しても差支えないが，測定値としてはそれぞれの最後の桁の5および0までは信頼され，その桁以下は全く無意味であることを示すものであるから，最後の桁の0を無視したり，その桁以下に0を書き添えたりすることは許されない．同じ理由で，測定値 345 m を 34500 cm と書いてはならない．この場合には 345×10^2 cm と記すべきである．

一般に測定値を示す信頼しうる数字，すなわち1から9までの数字と，位取り以外の読み取りの0の数字とを**有効数字**（significant figure）という．例えば 34.5 cm の有効数字の数は3であり，34.50 cm については4，また 0.0345 cm および 345×10^2 cm のそれは3である．

b）測定の精度　ある量の一定の大きさを測る場合には，誤差が小さいほど測定は精密であるといえるが，大きさの異なる場合には，誤差の大きさだけで測定の精疎を判断することはできない．例えば，鉛筆の長さほどのものであれば，これを簡単に目測しても誤差はあまり大きくならない．しかし遠い2地点の距離を測る場合には，どんなに精密に測量しても，その誤差はかなり大きくなる．故に，測定の精疎の度，すなわち**精度**（accuracy）は誤差だけでなく，測る量の大きさにも関係する．この意味で，

一般に測定の精度を示すには，相対誤差を用いる．

例えば長さを測り，誤差が±0.01 cm の場合に，測定値が 12.34 cm ならばその測定の精度は約 0.1% であり，測定値が 1.23 cm ならば精度は約 1% となる．故に，測定値の有効数字が多いほど，測定の精度が高いといえる．

c）**間接測定における測定精度の選び方**　間接測定の場合には，測定前にどの量の誤差が結果の誤差にどれほどの影響を与えるかをあらかじめ検べ，僅かな誤差でも結果に大きく影響する量に対しては測定の精度を高めて精密に測り，少しくらいの誤差があっても結果にあまり影響しない量については，精度を低めて簡略に測定するようにしなければならない．

例えば，いろいろな量 $z_1, z_2, z_3, \cdots$ を測定し，つぎの関係式に従って，ある量 y を求める場合を考える．

$$y = {z_1}^m {z_2}^n {z_3}^p \cdots\cdots. \tag{I·3}$$

ただし $m, n, p, \cdots$ は正または負の定数とする．各量の測定値の誤差を $\mathrm{d}z_1, \mathrm{d}z_2, \mathrm{d}z_3, \cdots$，結果 y の誤差を $\mathrm{d}y$ とし，y の相対誤差 $\mathrm{d}y/y$ を求めるために上式の対数をとれば，

$$\log y = m \log z_1 + n \log z_2 + p \log z_3 + \cdots\cdots.$$

$$\therefore \quad \frac{\mathrm{d}y}{y} = m\frac{\mathrm{d}z_1}{z_1} + n\frac{\mathrm{d}z_2}{z_2} + p\frac{\mathrm{d}z_3}{z_3} + \cdots\cdots. \tag{I·4}$$

上式において $m, n, p, \cdots$ 中に負のものがあっても，結果の相対誤差としては安全を期する意味で，一般にこれを正として，各項をすべて加え合わせて求める．したがって，

結果の精度は各量の精度をその指数の絶対値倍にしたものの和に等しい．

故に上式の右辺の一項が他の項に比べてはるかに大きければ，結果の精度はその項に含まれる量の精度によって決まる．したがって，ある量の精度が低いとき，他の量の精度をむやみに高めても，結果の精度はそれほど高まらず，その労力は無駄となる．このような無駄な労力を避けるには，上式の右辺の各項が等しくなるように各量の精度を選べばよい．故に（I·3）にしたがって間接測定を行う場合はつぎの結論が得られる．

（1）諸量の関係を示す式において，指数の大きい量は精度を高めて測定しなければならない．

（2）測る量が小さいほど僅かな誤差があっても著しく精度が低下するから，小さい量については精密に測る必要がある．

以上は（I·3）の場合について例示したのであるが，もし諸量の関係が（I·3）と異なる場合は，上と同様な方法で精度の関係を検べる必要がある．

このように各量の精度が結果にどのような影響をもつかをあらかじめ検討して，結果の精度を高めるとともに，結果にあまり影響のない量を精密に測って無駄な時間と労力とを費さないように努めることが大切である．なお，測定値に π のような定数をかける場合は，その精度を他の量の精度と同程度に選べばよい．

例題 1　直径 D, 長さ l を測って円柱の体積 V を求める場合に，V の測定精度を1% にするためには，D および l をどの程度まで測る必要があるか．ただし，$D \approx 1\,\mathrm{cm}$, $l \approx 10\,\mathrm{cm}$ とする．また，π の近似値をとる誤差を無視する．

解　$$V = \pi D^2 l/4.$$

両辺の対数をとり　$\log V = \log(\pi/4) + 2\log D + \log l.$

これを微分すれば　$\mathrm{d}V/V = 2(\mathrm{d}D/D) + \mathrm{d}l/l.$

故に D と l の測定の精度を等しくすれば，D の精度は l の精度に比べて結果に2倍の影響を及ぼす．したがって V を1% の精度で求めるには，$\mathrm{d}l/l = 0.5\%$, $\mathrm{d}D/D = 0.25\%$ とし，D を l よりも2倍だけ精度を高めて測る必要がある．ところが，$D \approx 1\,\mathrm{cm}$, $l \approx 10\,\mathrm{cm}$ であるから，

$$\therefore\quad \mathrm{d}l \approx 1/20\,\mathrm{cm},\quad \text{また}\quad \mathrm{d}D \approx 1/400\,\mathrm{cm}.$$

故に，l は 0.5 mm まで測れば足りるが，D は 0.02 mm まで精密に測る必要がある．この場合，l を必要以上の精度で測ることは無益である．また，π も3.14としてかければよい．

例題 2　長さ $l = 10\,\mathrm{cm}$, 直径 $D = 1\,\mathrm{cm}$, 質量 $M = 500\,\mathrm{g}$ の一様な直円柱がある．その中心を通り，軸に直角な直線のまわりの慣性能率 I は，

$$I = M\left(\frac{l^2}{12} + \frac{D^2}{16}\right)$$

で与えられる．右辺の諸量を測って I を求める場合に，l を 0.001 cm まで測るものとすれば，他の M および D をどの桁まで測るのが合理的であるか．

解　上式を対数微分法により微分し，I の精度に対する各量の精度の関係を求めれば，

$$\frac{\mathrm{d}I}{I} = \frac{\mathrm{d}M}{M} + \left(\frac{1}{6}l\mathrm{d}l + \frac{1}{8}D\mathrm{d}D\right)\Big/\left(\frac{l^2}{12} + \frac{D^2}{16}\right)$$
$$= \frac{\mathrm{d}M}{M} + l\mathrm{d}l\Big/\left\{6\left(\frac{l^2}{12} + \frac{D^2}{16}\right)\right\} + D\mathrm{d}D\Big/\left\{8\left(\frac{l^2}{12} + \frac{D^2}{16}\right)\right\}.$$

この場合に $l = 10\,\mathrm{cm}$, $D = 1\,\mathrm{cm}$ とすれば，

$$\frac{\mathrm{d}I}{I} = \frac{\mathrm{d}M}{M} + \frac{800}{403}\frac{\mathrm{d}l}{l} + \frac{6}{403}\frac{\mathrm{d}D}{D} \approx \frac{\mathrm{d}M}{M} + 2\frac{\mathrm{d}l}{l} + 0.015\frac{\mathrm{d}D}{D}.$$

すなわち I の精度に対しては，D の精度の影響は他のものに比べて著しく小さい．故に，D の精度を M および l の精度よりもはるかに低めて測定して差支えない．もし l を 0.001 cm まで精密に測るものとすれば，上式の右辺の第2項は，

$$2(\mathrm{d}l/l) = 2(0.001/10) = 2/10000$$

したがって，第3項をこれと等しくするためには，D の精度は，

$$\mathrm{d}D/D = (2/10000)(1/0.015) = 2/150.\quad \therefore\quad \mathrm{d}D = 2/150 \approx 1/100\,\mathrm{cm}$$

すなわち，D は 0.01 cm まで測れば充分であり，これ以上の精測を要しない．また $M = 500\,\mathrm{g}$ とすれば，同様にして，

$$\mathrm{d}M/M = 2/10000.\quad \therefore\quad \mathrm{d}M = (2\times 500/10000) = 1/10\,\mathrm{g}.$$

すなわち，Mは0.1 gまで測ればよい，なおこの場合には，Iの精度は$3\times(2/10000)$すなわち約0.1%となる．

問題 1　秒振子でその長さlと周期Tとを測って重力加速度gを求める場合に，lを1/10 mmまで測れば，Tを何分の1秒まで精密に測る必要があるか．またこの場合に，gの精度は何程となるか．ただし，πの近似値をとる誤差を無視するものとする．　　答　10^{-4} s，0.02%．

問題 2　長さl，半径rの針金の上端を固定し，下端に質量Mの錘をつるしたとき，針金の伸びをΔlとすれば，針金のヤング率は次式で示される．

$$E = Mgl/(\pi r^2 \Delta l).$$

いま，$M\approx 3$ kg，$g\approx 980$ cm/s^2，$l\approx 100$ cm，$r\approx 0.05$ cm，かつ$\Delta l = 0.05$ cmとし，Eの精度を1%にするためには，各量をどこまで精密に測る必要があるか．

答　1 g，1 cm/s^2，1 mm，1/2 μm，1 μmの桁まで測ればよい．

§3. 測定値の計算

a）加減乗除　測定値は必ず誤差を伴い，その有効数字の末位の数字は一応信頼されるとはいえ，少なくとも±1程度に疑わしく，数学上の数値とは異なる．故に測定値の計算を行う場合に，どの桁で四捨五入すべきかは必然的に定まり，数学上の数値計算のように，勝手な桁で四捨五入し，あるいは幾桁までも末尾の数字を残しておくことは許されない．

測定値の計算を行う場合は，結果において最初に現われる疑わしい桁を検討し，計算の途中ではその桁よりも1桁余計に計算し，最後にその桁を四捨五入し，求める結果とすればよい．

1桁余計に計算するのは，末位を四捨五入するための誤差 すなわち 計算誤差を測定誤差よりも小さくするためである．この原則から，つぎのように測定値の加減および乗除の計算に対する一応の目安が得られる．

（i）**加減**　測定値中で有効数字の末位が最高の桁をもつものを基準にして,. 他の測定値については，あらかじめ基準の桁の次位の数字まで残して四捨五入し，その後に計算して最下位の桁を四捨五入する．

例えば，$a = 13.57$ cm，$b = 0.246$ cm，$c = 0.0567$ cmを加算する場合，

$$a+b+c = 13.57+0.246+0.057 = 13.873 = 13.87\ \mathrm{cm}$$

とすればよい．aにおいては小数点以下3桁目は無意味であるが，これにb及びcの3桁目の6及び7を加えて計算するのは，計算誤差を測定誤差よりも小さくするためである．

（ii）**乗除**　測定値中の最小の有効数字の数を調べ，それよりも桁数を1桁だけ余分に計算し，最後にその桁を四捨五入して，結果の有効数字の数

を最小の有効数字の数に等しくする．

例えば，縦横の長さを測り，測定値 $a = 13.57\,\mathrm{cm}$，$b = 4.56\,\mathrm{cm}$ から面積 $A = ab$ を求める場合，これを右のように運算すれば，

$$A = ab = 61.8792\,\mathrm{cm}^2$$

```
   13.57
    4.56
--------
   8142
  6785
 5428
--------
 61.8792
```

となる．しかし a と b とを比較すると，b は a より有効数字が少なく，その数は3である．故に，結果Aの有効数字の数を3として，次位の4桁目を四捨五入して，

$$A = ab = 61.9\,\mathrm{cm}^2$$

とすればよい．この理由は，上の運算で $1357\times 6 = 8142$ の最初の桁の8が疑わしいから，運算中の点線で囲んだ行を加えた数値8も疑わしい．故に，この桁の次位を四捨五入して，結果の有効数字の数を3とし，それ以下の桁は切り捨ててよい．しかし厳密には，

各測定値の誤差が結果の幾桁目に効くかを調べて，結果の有効数字を幾つまでとるべきかを決めなければならない．

例えば前例について，a に $\mathrm{d}a = 0.01\,\mathrm{cm}$，$b$ に $\mathrm{d}b = 0.01\,\mathrm{cm}$ の誤差があるとすれば，

$$\mathrm{d}A = a\mathrm{d}b + b\mathrm{d}a = 0.1357 + 0.0456 = 0.1813\,\mathrm{cm}^2.$$

故に，結果のAは小数点以下1位の桁において疑わしくなる．したがって，この桁の次位を四捨五入して $A = 61.9\,\mathrm{cm}^2$ とすればよいことがわかる．

b）対数表および計算尺による計算　対数表による計算では，対数表の桁数以上の計算は含まれず，対数表と同じ桁の結果が得られる．故に，

測定値の計算において，結果の有効数字が n まで必要な場合には，n 桁の対数を用いて計算すればよい．

実験上の計算には多くの場合4桁の対数表で足りる．このように対数表を使用すれば，不必要な余分の桁までの計算が避けられるから，なるべくこれを使用するとよい．4桁の対数表ならば僅か2頁に納まり引用し易いから，実験帳とともに手元におくと便利である*.

計算尺は対数計算を機械的に行うように工夫したものであるから，同じ理由で計算尺を使用する計算も有利である．ふつうの計算尺では3桁または4桁までの計算ができる．その操作は簡単で，たちどころに計算ができるから，これを検算に利用して過誤を防ぐようにするとよい．

c）計算に用いる近似式　測定器械によっては，あらかじめ調節を行う必要があるが，これだけでは正当な条件が満たされない場合がある．このような場合には，そのために生ずる誤差を**補正**（correction）として加減して測定値を修正し，理想的な条件のもとに使用したと同等な結果を求める必要がある．

---

*　付録 対数表 参照.

一般に，補正値は測定値に比べて極めて小さいから，補正値の計算は厳密な式による必要がなく，近似式を用いて略算してよい．このためによく使用される近似式を，つぎに挙げておく．

δ および ε が1に比べて微小なときは，

まず，
$$(1\pm\delta)^m = 1\pm m\delta. \tag{I·5}$$

例えば，
$$\sqrt{1\pm\delta} = 1\pm\frac{1}{2}\delta,\quad \frac{1}{1\pm\delta} = 1\mp\delta,\quad \frac{1}{\sqrt{1\pm\delta}} = 1\mp\frac{1}{2}\delta. \tag{I·6}$$

また，
$$(1\pm\delta_1)(1\pm\delta_2)\cdots\cdots = 1\pm\delta_1\pm\delta_2\pm\cdots\cdots, \tag{I·7}$$
$$\frac{(1\pm\delta_1)(1\pm\delta_2)\cdots\cdots}{(1\pm\varepsilon_1)(1\pm\varepsilon_2)\cdots\cdots} = 1\pm\delta_1\pm\delta_2\pm\cdots\cdots\mp\varepsilon_1\mp\varepsilon_2\mp\cdots\cdots. \tag{I·8}$$

q_1, q_2 の差が微小なときは，幾何平均は算術平均に等しい．すなわち，
$$\sqrt{q_1 q_2} = (q_1+q_2)/2. \tag{I·9}$$

また，x が1に比べて微小なときは，
$$\log(1+x) = x, \tag{I·10}$$
$$e^x = 1+x. \tag{I·11}$$

弧度法で測った角 α が小さいときは，
$$\sin\alpha = \tan\alpha = \alpha,\qquad \cos\alpha = 1. \tag{I·12}$$
$$\therefore\quad \sin(\theta\pm\alpha) = \sin\theta\pm\alpha\cos\theta,\ \ \cos(\theta\pm\alpha) = \cos\theta\mp\alpha\sin\theta. \tag{I·13}$$

α が少し大きいときは，
$$\sin\alpha = \alpha-(\alpha^3/6),\qquad \cos\alpha = 1-(\alpha^2/2). \tag{I·14}$$

d) 比例内挿法　ある量 y が他の量 x のある関数 $f(x)$ として与えられるとき，x のある値 x_1 および x_2 に対応する y の値 y_1 および y_2 が測定できるが，x_1 と x_2 との中間の値 $x = x_1+\Delta x$ に対する y の値 $y_1 = y_1+\Delta y$ の測定が困難な場合がある．この場合には，x に対応する y をつぎの方法で計算上から求める．もし (x_2-x_1) の範囲が狭く，かつこの間で $f(x)$ に不規則な変化がないとすれば，その部分では $f(x)$ は直線的に変化するものと見なされるから，図 I-1 の関係から明らかに，

$$\Delta x:(x_2-x_1) = \Delta y:(y_2-y_1).$$
$$\therefore\quad \Delta y = \{(y_2-y_1)/(x_2-x_1)\}\Delta x.$$

これから，
$$y = y_1+\Delta y$$
$$= y_1+\{(y_2-y_1)/(x_2-x_1)\}\Delta x. \tag{I·15}$$

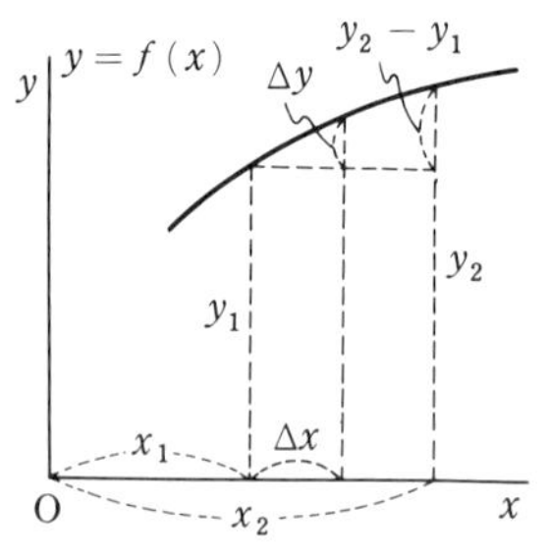

図 I-1　比例内挿法

この方法を**比例内挿法** (method of interpolation) という．これは (x_2-x_1) の範囲が狭く，かつ $f(x)$ がその間で急激な変化をしないという条件の下でだけ使用される．

また，(x_2-x_1) の範囲外の x の値に対応する y の値も，同様にして求められる．これを**比例外挿法** (method of extrapolation) という．これも上と同様な適用制限があ

るが，特に $f(x)$ に特異な変化のない充分な見究めがつかないときには，これを用いない方がよい．

§4. 誤差の法則

a) 誤差の三公理　ある1つの量を同じ条件のもとで入念に幾度測定を繰返しても，各測定値は偶然誤差のためにその値を異にし，それぞれの偏差もまた異なる．いま測定値の偏差を横軸にとり，これを小区分 ε ごとに区切り，第 i 番目の区分で示される偏差をもつ測定値の現われる度数を n_i とし，これをその区分の中央に立てた垂線の長さで表す．各区分ごとにこのような垂線を立て，その頂点を連ねる曲線を描けば，測定の全度数 n が少ないときは，曲線は高低のある不規則なものとなるが，n が極めて多く，各区分 ε を非常に小さく区切る場合には，図I-2のように偏差の零の原点を通る縦軸に対して全く対称であり，中央が高く山となり，その両側にすそを引く滑らかな曲線が得られる．このような曲線を**度数曲線**（frequency curve）という．この曲線は偏差とその現われる度数との関係を示すものであるが，測定回数が極めて多いときは，偏差は誤差と見なされるから，これから誤差に関してつぎの重要な事実が推定される，ただし，ここにいう誤差とは偶然誤差の意味で，今後ことわりのない場合は，すべて偶然誤差を示すものとする．

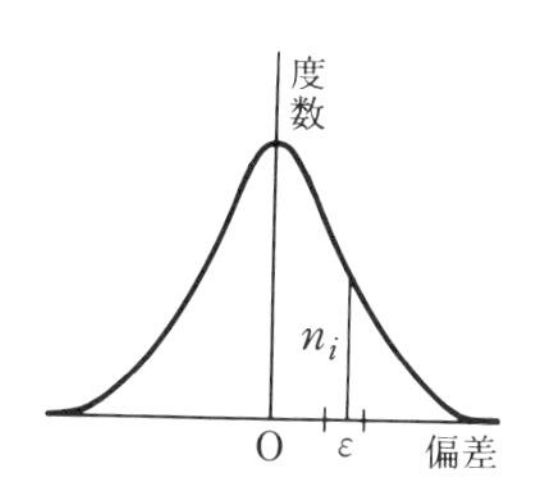

図 I-2　度数曲線

（i）　絶対値の等しい正の誤差と負の誤差との起こる度数は相等しい．

（ii）　絶対値の小さい誤差の方が大きい誤差より現われる度数が多い．

（iii）　ある程度以上の大きな誤差は実際上起こらない．

これらの事実は誤差の特性を示すもので，これを**誤差の三公理**と呼ぶ．なお，この曲線の山が高くすそが短いほど，偏差の分散が少なくて，測定の信用の度が高いことになるから，この曲線の形状から測定の信用度が推察される．このように，この曲線から誤差の分布，測定の信用度などにつき重要な判断が得られるから，これを理論上から究明する必要がある．

b) 確率曲線と確率関数　誤差の分布を理論的に考究する場合には，誤差の現われる度数よりも確率を考える．誤差が x と $x+\mathrm{d}x$ の間の値をとる度数を n_i とし，測定の全度数を n とすれば，誤差が x と $x+\mathrm{d}x$ との間にある確率は n_i/n で示される．いま，誤差を横軸にとり，誤差が x と $x+\mathrm{d}x$ との間にある確率 n_i/n を，$\mathrm{d}x$ を底辺とする矩形の面積で表すものとし，図I-3のように x 軸上の各微小区分 $\mathrm{d}x$ についても，同様な意味の矩形の面積を考える．$\mathrm{d}x$ を無限小にとった極限において，これらの矩形の高さを連らねる曲線を描けば，図I-4のような曲線が得られる．これを**確率曲線**（probability curve）という．この曲線は図I-2の度数曲線とよく似ているが，縦座標

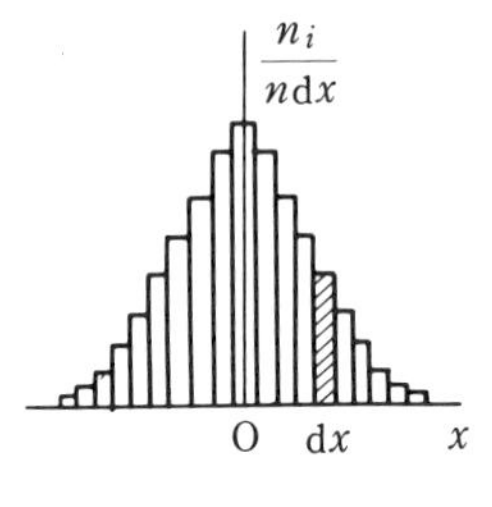

図 I-3

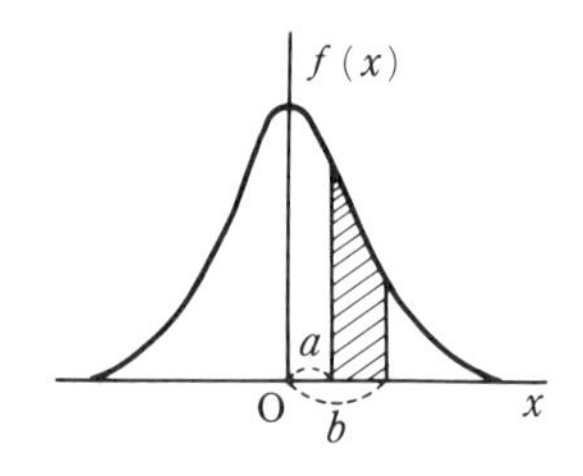

図 I-4　確率曲線

が度数曲線では n_i，確率曲線では $n_i/(n\mathrm{d}x)$ となっている点が異なっている．確率曲線の縦座標は誤差 x の関数として示されるが，この関数 $f(x)$ を**確率関数**（probability function）という．

確率関数の性質として，誤差が x と $x+\mathrm{d}x$ との間にある確率は $f(x)\mathrm{d}x$ に等しいから，誤差が有限の範囲 a と b との間にある確率は，

$$\int_a^b f(x)\mathrm{d}x \equiv F(a,\ b) \tag{I·16}$$

で示される．このような積分を**確率積分**（probability integral）という．これは図 I-4 上では，x 軸上の指定区間と確率曲線との間の面積で表わされる．また，誤差の確率の定義から，

$$\int_{-\infty}^{\infty} f(x)\mathrm{d}x = F(-\infty,\ \infty) = 1. \tag{I·17}$$

また公理（i）によれば，

$$F(a,\ b) = F(-b,\ -a). \tag{I·18}$$

もし $0<a<b<c$ とすれば，公理（ii）に従って，

$$f(a)>f(b)>f(c). \tag{I·19}$$

さらに，誤差がある極限の値 $\pm d$ 以内にあるものとすれば，公理（iii）により，

$$F(-\infty,\ -d) = F(d,\ \infty) = 0. \tag{I·20}$$

なお，誤差がちょうどある値 a または b となる確率は 0 であるが，a および b を中心とする $\pm\varepsilon$ の微小範囲の値をとる確率は近似的に，

$$\int_{a-\varepsilon}^{a+\varepsilon} f(x)\mathrm{d}x = 2\varepsilon f(a),\qquad \int_{b-\varepsilon}^{b+\varepsilon} f(x)\mathrm{d}x = 2\varepsilon f(b). \tag{I·21}$$

$$\therefore\quad \int_{a-\varepsilon}^{a+\varepsilon} f(x)\mathrm{d}x : \int_{b-\varepsilon}^{b+\varepsilon} f(x)\mathrm{d}x = f(a) : f(b).$$

故に，極く狭い範囲に起こる誤差の確率を比較する場合，それぞれの誤差に対応する縦座標を比較すればよいこととなる．しかし，確率曲線の縦座標 $f(x)$ が誤差の確率を示すと，誤解してはならない．

c）**確率関数を表す式**　誤差の起こる確率を検べ，または測定結果から最確値を求めるためには，確率関数 $f(x)$ の形式を決定しなければならない．Gauss は直接測定における平均値は最確値であるとのいわゆる**算術平均の原理**と，誤差の三公理とを前提

とし，確率関数としてつぎの式を導いた．

$$f(x) = \frac{h}{\sqrt{\pi}} \exp(-h^2x^2). \qquad (\mathrm{I{\cdot}22})$$

ここに h は後に述べるように，測定の精度に関する定数である．誤差の分布が (I·22) で示されることを**誤差の法則（分布則）**という*．

つぎに (I·22) の誘導を試みる．いま，真値が q であると考えられる量を n 回測定して，測定値 $q_1, q_2, \cdots, q_n$ を得たとする．それぞれの誤差を $x_1, x_2, \cdots, x_n$ とすれば，

$$x_1 = q_1 - q,\ \ x_2 = q_2 - q,\ \cdots,\ x_n = q_n - q. \qquad (\mathrm{I{\cdot}23})$$

また，誤差の性質上，

$$x_1 + x_2 + \cdots\cdots + x_n = \sum x_i = 0,\ \ ここに\ i = 1, 2, \cdots, n. \qquad (\mathrm{I{\cdot}24})$$

さて，誤差が x_i と見られる微小範囲の値 $(x_i \pm \varepsilon)$ をとる確率は $2\varepsilon f(x_i)$ として示されるから，これらの誤差が同時に起こる確率 P は，複合事象の確率の定理から，

$$\left.\begin{aligned} P &= (2\varepsilon)^n f(x_1)\cdot f(x_2)\cdots\cdots f(x_n) \\ &= kf(q_1-q)\cdot f(q_2-q)\cdots f(q_n-q),\ \ ただし\ k = (2\varepsilon)^n. \end{aligned}\right\} \qquad (\mathrm{I{\cdot}25})$$

このように P は未知な真値 q の関数として示されるが，算術平均の原理によれば，平均値 $\bar{q} = (\sum q_i)/n$ は最確値であるから，q を $\bar{q}$ と見なせば P が最大となる．この条件から $f(x)$ の関数形を定める．すなわち，P の最大値を求めるために，q を変数として (I·25) を q について対数微分法に従って微分して零とおけば，

$$\frac{f'(x_1)}{f(x_1)}\frac{\mathrm{d}x_1}{\mathrm{d}q} + \frac{f'(x_2)}{f(x_2)}\frac{\mathrm{d}x_2}{\mathrm{d}q} + \cdots\cdots + \frac{f'(x_n)}{f(x_n)}\frac{\mathrm{d}x_n}{\mathrm{d}q} = 0. \qquad (\mathrm{I{\cdot}26})$$

ところが，(I·23) により，

$$\frac{\mathrm{d}x_1}{\mathrm{d}q} = \frac{\mathrm{d}x_2}{\mathrm{d}q} = \cdots\cdots = \frac{\mathrm{d}x_n}{\mathrm{d}q} = -1.$$

$$\therefore\ \ \frac{f'(x_1)}{f(x_1)} + \frac{f'(x_2)}{f(x_2)} + \cdots\cdots + \frac{f('x_n)}{f(x_n)} = 0.$$

簡単のために $f'(x_i)/f(x_i) = F(x_i)$ とおけば，上式は，

$$F(x_1) + F(x_2) + \cdots\cdots + F(x_n) = 0. \qquad (\mathrm{I{\cdot}27})$$

ところが，(I·24) によれば，

$$x_j = -(x_1 + x_2 + \cdots\cdots + x_{j-1} + x_{j+1} + \cdots\cdots + x_n),$$

$$\therefore\ \ \partial x_j/\partial x_1 = -1.\ \ ただし\ \ j = 2, 3, \cdots, n.$$

故に，(I·27) を x_1 について微分すれば，

$$F'(x_1) + F'(x_j)\partial x_j/\partial x_1 = F'(x_1) - F'(x_j) = 0.$$

すなわち，

$$F'(x_1) = F'(x_2) = \cdots\cdots = F'(x_n). \qquad (\mathrm{I{\cdot}28})$$

これが $x_1, x_2, \cdots, x_n$ の値の如何にかかわらず常に成立するためには，$F'(x)$ は定数でなければならない．その定数を C_1 とすれば，

$$F'(x) = C_1\quad これを積分して\quad F(x) = C_1x + C_2. \qquad (\mathrm{I{\cdot}29})$$

---

* (I·22) は前記の前提に対する唯一の解答ではない．これとは異なった形式の分布もありうる．それと区別するため，(I·22) を特に**正常分布則**とも呼ぶ．

積分定数 C_2 を決定するために，上式を（I·27）に代入すれば，

$$\sum(C_1x_i+C_2)=0.\quad \text{すなわち}\quad C_1\sum x_i+nC_2=0.$$

（I·24）によれば，$\sum x_i=0$. 故に $C_2=0$.

$$\therefore\quad F(x)=\frac{f'(x)}{f(x)}=\frac{\mathrm{d}}{\mathrm{d}x}\{\log f(x)\}=C_1x. \qquad (\mathrm{I}\cdot 30)$$

これを積分して，

$$\log f(x)=\frac{C_1}{2}x^2+C_3.\quad \therefore\quad f(x)=\exp\left(\frac{C_1}{2}x^2+C_3\right)=C_4\exp\left(\frac{C_1}{2}x^2\right). \qquad (\mathrm{I}\cdot 31)$$

上式において，$f(x)$ の性質上 $C_4>0$ でなければならない．故に $C_4=k>0$ とする．また上式は x の偶関数であり，公理（i）の条件を満たしているが，x が増すにつれて $f(x)$ が減少するという公理（ii）の条件と，x が非常に大きくなれば $f(x)$ が0となる公理（iii）の条件とを満足するためには，$C_1<0$ とする必要がある．故に $C_1/2=-h^2$ とおけば，上式は，

$$f(x)=k\exp(-h^2x^2) \qquad (\mathrm{I}\cdot 32)$$

となる．k の値を定めるには，$\int_{-\infty}^{\infty}f(x)\mathrm{d}x=F(-\infty,\ \infty)=1$ の関係を利用して，

$$k\int_{-\infty}^{\infty}\exp(-h^2x^2)\mathrm{d}x=1.\quad \therefore\quad k\frac{\sqrt{\pi}}{h}=1,\ \text{すなわち}\quad k=h/\sqrt{\pi}. \qquad (\mathrm{I}\cdot 33)$$

したがって，

$$f(x)=\frac{h}{\sqrt{\pi}}\exp(-h^2x^2).$$

これが，すなわち Gauss の正常分布則である．

§5. 測定値の信用度の表し方

a）平均二乗誤差（標準偏差）および公算誤差（確率誤差）　いま，ある量の測定を繰返して一連の測定値を得たとする．この場合の確率曲線について考えると，確率曲線と横軸との間の全面積は一定であるから，もし曲線の山が高ければ，そのすそは短くなる．これは誤差の分散が少なく，測定値の信用度が高いことを意味する．このように，確率曲線の形状から測定値の信用度が判定されるから，誤差の分布則を利用すれば，信用度を数量的に表すことができる．

このような信用度の数量的な表し方にも，いろいろある．例えば，確率関数 $f(x)$ において，$x=0$ とおけば，

$$h=\sqrt{\pi}\,f(0). \qquad (\mathrm{I}\cdot 34)$$

故に，h は $x=0$ における曲線の縦座標 $f(0)$，すなわち曲線の山の高さに比例する．したがって，h によって測定値の信用度が示される．h を**精度指数**（measure of precision）と呼ぶ．しかし，h は信用度の表示にはあまり用いられない．実際上は，つぎの2つのものがよく用いられる．

（1）平均二乗誤差　各測定値の誤差の二乗の平均値の平方根を**平均二**

乗誤差（mean square error）という．

いま，測定回数を n，各測定値の誤差を $x_1, x_2, \cdots, x_n$ とすれば，

$$\text{平均二乗誤差}\qquad \mu = \sqrt{\frac{\sum x_i{}^2}{n}},\ \text{ここに}\ i = 1, 2, \cdots, n. \tag{I·35}$$

測定回数 n が極めて多いときは，μ と h の関係は次式で示される．

$$\mu = 1/(\sqrt{2}\,h). \tag{I·36}$$

なぜかというに，誤差が x と $x+\mathrm{d}x$ との間にある確率は $f(x)\mathrm{d}x$ で示されるから，その範囲の値をとる誤差の数 n_i は $nf(x)\mathrm{d}x$ に等しい．ところが，

$$\mu^2 = (\sum x_i{}^2)/n = (\sum n_i x^2)/n.$$

故に，n が極めて大きい場合は，

$$\mu^2 = \frac{1}{n}\int_{-\infty}^{\infty} x^2 n f(x)\mathrm{d}x = \int_{-\infty}^{\infty} x^2 f(x)\mathrm{d}x$$

$$= \frac{2h}{\sqrt{\pi}}\int_0^{\infty} x^2 \exp(-h^2x^2)\mathrm{d}x = \frac{2h}{\sqrt{\pi}}\cdot\frac{\sqrt{\pi}}{4h^3} = \frac{1}{2h^2}.$$

$$\therefore\quad \mu = 1/(\sqrt{2}\,h).$$

なお（I·36）によれば，μ は確率曲線の縦軸から変曲点までの距離に等しいことがわかる．なぜなら，曲線の変曲点の位置は $f''(x) = 0$ で与えられるから，

$$f''(x) = \frac{2h^3}{\sqrt{\pi}}(2h^2x^2-1)\exp(-h^2x^2) = 0.$$

$$\therefore\quad x = \pm 1/(\sqrt{2}\,h).$$

したがって，

平均二乗誤差は確率曲線の縦軸から変曲点までの距離に相当する誤差に他ならない．

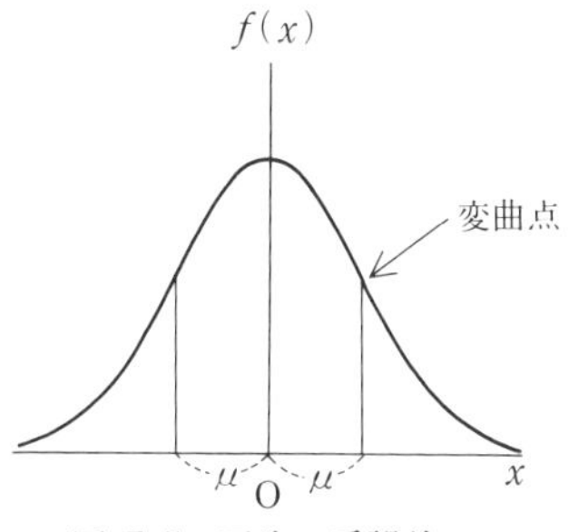

図 I-5　平均二乗誤差

以上のように，μ は確率曲線の縦軸から変曲点までの距離を示す誤差であり，曲線の山の高さに逆比例するから，測定値の信用度の表示に用いられる．

（2）公算誤差　確率曲線と横軸との間の面積を，縦軸に平行な直線で4等分するとき，この直線の位置は曲線の山の高低に応じて縦軸に近づき，または遠ざかる．故に，この直線の位置を示す誤差で信用度を示すことができる．

縦軸から確率曲線の面積を4等分する縦座標までの距離に相当する誤差を**公算誤差**（probable error）という．故に，公算誤差は測定値の誤差の絶対値が，それよりも大き

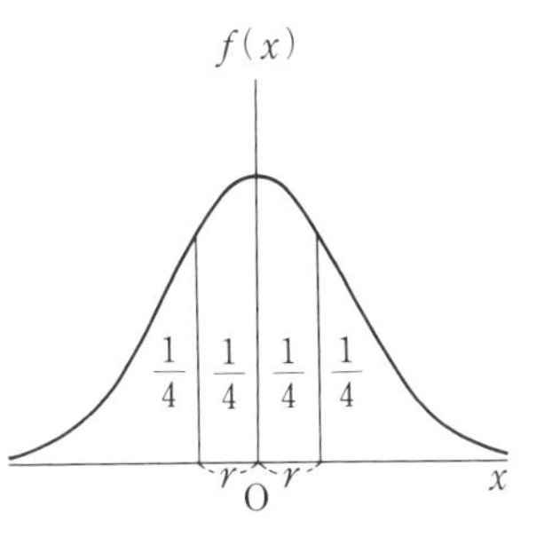

図 I-6　公算誤差

な値をとる確率と，それよりも小さな値をとる確率とが等しいように定めた誤差である．

さて，公算誤差を r とすれば，その定義により，

$$2F(0,\ r) = 2F(r,\ \infty).$$

ところが，

$$F(-\infty,\ \infty) = 1.$$

$$\therefore\quad 2F(0,\ r) = 2\int_0^r f(x)\mathrm{d}x = \frac{2h}{\sqrt{\pi}}\int_0^r \exp(-h^2x^2)\mathrm{d}x = \frac{1}{2}.$$

いま $hx = t$ とおけば，$h\mathrm{d}x = \mathrm{d}t$，かつ $x = 0$，$x = r$ に対して $t = 0$，$t = hr$ となるから，上式は，

$$\frac{2}{\sqrt{\pi}}\int_0^{hr} \exp(-t^2)\mathrm{d}t = \frac{1}{2}.$$

$(2/\sqrt{\pi})\int_0^t \exp(-t^2)\mathrm{d}t$ の値は，t のいろいろな値について計算した確率積分の数値表から求められる．この積分の値がちょうど 0.5 となるような t の値をこの表から定めれば $t = 0.47694$ となる．

$$\therefore\quad r = t/h = 0.47694/h. \qquad \text{(I·37)}$$

すなわち，公算誤差 r もまた h に逆比例する．このことからも，r によって測定値の信用度が表されることがわかる*．なお，r と μ との関係は，(I·36), (I·37) の両式から h を消去して，

$$r = 0.6745\,\mu = 0.6745\sqrt{\frac{\sum {x_i}^2}{n}}. \qquad \text{(I·38)}$$

すなわち，r は μ の 0.6745 倍に等しい．この数を（胸酔い）または（空しい）と呼ぶと，記憶に便利である．

b）平均値の平均二乗誤差および公算誤差　測定回数を n とし，各測定値を $q_1, q_2, \cdots, q_n$ とすれば，平均値 $\bar{q}$ は $(\sum q_i)/n$ で示される．平均値は最確値であるとはいえ誤差を伴う．平均値の信用度を表すために，やはり平均値の平均二乗誤差 μ_a および公算誤差 r_a を考える．測定値の μ および r に対して，μ_a および r_a はつぎの関係で示される．

$$\mu_a{}^2 = \mu^2/n,\quad \text{および}\quad r_a{}^2 = r^2/n. \qquad \text{(I·39)}$$

これは平均値の信用度が個々の測定値の信用度よりも高いことを示す．したがって，

$$\mu_a = \mu/\sqrt{n}. \qquad \text{(I·40)}$$

$$r_a = r/\sqrt{n} = 0.6745\,\mu/\sqrt{n} = 0.6745\,\mu_a. \qquad \text{(I·41)}$$

c）μ, r および μ_a, r_a の実際上の算出法　理論上は (I·35), (I·38) および (I·40), (I·41) にしたがって

---

* μ および r は個々の測定値の信用度を表すと見る考え方と，測定値全体に対する信用度を示すと見る考え方とがある．

$$\left.\begin{aligned} \mu &= \sqrt{\frac{\sum x_i^2}{n}}, \\ r &= 0.6745\sqrt{\frac{\sum x_i^2}{n}}. \end{aligned}\right\} \qquad \left.\begin{aligned} \mu_a &= \frac{\mu}{\sqrt{n}} = \sqrt{\frac{\sum x_i^2}{n^2}}, \\ r_a &= \frac{r}{\sqrt{n}} = 0.6745\sqrt{\frac{\sum x_i^2}{n^2}}. \end{aligned}\right\} \tag{I·42}$$

として示されるが，真値は求められないものであるから，測定値の誤差も全く不明である．それで実際上は，真値の代りに最確値を，誤差の代り**残差**（residual error, residuals）を用い，つぎの（1），（2）のように計算する．ただし残差とは，測定値と最確値との差である．すなわち，

残差 ＝ 測定値－最確値.

直接測定の場合は，平均値は最確値であるから，偏差がすなわち残差となる．また計算の都合により，上式の右辺の項の順序を逆にすることもある．

さて，ある量 q を n 回測定したときに，各測定値 q_i の誤差をx_i，残差を v_i とし，平均値 $\bar{q}$ の誤差を x_a とすれば，

$$x_i = q_i-(\bar{q}+x_a) = v_i-x_a \quad ここに \quad i = 1, 2, \cdots, n.$$

これらの二乗和をとれば，

$$\sum x_i^2 = \sum v_i^2-2x_a\sum v_i+nx_a^2 = \sum v_i^2+nx_a^2. \qquad \because \quad \sum v_i = 0.$$

x_a は不明であるが，もし x_a が $\bar{q}$ の平均二乗誤差 $\mu_a = \mu/\sqrt{n}$ に等しいと仮定すれば，誤差と残差との関係は，

$$\sum x_i^2 = \sum v_i^2+\mu^2. \tag{I·43}$$

また，ある量 q を n 回測定して，それとある関数関係にあるいくつかの未知量を求めるような間接測定の場合でも，(I·43) の場合と同様な仮定をおけば，

$$\sum x_i^2 = \sum v_i^2+m\mu^2. \tag{I·44}$$

ここに，m は未知量の数を示す．直接測定の場合は，測る量自身が未知量であるから $m = 1$ となり，(I·44) から (I·43) が得られる．

（1） **μ および r の算出法**　直接測定の場合には，(I·43) と (I·35) とから $\sum x_i^2$ を消去すれば，

$$\mu = \sqrt{\frac{\sum v_i^2}{n-1}}. \quad したがって \quad r = 0.6745\sqrt{\frac{\sum v_i^2}{n-1}}. \tag{I·45}$$

また，前記のような間接測定の場合には，(I·44) と (I·35) とから，

$$\mu = \sqrt{\frac{\sum v_i^2}{n-m}}. \quad したがって \quad r = 0.6745\sqrt{\frac{\sum v_i^2}{n-m}}. \tag{I·46}$$

これらの μ 及び r は，いずれも測定値の信用度の実際上の評価に用いられる．なおこれを算出する際には，有効数字を2つだけに止めるのがふつうである．

（2） **μ_a および r_a の算出法**　直接測定における平均値の平均二乗誤差 μ_a と公算誤差 r_a とは，(I·40) と (I·45) とから，

$$\mu_a = \frac{\mu}{\sqrt{n}} = \sqrt{\frac{\sum v_i^2}{n(n-1)}}, \quad r_a = \frac{r}{\sqrt{n}} = 0.6745\sqrt{\frac{\sum v_i^2}{n(n-1)}}. \tag{I·47}$$

また，前記の間接測定の場合には，(I·40) と (I·46) とから，

$$\mu_a=\frac{\mu}{\sqrt{n}}=\sqrt{\frac{\sum v_i^2}{n(n-m)}},\quad r_a=\frac{r}{\sqrt{n}}=0.6745\sqrt{\frac{\sum v_i^2}{n(n-m)}}. \tag{I·48}$$

これも有効数字を2つだけ算出することになっている．ただし，第1位の有効数字が5よりも大きいときには，最初の有効数字1つに止めることもある．

d）平均値に対する信用度の表し方　平均値 $\bar{q}$ の信用度を表すには，ふつう $\bar{q}$ に r_a を添えて，

$$\bar{q}\pm r_a \tag{I·49}$$

として示す*．ここに，± の記号は正負の誤差を生ずる機会が等しいことを示す．このような信用度の表し方をするのは，測定回数 n が大きい場合に限られ，n が小さいときには，r_a を計算しても無意味である．

e）平均値の有効数字　幾つかの測定値から平均値を求める場合に，平均値の有効数字を幾つまで出せばよいかが不明なことがある．このようなときには，r_a を求めて，その末尾の有効数字の桁と同じ桁まで平均値を算出すればよい．ただし，c）(2) にしたがって r_a の1桁目と同じ桁で打切る場合もある．

つぎに，測定を何回くらい繰り返したときに，平均値の有効数字を測定値の有効数字よりも1桁だけ多く出せるかを検討してみよう．(I·39) によれば，$r_a=r/\sqrt{n}$．故に，r_a の有効数字を r よりも1桁多くするためには，$n=100$ すなわち100回の測定を要する．しかし r_a は $\sqrt{n}$ に逆比例し，その関係は図I-7のような曲線で表わされ，n が10以上になると r_a の変化は減少し，それ以上 n を増しても r_a は余り小さくならない．したがって10回も測定を繰り返せば，平均値の有効数字を1桁だけ多く算出しても差支えないといえる．

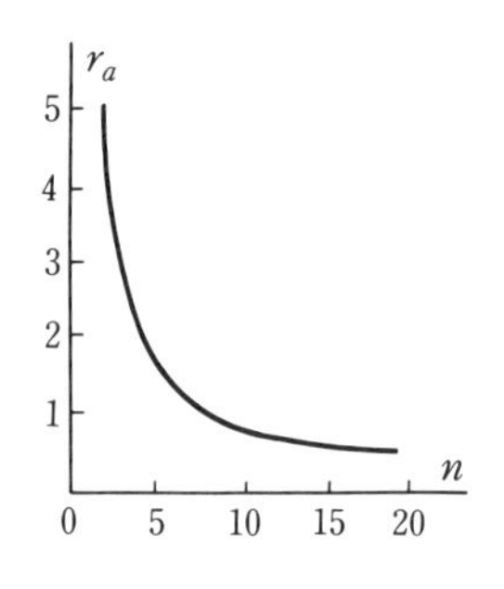

図 1–7

なお，n が小さい場合は，n を1回でも多くすれば，r_a は急激に小さくなり，平均値の信用度は著しく高まる．故に，測定は少なくとも2，3回，できれば数回繰り返して平均値を求め，その信用度を高めるようにしなければならない．

例 題　薄いガラス板の厚さを10回測定して，次頁（p. 19）の上の表の第1列に示す結果を得た．最確値を求めよ．

解

$$r_a=0.6745\sqrt{\frac{\sum v_i^2}{n(n-1)}}=0.00062=0.0006\,\text{mm}$$

故に求める最確値は r_a と同じく，有効数字を小数点下4位の桁までとり，

$$3.4461\pm0.0006\,\text{mm}.$$

---

* 測定値および平均値の信用度の表示にそれぞれ μ および μ_a を用い，$\bar{q}\pm\mu_a$ として示すこともある．

測定値 q_i(mm)	残差 v_i	v_i^2
3.445	−0.0011	0.00000121
3.448	0.0019	0.00000361
3.443	−0.0031	0.00000961
3.450	0.0039	0.00001521
3.451	0.0049	0.00002401
3.444	−0.0021	0.00000441
3.446	0.0001	0.00000001
3.442	−0.0041	0.00001681
3.445	−0.0011	0.00000121
3.447	0.0009	0.00000081
$q=3.4461$	$\sum v_i=0$	$\sum v_i^2=0.00007690$

問題 1　ある物体の比重を測って，つぎの結果を得た．

9.662, 9.664, 9.677, 9.663, 9.645, 9.673, 9.659, 9.662, 9.680, 9.654.

この物体の比重の最確値とその信用度を示せ．

答　9.6639±0.0022.

問題 2　ある長さを5回測定したとき，平均値の公算誤差は±0.016cmとなった．この誤差を±0.004cmとするためには，同じような測定をなお幾回追加しなければならないか．　　答　75回

f) 間接測定における結果の平均二乗誤差および公算誤差

いろいろな量 $z_1, z_2, \cdots, z_n$ を測定して，

$$y=F(z_1, z_2, \cdots, z_n)$$

の関係にしたがって y を求める場合，各量の測定値の平均二乗誤差を $\mu_1, \mu_2, \cdots, \mu_n$，公算誤差を $r_1, r_2, \cdots, r_n$ とし，求める結果 y のそれらを μ 及び r とすれば，つぎの関係が成りたつ．

$$\mu=\sqrt{\left(\frac{\partial F}{\partial z_1}\mu_1\right)^2+\left(\frac{\partial F}{\partial z_2}\mu_2\right)^2+\cdots\cdots+\left(\frac{\partial F}{\partial z_n}\mu_n\right)^2}, \tag{I·50}$$

$$r=\sqrt{\left(\frac{\partial F}{\partial z_1}r_1\right)^2+\left(\frac{\partial F}{\partial z_2}r_2\right)^2+\cdots\cdots+\left(\frac{\partial F}{\partial z_n}r_n\right)^2}, \tag{I·51}$$

これを**誤差の伝播の法則**という．つぎに簡単な関数式について，結果の y の公算誤差 r を例示する．

$$y=z_1z_2, \qquad r=z_1z_2\sqrt{\left(\frac{r_1}{z_1}\right)^2+\left(\frac{r_2}{z_2}\right)^2}. \tag{I·52}$$

$$y=\frac{z_1}{z_2}, \qquad r=\frac{z_1}{z_2}\sqrt{\left(\frac{r_1}{z_1}\right)^2+\left(\frac{r_2}{z_2}\right)^2}. \tag{I·53}$$

$$y=\frac{z_1z_2}{z_3} \qquad r=\frac{z_1z_2}{z_3}\sqrt{\left(\frac{r_1}{z_1}\right)^2+\left(\frac{r_2}{z_2}\right)^2+\left(\frac{r_3}{z_3}\right)^2}. \tag{I·54}$$

$$y=\alpha z_1+\beta z_2 \qquad r=\sqrt{(\alpha r_1)^2+(\beta r_2)^2}. \tag{I·55}$$

$$y=(z_1+z_2+\cdots\cdots+z_n)/n, \quad \text{かつ} \quad r_1=r_2=\cdots\cdots=r_n\equiv r'.$$

$$r=r'/\sqrt{n} \tag{I·56}$$

(I·56) は公算誤差の等しい測定値の平均値に対する公算誤差を示し，(I·39) に対応する．

例題　質量 M, 体積 V を測り,

$$M = 12.345 \pm 0.008\,\mathrm{kg}, \qquad V = 3.212 \pm 0.006\,\mathrm{m^3}$$

を得た. この物体の密度 ρ を求めよ.

解　$\rho = M/V$ で示される. 故に, ρ の公算誤差を r とすれば,

$$r = \frac{M}{V}\sqrt{\left(\frac{r_M}{M}\right)^2 + \left(\frac{r_V}{V}\right)^2} = 3.843\sqrt{\left(\frac{8}{12345}\right)^2 + \left(\frac{6}{3212}\right)^2} = 0.0076.$$

$$\therefore\quad \rho = 3.843 \pm 0.008\,\mathrm{kg/m^3}.$$

問題 3　円の半径 a を測って, 円周の長さと面積とを求める場合に, 半径の測定の公算誤差を r とすれば, 結果の公算誤差はいくらとなるか.　　答　$2\pi r$, $2\pi ar$.

問題 4　矩形の2辺 a, b を測り, その公算誤差がいずれも r であるとすれば, それから求める対角線の長さの公算誤差もまた r に等しいことを証明せよ.

問題 5　測定値 x の公算誤差を r とすれば, $\log_{10} x$ の公算誤差はいくらになるか.　　答　$0.4343\,r/x$.

§6. 最小二乗法

a) 最小二乗法の原理　m 個の未知量 $z_1, z_2, \cdots, z_m$ に対して,

$$F(z_1, z_2, \cdots, z_m) = q \tag{I·57}$$

で示される既知の関数関係にある量 q を測定して, 未知量の最確値を求める場合に, 関数 F を少しずつ変えて n 回の測定を行い, 測定値 $q_1, q_2, \cdots, q_n$ を得たとする. ただし $n>m$ とする. この場合, 測定のたびごとに, つぎの方程式が得られる.

$$F_i(z_1, z_2, \cdots\cdots, z_m) = q_i, \quad ここに\quad i = 1, 2, \cdots\cdots, n. \tag{I·58}$$

これはいずれも毎回の観測の結果を示すもので, このような方程式を**観測方程式** (observation eq.) という. この際, 観測方程式の方が未知量よりも数が多いから, 全方程式を同時に満足する未知量の決定は数学上では不可能である. しかし, つぎに述べる方法によれば, (I·58) の n 個の方程式から合理的に未知量の数に等しい m 個の方程式が導かれ, これから未知量の最確値が決定される.

さて, 各未知量の最確値をそれぞれ $X_1, X_2, \cdots, X_m$ とし,

$$F_i(X_1, X_2, \cdots\cdots, X_m) = p_i, \quad ここに\quad i = 1, 2, \cdots\cdots, n. \tag{I·59}$$

とすれば, 各測定値の残差は,

$$v_i = q_i - p_i. \tag{I·60}$$

測定の回数が多い場合には, 残差は誤差と同様な分布則に従い, 誤差と同等に考えてよい. 故に, 誤差が v_i を中心とする微小な $\pm\varepsilon$ の範囲の値をとる確率は $2\varepsilon f(v_i)$ で示され, これらの誤差が同時に起こる確率 P は複合事象の確率の定理から,

$$\begin{aligned} P &= (2\varepsilon)^n f(v_1)\cdot f(v_2)\cdots\cdots f(v_n) \\ &= \left(\frac{2\varepsilon h}{\sqrt{\pi}}\right)^n \exp[-h^2(v_1{}^2 + v_2{}^2 + \cdots\cdots + v_n{}^2)]. \end{aligned} \tag{1·61}$$

ところが，最確値はその誤差の起こる確率の最大なものであるから，X_1, X_2, ……, X_m が最確値であるためには，P はそのとき最大とならねばならない．したがって，

未知量 $z_1, z_2, \cdots, z_m$ の最確値を求めるには，$\sum v_i^2$ を最小とするように $X_1, X_2, \cdots, X_m$ を決定すればよい．

このためには，

$$\frac{\partial \sum v_i^2}{\partial X_1} = 0, \quad \frac{\partial \sum v_i^2}{\partial X_2} = 0, \cdots\cdots, \frac{\partial \sum v_i^2}{\partial X_m} = 0. \qquad (\mathrm{I}\cdot 62)$$

これらの m 個の式から m 個の未知量の最確値 $X_1, X_2, \cdots, X_m$ が求められる．(I·62) のように未知量の最確値を決定する方程式を**正規方程式**（normal eq.）という．

以上の方法では，最確値は残差の二乗和を最小とする値であるとの事実を基礎としている．これを**最小二乗法**（method of least square）**の原理**という．

b）精度の等しい直接測定における最確値　ある1つの量 q を等しい条件のもとで測定を n 回繰り返し，測定値 $q_1, q_2, \cdots, q_n$ を得た場合，これらの平均値が最確値であることは既述の通りである．

最小二乗法によれば，X が最確値となるためには，

$$\sum v_i^2 = \sum (X-q_i)^2, \quad ここに \quad i = 1, 2, \cdots\cdots, n$$

を最小とする条件を満足しなければならない．したがって，

$$\frac{\mathrm{d}\sum (X-q_i)^2}{\mathrm{d}X} = 0.$$

すなわち，

$$2(X-q_1)+2(X-q_2)+\cdots\cdots+2(X-q_n) = 0.$$

$$\therefore \quad X = \frac{q_1+q_2+\cdots+q_n}{n} = \frac{\sum q_i}{n}. \qquad (\mathrm{I}\cdot 63)$$

すなわち，この場合の最確値は平均値に等しい*．

c）間接測定における最確値　2個以上の未知量とある関数関係を保つ1つの量を幾回も測定して，それらの未知量を定めるような間接測定において，その関係が複雑な場合は，直接に関係式そのままの観測方程式を書いたのでは，未知量の最確値の決定が困難となる．しかし，このような場合でも誤差はすべて小さく，その二乗及びその相乗積を無視できるものとすれば，その関係式は近似的に1次式に変換できるから，このように書き換えたうえで観測方程式を1次式で表すようにすると，比較的容易に目的が達せられる．

この意味で，未知量 $z_1, z_2, \cdots, z_m$ と測る量 q との関係が1次式

$$az_1+bz_2+\cdots+lz_m = q$$

で示される場合だけについて考えることにする．いま，測定回数を n，測定値を $q_1, q_2, \cdots, q_n$ とし，つぎの観測方程式を得たとする．

---

*　これは算術平均の原理の証明ではない．ただ最小二乗法により，その前提とする原理を導いただけのことである．

$$\left.\begin{array}{l} a_1z_1+b_1z_2+\cdots\cdots+l_1z_m=q_1, \\ a_2z_1+b_2z_2+\cdots\cdots+l_2z_m=q_2, \\ \cdots\cdots\cdots\cdots\cdots\cdots\cdots\cdots\cdots\cdots \\ a_nz_1+b_nz_2+\cdots\cdots+l_nz_m=q_n. \end{array}\right\} \qquad (\mathrm{I}\cdot 64)$$

ここに a_i, b_i, …, l_i は既知定数を示す．また $n>m$ である．

未知量 z_1, z_2, …, z_m の最確値をそれぞれ X_1, X_2, …, X_m とすれば，残差は，

$$\left.\begin{array}{l} v_1=a_1X_1+b_1X_2+\cdots\cdots+l_1X_m-q_1, \\ v_2=a_2X_1+b_2X_2+\cdots\cdots+l_2X_m-q_2, \\ \cdots\cdots\cdots\cdots\cdots\cdots\cdots\cdots\cdots\cdots\cdots\cdots \\ v_n=a_nX_1+b_nX_2+\cdots\cdots+l_nX_m-q_n. \end{array}\right\} \qquad (\mathrm{I}\cdot 65)$$

最小二乗法の原理によれば，X_1, X_2, …, X_m は，

$$\sum v_i^2=v_1^2+v_2^2+\cdots\cdots+v_n^2 \qquad (\mathrm{I}\cdot 66)$$

を最小とする条件を満足しなければならない．故に，

$$\left.\begin{array}{l} v_1\dfrac{\partial v_1}{\partial X_1}+v_2\dfrac{\partial v_2}{\partial X_1}+\cdots\cdots+v_n\dfrac{\partial v_n}{\partial X_1}=0, \\ v_1\dfrac{\partial v_1}{\partial X_2}+v_2\dfrac{\partial v_2}{\partial X_2}+\cdots\cdots+v_n\dfrac{\partial v_n}{\partial X_2}=0, \\ \cdots\cdots\cdots\cdots\cdots\cdots\cdots\cdots\cdots\cdots\cdots\cdots\cdots \\ v_1\dfrac{\partial v_1}{\partial X_m}+v_2\dfrac{\partial v_2}{\partial X_m}+\cdots\cdots+v_n\dfrac{\partial v_n}{\partial X_m}=0. \end{array}\right\} \qquad (\mathrm{I}\cdot 67)$$

ところが，(I·65) によれば，

$$\left.\begin{array}{l} \dfrac{\partial v_1}{\partial X_1}=a_1, \\ \dfrac{\partial v_1}{\partial X_2}=b_1, \\ \cdots\cdots\cdots \\ \dfrac{\partial v_1}{\partial X_m}=l_1, \end{array}\right\} \quad \left.\begin{array}{l} \dfrac{\partial v_2}{\partial X_1}=a_2, \\ \dfrac{\partial v_2}{\partial X_2}=b_2, \\ \cdots\cdots\cdots \\ \dfrac{\partial v_2}{\partial X_m}=l_2, \end{array}\right\} \quad \left.\begin{array}{l} \dfrac{\partial v_n}{\partial X_1}=a_n, \\ \dfrac{\partial v_n}{\partial X_2}=b_n, \\ \cdots\cdots\cdots \\ \dfrac{\partial v_n}{\partial X_m}=l_n. \end{array}\right\}$$

$$\therefore \quad \left.\begin{array}{l} a_1v_1+a_2v_2+\cdots\cdots+a_nv_n=0, \\ b_1v_1+b_2v_2+\cdots\cdots+b_nv_n=0, \\ \cdots\cdots\cdots\cdots\cdots\cdots\cdots\cdots\cdots \\ l_1v_1+l_2v_2+\cdots\cdots+l_nv_n=0. \end{array}\right\} \qquad (\mathrm{I}\cdot 68)$$

これに (I·65) を入れて整理すれば，

$$\left.\begin{array}{l} \sum a_i^2X_1+\sum a_ib_iX_2+\cdots\cdots+\sum a_il_iX_m=\sum a_iq_i, \\ \sum a_ib_iX_1+\sum b_i^2X_2+\cdots\cdots+\sum b_il_iX_m=\sum b_iq_i, \\ \cdots\cdots\cdots\cdots\cdots\cdots\cdots\cdots\cdots\cdots\cdots\cdots\cdots\cdots, \\ \sum a_il_iX_1+\sum b_il_iX_2+\cdots\cdots+\sum l_i^2X_m=\sum l_iq_i. \end{array}\right\} \qquad (\mathrm{I}\cdot 69)$$

これがこの場合の正規方程式であり，これから m 個の未知量の最確値が定められる．

(I·64) と (1·69) とを対比すると，観測方程式から正規方程式を求めるには，つぎの順序によればよいことがわかる．すなわち，まず

各観測方程式の全項に第1未知量 z_1 の係数をかけたのち，すべての方程式を加え合わせて1つの正規方程式を求める．つぎに，他の未知量 $z_2, z_3, \cdots$ についても同様な方法を繰り返して，他の正規方程式を求める．

一般に正規方程式を作り，あるいはこれを解く場合には，相当に面倒な数値計算をしなければならない．誤算，書き違いなどを避けるために，二乗表，乗積表，電子計算器を利用して，系統的に順序正しく計算する必要がある．このために，検算つきの解法も案出されている．

つぎに，測定値の公算誤差 r については，未知量の数は m に等しいから，(I·46) により，

$$r = 0.6745\sqrt{\frac{\sum v_i^2}{n-m}}. \tag{I·70}$$

また，最確値 $X_1, X_2, \cdots, X_m$ の公算誤差は，つぎのように定義される．

$$r_1 = r\sqrt{w_1},\quad r_2 = r\sqrt{w_2}\ ,\ \cdots\cdots,\ r_m = r\sqrt{w_m}\,. \tag{I·71}$$

ここに $w_1, w_2, \cdots, w_m$ は，それぞれ $X_1, X_2, \cdots, X_m$ の**重み係数**と呼ばれるものである．これを求めるには，まず，

w_1 については，z_1 の係数をかけて得られた正規方程式 (I·69) の第1式の右辺を1とし，他の正規方程式の右辺をすべて0と置いて解いた X_1 の値を w_1 とする．つぎに，他の $w_2, w_3, \cdots, w_m$ についても，これと同様な方法を順次繰り返せばよい．

注 意 1　一般に $\sum a_i^2, \sum a_i b_i, \cdots$ を，それぞれ $[aa], [ab], \cdots$ の記号で示すのがふつうである．

注 意 2　公算誤差の既知な最確値の付重平均を求める場合に，重み係数の逆数すなわち公算誤差の二乗の逆数に比例したものを，それぞれの重みとする．

例 題　温度 t をいろいろに変えて，あるメートル尺の長さ l_t を測って，つぎの結果を得た．このメートル尺の 0°C における長さ l_0 と線膨張率 α とを求めよ．

t°C	20	40	50	60
l_t(mm)	1000.22	1000.65	1000.90	1001.05

解　この場合，l_t, l_0 および α の関係は次式で示される．

$$l_t = l_0(1+\alpha t),\ \text{すなわち}\ \ l_t = l_0 + l_0\alpha t. \tag{i}$$

観測値を直接上式に入れて観測方程式を作るよりも，未知量の係数がなるべく簡単

な方が計算上都合がよいから，（i）を書きかえて，

$$l_t-1000=l_0-1000+10\,l_0\,\alpha(t/10)$$

とし，これに，　$l_0-1000=z_1,\quad 10\,l_0\,\alpha=z_2$　(ii)

とおき，　$z_1+(t/10)z_2=l_t-1000$　(iii)

と書きかえて，これに観測値を入れ，観測方程式を作ることにする．すなわち，

$$\left.\begin{aligned}z_1+2z_2&=0.22,\\z_1+4z_2&=0.65,\\z_1+5z_2&=0.90,\\z_1+6z_2&=1.05.\end{aligned}\right\}\quad\text{(iv)}$$

z_1, z_2 の最確値をそれぞれ X_1, X_2 として正規方程式を作れば，

$$\begin{array}{rcl}X_1+\ 2X_2=0.22 & \qquad & 2X_1+\ 4X_2=\ 0.44\\X_1+\ 4X_2=0.65 & & 4X_1+16X_2=\ 2.60\\X_1+\ 5X_2=0.90 & & 5X_1+25X_2=\ 4.50\\X_1+\ 6X_2=1.05 & & 6X_1+36X_2=\ 6.30\\\hline 4X_1+17X_2=2.82. & & 17X_1+81X_2=13.84.\end{array}\quad\text{(v)}$$

この正規方程式（v）から最確値 X_1 および X_2 を求めれば，

$$X_1=-0.196,\ \text{また}\ \ X_2=0.212.\quad\text{(vi)}$$

故に，（ii）から　$l_0=1000+X_1=999.804,$

$$\alpha=\frac{X_2}{10l_0}=\frac{0.212}{9998.04}=0.0000212.\quad\text{(vii)}$$

つぎに l_0 および α の公算誤差を求めるため，まず観測方程式 (iv) の z_1, z_2 の代わりに，X_1, X_2 を入れて残差 v_i を求め，さらに残差の二乗和 $\sum v_i^2$ を求める．

v_i	v_i^2
$(-0.196+0.424)-0.22=\ \ 0.008$	0.000064
$(-0.196+0.848)-0.65=\ \ 0.002$	0.000004
$(-0.196+1.060)-0.90=-0.036$	0.001296
$(-0.196+1.272)-1.05=\ \ 0.026$	0.000676
	$\sum v_i^2=0.002040.$

右の表の計算によれば，

$$\sum v_i^2=0.002040.$$

故に，測定値の公算誤差 r は，

$$r=0.6745\sqrt{\frac{\sum v_i^2}{n-m}}=0.6745\sqrt{\frac{20.4\times10^{-4}}{4-2}}=2.2\times10^{-2}.\quad\text{(viii)}$$

X_1 および X_2 の重み係数をそれぞれ w_1 および w_2 とすれば，X_1 および X_2 の公算誤差 r_1 および r_2 は次式で示される．

$$r_1=r\sqrt{w_1},\ \ \text{および}\ \ r_2=r\sqrt{w_2}.\quad\text{(ix)}$$

ここに，w_1 および w_2 はつぎの式から定められる．

$$\left.\begin{aligned}4X_1+17X_2&=1,\\17X_1+81X_2&=0.\end{aligned}\right\}\ \text{また}\ \left.\begin{aligned}4X_1+17X_2&=0,\\17X_1+81X_2&=1.\end{aligned}\right\}$$

$$\therefore \quad X_1 = w_1 = 2.31, \qquad X_2 = w_2 = 0.114. \tag{x}$$

$$\therefore \quad \left. \begin{aligned} r_1 &= 2.2\times10^{-2}\times\sqrt{2.31}=0.033, \\ r_2 &= 2.2\times10^{-2}\times\sqrt{0.114}=0.0073. \end{aligned} \right\} \tag{xi}$$

ところが，(ii) から，　　$\alpha = z_2/(10l_0)$.

故に，α の公算誤差 r_α に対して l_0 と z_2 との公算誤差 r_1 および r_2 のおよぼす影響は，誤差の伝播の法則から，

$$r_\alpha = \sqrt{\left(\frac{\partial F}{\partial l_0} r_1\right)^2 + \left(\frac{\partial F}{\partial z_2} r_2\right)^2} = \sqrt{\left(\frac{-z_2}{10{l_0}^2} r_1\right)^2 + \left(\frac{1}{10l_0} r_2\right)^2}.$$

$1/{l_0}^2 \ll 1/l_0$ であるから，上式の $1/{l_0}^2$ を含む項を無視すると，

$$r_\alpha = r_2/(10l_0) = 0.7\times10^{-2}/10^4 = 0.7\times10^{-6}. \tag{xii}$$

故に，求める l_0 および α の最確値と公算誤差とは，

$$\left. \begin{aligned} l_0 &= 999.804\pm0.033\,\text{mm}, \\ \alpha &= (0.0212\pm0.0007)\times10^{-3}. \end{aligned} \right\}$$

問題 1　2量 x, y の関係が $y = A+Bx$ で示される場合に，x を変化して y を測定し，次表の結果を得た．A および B の最確値を定めよ．

x	200	400	600	800	1000	1200
y	503	504	505	506	507	508

答　$A = 502$,　$B = 0.005$.

問題 2　つぎの値は，光速度の測定値 (km/s) を示す．これらの平均値を求めよ．

298000±1000	299930±100	300100±1000
299990±200	298500±1000	

答　$(29992\pm9)\times10$.

§7. 実験結果の表し方

二量の関係を示す方法　ある現象に関係する幾つかの量を測定し，それらの間に成り立つ数量的関係を求めることは，一般に困難ではあるが，重要な仕事である．いま，比較的容易なしかもよく経験する基本的な一例として，関数関係にある2つの量 x, y のうち，一方の x の値を変化して他方の y の値を測定した場合に，x, y の2量の関係を示す方法について考えよう．このような2量の関係の表し方に，つぎの2通りの方法がある．

（1）**線図による表し方**　第1の方法は，方眼紙上に横軸に x，縦軸に y の測定値をとり，対応する測定値を座標とする点を記入し，これらの点列によく適合する曲線を描き，この曲線で2量の関係を示す方法である．これを**図示法** (method of graphical representation) といい，この曲線を**実験曲線**という．図示法では，2量の関係を図形から一見して直ちに知ることができて便利であるが，確実な数量的関係を知ることがで

きない．

（2） **解析的な表し方**　他の1つの方法は，測定値を基として2量の間に成立する関係を数量的に数式で表す**解析的な表し方**（method of analytical representation）である．このように，ある特定な実験の結果から2量の関係を正しく表す数式を得たとき，これを**実験式**（empirical formula）という．実験式はもちろん同じ内容の実験にはかならず成立しなければならないから，ある実験から得た実験式は，これと同じ条件のもとに起こる現象に対してこれを応用することができる．また，実験式が他の類似な内容の実験においても広く成立することが明らかにされ，普遍的な関係を示すと断定される場合は，実験式は**法則**と呼ばれ重要な意義をもつことになる．故に，実験式の誘導は法則の発見の前提となる大切な仕事であるが，これは決して容易ではなく，§9に述べるように，一定の順序を追って探求の歩を進めなければならない．

§8.　実験曲線の描き方

a）**軸上の単位の選び方**　実験曲線を描く場合に，まず最初に縦横の軸上における方眼紙の1目盛をどれほどの単位に選ぶかを決める必要がある．あまり大きな単位にしても，またあまりに小さな単位に定めても不都合である．一般に，mm目盛の方眼紙を使用する場合は，その1目盛を測定値の有効数字の最後の桁の単位に等しく選べば，測定値の有効数字がすべて図上に示されて都合がよい．しかし，このように理想通りに定められない場合が多い．例えば，一方の量の変化に対し，他方の量の変化がいちじるしく大きいとき，そのような単位の選び方をすると，図形は一方の軸の方向に極めて長くなり不便となる．故に，このような場合は，各軸上の目盛を適当な大きさの単位に選び，2量の関係を示す曲線が，大体において両軸に対してほぼ45°傾くように加減する必要がある．

b）**点の記入のし方**　ふつうmm目盛の方眼紙を用い，その図上に相対応する測定値を座標とする点を記入する．これらの点の位置は，小さい点を記しただけでは見にくいから，各点にこれを中心とする直径2mmの小円を書き添えるか，あるいは各点上で直交する長さ2mmの2本の線分を書き添えるのがふつうである．このようにすれば，曲線を描くときにも都合がよい．

c）**曲線の描き方**　最後に，記入した点の配列を大観し，その形勢に応じて滑らかな曲線を描く．測定値には必ず誤差があるから，すべての点がこの曲線上にのるようなことはない．曲線からはずれた点については，曲線からの出入りが平均するように描くことが大切である．

曲線を描くには，まず，点の出入りが平均するような滑らかな曲線を鉛筆で淡くかき，つぎに雲形定規を利用して描くか，または曲線定規を利用し，これを点の配列に沿って両手で曲げ，その両側を幾つかの分鎮で支えて形を整えたうえで，曲線を描くとよい．この場合，定規や分鎮の下にかくれて見えない点があっても，各点に小円が書き添えてあれば，小円の一部を通る曲線を描けばよい．もし小円の半径が測定誤差に等しくとってあれば，この曲線は誤差の範囲で正しいこととなる．しかし，曲線が各点の小円から不規則にあまり離れているときには，適当に書きなおす必要がある．

§9. 実験式の求め方

実験式の誘導は法則の発見の先駆ともなる重要な仕事であるが，これはなかなかの難事である．ふつう学生実験では，この仕事にまで立入らないとはいえ，実験の本来の使命は，これをしとげることにあるといっても過言でない．またこの仕事に関連して，最小二乗法の重要性が一層明らかになるので，実験式の誘導について少し考えてみよう．

多くの現象について調べると，それらの場合に成り立つ実験式はいくつかの形式に分類される．まず，図示法に従って実験曲線を描き，この曲線を表わすと推定される式を求める．つぎに，この推定が正しいかどうかを確かめるために，この式を変数変換その他の方法で直線を表わす1次式に転換して，これに測定値を入れて図示し，図上で直線が得られるかどうかを検べる．もし直線が得られるならば，初めの推定が正しいと断定してよい．その後に，直線化した式，または図上の直線から定数を定め，初めに推定した式を確定し，これを求める実験式とすればよい．しかし，いつもこのような定石通りの方法で実験式が定められるとは限らないが，つぎに代表的な形式の実験式について，その導き方の手順を略説しよう．

a）線形1次式　図示法により実験曲線が直線となる場合は，x と y との関係は次式で表される．

$$y = b + ax. \tag{I·72}$$

ここに，b = 直線が y 軸を切る点の座標，すなわち $b = (y)_{x=0} = \mathrm{OA}$,

a = 直線の x 軸に対する勾配，　すなわち $a = \dfrac{y-b}{x} = \dfrac{\mathrm{BD}}{\mathrm{AD}}$.　(I·73)

故に，(I·72) の a, b の値を定めれば，x と y との関係を数式化したことになる．これを定める手段として，つぎの3通りの方法がある．

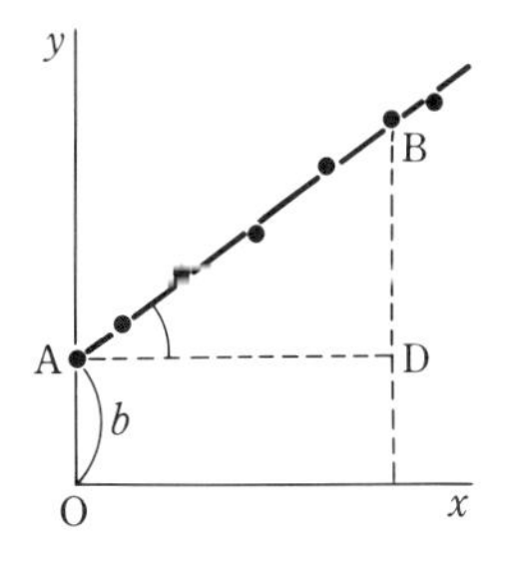

図 I-8

(i) 選点法および図解法　直線上にある2点を選び，その座標を (I·72) に入れて a, b を決める方法である．また，図上で幾何学的に (I·73) にしたがって a, b の値を決めてもよい．これらは精密を欠くが，極めて手軽に定数の決定ができるから，精密を要する場合でも，この方法を検算の意味でかならず試みるのがよい．

(ii) 平均法　測定値の平均値から a, b を決め

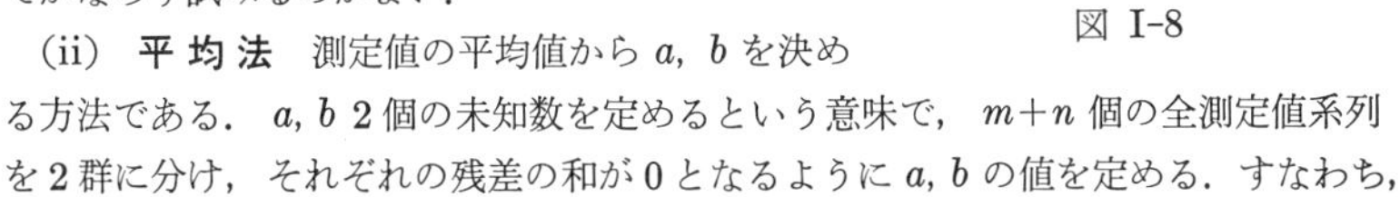
る方法である．a, b 2個の未知数を定めるという意味で，$m+n$ 個の全測定値系列を2群に分け，それぞれの残差の和が0となるように a, b の値を定める．すなわち，

この場合の各測定値 y_h の残差を v_h とすれば，

$$v_h = y_h - ax_h - b,\quad \text{ここに}\quad h = 1, 2, \cdots\cdots, m, m+1, \cdots\cdots, m+n.$$

故に，第1群の m 個の測定値については，

$$\sum_1^m v_i = \sum_1^m (y_i - ax_i - b) = 0,$$

また，第2群の n 個の測定値については，

$$\sum_{m+1}^{m+n} v_j = \sum_{m+1}^{m+n} (y_j - ax_j - b) = 0.$$

$$\therefore\quad \sum_1^m y_i = a\sum_1^m x_i + mb,\quad \sum_{m+1}^{m+n} y_j = a\sum_{m+1}^{m+n} x_j + nb. \qquad (\text{I}\cdot 74)$$

(I·74) に測定値を入れて，この2式から a および b を求める．

測定値全体から簡便に定数の決定ができるうえ，結果は相当に正確である．充分な精密さと，結果の信用度を表す必要がない場合には，この方法で用が足りる．

(iii)　**最小二乗法**　最小二乗法の1つの重要な使命は，実験結果を数式化する際に，定数を決めて数式を確定することにあるといえる．この方法は，残差の二乗和を最小とするように，a, b を定めるのである．

いま，全測定回数を s すれば，この場合の観測方程式は，

$$y_i = ax_i + b,\quad \text{ここに}\quad i = 1, 2, \cdots\cdots, s.$$

故に，正規方程式は既述の方法（I. §6. c）参照）により，

$$\sum x_i y_i = \sum (ax_i^2 + bx_i),\qquad \sum y_i = \sum (ax_i + b).$$

$$\therefore\quad \sum x_i y_i = a\sum x_i^2 + b\sum x_i,\qquad \sum y_i = a\sum x_i + sb. \qquad (\text{I}\cdot 75)$$

測定値をこれに入れて，2式から a および b を決定する．この方法は手数がかかり面倒ではあるが最も正確で，ことに測定値および求めた定数の信用度を表示できるのが特徴である．

例題　電池の外部抵抗をいろいろに変化して極電位差と電流とを測り，右表に示す結果を得た．V と J との関係を表す数式を求めよ．

番号	V(V)	J(A)
1	1.75	0.50
2	1.40	1.00
3	1.20	1.25
4	1.00	1.60
5	0.75	1.95
6	0.55	2.25
7	0.35	2.50

解　図示法によれば，図 I-9 のように，V と J との関係は直線で示される．故に，両者の関係は次式で示される．

$$V = b - aJ.$$

定数 a, b の値を決めるには，まず選点法によれば，番号2および7の測定値を選び，

$$\left.\begin{aligned}1.40 &= b - 1.00a,\\ 0.35 &= b - 2.50a.\end{aligned}\right\}\qquad \text{これを解いて}\quad \left.\begin{aligned}a &= 0.700,\\ b &= 2.10.\end{aligned}\right\}$$

$$\therefore\quad V = 2.10 - 0.700J. \qquad (\text{i})$$

つぎに，平均法に従って計算する．測定値を番号1～4と5～7との2群に分け，

(I·74) を利用すれば，

$$\left.\begin{aligned} 5.35 &= 4b-4.35a, \\ 1.65 &= 3b-6.70a, \end{aligned}\right\} \text{これを解いて} \left.\begin{aligned} a &= 0.687, \\ b &= 2.08. \end{aligned}\right\}$$

$$\therefore \quad V = 2.08-0.687J. \qquad \text{(ii)}$$

ふつうは，この式を求める数式としてよいのであるが，最後に，最小二乗法から算出してみよう．便宜上，(I·75) を利用して正規方程式を直ちに書くことにすれば，

$$\left.\begin{aligned} 8.951 &= 11.05b-20.489a, \\ 7.00 &= 7b-11.05a, \end{aligned}\right\}$$

$$\therefore \quad \left.\begin{aligned} a &= 0.687, \\ b &= 2.09. \end{aligned}\right\}$$

$$\therefore \quad V = 2.09-0.687J. \qquad \text{(iii)}$$

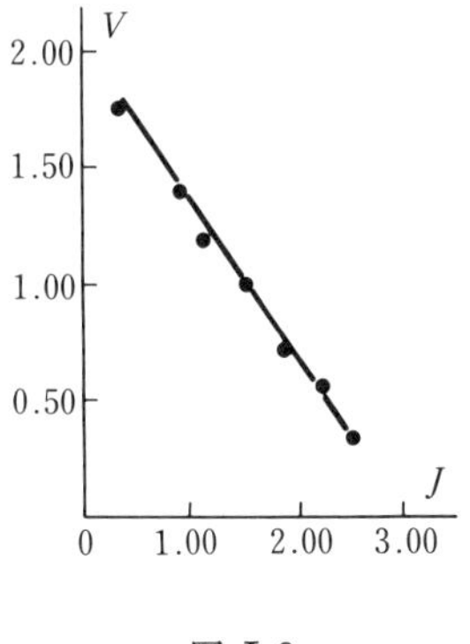

図 I-9

(iii) の方が (ii) よりも正確である．これは各測定値と数式による計算値との差すなわち残差の和および二乗和を検べると，いずれも (iii) の方が (ii) よりも小さいことからわかる．

b) 定指数式　2量の関係を示す実験曲線が，つぎの式で表されると考えられる場合がよく起こる．

$$y = ax^b. \qquad \text{(I·76)}$$

これは $b>0$ ならば放物線系の曲線，$b<0$ ならば双曲線系の曲線を示す．図 I-10 および図 I-11 は (I·76) において $a=1$ とし，b がいろいろの値をとるときに，(I·76) が表す曲線の形状を示す．

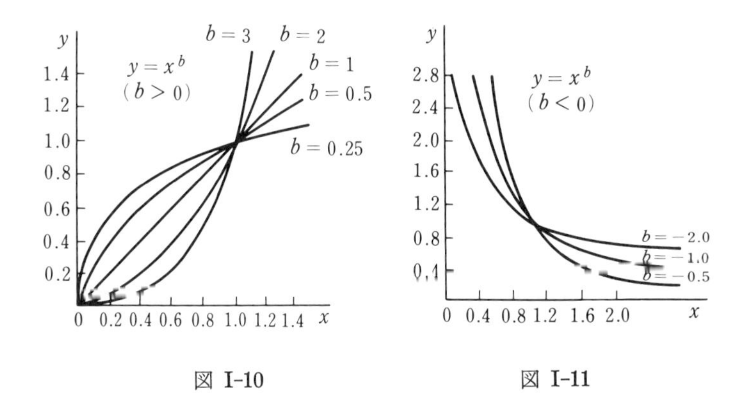

図 I-10　　　図 I-11

実験曲線が (I·76) で示されると推定されても，これが正しいかどうかは断言できない．また図形からは，とうてい a, b は決定されない．そこで，(I·76) を直線化する工夫を試みる．いま，(I·76) の両辺の対数をとると，

$$\log_{10} y = \log_{10} a + b \log_{10} x.$$

ここで，$\log_{10} y = Y$, $\log_{10} x = X$, $\log_{10} a = A$ とおけば，

$$Y = A + bX \tag{I·77}$$

となる．故に，x と y の測定値の対数をそれぞれ縦横の軸にとり，$\log_{10} x$ と $\log_{10} y$ との関係を示す図を描いてみる．もしこの図形が図 I-12 のように直線となるならば，実験曲線すなわち x, y の関係は (I·76) で表されると認定してよい．また a, b の値も，(I·77) の A, b の値を求めれば，それから決定できる．

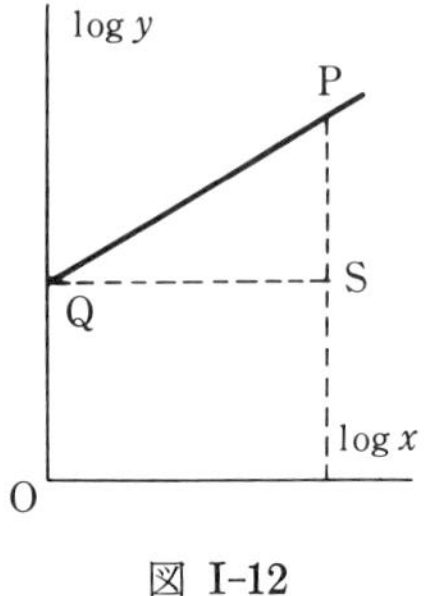

図 I-12

a, b の概略の値を手軽に知るには，図 I-12 において直線が縦軸を切る点 Q の位置を対数目盛で読んで A の値を定め，その真数を対数表から求めれば a の値が定まる．また直線の勾配は b に等しいから，図 I-12 上で QS, PS をそれぞれ物指しで測り，$b = \mathrm{PS}/\mathrm{QS}$ として b が求められる．なお，a, b の正確な決定は前項で述べたように，平均法か最小二乗法かによらねばならない．

注意 1　$\log x$-$\log y$ 線図上で x, y の測定値を示す点列が x の小さい方，または大きい方で直線から少しく離れて曲がり，もしも図上で x に一定の値を加えるか，引くかすることによって点列が直線上にのる場合には，

$$y = a(x \pm \alpha)^b,\quad ここに\quad \alpha = 定数$$

を仮定するとよい．

注意 2　測定値の対数を図上に点示する場合に，ふつうの方眼紙の代わりに**対数方眼紙**を使用すると，測定値そのままの値を示す点を図上に記入すればよく，対数表を使う手間が省ける．対数方眼紙には**両対数方眼紙**と**片対数方眼紙**との 2 種類があるが，単に対数方眼紙といえば，通常両対数方眼紙を意味する．前項 b) のように $\log x$-$\log y$ 図上に直線を描くときは，対数方眼紙を活用するとよい．また，測定値が小さな値から非常に大きな値まであるときは，これを図示する場合に，ふつうの方眼紙では図形が大きくなり不便であるが，対数方眼紙を使うと図形が縮小されるから，このような場合にも，対数方眼紙を利用するとよい．

c)　**変 指 数 式**　$\log x$-$\log y$ 線図で測定値を示す点の配列が直線から大きく外れて曲線となり，定指数式の曲線とは全く別系統の曲線と考えねばならない場合には，試みに次式を採用すると，数式化できることもある．

$$y = a\mathrm{e}^{bx}. \tag{I·78}$$

ここに a は実験曲線が y 軸を切る点の座標を示し，正または負となっても 0 とはならない．また b の正か負かによって，曲線はそれぞれ勾配の増加，または減少する 2 系統の曲線に分かれる．図 I-13 は $a>0$ としたとき (I·78) の表す曲線の形を示す．

実験曲線が (I·78) で表されるかどうかは，つぎの方法で図形が直線となるかどうかで判断する．すなわち，(I·78) の両辺の対数をとり，

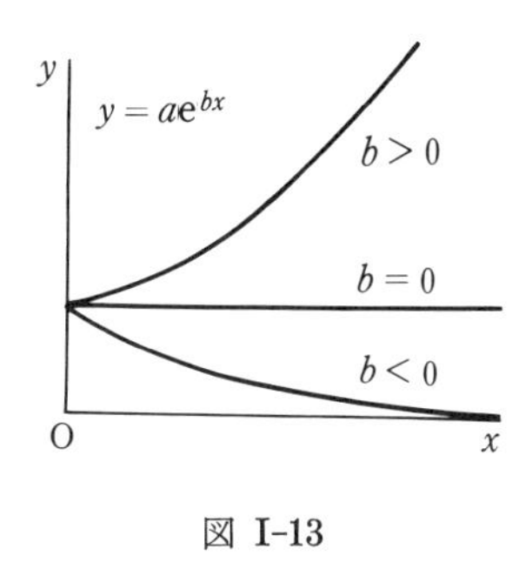

図 I-13

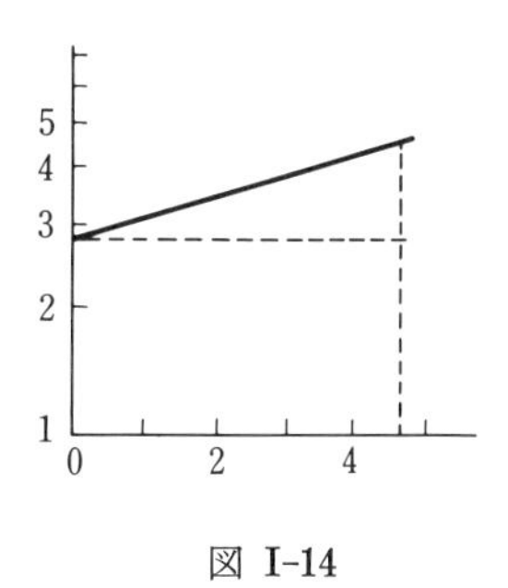

図 I-14

$$\log_{10} y = \log_{10} a + bx \log_{10} e.$$

いま，$\log_{10} y = Y$，$\log_{10} a = A$，

$b \log_{10} e = 0.4343b = B$　とおけば，

$$Y = A + Bx. \tag{I·79}$$

これは直線の方程式である．故に片対数方眼紙上で，x 軸に等間隔目盛を，Y 軸に対数目盛をとり，対応する1組ずつの測定値を図上に点示し，点群の配列を検べて直線が描けるならば，実験曲線は（I·78）で表されると断定してよい．

このようにして実験曲線が（I·78）で表されることが確認されたら，a および b を決定する．近似的には，まず図 I-14 から，

a=直線が縦軸を切る点の（b）項参照）読み．

$$b = B/0.4343 = 2.303B.$$

ただし，B は図 I-14 で直線の勾配を示し，直線が下向きのときには B を負とする．また a, b の確実な値を決めるには，平均法あるいは最小二乗法で A, B を決め，これから a, b を定めればよい．

d）**多項式**　片対数紙上で測定値を示す点の配列が直線から外ずれて曲線となる場合には，実験曲線を表す式として多項式を仮定するのが順序である．多項式としては，冪（べき）級数形のもの，まえに述べた基本的な式の混合形のものなどいろいろあるから，まず実験曲線がどのような形式の曲線に類似するかを見きわめねばならない．これには，x, y の関係式を図示した図表集について，いろいろな形式の表す図形を平素から見覚えておく必要がある．実験曲線の形式の推定がついたなら，これを確認するために，変数の変換その他の方法により直線形式への転換を試みる．そしてこれに測定値を入れて図示したときに直線が得られれば，推定した形式を確認し，その定数を決定する手段を講ずればよい．しかし，かならずこのように理想通りにうまくゆくとは限らない．くわしい説明を避けて，二，三の例をあげるに止めておく．

推定される式が，つぎの式の場合には，

$$y = \frac{ax}{1+bx}\text{；　または}\quad y = \frac{ax^2}{1+bx^2}, \tag{I·80}$$

それぞれ，　$1/y = Y,\ 1/x = X$; または　$1/y = Y,\ 1/x^2 = X$ とおけば，

$$Y = AX+B;\quad Y = A'X+B'$$

となる．故に，これに測定値を入れて X–Y 線図上に直線をえたら，推定した式を確認して，定数 a, b を前例にしたがって決定すればよい．

また，冪数式を仮定して好都合にゆくことがある．しかし多くの場合，x^3 以上の項を無視して，

$$y = a+bx+cx^2 \tag{I·81}$$

として差支えない．これは原点以外に頂点のある放物線を表わすから，座標軸の平行移動を試み，(I·76) に変換した上で定数を定めてもよいが，軸の移動距離を試算で定めることは面倒である．この場合には，直接 (I·81) から三元一次正規方程式を作り，a, b, c を決定すればよい．

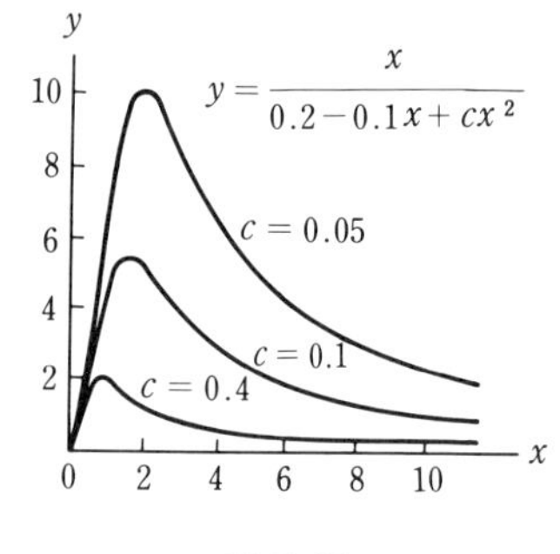

図 I-15

さらに，実験曲線の形状から，採用する式がつぎの式と推定されるときがある．

$$y = \frac{x}{a+bx+cx^2} \tag{I·82}$$

とし，$x/y = Y$ とおけば，$Y = a+bx+cx^2$ となるから，(I·81) の場合と同様にして a, b, c を決定すればよい．図 I-15 は (I·82) 系統の曲線を示したものである．

注 意 3　以上のほかに，x と y の関係が周期関数で表される場合がある．この場合には，Fourier の級数を利用して**調和解析**を行う．

問 題 1　関数関係にある2量 x, y のうち，x を順次変化して y を測定し，つぎの結果を得た．2量間に成立する実験式を求めよ．

x	2.0	3.0	4.0	5.0	6.0	7.0	8.0
y	2.4	3.4	4.0	4.7	5.5	6.2	7.0

答　$y = 1.12+0.71x$.

問 題 2　単振子の長さ l と周期 T とを測り，つぎの結果を得た．

l(cm)	164.4	132.9	107.6	93.5	28.4	20.6
T(s)	2.58	2.32	2.08	1.98	1.06	0.92

l と T との関係は $T = ml^n$ として示されるものとして，m および n の値を定めよ．

答　$m = 0.2004$　$n = 0.501$.

問 題 3　白熱灯の炭素線条の絶対温度 T と線条の単位面積から毎秒放射するエネルギー E とを測定して，つぎの結果を得た．E, T の関係を示す実験式を求めよ．

$T(\mathrm{K})$	1309	1471	1490	1565	1611	1680
$E(\mathrm{cal/cm^2 \cdot s})$	2.138	3.421	3.597	4.340	4.882	5.660

答　$E = 0.7688\left(\dfrac{T}{1000}\right)^{3.860}.$

第II章　基本的な測定器械（その一）

§1.　副　　尺

a）用　途　副尺（vernier, Nonius）は，尺度や度盛円板により物体の長さや角度を測る場合に，測る量の1目盛以下の端数を目測による誤差を避けて，正確に測るためのもので，いろいろな測定器に使用されている．

b）構造と使用法　副尺は**主尺**と呼ばれる尺度や目盛円板に沿って滑り動く補助の小尺度で，その目盛は主尺の目盛の何分の一まで測るかによって異なる．

一般に主尺の1目盛 u_0 の $1/n$ まで測る副尺には，$(n-1)u_0$ を n 等分した目盛 u を施こす．したがって，主尺と副尺との1目盛の差は，

$$u_0-u=u_0-(n-1)\frac{u_0}{n}=\frac{u_0}{n}$$

となっている．

いま，図II-1(b) のように，物体ABの長さを測るために，物体のA端を主尺の零目盛に，B端を副尺の零目盛に合わせたとすれば，ABの長さはB端の直前にある主尺の目盛の読み Pu_0 と，この目盛からB端までの u_0 以下の端数との和で示される．この端数を求めるには，副尺の何番目の目盛線が主尺の目盛線と合致しているかを調べ，もし，q 番目の目盛線が合致しているとすれば，その端数は $q\times(u_0/n)$ として読みとればよい．何故ならば，もし $q=1, 2, 3, \cdots, q$ ならば，これに応じて端数は (u_0/n)，$2(u_0/n)$，$3(u_0/n), \cdots, q(u_0/n)$ となることから明らかである．したがって，ABの長さは主尺による読み Pu_0 と副尺の読みによる端数 $q(u_0/n)$ との和，すなわち，$(P+q/n)u_0$ として求められる．

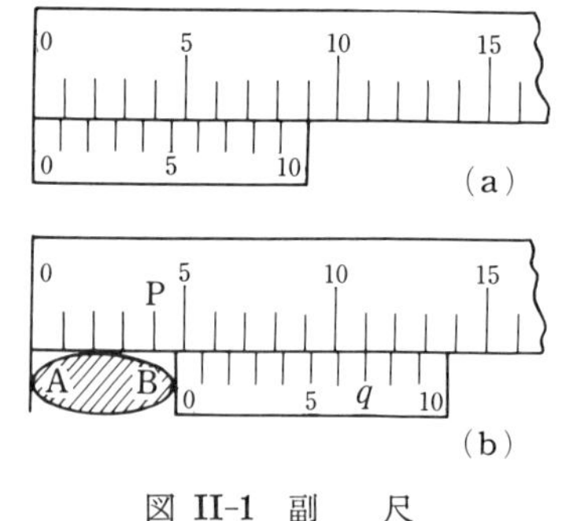

図 II-1　副　　尺

図II-1（a）に示す副尺は $n=10$，すなわち，主尺の目盛1mmの1/10まで読みとるもので，主尺の9目盛を10等分した目盛をもつ．図（b）に示す場合には主尺の読みから4mm，副尺の読みから端数は7/10mm，したがって，求める長さは4.7mmとなる．

副尺の目盛線が主尺の目盛線と正確に合一していない場合には，最もよく合致していると思う副尺の目盛を読めばよい．

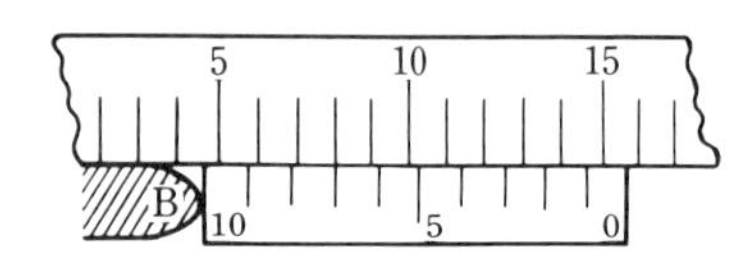

図 II-2　後読み副尺

なお，副尺には目盛の幅を大きくする意

味で主尺の（$n+1$）目盛を n 等分した目盛を刻み，目盛の数字を逆につけたものもある．この場合も主尺の目盛の $1/n$ まで測定できる．図II-2はこの例を示す．このような特殊の副尺を**後読み副尺**といい，普通の副尺を**前読み副尺**という．

また，角度を測る場合に同様な原理の**角副尺**が使用される．例へば，1/2度まで目盛した度盛円板で1分まで精密に読むには，度盛円板の29目盛，または31目盛を30等分した目盛を刻んだ角副尺を使用する．

問題　主尺の最小目盛は1/2 mmである．どのような目盛を施した副尺を使えば，1/100 mmまで正しく読むことができるか．

§2．カリパー（通称ノギス*）

a）**用　途**　**カリパー**（vernier calipers）は物体の長さ，球や円柱の直径，円管の内径などを測るために使用される．

b）**構　造**　図II-3に示すように，金属製の主尺Mの一端にこれと直角に金属の**ジョウ**（jaw）ABを固着し，主尺に沿って滑り動く副尺Vにも，これと直角にABと同様な金属の**スライディング・ジョウ**（sliding jaw）CDが取りつけてある．主尺の目盛はABとCDとを接触させたときの副尺の目盛零の位置を起点として施され，ABとCDとの相対する平面はいつも平行に移動する．副尺Vの目盛によって異なるが，カリパーを用いれば，1/10または1/20 mmまで正しく測られる．

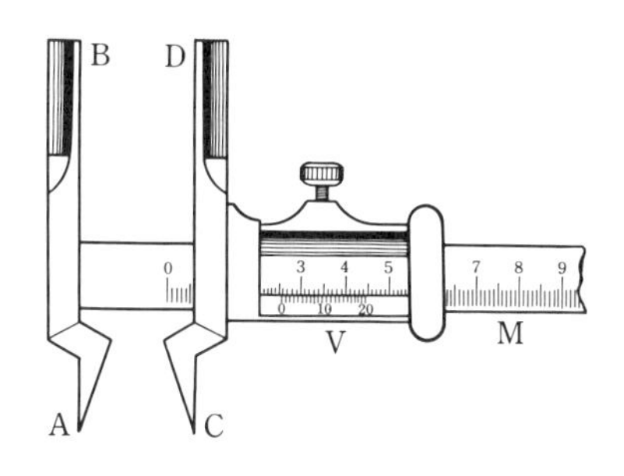

図 II-3

c）**用　法**　使用前に前以てABとCDとの相対する面を密着して，主尺と副尺との目盛の零が一致するかどうかを検べる．物体の長さまたは球，円柱の直径を測るには，ABからCDを引き放し，B, Dの相対する平面間に物体を差し入れて，CDを物体に軽く押しつけ，物体が両平面を摩擦して滑る程度に両平面で物体を挟み，副尺を利用して主尺の読みを取ればよい．また管の内径を測るには，ABおよびCDの先端AおよびCの外面が，ちょうど管の内側を摩擦して回わる程度にAB, CDを押し開いて，読みを取ればよい．いずれの場合にも，AB, CDをあまり強く押しつけ，または押し開くと，測る物体をひずまして測定に誤差を生ずるばかりでなく，AB, CDを曲げて器械に狂いを与えるから，注意を要する．

主尺Mの裏面中央に溝を設け，スライディング・ジョウに固定したデプス・バー（depth-bar）を溝に沿うて滑り動く構造のものもあり，奥ゆきや深さの測定に便利である．

---

*　ノギスは考案者Noniusの名から変化した呼称である．

§3. ネジ・マイクロメータ

a) **用　途**　**ネジ・マイクロメータ** (screw micrometer) は物体の厚さ，針金の太さなどの測定に用いられる．

b) **構　造**　図II-4のように金属製の弯曲した**フレーム** (frame) F の一方の腕に一端平面の金属片の**アンビル** (anvil) A を取りつけ，他方には表面に mm の目盛を施し裏面に雌ネジを刻んだ**スリーブ** (sleeve of barrel) B を固着し，これに 1/2 mm または 1 mm の歩みの**ネジ・スピンドル** (screw spindle) C をはめこみ，C の A に対する端面は A と平行に切ってある．また C に**シンブル** (thimble) D を固着し，D を回わすと C は腕の**案内輪** (guide bush) を通って出入する．D の一端の円錐面には，円周を 50 等分または 100 等分した目盛を施し，この目盛の零は A と C との端面が密着したときに，B の目盛の零と一致するようになっている．

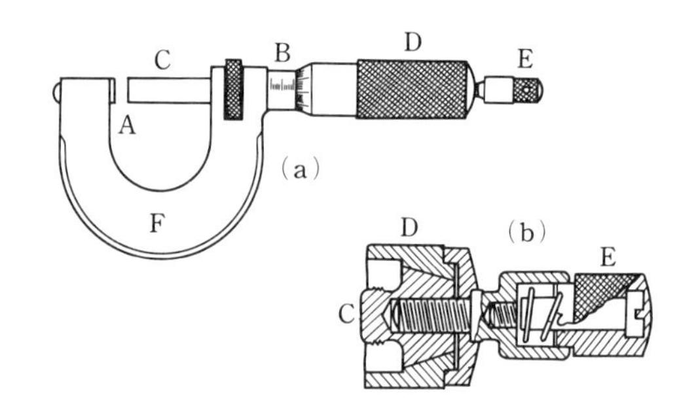

図 II-4 ネジ・マイクロメータ

なお，A に対して C を密着し，あるいは A, C 間に測る物体を挟み，それに C を押しつける際，A, C 間にあまり大きくない一定の圧力を加えて目盛を読む必要がある．多くの器械では，この測定圧を一定にするため，D の端に**駆動頭** (driving head) E が設けてある．E を持って回せば，D 内に収めたバネにより A, C 間の圧力が規定以上になると，E を回わしても E はバネをすべって空まわりして，C はそれ以上前進しない仕掛けになっている．

c) **用　法**　まず A, C の両端面を密着して，B と D との目盛の零が一致しているかどうかを確かめる．この際駆動頭を有する器械では，まず D を回して C を A に近づけ，A, C の間隔が僅かとなったのち E を持って回わし，A, C が接触して，E が空まわりし始めたときに目盛を検べる．もし目盛零の食い違いがあれば，これを読み取り，後に求める測定値に補正値として加減する．この食い違いは付属の調整棒で B を回わし零点を合わして測定してもよい．

つぎに，D を回して C を A から引き放し，A, C 間に測る物体を入れ，初めは D を，のちには E を回して A, C 間に物体を挟み，E が空まわりし始めたときの B の目盛から mm, D の目盛から 1/100 mm の読みを取る*．必要があれば，この読みに零目盛の補正を施して，これを求める測定値とする．

---

* 構造によっては，1/1000 mm まで測れるものもある．

駆動頭Eのない器械では，零目盛の検査のときにも，また物体をA, C間に挟むときにも，常にA, C間の圧力を一定にする必要がある．この圧力を大きくしすぎると，物体をひずまして誤差の原因となり，また器械を狂わすこととなる．駆動頭をもつ器械では，このような心配はいらない．

§4．球　　指

a）**用　途**　**球指**（たまざし）(spherometer) は球面の曲率半径，物体の厚さなどの測定に使用される．

b）**構　　造**　目盛尺Aを取りつけた金属製の3脚台Bの中央の雌ネジに，目盛円板C, ツマミHを有する鋼製の雄ネジSをはめた一種のネジ・マイクロメーターで，Sの先端は3脚の先端D, E, Fのつくる正三角形の中心を通る法線に沿うて上下する．AにはSの歩みに等しい目盛を施し，Cには円周を100等分または500等分した目盛が施してある．もしSの歩みが1/2 mmで，Cに500等分の目盛がつけてあれば，この球指で1/1000 mmまで測られる．球指には，測定の際に必要なガラスの平板がかならず添えてある．

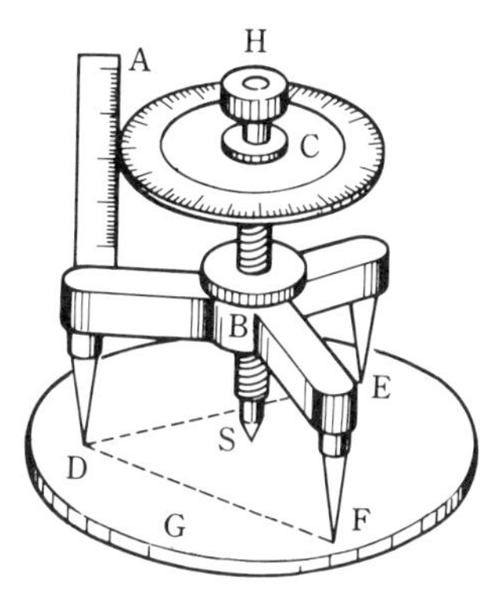

図 II-5　球　　指

c）**用　法**

物体の厚さの測り方　まず球指をガラス平板G上にのせ，右手で中心のネジSのツマミHを回わし，Sの先端をガラス面に接触させる．接触したかどうかは，左手で3脚のBの1脚を左右に押し動かし，その脚がSの先端を中心として回転し始めるかどうかで判断する．その後，目盛円板Cの目盛面に相対する目盛尺Aの目盛の読みと，Aの目盛面に対するCの目盛の読みを取る．ただし，Cの目盛面がAの目盛とちょうど一致しないときには，Cの目盛面のすぐ下の目盛を読む．

つぎに，SをもどしてSの先端とガラス板との間に測る物体を入れ，再びSの先端をまえと同様にして物体に接触させ，AとCとの目盛を読む．前後2回の読みの差を求めれば，これが物体の厚さを与える．

球面の半径の測り方　ガラス板上でSの先端がガラス面に接触したときのAとCとの目盛を読み，つぎにSをもどして測ろうとする球面上に球指をのせ，再びSの先端をこれに接触させたときのAおよびCの目盛を読み，前後の読みの差dを求める．つぎに，3脚の先端間の距離aを測る．これには球指を平らな紙の上に置き，これを軽く押して3脚の足跡を紙上に印し，球指を取除いて紙上の足跡を3頂点とする三角形の3辺の長さをカリパーで測り，その平均値をaとすればよい．以上のdおよびaの値を次式に入れて，求める半径 R を算出する．

$$R=\frac{a^2}{6d}+\frac{d}{2}. \qquad \text{(II·1)}$$

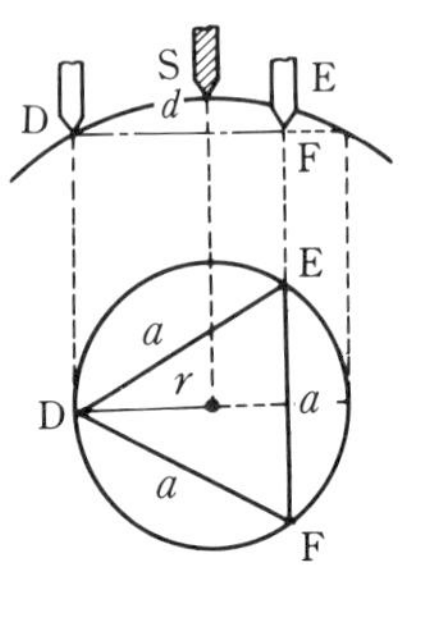

図 II-6

この証明は，3脚の先端 DEF の平面と球面との交わる円の半径を r とすれば，

$$r^2=d(2R-d)=2Rd-d^2. \qquad \text{(II·2)}$$

ところが，

$$r=\frac{2}{3}a\cos 30^\circ=\frac{\sqrt{3}}{3}a.$$

$$\therefore \quad r^2=\frac{1}{3}a^2. \qquad \text{(II·3)}$$

(II·3) を (II·2) に代入して，

$$\frac{1}{3}a^2=2Rd-d^2. \qquad \therefore \quad R=\frac{a^2}{6d}+\frac{d}{2}.$$

§5. 移動顕微鏡

a)　**用　途**　**移動顕微鏡** (travelling microscope) は小物体の長さ，または鉛直距離の測定に使用される．

b)　**構　造**　図 II-7 はその主要部を示す．目盛尺 S_1 を備えた支柱 P は台 B に垂直に立てられ，顕微鏡 M は止めネジ A で P に平行に，または直角に保たれて，ネジ C により S_1 に沿って上下に，また台に取りつけた目盛尺 S_2 に沿ってネジ D により左右に移動する．V_1, V_2 は副尺，F_1 および F_2 は水準用のネジ，L は水準器である．

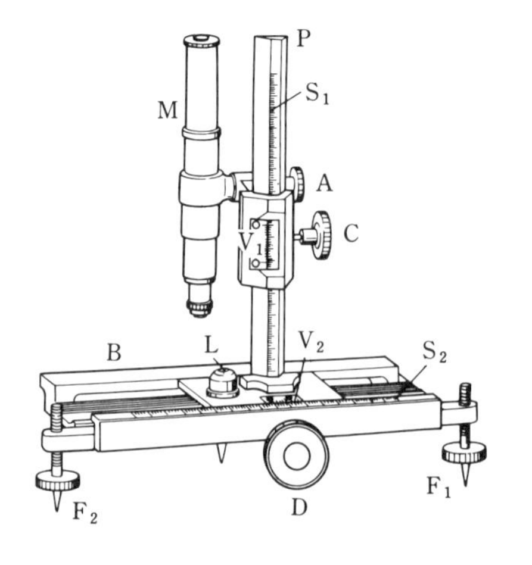

図 II-7　移動顕微鏡

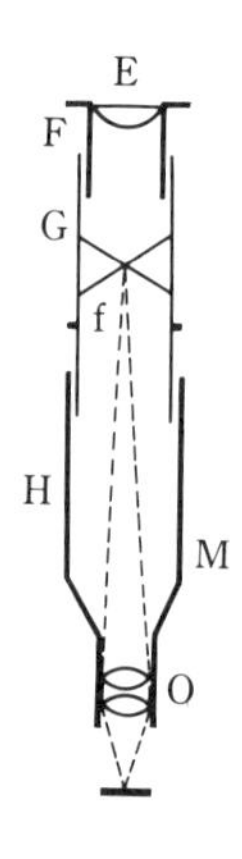

図 II-8

なお，M は図 II-8 に示すように 3 つの筒 F, G, H からなり，それぞれ接眼レンズ E, 十字線 f，対物レンズ O を備え，O の先端レンズを取りはずすか，または全部取り替えると，M を望遠鏡とすることができる．そして，これをネジ A で水平に支えて，S_1 に沿ってネジ C で上下するようにして使用すれば，移動顕微鏡を**卓上高低計**（table cathetometer）として鉛直距離の測定に用いられる．

c）移動顕微鏡としての調節と測定法

（1）顕微鏡の調節

（i）接眼レンズの焦点を十字線に合わすこと　接眼レンズ E の支持管 F を，十字線 f を備えた筒 G に対し抜き差しし，または回転して出し入れして，十字線を楽にはっきりと見えるように調節する．

（ii）対物レンズによって生ずる物体の像を十字線の平面内におくこと　顕微鏡 M を止めネジ A で支柱 P に平行に支持し，ネジ C で上下して台 B 上の測る物体をはっきり見えるようにする．そして接眼レンズの口径の許す範囲に大きく左右に，または前後に眼を動かしても，物体の像と十字線との間に相対的位置の変化がないように M の位置を調節する．これで，物体の像を十字線の平面内に結ばせたことになる．

この理由は図 II-9 において，2 点 P, Q に対し眼を E_1 から E_2 に動かせば，見かけ上 Q は P に対し角（$\alpha+\beta$）だけ左に，また P は Q に対し同じ角だけ右に移動する．このように眼の位置を変化するときに，1 標点に対して他の標点の位置が変化して見える現象を**視差**（parallax）という．視差は 2 点が離れているために生じ，2 点が一致すればなくなる．(ii) の調節は物体の像と十字線との間の視差をなくしたのであるから，像は十字線の面上に生じたことになる．

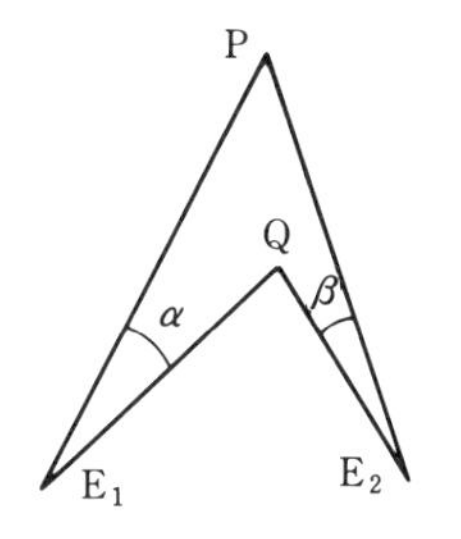

図 II-9　視差の説明

（2）測る物体またはその 2 標点を顕微鏡の移動方向と平行におく調節　まず，測る物体またはその 2 標点を顕微鏡 M の移動する方向と平行にして台 B 上にのせ，ネジ D で M を一方に送って物体の一端または 1 標点を十字線の交点に合わす．つぎに，D で M を他方に送り，十字線の交点が物体の他端または他の標点と一致するかどうかを検べる．もし一致しなければ，物体の位置をなおす．これを繰り返して，M を D で左右に移動しても常に十字線の交点が物体の両端または 2 標点と一致するように物体の位置を正す．

（3）測定法　以上の調節後，ネジ D で M を移動して十字線の交点を，測る物体の一端またはその 1 標点に合わせ，目盛尺 S_2 と副尺 V_2 とで M の位置の読み a を取る．つぎに，ネジ D で M を動かし，その十字の交点を物体の他端または他の標点に一致させ，M の位置の読み b を取る．$a\sim b$ から求める長さが得られる．この器械では，副尺を併用して 1/100 mm まで測られる．

d）卓上高低計としての調節と測定法

（1）**顕微鏡を望遠鏡とすること**　顕微鏡 M の対物レンズ系の先端レンズを取りはずすか，またはレンズ全部を望遠鏡の対物レンズと取り換えて顕微鏡を望遠鏡とし，これを止めネジ A で尺度柱 P に直角に支持する．

（2）**支柱を鉛直にする調節**　水準用のネジ F_1 および F_2 を左右の手で回わし，水準器 L の空気のあわを中央にくるようにすれば，台は水平となり，したがって支柱 P は鉛直となる．

（3）**望遠鏡の調節**

（i）**接眼レンズの焦点を十字線に合わすこと**　これは，前記の顕微鏡の場合と同様にすればよい．

（ii）**対物レンズによって生ずる物体の像を十字線の面内におくこと**　望遠鏡を通して物体を望み，その像がはっきり見え，しかもその標点と十字線の交点との間に視差がないように鏡筒の長さを加減すればよい．

（4）**測定法**　以上の調節後に，ネジ C で望遠鏡 M を上下に移動し，十字線の交点を測る 2 標点に順次合わせ，それぞれの望遠鏡の位置を目盛尺 S_1 と副尺 V_1 とで読み，前後の読みの差を求めれば，2 標点の鉛直距離が定まる．

注意 1　ネジによる可動部分の送り方　一般にネジで顕微鏡，望遠鏡などを左右に，または上下に送り，その位置を目盛尺で読みとる場合に，それを送り動かす方向を，あらかじめ一方向に定めておき，もし目標の位置よりも少し送りすぎたならば，大きく後もどしして，再び定められた方向に少しずつ送って目標の位置に落ちつかせて読みを取るようにする．このようにしないと，ネジのガタにより読みに誤差を生ずる．

注意 2　水準ネジの扱い方　2 つの水準ネジ F_1, F_2 を回わし，水準器 L の空気のあわを F_1F_2 の方向に，右または左から移して中央にくるように調節し，器械の水準を正す場合がよくある．このような場合，必ず両手を用い，F_1, F_2 をそれぞれの食指と親指とで持ち，互に反対方向に同じ角ずつ回転するようにする．このようにすれば，左右均等に一方は高まり他方は低まり，早く調節できる．そしてこの際，左手の親指の動く方向にあわが動く．水準を正す調節は多くの器械に必要であるから，ネジの回転方向とあわの移動方向との関係を心得ておくと便利である．

図 II-10　水準の調節

§6．光の挺子（てこ）

a）**用　途**　**光の挺子**（optical lever）は薄板の厚さ，物体の長さまたは高さの微小な変化などの測定に用いられる．

b）**構　造**　図II-11のように3脚 L_1, L_2, L_3 を有する金属板P上に支柱を設け，これに小さい鏡Mを取りつけたものである．ただし．3脚の先端は二等辺三角形（L_2L_3 が底辺）をなし，L_2, L_3 は同じ長さ，Mの面は L_2, L_3 を結ぶ直線に平行である．

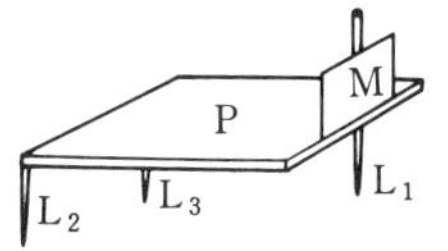

図 II-11　光の挺子

c）**原理および測定法**　3脚を有する光の挺子で薄い板の厚さを測るには，光の挺子をガラス平板G上にのせ，1～2mの距離に望遠鏡Tと目盛尺Sとを対置する．TとSとの組合わせは，物体の回転角を測るのにしばしば用いられ，この組合わせの便利な装置が売出されている．挺子の脚 L_1 の端が直接G面上にある場合と，その間に試料の板を差し入れた場合とで，それぞれMに映るSの目盛像をTを通して望み，十字線の交点の示す読み a および b を取る．$b-a$ は薄い板を差入れたためにMが回転し，Tを通して見る目盛像がS上で移動した距離を示す．いま，Mの回転角を α とすれば，反射の法則により反射光線の回転角は 2α に等しいから，M, S間の距離を D とすれば，

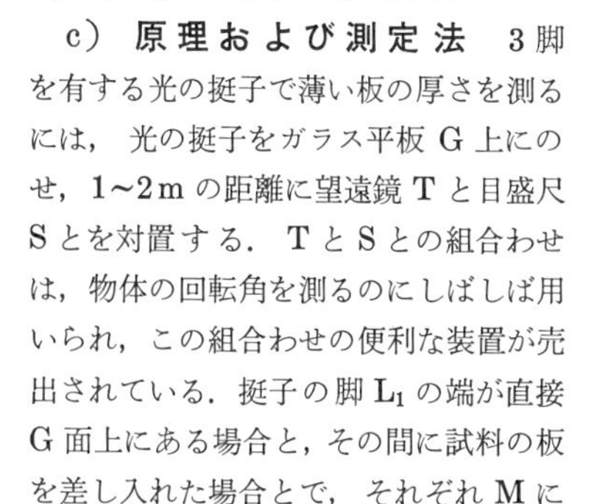

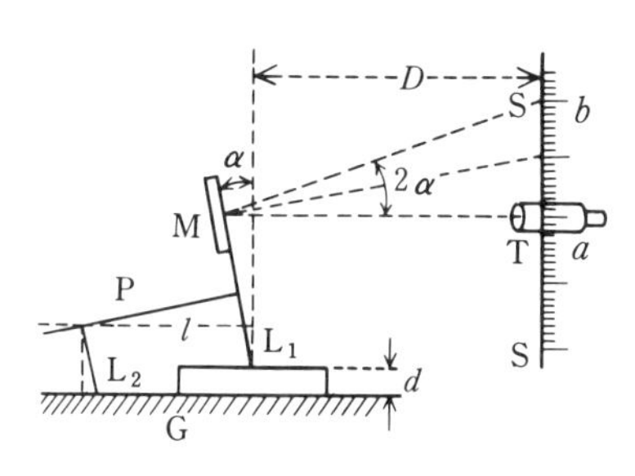

図 II-12　光の挺子による測定

$$\tan 2\alpha \approx 2\alpha = \frac{b-a}{D}, \qquad \therefore \quad \alpha = \frac{b-a}{2D}. \qquad \text{(II·4)}$$

故に，L_1 から L_2, L_3 を結ぶ直線までの距離を l とすれば，

$$\text{薄板の厚さ} \quad d = l \tan\alpha \approx l\alpha \qquad \text{(II·5)}$$

すなわち，

$$d = l(b-a)/2D. \qquad \text{(II·6)}$$

したがって D, l および $(b-a)$ を測れば，上式から d が定まる．D は巻尺を使用して測れば充分である．また l は，挺子を平らな紙上にのせて軽く押し，紙上に生じた3脚印の形成する二等辺三角形の高さをカリパーで測って求める．以上の測定において，試料の薄い板を L_1 とGとの間に差入れる際に，L_2, L_3 の先端が滑ってその位置を変化しないように注意しなければならない．

注意　ときとして，ひし形の金属板Pの両端に同長の脚 L_1, L_1' をつけ，中央にそれより僅かに長い同長の2脚 L_2, L_3 をつけて，板上に L_2, L_3 を結ぶ直線に沿って小鏡Mを取りつけたものを使うこともある．この場合は，挺子をG面上に

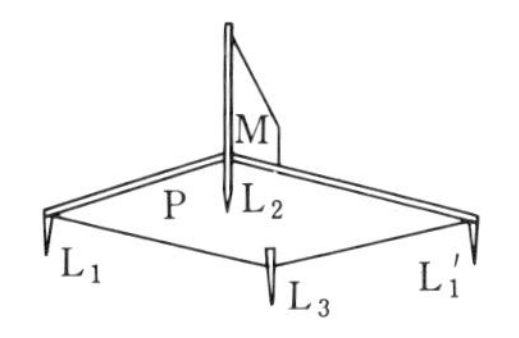

図 II-13

のせて，それぞれ L_1 または L_1' を L_2, L_3 とともに G 面に直接触れさせ，T によって S の反射像の読み a および b を取り，さらに，L_2, L_3 の下に試料の薄い板を差し入れ，同様にしてそれぞれ L_1 または L_1' を G 面に触れさせ，読み A および B を取れば，薄板の厚さ d は次式によって求められる．すなわち，

$$d = l\{(B-A)-(b-a)\}/4D. \qquad \text{(II·7)}$$

ただし，l は L_1, L_1' 間の距離の半分で，D は S, M 間の距離を示す．

§7．面　積　計

a）**用　途**　平面上で任意の曲線で囲まれた図形の面積を測るために使用される．

b）**構　造**　図 II-14 は Amsler の**面積計**（planimeter）の構造を示す．金属の腕 BC と AO とは回転軸（pivot）A で連結され，O には器械全体をそこを中心として動かすために**極**（pole）と呼ばれる**固定針**を取りつけ，B には閉曲線を追跡するための**追跡針**（tracer）がつけてある．なお，O には固定針を紙面に押しつけるために錘 W をのせ，B には追跡針で閉じた曲線を追跡する際に紙面および図形を傷つけないように小さい支柱 K が設けてある．A, B 間の長さは，BC にはめた金属の鞘(さや) E および F を止めネジ G と呼びネジ H とで適当に抜き差しして加減できる．E の下にある**回転車** R の

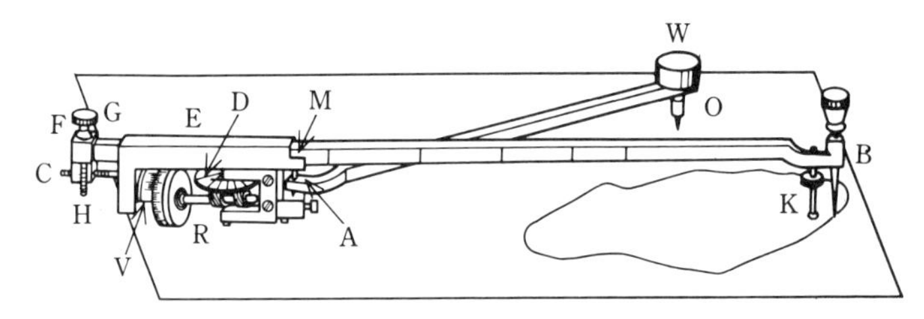

図 II-14　面　積　計

回転軸は腕 BC に平行であり，したがって R は BC に直角な分運動だけによって回転する．また R の回転は，R に取りつけた目盛円筒と副尺 V とにより 1 回転の 1/1000 まで読み取られ，R の回転数は**ウォーム・ギヤ**（worm gear）で回わる**数取車** D（record wheel）の目盛から読まれる．

この面積計は平面上では図 II-14 のように全体が固定針 O, 追跡針 B の先端および回転車 R の接点の 3 点で支えられる．追跡針 B で閉じた曲線を追跡して 1 周したときの回転車 R の回転数を 1 回転

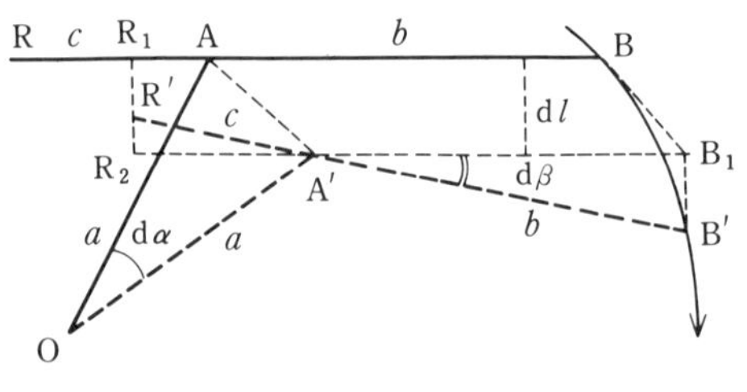

図 II-15

1000 単位として読めば，これから求める面積が簡単に算出される．

c）原　理　いま，図 II-15 のように追跡針を曲線に沿って B から B′ まで僅かに動かしたとする．この際 AB の運動は，$A'B_1$ への並進運動と A′B′ への回転運動からなると考えられる．いま，$\mathrm{OA}=a$，$\mathrm{AB}=b$，$\mathrm{AR}=c$ とし，腕 OA および BC の回転角をそれぞれ $\mathrm{d}\alpha$ および $\mathrm{d}\beta$，BC の平行移動距離を $\mathrm{d}l$ とすれば，

$$\text{OA, AB の描く全面積}\quad \mathrm{dA}=\triangle \mathrm{AOA'}+\square \mathrm{ABB_1A'}+\triangle \mathrm{B_1A'B'}$$

$$=\frac{1}{2}a^2\,\mathrm{d}\alpha+b\,\mathrm{d}l+\frac{1}{2}b^2\,\mathrm{d}\beta. \qquad (\mathrm{II}\cdot 8)$$

$$\text{回転車 R の変位}\quad \overline{\mathrm{RR'}}=\overline{\mathrm{RR_1}}+\overline{\mathrm{R_1R'}}. \qquad (\mathrm{II}\cdot 9)$$

$\overline{\mathrm{RR_1}}$ は腕 BC の方向すなわち回転車 R の車軸の方向の変位で，R の回転には関係しない．ただ $\overline{\mathrm{R_1R'}}$ だけが問題となる．故に，

$$\text{回転車 R の回転距離}\qquad \mathrm{d}s=\mathrm{d}l-c\,\mathrm{d}\beta. \qquad (\mathrm{II}\cdot 10)$$

(II·8) および (II·10) から，

$$\mathrm{d}A=a^2\,\mathrm{d}\alpha/2+(b^2/2+bc)\mathrm{d}\beta+b\,\mathrm{d}s. \qquad (\mathrm{II}\cdot 11)$$

故に，追跡針 B が閉じた曲線に沿って 1 周する場合に，腕 OA および BC の描く面積を A とすれば，

$$A=\frac{a^2}{2}\int \mathrm{d}\alpha+\left(\frac{b^2}{2}+bc\right)\int \mathrm{d}\beta+b\int \mathrm{d}s. \qquad (\mathrm{II}\cdot 12)$$

この値を計算するに当たって，極 O すなわち固定針が閉曲線の外にある場合と，内にある場合とに分けて考える．

（1）**極 O が閉曲線の外にある場合**　この場合は，図 II-16 から明らかに，

$$\int \mathrm{d}\alpha=0,\ \text{および}\ \int \mathrm{d}\beta=0.$$

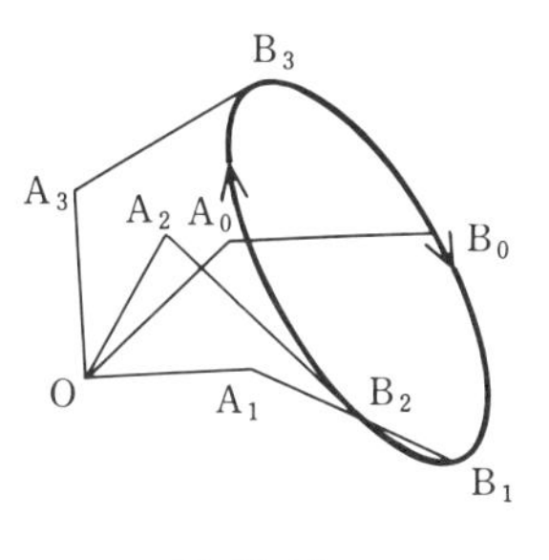

図 II-16

故に，回転車 R の半径を r とし，追跡針が閉曲線を 1 周する間に回転車 R のまわる回転数を N とすれば，

$$A=b\int \mathrm{d}s=b\times 2\pi rN.$$

すなわち，　$A=kN$，ただし $k=2\pi rb$.　　(II·13)

すなわち，極 O を閉曲線外において，追跡針で閉曲線を時針の方向に 1 周したとき，閉曲線で囲まれた面積は，回転車の回転数 N に器械の定数 $k(2\pi rb)$ をかけた値に等しい．

（2）**極 O が閉曲線の内にある場合**　このときは，図 II-17 に見る通り，

$$\int \mathrm{d}\alpha=2\pi,\quad \int \mathrm{d}\beta=2\pi,\quad \int \mathrm{d}s=2\pi rN.$$

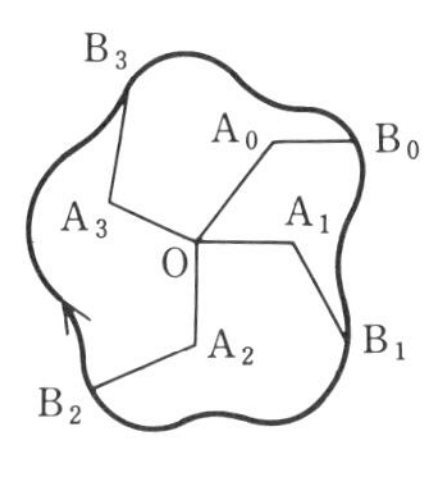

図 II-17

故に，(II·12) 式から　$A = \pi(a^2+b^2+2bc)+2\pi rbN$

$$\left.\begin{array}{ll} \text{すなわち,} & A = A_0+kN, \\ \text{ただし,} & A_0 = \pi(a^2+b^2+2bc), \quad k = 2\pi rb. \end{array}\right\} \quad \text{(II·14)}$$

A_0 は OR と AB とを直角に保ちながら，B が描く円の面積を示す．なぜならば

$$\pi(a^2+b^2+2bc) = \pi\{(a^2-c^2)+(c+b)^2\} = \pi(\mathrm{OB})^2.$$

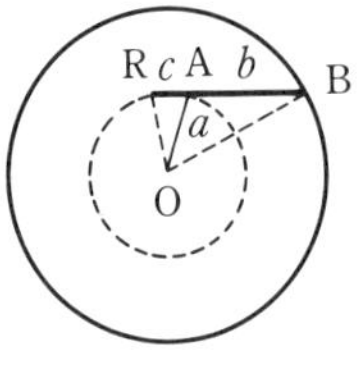

また，この円に沿って B が動くとき，回転車 R は少しも回転しないから $N=0$ となる．この意味で，この円を**零円** (zero circle) という．B を曲線に沿って時針の方向に追跡するものとすれば，曲線が零円の外にあれば N は正となり，内にあれば N は負となる．したがって (II·14) から，つぎの結論をうる．すなわち，極 O を閉曲線内に置いて，追跡針を閉曲線に沿って時針の方向に 1 周させれば，閉曲線で囲まれた面積 A は，回転車の回転数に器械の定数 ($2\pi rb$) をかけたものと，零円の面積 A_0 との和で与えられる．

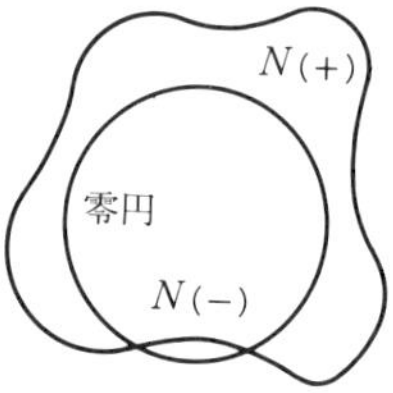

図 II-18

図 II-19

d）乗数および定加数

極 O の位置が閉曲線の外か，あるいは内かにより，求める面積は，

$$\left.\begin{array}{l} A = N\times k, \ \text{ただし} \quad k = 2\pi rb, \\ A = (N+n)\times k, \ \text{ここに} \quad n = \dfrac{A_0}{k}. \end{array}\right\} \quad \text{(II·15)}$$

で示されるから，k と n とが既知ならば N を読み，A が容易に求められる．k を**乗数**と呼び，n を**定加数**と呼ぶ．これらの値は同じ器械についても，追跡針を有する腕すなわち追跡腕 AB の長さ b によって異なる．ふつう追跡腕の前側面には腕の長さ b を規定する標線 m が印され，それぞれの標線の位置に乗数と縮尺とが刻まれ，その上側面には定加数が刻まれている．器械によっていろいろ異なるが，図 II-20 はその一例を示す．

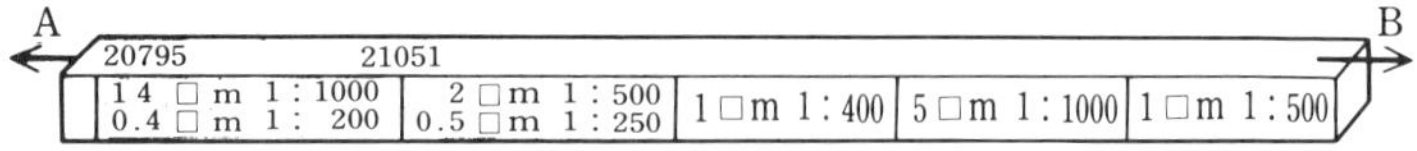

図 II-20

e）測　定　法

（1） まず，測る面積を記入した図面を画板または平らな木板にピンで張りつける．図面の縮尺と追跡腕 AB に刻まれた縮尺とがよく合う標線 m を選び，鞘 E をネジ G および H を利用して動かし，E の標線 M を腕の標線 m に一致させる．

（2） 図面上で問題の閉曲線に沿って追跡針 B を 1 周させるに都合のよい適当な点に固定針 O を置き，閉曲線上に 1 標点 B_0 を記し，そこに追跡針 B をのせる．つぎに，回転車 R の読みすなわち数取車 D の目盛 a を 1 目盛 1000 単位の割合で読む．これにはその 1 位を副尺 V で，10 および 100 位を R の目盛円筒で，1000 位を D の目盛で読めばよい．その後 B を時針の方向に閉曲線上を 1 周させ，B が B_0 点にもどったときに

再び D の目盛 b を前と同様にして読む．ただし D が10の目盛以上まわったときには，その読みに10000を追加する必要がある．前後2回の D の読みの差 $b-a$ は，R のその間の正味の回転数 N を与える．固定針が閉曲線内にあるときには，N は負となることもありうる．

（3） R の回転数 N から，つぎの関係に従って，問題の閉曲線で囲まれた面積を算出する．

（i） 固定針 O が閉曲線外にある場合は

$$\left.\begin{aligned}&\text{図面に表された縮尺前の面積} = N\times\text{乗数},\\&\text{図面に示されたままの現尺の面積} = N\times\text{乗数}\times(\text{縮尺})^2.\end{aligned}\right\}\qquad(\text{II}\cdot 16)$$

（ii） 固定針 O が閉曲線内にある場合は

$$\left.\begin{aligned}&\text{図面に表された縮尺前の面積} = (N+\text{定加数})\times\text{乗数},\\&\text{図面に示されたままの現尺の面積} = (N+\text{定加数})\times\text{乗数}\times(\text{縮尺})^2.\end{aligned}\right\}\qquad(\text{II}\cdot 17)$$

注意　測定の正確を期する場合には，あらかじめ，つぎの調節，検定を要する．

（i） R の回転軸が追跡腕に平行かどうかを調べ，その調節を行うこと，

（ii） 乗数及び定加数が正しいかどうかを調べ，その検定を行うこと．

§8. 液体温度計

a） **構造と原理**　取扱いの最も簡単な温度計は液体温度計であるが，そのうちでも**水銀温度計**（mercury thermometer）は最も広く用いられる．これは水銀がガラス面をぬらさないこと，水銀温度計の目盛に水の沸点と氷点とを基準の定点として利用できることなどの利点があるためである．しかし，破損したとき，有害な水銀の回収が困難なことが欠点である．

水銀温度計の構造はよく知られているように，ふつう厚肉のガラスの毛細管の下端を膨らして，肉の薄い円筒状，または球状とし，これに適量の水銀を入れ，排気して上端を封じ，毛細管部に温度の目盛を施したものである．これは**棒状水銀温度計**と呼ばれるが，この他に薄肉の毛細管を用い，毛細管の背後に目盛板を取りつけ，その外側を別なガラス管で覆った．いわゆる**二重管水銀温度計**と呼ばれるものもある．

図 II-21　水銀温度計

0°C のときに，温度計内の水銀の体積，すなわちこれを包容している球部と毛細管の一部との容積を v_0 とし，温度計を θ°C の物体中に差入れたとき，膨張して水銀の体積が v_θ となり，前記のガラスの容積が v_θ' になったとすれば，

$$v_\theta \doteqdot v_0(1+\beta\theta),\quad v_\theta' = v_0(1+3\alpha\theta).\qquad(\text{II}\cdot 18)$$

ここに，β および α はいずれも 0°C と θ°C との間における水銀の平均の**体膨張率**およびガラスの平均の**線膨張率**を示す．したがって，水銀はガラスに対し見かけ上

$$v_\theta - v_\theta' = v_0(\beta-3\alpha)\theta\qquad(\text{II}\cdot 19)$$

だけ膨張し，毛管内に水銀糸となって上昇する．故に毛管部に適当な温度の目

盛が施してあれば，水銀糸の先端の位置から温度を読みとることができる．

b）温度目盛　水銀温度計の目盛は温度計を鉛直にして，水銀球を図II-22のように1気圧のもとに融解し，しかもとけた水を除いた氷の中に差し入れたときと，図II-23のように温度計を1気圧のもとに沸騰する水から立ち昇る水蒸気中に入れたときとに，水銀糸の先端の示す位置をそれぞれ定点として，これを0°Cおよび100°Cと定め，その間の管の長さを100等分して目盛りし，1目盛の温度差を1°Cとする．

図 II-22　氷点

しかし，一般に毛細管の太さは一様でなく多少の不同があるから，このような目盛では，1目盛ごとの毛細管の容積は均等になっていない．そのうえ水銀およびガラスの膨張係数は温度によって異なり，実際上は（II·18）のように体積と温度との関係は直線的とならない．したがって水銀温度計の目盛がたとえ理想通りに2定点間の毛管の容積を等分するように施してあり，かつその示度が2定点において熱力学的温度と一致するとしても，2定点以外の温度においては一致するとは限らない．さらに，ガラスは**熱的余効**（thermal after effect）のために時日の経過とともに多少収縮する傾向があるから，示度に狂いを生ずる．これを**経年変化**（annual change）という．

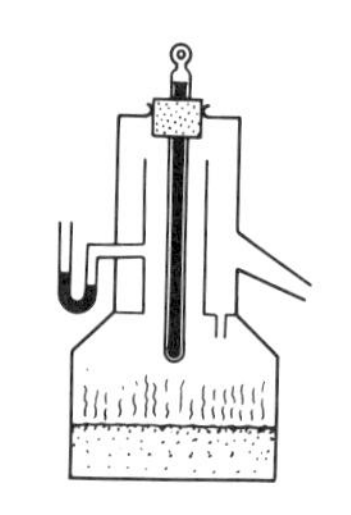

図 II-23

故に水銀温度計で厳密に温度を測るためには，定点の狂いを検査し，かつ毛管の太さが一様でないための目盛の誤差を検定しておくか，あるいは恒温槽内で標準の温度計の示度と比較して較正表を作っておくかして，水銀温度計の示度の読みを補正する必要がある．

c）使用上の注意

（1）**零点降下**　ガラスは熱的余効のための経年変化の他に，一時的にも示度に狂いを与える，例えば，水銀温度計を初めに0°Cに保ち，いちど100°Cに熱したのち再び0°Cにもどすと，その示度は0°Cよりも低い温度を示す．このような一時的な示度の狂いを**零点降下**という．良質なガラスでは零点降下は小さいが，ふつうの温度計では，このための多少の狂いは避けられない．故に，これをなるべく小さくする意味で，高低の2温度を測る際には，まず低温を測り，つぎに高温を測るようにすることが大切である．

（2）**圧力の影響**　水銀球を液中深く差し入れあるいは高圧または低圧中に差し込んで温度を測る場合には，圧力の影響によって示度に狂いが生ずる．このような場合には，温度計の読みに対して外圧を1気圧に引き直すための補正を要する．この他水銀糸の長さにより球部に加わる圧力が異なるが，この影響は微小である．しかし，水銀温度計では，これを鉛直に支えて目盛を定め，または目盛の比較較正を行うから，厳密には，温度計を鉛直に支持して示度を読むのが，正しい扱い方である．

（3）**目盛の読み方**　厚肉の毛管を用いた棒状温度計では，視差なく示度を読む必要がある．視差を避ける最も簡単な方法としては，毛管部の背後に小さな鏡をゴムバンドで取りつけ，視差なく目盛を読むようにするとよい．

また水銀糸の先端が上昇，降下する際，毛細管現象のために非連続的に飛躍することがある．このような場合には，毛管を指先で軽く打ち，水銀糸の先端を正しい位置に落ちつかせて示度を読めばよい．

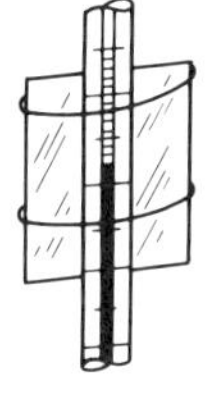

図 II-24
目盛の読み方

（4）**示度の遅れ**　水銀球の部分はガラスの肉を薄くし，かつ水銀の質量に対して表面積がなるべく大きくなるような形状に作り，熱の伝導をよくしてあるが，熱容量が大きいために，外周の温度と等しくなり，熱学的平衡を保つまでに，時間の遅れがある．この遅れは温度を測る外周の物質にも関係し，液体や気体の場合には，相当に大きい．

いま，測ろうとする温度を Θ，時刻 t における温度計の示度を θ とし，示度の変わる速さが温度差に比例するものとすれば，

$$d\theta/dt = (\theta-\Theta)/k. \tag{II·20}$$

ここに，k は温度計と外周の物質とによって定まる定数を示す．もし，$t=0$ のときの示度を θ_0 とすれば，

$$\Theta-\theta = (\Theta-\theta_0)e^{-\frac{t}{k}} \tag{II·21}$$

故に，k は $(\Theta-\theta)/(\Theta-\theta_0)$ が $1/e$ となる時間を示し，k の値により遅れの大小が表される．k は，ふつうの水銀温度計が液体中にあるときは数秒，気体中にあるときは数分となる．

このように示度に遅れがあるから，十分に時間をかけて温度計の示度を読まなければならない．したがって，温度が急激に変化する場合は，水銀温度計は役にたたない．

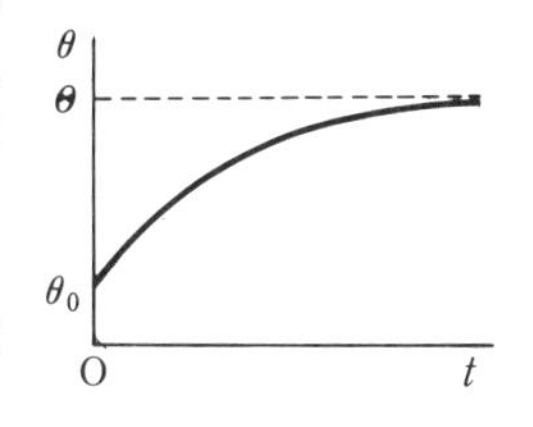

図 II-25

（5）**露出部の補正**　水銀温度計では図II-22および図II-23に見るように，毛管内の水銀糸の先端までの0°C 氷の中と，100°C の水蒸気の中に没して2定点を定め，それから目盛を刻む．故に，水銀温度計で物体の温度を測る場合も，水銀球だけでなく水銀糸の先端まで物体中に差し込んで示度を読むのが正しい．しかし，実際上は水銀球の部分だけを物体中に差し入れ，毛管部を外に露出して測る場合が多い．この場合に，もし外部の温度が測る物体の温度より低ければ，水銀温度計の示度は真の温度より少し低くなり，これに反して，外部の温度が高ければ少し高くなる．したがって，水銀温度計の示度に対して**露出部の補正**を要する．

いま，測る物体の温度 $=\Theta$°C，水銀温度計の示度 $=\theta$°C，露出部の平均温度 $=\theta_0$°C，

水銀糸の露出目盛度数 $=n$，1°C 目盛ごとの毛細管の容積 $=v$，

かつ $\Theta>\theta_0$ とし，仮りに水銀糸の露出部も水銀球と同様に全体が Θ°C に熱せられるとすれば，露出部の n 目盛の水銀糸の体積は見かけ上 $nv(\Theta-\theta_0)(\beta-3\alpha)$ だけ増加する．ここに α および β は (II·18)，(II·19) におけると同じ量を示す．故に，測る物体の真の温度 Θ°C は温度計の示度 θ°C に $n(\Theta-\theta_0)(\beta-3\alpha)$°C を追加したものに等しい．すな

わち，

$$\Theta=\theta+n(\Theta-\theta_0)(\beta-3\alpha). \qquad (II\cdot 22)$$

Θ と θ とが大差ない場合には，

$$\Theta=\theta+n(\theta-\theta_0)(\beta-3\alpha). \qquad (II\cdot 23)$$

故に　　　　　露出部の補正　$\Delta=n(\theta-\theta_0)(\beta-3\alpha). \qquad (II\cdot 24)$

θ_0 は露出部におかれた別な温度計の示度をとればよい．試みに $\theta=50°$，$\theta_0=20°C$，$\beta-3\alpha=0.00016\,deg^{-1}$，$n=40$ として Δ を求めれば，$\Delta\approx0.2°C$ となる．故に場合によっては，この補正は軽視できない．

（6）**目盛の検査**　目盛には誤差があり，また，経年変化によっても狂いを生ずる．故に，目盛を検査しておく必要がある．

これには，毛管自身の太さの不同を調べ，太さに応じて目盛を補正する方法もあるが，これよりもむしろ，正確な電気抵抗温度計のような二次的な標準温度計で検定された温度計（例えば，経年変化の微小なエナ・ガラス 59^{III} で作られたもの）と水銀温度計とを恒温槽内に並立し，いろいろな温度における示度を比較して較正表，または較正曲線を得る方法が一般に採られている．

§9．水銀気圧計

a）Fortin 型気圧計

水銀気圧計（mercury barometer）は長さ約1mの一端を閉じたガラス管に水銀を満たし，開端を押さえて水銀容器に浸して鉛直に倒立したとき，管の上部に Torricelli の真空を残して止まる水銀柱の高さを測って，その場所の気圧を求める装置である．

Fortin の気圧計は最も広く用いられる．その構造は図 II-26 に示すように，水銀容器の側壁Aをガラスの円筒として，内部の水銀面を見易くし，その底の皮袋BをネジCで支えて，水銀面の高さの調節を容易にし，容器のふたDには象牙の針Nを取りつけて，その先端を水銀柱の高さを測る基準とする．ふたとガラス管Gとのすき間には皮の覆いEをかぶせて，水銀の流出，ごみの侵入を防ぐとともに，皮の気孔を通して内外の空気を流通させる．ガラス管Gには真鍮の保護管Fを着せ，その上部に水銀柱の高さを読むための長方形の窓を設け，その縁には針Nの先端を規準とした mm の目盛を施し，窓の中にはネジSによって上下する副尺Vを備える．最下端にあるネジCの受け金は，気圧計の懸垂板から突出する金属環R内にあり，環には気圧計を鉛直にしたのちに，それを固定する3個のネジTが添えてある．

b）測定の順序

（1）まず，気圧計に付属する温度計で気温 t_1 を測る．

（2）つぎに，気圧計を鉛直に懸垂するように調節する．これには，ネジTを順次1個ずつゆるめて，そのたびごとに気圧計が動くかどうかを調べ，どのネジをゆるめても全く動かないようにネジを加減すればよい．

（3）　さらに，ネジCをまわして，容器内の水銀面が針Nの先端に接触するように調節する．これにはいろいろな方法があるが，ふつうはネジCで水銀面を上下すると共に，容器の側壁Aを通して懸垂板の白色ガラス面を背景に，水銀面を常に一直線に見るように望み，水銀面を針Nの先端に接触させればよい．

（4）　ネジSで副尺Vの下端を水銀柱の弯曲表面の頂点に一致させ，水銀柱の高さをmmまでは主尺で，端数は副尺で読む．副尺は図II-27のように前後2枚の板V, V′からなり，両下端が同じ水平面上にあるから，懸垂板の白色ガラス面を背景として，常にV, V′の下端を一直線となるように望みながらネジSを調節して，読みをとる．

（5）　(3)の調節および(4)の観測を数回繰返して，その平均値を求める．最後に，再び付属温度計で気温 t_2 を測り，t_1 と t_2 との平均値 t を観測中の気温とする．以上で，温度 t°C における観測地点の気圧を示す水銀柱の高さ H_t を得たことになる．しかし正確な気圧を示すには，これにつぎのような補正を要する．

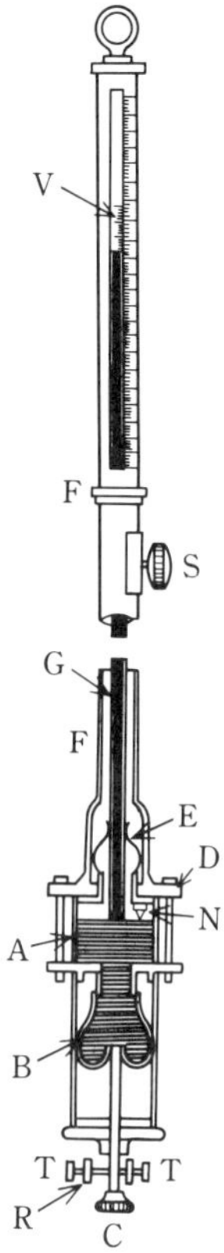

図 II-26 水銀気圧計

c）　気圧計の読みに対する補正

（1）　**温度の補正**　　まず，第1に気圧計の読みに対して温度の補正をし，0°Cの密度の水銀柱の高さに換算するとともに，目盛尺の目盛の熱膨張に対する補正が必要となる．

いま，目盛尺の目盛は T°C において正しく刻んであるものとし，目盛尺の膨張係数を α とすれば，

$$H_t\{1+\alpha(t-T)\}\rho_t = H_0\rho_0. \qquad \text{(II·25)}$$

ここに，H_0 は温度補正をした水銀柱の高さ，ρ_t および ρ_0 は，それぞれ t°C および 0°C のときの水銀の密度を示す．また，水銀の体膨張係数を β とすれば，

$$\rho_t = \rho_0/(1+\beta t). \qquad \text{(II·26)}$$

$$\therefore\quad H_0 = H_t\{1+\alpha(t-T)\}(1+\beta t)^{-1}$$
$$= H_t\{1-(\beta-\alpha)t-\alpha T\}. \qquad \text{(II·27)}$$

ふつう，目盛尺は0°Cにおいて正しく目盛してある．故に，$T=0$ として，

$$H_0 = H_t\{1-(\beta-\alpha)t\} = H_t - H_t(\beta-\alpha)t. \qquad \text{(II·28)}$$

すなわち，

t°C のときの読み H_t に対する温度補正 $= -H_t(\beta-\alpha)t$. (II·29)

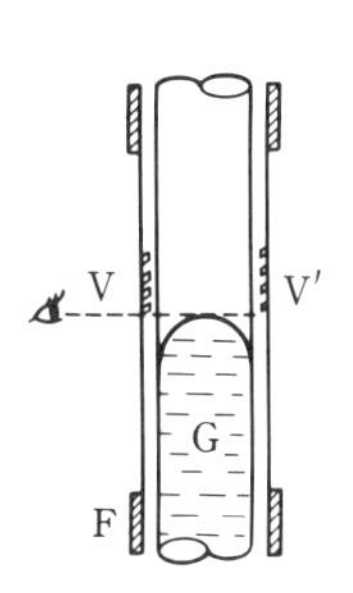

図 II-27

真鍮の目盛尺のときは，$\beta-\alpha = 0.0001635\,\mathrm{deg}^{-1}$ として計算すればよい．上記の補正値は，**気象常用表**中に記載の $H_t(\beta-\alpha)t$ の補正表を利用すれば，計算の面倒なしに簡単に求められる．

（2） **付属の温度計の示度，表面張力，蒸気圧などに対する補正**　前述 (1) の補正を求めるにあたり，あらかじめ t および H_t に対して，つぎの補正を行なう必要がある．

付属の温度計の示度の誤差は実験的に定めるよりも，気圧計の検定に際し気象台からつけられた温度計の示度較正表を利用して補正する方が簡便である．また表面張力のため，水銀柱の彎曲表面は少し降下する．たとえば，管径が 1 cm のときは最大 0.4 mm も降下する．したがって，この降下に対し，水銀柱の高さの読み H_t に補正を加える必要がある．これも高さの読み H_t に対する検定書の補正表を活用するとよい．しかし，管の直径が 2.5 cm もあれば水銀柱の彎曲表面の頂上は平面となるから，このような補正は無用であるが，価額の点であまり太い管は使われていない．このほか僅かではあるが，水銀の蒸気圧による誤差も補正しなければならない．それで，製作の際目盛尺の目盛の零を針 N の先端と一致させずに，少しずらしておくのがふつうである．要するに，前記の補正表を使えば，これらの誤差は補正される．

（3） **重力の補正**　このようにして求めた観測地点の水銀柱の高さ H_0 は，標準重力加速度 $g_n = 9.80665\,\mathrm{m/s^2}$ における水銀柱の高さ H_n に換算しなければならない．観測地の重力の加速度を g とすれば，同じ圧力を与える水銀柱の高さは重力に逆比例するから，

$$H_n = H_0(g/g_n). \tag{II·30}$$

観測地の g は表によって調べる．表に記載されていない場合は，近くの地点の値から内挿法によって求めるのも一方法である．また Hermert の公式によれば，緯度 φ，海抜 h m の地点の g の値は，

$$g = 9.80619(1-0.00265\cos 2\varphi-0.000\,000\,196\,h) \tag{II·31}$$

これらの方法によれば 10^{-4} 程度の精度で g が求められる．

$$\begin{aligned}\therefore\quad H_n &= H_0(1-0.00265\cos 2\varphi-0.000\,000\,196\,h)\\ &= H_0-0.00265\cos 2\varphi H_0-0.000\,000\,196\,hH_0\end{aligned} \tag{II·32}$$

第2項および第3項はそれぞれ緯度および海抜に対する補正を示す．いずれも微小な値であるから，H_0 のかわりに便宜上 H_t を用いて計算してよい．

§10. 乾湿球湿度計（乾湿計）

a） **乾湿球湿度計**　空気中に現存する水蒸気の圧力を p，現在の温度 t°C に対する飽和水蒸気圧を P とすれば，湿度 H は次式で示される．

$$H = \frac{p}{P}\times 100. \tag{II·33}$$

t°C における P の値は実測値表により既知であるから，結局 p を求めれば，H が定められる．露点を測って p を求める**露点湿度計（露点計）**と乾球および湿球の両温度計の示す温度差から p を求める**乾湿球湿度計**（wet and dry bulb hygrometer）（**乾湿計**）とがあるが，ふつう後者が広く使用される．

乾湿計は2本の同形の温度計からなり，一方の温度計の水銀球は粗い目の薄い布たとえば寒冷紗（かんれいしゃ）で包まれ，布の一端または太い結びひもが水つぼの中に浸されている．

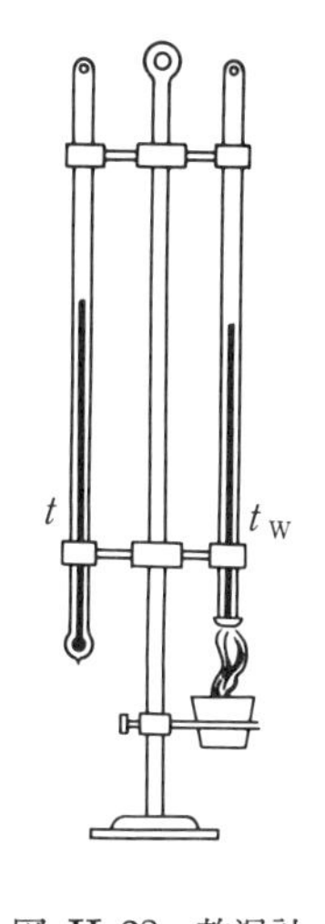

図 II-28　乾湿計

いま，乾球および湿球の両温度計の示度をそれぞれ t および t_w°C とすれば，湿球面から水分が蒸発するために $t_w<t$ となる．湿球から毎秒蒸発する水量を m とすれば，

$$\text{湿球の毎秒失う熱量}\quad q = am. \tag{II·34}$$

ここに a は定数を示す．ところが，気圧を B，空気中に現存する水蒸気の圧力を p, t_w に対する飽和水蒸気圧を P_w とすれば，m は，

$$m = b(P_w - p)/B \tag{II·35}$$

の関係で示される．ただし，b は定数を表す．故に，

$$q = c(P_w - p)/B,\quad \text{ここに}\quad c = \text{定数}. \tag{II·36}$$

また，湿球が周囲から毎秒受ける熱量を q' とすれば，

$$q' = d(t - t_w),\quad \text{ここに}\quad d = \text{定数}. \tag{II·37}$$

湿球温度計の指度は $q = q'$ となって一定する．故に，

$$A(t - t_w) = (P_w - p)/B,\quad \text{ここに}\ A = \text{定数}. \tag{II·38}$$

$$\therefore\quad p = P_w - A(t - t_w)B. \tag{II.39}$$

実際は A は定数でなく湿度および通風によって数値が異なる．Angot は A が $t-t_w$ に比例して変化すると仮定し，実測の結果を参照して，つぎの式を導いた．

$$\left.\begin{aligned}
&t_w>0\ \text{のとき}\\
&\quad p = P_w\{1-0.0159(t-t_w)\} - 0.000776\,B(t-t_w)\{1-0.0361(t-t_w)\},\\
&t_w<0\ \text{のとき}\\
&\quad p = P_w\{1-0.0159(t-t_w)\} - 0.000682\,B(t-t_w)\{1-0.0411(t-t_w)\}.
\end{aligned}\right\} \tag{II·40}$$

ただし，p, P_w および B は mmHg を単位とする．また，Jelinek によれば，

$$t_w > 0\ \text{のとき}\quad p = P_w\{0.480\,B(t-t_w)/(610-t_w)\}, \tag{II·41}$$

$$t_w < 0\ \text{のとき}\quad p = P_w\{0.480\,B(t-t_w)/(689-t_w)\}. \tag{II·42}$$

このほか，いろいろな公式があるが，結果は大同小異である．わが国の気象常用表は (II·40) に従って算出してある．

乾湿計で湿度を測るにはまず両温度計の読み t°C および t_w°C をとり，t_w°C に対する飽和水蒸気圧 P_w mmHg を表から求め，一方，気圧計の水銀柱の高さ B mmHg をとり，これらを公式に入れて，p mmHg を算出する．ただし，気圧計の読みは精密を要しない．さらに，t°C に対する飽和水蒸気圧 P mmHg を表から求め，次式から湿度 H を定める．

$$H = \frac{p}{P}\times 100.$$

実際は，このような計算を行う必要はない．t°C, $(t-t_w)$°C および B mmHg の値を知

れば，気象常用表から簡単に湿度 H が求められる（付録湿度表参照）.

b）通風乾湿計　温度計で物体の温度を正確に測るには，物体の熱容量が温度計の球部の熱容量よりも，できるだけ大きいことが望ましい．したがって温度計で気温を測る場合，温度計の球部になるべく多量の空気を送るようにすれば，正しく気温が測られる．Assmann はこの意味で乾湿計の球部に一定の速さの風を送り，温度が正確に読める**通風乾湿計**を考案した．その構造は図 II-29 のように両温度計 T および T_w が通風管内に差しこまれ，通風管の外面は放射熱の吸収を避けるためにニッケル・メッキしてある．ことに，球部を囲む部分は内管 P と外管 Q とからなり，P は Q の象牙の環 I から 3 本の釘の先端で支えられ，Q の温度変化の影響が P に及ばないように工夫してある．上部の金属箱 C の中には，時計仕掛けでまわる風車があり，この回転により両球部の周囲を通って管内に 2.5 m/s の速度で空気が吸い込まれるようになっている．

この通風乾湿計につき，Sprung はつぎの公式を得た．

$$p = P_w - \frac{1}{2}(t - t_w)\frac{B}{755}. \qquad \text{(II·43)}$$

そののち，Svenson はこれを修正して，つぎの式を出している．

$$\left.\begin{array}{ll} t_w > 0\text{のとき} & p = 0.974\,P_w - 0.000645(t - t_w)B, \\ t_w < 0\text{のとき} & p = 0.974\,P_w - 0.000587(t - t_w)B. \end{array}\right\} \qquad \text{(II·44)}$$

通風乾湿計で湿度を測るには，ふつうの場合と同様にして，上記の公式に従って p を求め，$100p/P$ から湿度を算出すればよい．ただし便宜上，t, $t-t_w$ および B の値から，気象常用表によって湿度を求めても差支えない（付録湿度表参照）.

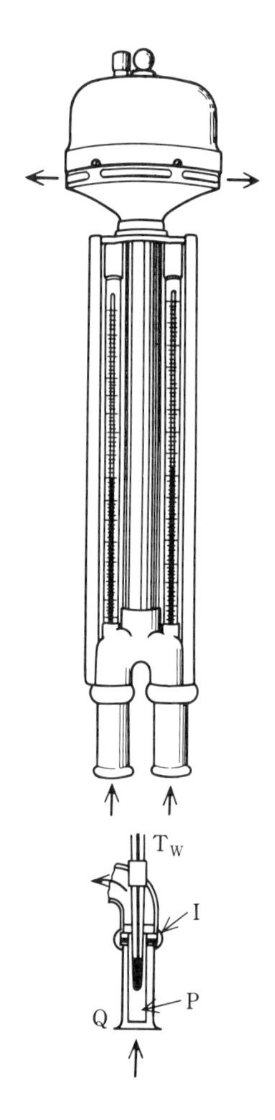

図 II-29　通風乾湿計

通風乾湿計で t および t_w の読みをとる場合，まず備えつけの水つぼで湿球を湿らすことを忘れないように，また，前もって風車を回して通風させ，温度計の示度が一定したのちに示度を読むことが大切がある．

第III章　基本的な測定器械（その二）

§1. 動コイル型反照検流計*

a）**検流計**　電流の磁気作用を基として微弱な電流を測る器械を，一般に**検流計** (galvanometer) という．定常電流測定用のものは，その動作原理から，つぎの2種に大別される．

（1）**動磁針型検流計** (moving needle type galv.)

（2）**動コイル型検流計** (moving coil type galv.)

前者は鉛直な固定コイルの中心に小磁針を水平につるし，後者は固定した永久磁石の水平な磁極の間に軽いコイルを鉛直につるしたもので，いずれも測ろうとする電流をコイルに通じたときの可動部分の偏れの角から電流を測る．動磁針型では，固定コイルを磁気子午面内にすえつけることや，外部からの磁場の影響を極力避けることなどの面倒があるため，この型は特殊な目的以外にはあまり使われない．これに反して動コイル型では，永久磁石の磁場が強くて，地磁気および外部の磁場の影響を問題にする必要がないため，実際上の測定には，この型が多く使用される．

なお，可動部分の偏れの測り方から，検流計を**指針型** (pointer type) と**反照型** (mirror type) とに分類することもできる．前者は可動部分に取りつけた指針と目盛板とにより偏れを測り，後者は可動部分に取りつけた鏡と，これに対置した目盛尺とで偏れを測る．精密な検流計は，すべて反照型に属する．

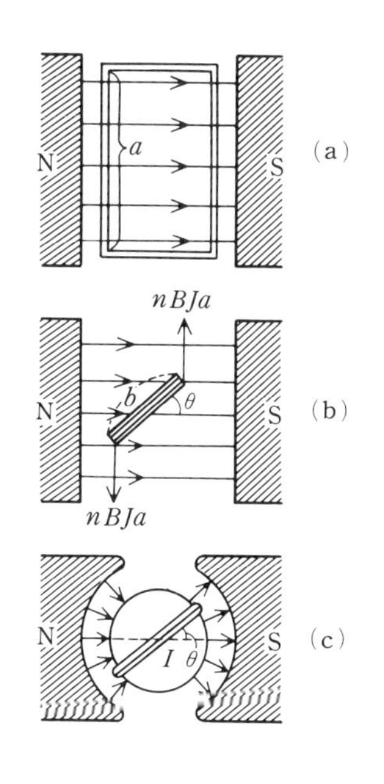

図 III-1

b）**動コイル型検流計の原理**　図III-1 (a) のように，磁極間の磁束密度 B の，一様な磁場内に，長さ a, b，巻数 n の矩形コイルを磁場の方向と平行につるし，これに強さ J の電流を流せば，コイルは磁場から偶力の作用を受けて回転する．角 θ だけ回転したときは，

$$\text{磁場からうける回転偶力} = nBJab\cos\theta.$$

---

*　動コイル型反照検流計は Lord Kelvin の創案によるものであるが，これを D'Arsonval が実験用に改良したので，**D'Arsonval 検流計**とも呼ばれる．

また，つり線のねじり係数を c とすれば，

$$\text{つり線の応力による復元偶力} = c\theta.$$

コイルの釣り合う位置では，両偶力が釣り合うから，

$$nBJab\cos\theta = c\theta.$$

$$\therefore \quad J = \frac{c}{nBA}\frac{\theta}{\cos\theta}. \qquad \text{(III·1)}$$

ここに，A はコイルの面積 ab を示す．もし図III-1（c）のように，両極の端面を円筒状とし，磁極の端面と同心の円柱状の鉄心 I をコイルの内側に置いて，磁極間の磁場を向心磁場，したがって $\cos\theta = 1$ として，コイルに働く回転偶力をコイルの位置に関係なく常に $nBJA$ とする場合は，

$$J = (c/nBA)\theta.$$

すなわち，

$$J = k\theta,\ \text{ただし}\quad k = c/nBA. \qquad \text{(III·2)}$$

よって，電流はコイルの偏れに比例する．したがって偏角 θ を測り，これに**検流計定数** k をかければ，電流が定められる．ただし k が未知ならば，これを実験的に定める必要がある．

c）制動とコイルの運動　検流計の可動部分の偏角を測る場合，可動部分が早く静止すべき位置に落ちついて，運動が止まることが望ましい．このためには，可動部分に適当な制動を加える必要がある．

動コイル型検流計では，コイルが磁場内で回転するとき，それに誘発する誘導電流と磁場との作用を制動に利用するため，特別な制動装置を施す必要がない．しかし実際上は，コイルをアルミニウムの巻わくに巻き，または木製の巻わくに巻いて別に短絡した小さいコイルを添え，それらに生ずるうず電流または誘導電流により制動を補強する．このほかに，微弱ではあるが，空気の抵抗による制動も働く．コイルの角速度が小さいときは，上記の電磁制動も空気制動も角速度に比例する．

さて，検流計を回路の一部につなぎ，これに電流を通じ，または断つ場合，コイルが静止の位置に落ちつくまでに，どのような運動をするかを調べよう．まず，回路に電流を通じた場合を考え，コイルが磁場に平行な位置から回転を始めて，ある瞬間に偏角が θ となったものとする．このときコイルを通過する磁束 ϕ は $BA\sin\theta$ に等しいから，コイルの巻数を n，コイルに誘発する誘導起電力を e とすれば，

$$e = -n(\mathrm{d}\phi/\mathrm{d}t) = -nBA\cos\theta(\mathrm{d}\theta/\mathrm{d}t),\ \text{ただし}\quad \cos\theta \approx 1.$$

$$\therefore \quad e = -nBA(\mathrm{d}\theta/\mathrm{d}t) = -G(\mathrm{d}\theta/\mathrm{d}t),\ \text{ここに}\quad G = nBA. \qquad \text{(III·3)}$$

故に，回路に加わる起電力を E，検流計の抵抗を r_g，それ以外の外部抵抗を r とすれば，この際コイルに流れる電流は，

$$J = (E+e)/(r_g+r) = \{E-G(\mathrm{d}\theta/\mathrm{d}t)\}/(r_g+r) \qquad \text{(III·4)}$$

となる．したがって，この瞬間にコイルに働く作用は，

$$\text{電流による回転偶力} = nBAJ = G\{E-G(\mathrm{d}\theta/\mathrm{d}t)\}/(r_g+r), \qquad \text{(III·5)}$$

$$\text{つり線による復元偶力} = c\theta, \qquad \text{(III·6)}$$

$$\text{空気の制動による偶力} = p\frac{\mathrm{d}\theta}{\mathrm{d}t}, \quad \text{ここに} \quad p = \text{定数}. \qquad \text{(III·7)}$$

故に，回転軸の周りのコイルの慣性能率を I とすれば，コイルの運動方程式は，

$$I\frac{\mathrm{d}^2\theta}{\mathrm{d}t^2}+\left(p+\frac{G^2}{r_\mathrm{g}+r}\right)\frac{\mathrm{d}\theta}{\mathrm{d}t}+c\theta = G\frac{E}{r_\mathrm{g}+r} \qquad \text{(III·8)}$$

となる．ここに，$\{G^2/(r_\mathrm{g}+r)\}(\mathrm{d}\theta/\mathrm{d}t)$ はコイルに誘発する誘導電流と磁場との作用に基づく電磁制動の偶力を示し，$E/(r_\mathrm{g}+r)$ はコイルの運動が停止したときに流れる電流を示す．上式を書きかえて，

$$\left.\begin{aligned} &\mathrm{d}^2\theta/\mathrm{d}t^2+2\lambda(\mathrm{d}\theta/\mathrm{d}t)+\omega^2\theta = GE/(r_\mathrm{g}+r)I, \\ &\text{ただし,} \quad \lambda = \left(p+\frac{G^2}{r_\mathrm{g}+r}\right)\Big/2I, \quad \omega^2 = c/I \end{aligned}\right\} \qquad \text{(III·9)}$$

とすれば，コイルの運動は上式を解いて定められるが，λ と ω との大小関係により，つぎの3通りの場合に分かれる．

（1） $\{p+G^2/(r_\mathrm{g}+r)\}^2<4cI$ のとき

これは制動が弱く**不足制動**（under damping）と呼ばれる場合であり，コイルの運動は減衰振動となる．この場合には，コイルは振幅を減少しながら静止すべき位置を中心に，しばらく振動を続け，観測には不都合である．図 III-2 の曲線 I はこの有様を示す．

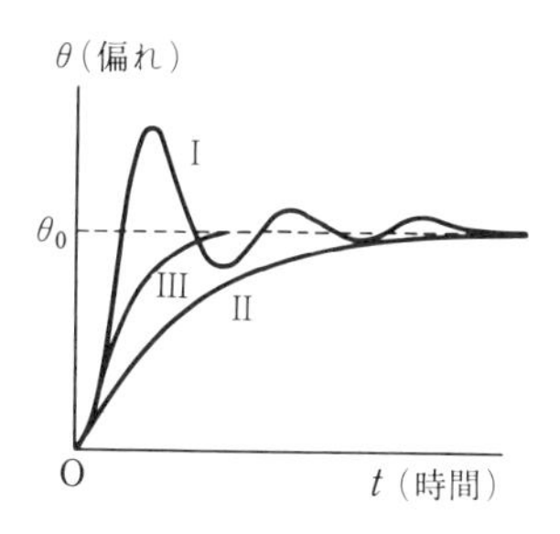

図 III-2

（2） $\{p+G^2/(r_\mathrm{g}+r)\}^2>4cI$ のとき

これは制動が強い場合であり，このようないわゆる**過制動**（over damping）のときはがコイルの運動は非周期運動となり，次第に静止の位置に近づくが，容易にその位置に達しない．これを**潜動**（creeping）という．図 III-2 の曲線 II はこれを示す．この場合も，偏角の測定には不適当である．

（3） $\{p+G^2/(r_\mathrm{g}+r)\}^2 = 4cI$ のとき

これは制動がコイルの運動を減衰振動から非周期運動に移す限界の強さに相当する場合で，非周期運動となるが，コイルは最も速かに運動を止めて静止の位置に落ちつく．図 III-2 の曲線 III はこの運動を表す．この場合の制動を**臨界制動**（critical damping）といい，このときの運動を**速示**（dead beat）という．したがって，コイルの偏角は速示の状態において観測するのが理想的である．使用する検流計によって c, I, G, r_g および p は一定の値となるから，検流計につなぐ外部抵抗 r を（3）の条件を満たすように選べば，速示となる．このときの抵抗 r を**臨界制動抵抗**（critical damping resistance）という．故に，検流計の使用に際しては，外部回路の抵抗を加減するか，または適当な検流計を選んで，外部抵抗をなるべく臨界制動抵抗となるようにすることが大切である．

以上は，検流計に電流を通じた場合であるが，電流を断つ場合は，外部抵抗は無限大となるため，制動は著しく減少して，コイルの運動は振動的となる．このような場合は

検流計にスイッチ K を並列に連結し，振動中にコイルが静止すべき零位を通過するたびごとに，K を閉じて制動を強め，コイルの振動を速やかに停止させればよい．

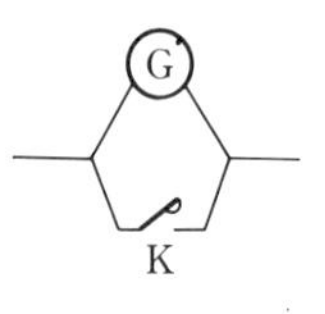

図 III-3

d）**偏れの測り方**　反照型検流計では，**ランプと目盛尺の方法** (lamp and scale method) または**望遠鏡と目盛尺の方法** (telescope and scale method) で偏れを測るが，明るい室内では，多く後者が採用される．図 III-4 のように，コイルに取りつけた鏡 M の前方に望遠鏡 T および目盛尺 S を対置し，まず望遠鏡の十字の縦線を，鏡に映る目盛尺の中央の零目盛に合わせる．つぎに，検流計に電流を通じてコイルを回転させたのち，鏡に映る目盛 s を望遠鏡で十字線を利用して読み取る．いま，鏡と目盛尺との距離を D，鏡の回転角を θ とすれば，入射光線に対する反射光線の回転角は 2θ に等しいから，

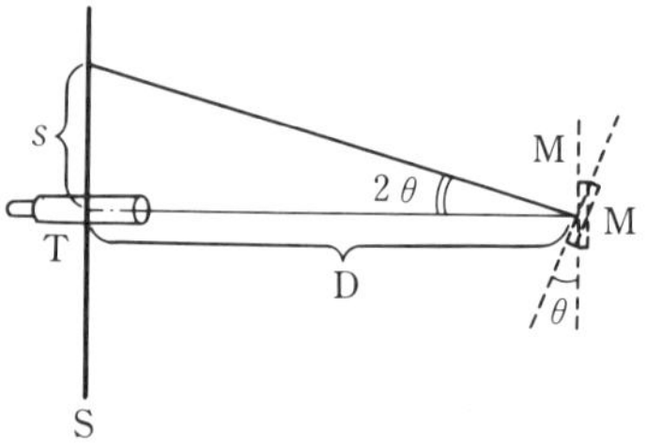

図 III-4

$$\tan 2\theta = s/D.$$

$$\therefore \quad \theta = \frac{s}{2D}\left\{1-\frac{1}{3}\left(\frac{s}{D}\right)^2+\frac{1}{5}\left(\frac{s}{D}\right)^4-\cdots\right\}. \qquad \text{(III·10)}$$

θ が小さくて $s/D = 1/10$ 以下であり，1% 程度の誤差を許す場合には，

$$\theta = s/2D. \qquad \text{(III·11)}$$

D を大きくするほど偏れが拡大されるが，あまり大きくすると，望遠鏡で望む目盛像が暗くなるばかりでなく，鏡の微動まで拡大されて，観測しにくくなる．ふつう $D = 1\,\mathrm{m}$ を限度とする．

e）**感　度**　反照型検流計の場合には，目盛尺を鏡から 1 m の距離に対置したとき，目盛尺の最小目盛，すなわち 1 mm だけ偏らすに要する電流，または両端子間に加える電圧で感度を示し，これをそれぞれ**電流感度**および**電圧感度**という．例えば，J A を流し，または，v V を加えたとき δ mm 偏れたとすれば，

$$\text{電流感度}\quad S_J = J/\delta\ \mathrm{A/mm},\quad \text{電圧感度}\quad S_v = v/\delta\ \mathrm{V/mm}. \qquad \text{(III·12)}$$

故に，検流計の抵抗を $r_g\,\Omega$ とすれば，

$$S_v = r_g S_J. \qquad \text{(III·13)}$$

このほか，**メグオーム感度**を用いることもある．これは，目盛尺の距離を 1 m とし，1 V の電圧で 1 mm の偏れを与えるために電流計に直列に加えねばならない抵抗を MΩ 単位で示したものである．

なお，動コイル型検流計の感度を高めるには，(III·2) から，

$$\mathrm{d}\theta/\mathrm{d}J = 1/k = nBA/c. \qquad \text{(III·14)}$$

すなわち nBA を大きく，c を小さくすればよい．この目的のため，構造上にいろいろな対策が施されてはいるが，検流計により，それぞれの感度に特定な限界がある．

f）構　造　外形はいろいろ異なり，3脚を備えて台上で使用するもの，または壁掛け用で，望遠鏡及び目盛尺を鉄棒の腕でもたせ，これを検流計に容易につけはずしできるようにしたものなどがあるが，いずれもその主要部は，磁場をつくる固定した場磁石と磁場内につるすコイルおよびそのつり線とからなる．

場磁石は良質のタングステン鋼製で，U字形，矩形または円形などいろいろある．図III-5はL & N* 型の検流計を示す．磁極には軟鉄の**極片**（pole piece）P, P′ を取りつけ，その間に，極片の端面と同心の円柱状の鉄心Iを支持する．これは向心磁場を作り，すき間を狭めて，磁場の磁束密度 B を永く一定に保つためにも役立つ．ふつう B を 0.02～0.03 T 程度とする．

コイルCは磁極片 P, P′ と鉄心Iとの狭いすき間につるされる．したがって巻数 n および面積 A をむやみに大きくできない．コイルを縦に細長い矩形にしてアルミニウムのわくに巻き，電磁制動を強めたものもあるが，木製のわくに巻き，短絡した小さいコイルを制動用に別に巻き添えたものもある．コイルの巻線は，細い銅またはマンガニン線を使用し，コイルへの電流は，つり線Fとコイルの下端に取りつけた燐（リン）青銅線の弱い筒バネQとから導かれる．

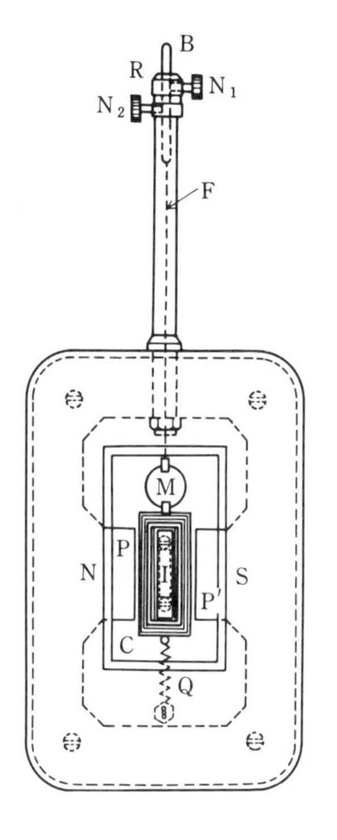

図 III-5

つり線としては，ねじり係数 c を小さくして感度を高めるために，燐青銅の細い帯線を用いる．

g）調　節　使用するまえに，つぎの調節を要する．

（1）まず，コイルCを鉄心Iに触れないようにつり下げる．図III-5の型のものでは，つり線の上端を支える心棒Bでコイルを上下に調節すればよい．心棒は図III-6のように，円環Rにつけたネジ N_1 と，つり線の保護管の上端に備えたネジ N_2 とで止めてあるから，心棒の上げ下げにはこれらのネジを利用して行う．つり線は切れ易いから，この調節を行う場合は，未経験者はかならず教員の指導を請うようにする．

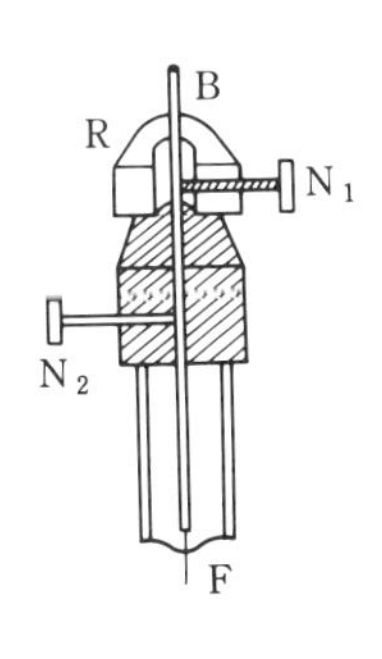

図 III-6

* Leeds & Northrup

（2）　つぎに，水準用の3脚のネジで，コイルが鉛直に垂下して鉄心Iに平行となり，Iのまわりに自由に回転するように調節する．壁掛け用の検流計では，必要があれば，検流計を支持板に取りつけたネジを調節し，または板と壁との間に紙片などを差し入れて調節する．

（3）　さらに，コイルに取りつけてある鏡Mの前方ほぼ1mの距離に望遠鏡と目盛尺をすえつけ，望遠鏡の高さ，向きを加減する．壁掛け用のものでは，検流計に掛けた鉄棒の腕に備えたネジで望遠鏡の高さや，向きが加減できる．望遠鏡の接眼レンズを十字線に合わせたのち，鏡に映る目盛尺が十字線に対して視差のないように，望遠鏡の筒の長さを調節する．なおまた，十字の縦線が目盛像の零に一致するように，ネジN_2をゆるめて円環Rを心棒とともに回転して，鏡のM面の向きを直す．そののち，ネジN_2をしめておく．

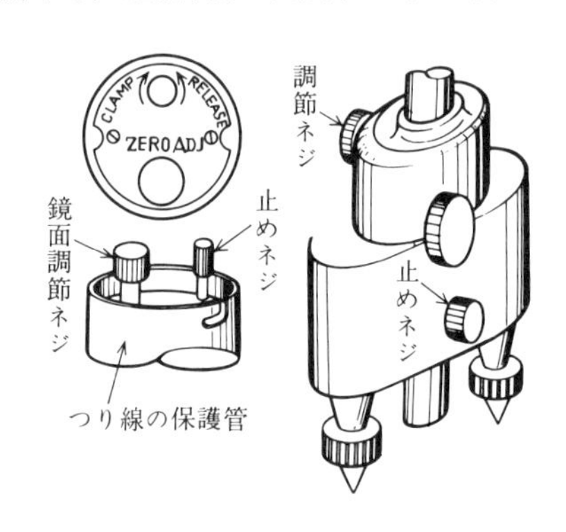

図 III-7

注意　図III-6のように，つり線の心棒を保護管の上端のネジN_1, N_2で支えて調節する型のものでは，とかく(1)の調節中につり線を切りやすい．それで，近ごろでは一定の長さのつり線でコイルがつるされていて，水準を正しくしたのち，クランプ用の止めネジをゆるめると，コイルがちょうどよい高さに垂れ下がり，かつ調節用のネジを回わすとコイルの向きが調整がきるものが多く作られている．また，止めネジと調節ネジとを保護管の上端のキャップの内に納めたもの，または両方のネジを保護管の下端の外部に取りつけたものなどもある（図III-7）．

なお，この種の検流計の感度は10^{-8} A/mm程度であることを念頭におき，それ以上の強い電流を通してコイルを焼き切らないように注意することが大切である．測ろうとする電流が強すぎる場合は，検流計に小さい抵抗の**分路**（shunt）を添えるか，または大きい抵抗を直列に入れて使用する．使用後には，かならずクランプ用の止めネジでコイルを止めておく．

§2.　動コイル型指針検流計

a）　原理および構造　これは微弱な電流の測定用としてよりも，むしろ微弱な電流の有無，方向などの指示用に多く用いられる．この型の検流計の原理は§1.b）に述べた通りで，コイルの偏れに検流計定数をかけて電流が求められる．

構造は，場磁石の極片P, P′と鉄心Iとのすき間にコイルCを回転するようにしたもので，指針型とするため，Cの回転軸を軸受けQ, Q′で支える．回転軸には，目盛板G

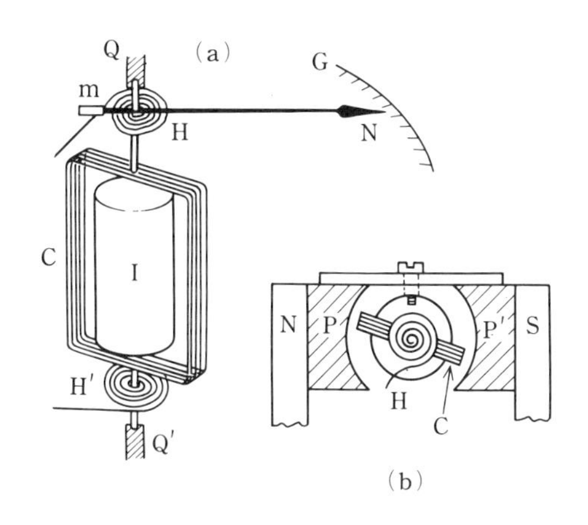

図 III-8

上を動く指針 N を備え，コイルの回転に復元偶力を与えるため，上下2個の互いに反対向きに巻いた燐青銅のうず巻きバネ H, H′ を取りつけ，これを通して電流をコイルに導入する．コイルは電磁制動を強めるために金属の巻わくに巻き，軸受けには摩擦を少なくするために宝石を使い，指針には重心を回転軸上におくために平衡用の小さい錘 m を取りつける．また G の目盛は，電流が偏れに比例するから，等間隔である．多くのものでは，便宜上中央の目盛

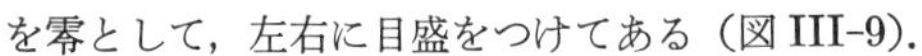
を零として，左右に目盛をつけてある（図 III-9）．

b）感　度　指針検流計の感度は，指針に1目盛の偏れを与えるに要する電流，または両端子間に加える電圧で示し，これをそれぞれ電流感度，電圧感度という．指針検流計の感度は軸受けの摩擦のために一般に低く，図 III-9 に示すような検流計では，その感度は1目盛につき 10^{-6}A 程度である．

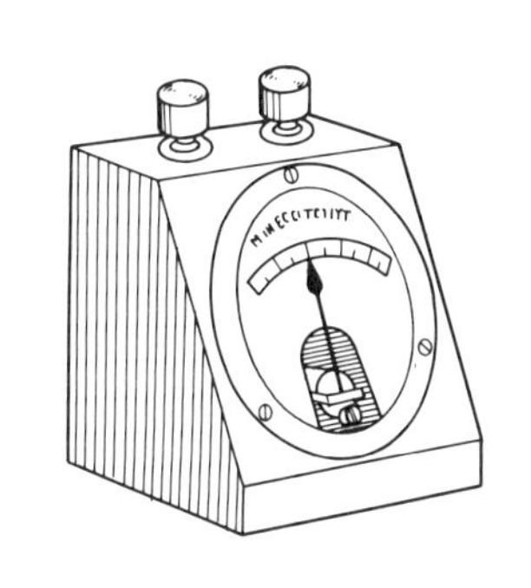
図 III-9

> **注意**　指針検流計の使用に際しても，感度相応以上の強い電流を通じてコイルを焼き切り，または無理な偏れを与えて指針を曲げることのないように，充分な注意を要する．検流計を含む回路を閉じるまえに，配線に誤りがないかどうかをよく確かめ，検流計に流れる電流が適当であるかどうかをよく検討する．また，検流計に流れる電流が強すぎる恐れのある場合は，保護用の大きな抵抗を検流計に直列に入れ，または小さな抵抗を分路として入れて偏れを調べ，その上で保護用の抵抗を減らしまたは除くよう，入念に取扱わなければならない．

§3. エレクトロニク検流計

a）特徴と構造　エレクトロニク検流計 (electronic galvanometer) は FET チョッパ増幅器を内蔵し，電池によって駆動される指針型検流計である．小形で感度も 10 μV/div 程度で優秀な性能をもつ．ことに従来のつり線型動コイル反照検流計と異なり，設置場所の配慮や外設回路に対する臨界制動抵抗の考慮などの必要もなく，取扱いは極めて簡単便利である．

図 III-10は一種のエレクトロニク検流計*の外観を示し図 III-11はそのブロック・ダイアグラムを示す.

b) 使用法 使用前に電源電池の電圧を調べる必要がある. これにはスイッチSを "B" 側に投じ, 指針がダイアルの青帯内を指せばそのまま使用して差支えないが, もし青帯外を指すときは電池を取り替える. 電池は006P (9V) 1個を使用し, 検流計の裏ふたの内側に格納してある.

次にスイッチSをON側に切り換え, 数分後にもし指針が零位から偏る場合には, 零位調整ネジPで零位に合わせる.

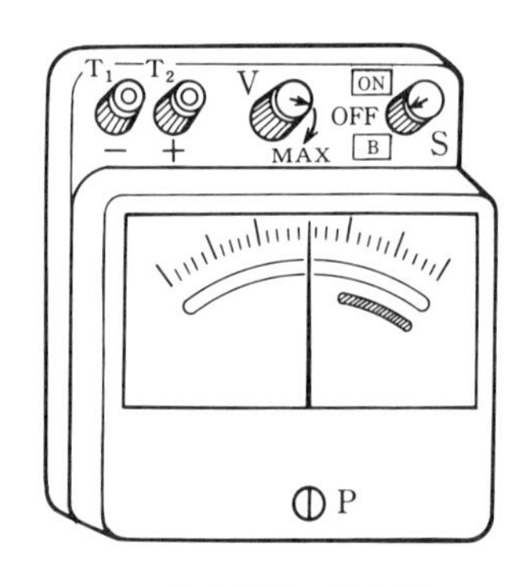

入力抵抗：約9 kΩ
最大許容入力：5 V
図 III-10　エレクトロニク検流計

さらに, 感度は感度調節用ボリュームVにより零から最大10 μV/div まで連続的に調節できるから, 使用に適した感度に調節する.

以上の準備をしたのちに, 測定端子 T_1, T_2 に測定回路を接続する. 使用感度が高い場合には, 熱起電力の影響を避けるために, 接続線には銅線か銅製チップ付きの銅線を使用する. 最大許容入力は5 V である.

測定が済んだときは電池の消耗を避けるため, 必ずスイッチSをOFFに回し切っておく.

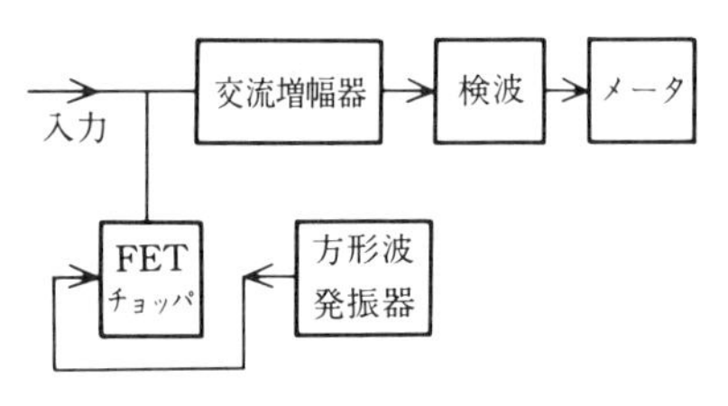

図 III-11　エレクトロニク検流計のブロック・ダイアグラム

§4. 電流計および電圧計

a) 電流計 **電流計**または**アンペア計** (ampere meter, ammeter) は強い電流を測るためのものであり, これにもいろいろな型があるが, 直流の精密測定用のものは, 図 III-12のように, 動コイル型指針検流計Gに小さな抵抗の分路Sを添えたもので, その主要部は全く§2の指針型検流計の通りである. 図 III-13はその構造を示す.

検流計Gに分路Sを添えたのは, 電流計としての抵抗を小さくするためのみならず, 検流計の測定範囲を広くするためである. いま, GおよびSの抵抗およびそれに流れる電流をそれぞれ図 III-12に示す記号で表せば, 測ろうとする電流 J と検流計に流

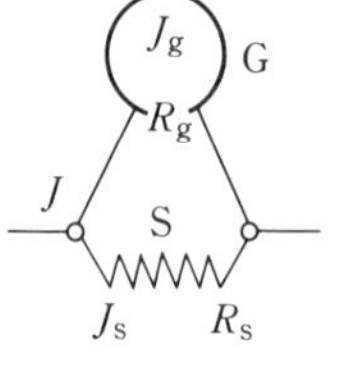

図 III-12

* 横河電機製作所エレクトロニック検流計・2707.

れる電流 $J_{\rm g}$ との関係は，

$$J = J_{\rm g}+J_{\rm s}, \quad J_{\rm g}R_{\rm g} = J_{\rm s}R_{\rm s}. \qquad ({\rm III}\cdot15)$$

$$\therefore \quad J/J_{\rm g} = (R_{\rm g}+R_{\rm s})/R_{\rm s} = 1+(R_{\rm g}/R_{\rm s}). \qquad ({\rm III}\cdot16)$$

$J/J_{\rm g}$ を**分路の倍率**（multiplying power）という．これを n とすれば，

$$n = 1+(R_{\rm g}/R_{\rm s}). \qquad ({\rm III}\cdot17)$$

故に，分路の抵抗を小さくするほど倍率は増す．例えば，$R_{\rm s}$ を $R_{\rm g}$ の 1/9, 1/99, … とすれば，$J_{\rm g}$ は J の 1/10, 1/100…となり，測定範囲は 10, 100, …倍となる．

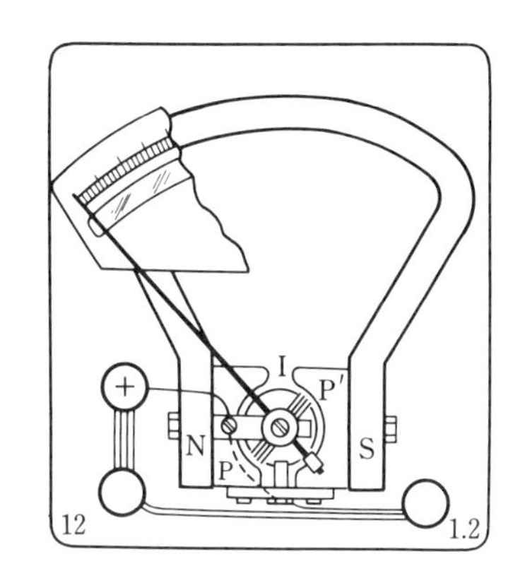

図 III-13　アンペア計

直流用の電流計では，陽極と陰極との端子が指定してあるから，接続を誤らないように注意を要する．また，陰極端子はふつう 2 つあり，いずれを使用するかによって倍率が異なるので，測る電流の範囲により，いずれかの陰極端子を選ぶようにする．目盛板の目盛は，動コイル型であるから等間隔であるが，倍率を変えて読むために 2 段読みとなっている．また，読み取りの際視差を避けるため，目盛に沿って鏡を添え，また指針の先端は多くの場合刃形にしてある．故に，指針とその像とが重なる位置に眼をおいて読むようにする．目盛に mA, μA を単位として施したものを，それぞれ**ミリアンペア計**，**マイクロアンペア計**と呼ぶ．

b)　**電 圧 計**　精密測定用の**電圧計**または**ボルト計**（voltmeter）は，動コイル型指針検流計のコイルに，極めて大きな抵抗を直列につけ加えて，目盛板に volt 単位の目盛を施したものである（図 III-14）．ボルト計は電位差を測ろうとする回路中の 2 点間に並列に接続して使用するが，抵抗が極めて大きいので，これを接続しても回路に流れる電流には，ほとんど影響がない．

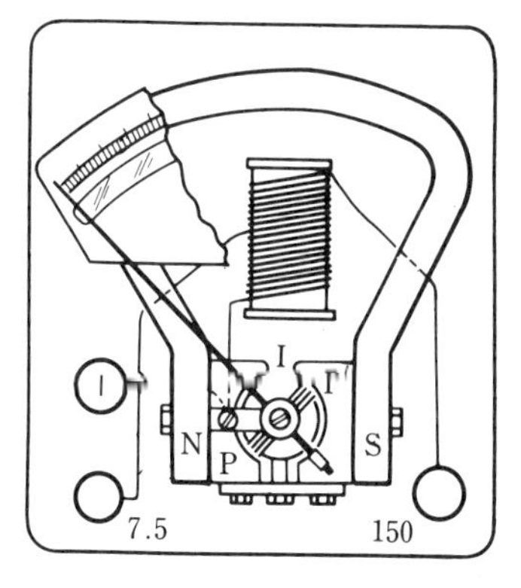

図 III-14　ボルト計

いま，図 III-15 のように，電流 J の通る抵抗 r の両端にボルト計 V を連結したとき，図示の記号によれば，

$$(J-J_{\rm v})r = J_{\rm v}r_{\rm v},$$

$$\therefore \quad Jr = J_{\rm v}r_{\rm v}+J_{\rm v}r. \qquad ({\rm III}\cdot18)$$

故に，

$$抵抗の両端の電位差 \quad V = Jr = J_{\rm v}r_{\rm v},$$

$$\because \quad r_{\rm v} \gg r. \qquad ({\rm III}\cdot19)$$

すなわち，V は $J_{\rm v}$ すなわち指針の偏れに比例する．したがって，目盛板に $J_{\rm v}r_{\rm v}$ の値を volt 単位で目盛れば，指針の指示から電位差が直読できる．

また，ボルト計に直列に抵抗をつけ加えると，電圧の測定範囲が変わる．加えた抵抗を R，ボルト計の動コイルの抵抗を r_g，それに通じ得る最大電流を J_0 とすれば，R を加えないときに測られる電圧は，

$$V_0 = J_0 r_g. \quad \text{(III·20)}$$

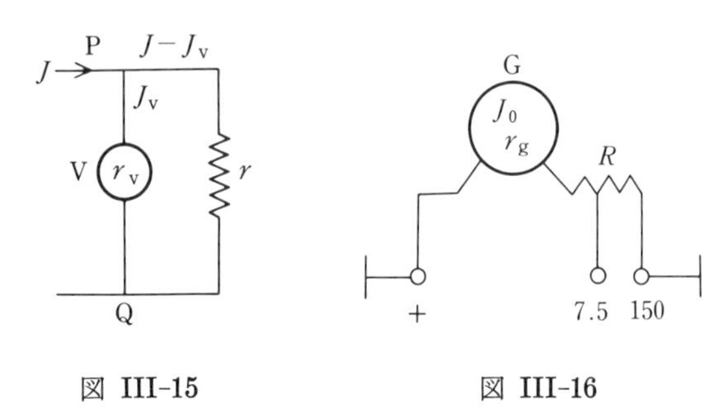

図 III-15　　図 III-16

R を加えたときに同じ最大電流に対して測られる電圧は，

$$V = J_0(R+r_g). \quad \text{(III·21)}$$

$$\therefore \quad V/V_0 = (R+r_g)/r_g = 1+(R/r_g). \quad \text{(III·22)}$$

V/V_0 は倍率を示し，これを n とすれば，

$$n = 1+(R/r_g). \quad \text{(III·23)}$$

故に，R を r_g の 9, 99, …倍とすれば，ボルト計の測定範囲は 10, 100, … 倍に高められる（図 III-16）．

ボルト計の使用に際し，端子の使用法，目盛の読み方などについては，アンペア計の場合と同様な注意を要する．電圧計は，必要なときだけ開閉スイッチを閉じて読みをとればよいため，押ボタン式のスイッチを備えたものもある．

§5. 動コイル型衝撃検流計

a）衝撃検流計　瞬間的に流れる電気量を測る一種の検流計を**衝撃検流計**（ballistic galvanometer）という．これにも，動磁針型と動コイル型とがあるが，その構造はいずれもふつうの検流計と同様であり，ただ可動部分の慣性能率を大きくして振動の周期を長くし，制動をできるだけ少なくした点だけが違っている．

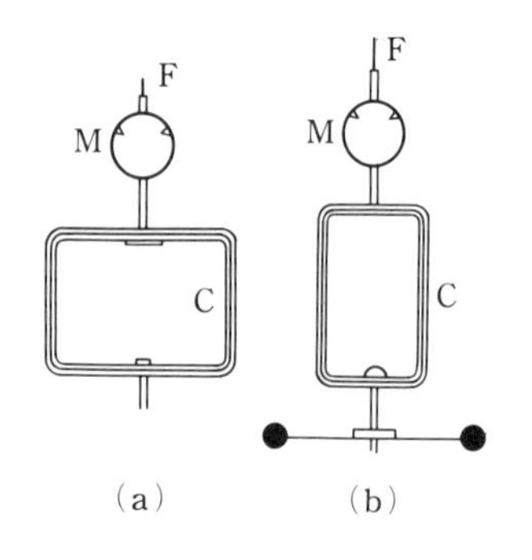

図 III-17

衝撃検流計に瞬間的な電流を流すと，可動部分は電磁力による衝撃的な能率の力積の作用をうけるが，慣性能率が大きいため，電流が流れ終わったのちに初めて運動を起こす．そして，可動部分は一方に偏れてから，引き返して振動を始めるが，最初の偏れの角は始動前に加えられた能率の力積によって定まる．故に，可動部分の最初の偏

れから，瞬間的に流れた電気量が測られる．実用上は，動コイル型のものがよく用いられる．

b）動コイル型衝撃検流計　動コイルは，磁極の極片と鉄心とのすき間に回転するようにつるされているが，慣性能率を大きくし周期を長くするため，図 III-17 (a) のような横幅の広いコイル，または (b) のように軸に設けた腕に錘を載せたものを用いる．そして電磁制動を減らすため，コイルの巻わくは木または竹製のものを使用する．したがって，コイルの振動に対し弱い空気制動と，巻線による電磁制動とが働くだけである．つり線としては，燐青銅の細い帯線を用いる．

まず，簡単のためコイルに対する制動を無視し，コイルの巻数を n，面積を A．磁場の磁束密度を B とし，始動前の任意の時刻にコイルに流れる電流を J とすれば，この際コイルのうける能率は $nBJA$ に等しい．故に，瞬間的な電流の流れた時間を τ とすれば，

$$\text{コイルのうけた能率の力積} = \int_0^\tau nBJA\mathrm{d}t = nBA\int_0^\tau J\mathrm{d}t = nBAQ. \qquad \text{(III·24)}$$

ここに，Q はコイルに流れた全電気量を示す．この能率の力積によりコイルは動き始めるから，その初角速度を ω，慣性能率を I とすれば，

$$I\omega = nBAQ. \quad \therefore \quad Q = (I/nBA)\omega. \qquad \text{(III·25)}$$

コイルは始動後，つり線（ねじり係数 c）の応力の能率に逆らって仕事をする．そして，偏角 α_0 となるまで回転して後もどりするものとすれば，

$$\frac{1}{2}I\omega^2 = \int_0^{\alpha_0} c\theta\mathrm{d}\theta = \frac{c\alpha_0{}^2}{2}. \qquad \therefore \quad \omega = (\sqrt{c/I})\alpha_0. \qquad \text{(III·26)}$$

$$\therefore \quad Q = \frac{I}{nBA}\sqrt{\frac{c}{I}}\alpha_0. \qquad \text{(III·27)}$$

一方，コイルの運動は角単振動とみなされるから，その周期を T_0 とすれば，

$$T_0 = 2\pi\sqrt{I/c}\,. \qquad \text{(III·28)}$$

$$\therefore \quad Q = \frac{c}{nBA}\frac{T_0}{2\pi}\alpha_0 = k\frac{T_0}{2\pi}\alpha_0 = K\alpha_0 \quad (k,\ K = \text{定数}). \qquad \text{(III·29)}$$

すなわち，

コイルに流れた全電気量 Q はコイルの最初の偏れ α_0 に比例する．

したがって K が既知ならば，α_0 を測って Q が求められる．

以上では制動を無視したが，実際上はこれを無視できない．故に，制動を考慮して (III·29) を補正する必要がある．制動はコイルの角速度 $\omega = \mathrm{d}\theta/\mathrm{d}t$ に比例するから，コイルの運動方程式は，

$$I\frac{\mathrm{d}^2\theta}{\mathrm{d}t^2} = -c\theta - h\frac{\mathrm{d}\theta}{\mathrm{d}t}, \quad \text{ここに} \quad h = \text{定数}. \qquad \text{(III·30)}$$

この場合，制動は微弱であるから，コイルの運動は減衰運動となる．制動がないときの振幅すなわち偏れを α_0 とすれば，

$$\text{振幅} \quad \alpha = \alpha_0 \exp\left(-\frac{h}{2I}t\right). \quad \text{周期} \quad T = 2\pi \Big/ \sqrt{\left(\sqrt{\frac{c}{I}}\right)^2 - \left(\frac{h}{2I}\right)^2}. \qquad \text{(III·31)}$$

始動後 $T/4$ をへたときの振幅，すなわち最初の偏れを α_1 とし，対数減衰率を λ とすれば，

$$\alpha_1 = \alpha_0 \exp\left(-\frac{h}{2I}\frac{T}{4}\right) = \alpha_0 \exp\left(-\frac{\lambda}{2}\right),\ \text{ただし}\quad \lambda = \frac{h}{4I}T. \qquad \text{(III·32)}$$

$$\therefore\quad \alpha_0 = \alpha_1 \exp\left(\frac{\lambda}{2}\right) = \alpha_1\left(1+\frac{\lambda}{2}+\frac{\lambda^2}{8}+\cdots\cdots\right). \qquad \text{(III·33)}$$

すなわち，$\alpha_0 = \alpha_1\left(1+\dfrac{\lambda}{2}\right)$. また，(III·28)，(III·31) から $T_0 = \dfrac{\pi}{\sqrt{\pi^2+\lambda^2}}T.$

(III·34)

故に，これを (III·29) 式に代入して，

$$Q = K_b\alpha_1,\ \text{ただし}\quad K_b = \frac{kT}{2\sqrt{\pi^2+\lambda^2}}\left(1+\frac{\lambda}{2}\right). \qquad \text{(III·35)}$$

この場合も，瞬間的に流れる電気量 Q は最初の偏れ α_1 に比例する．α_1 を**バリスティック・スロー** (ballistic throw) という．また K_b は**衝撃検流計定数** (ballistic constant) と呼ばれ，これが既知ならば，α_1 を測って Q が求められる．K_b が未知のときは，これを実験的に決定しなければならない．

c) **感　度**　衝撃検流計の感度は目盛尺の距離を1 m としたとき，1 mm の偏れを与えるに必要な電気量をクーロン単位で表わされる．ふつうに使用されるものは，感度が 10^{-9} C/mm 程度，コイルの周期が 20 s くらいである．

d) **調　節**　衝撃検流計も，使用前に動コイル型反照検流計と同様な調節を要する*.

注意　ふつうの検流計でも，コイルの周期が 10 s 以上であり，制動も弱く，その上，流れる電流が瞬間的である場合には，これを衝撃検流計として代用してもよい．

§6.　交流用電流計および電圧計

a) **交流用計器**　交流の電圧および電流は，ふつう**実効値** (effective value) で表される．交流の実効値は1周期間の瞬時値の二乗平均の平方根を示すものであるから，電圧と電流との最大値を E_0, J_0 とし，瞬時値を，

$$E = E_0 \sin\omega t,\ J = J_0 \sin(\omega t-\varphi),\ \text{ここに}\quad \varphi = \text{遅滞角} \qquad \text{(III·36)}$$

とすれば，電圧と電流の実効値は，つぎの式で示される．

$$\left.\begin{aligned} E_e &= \sqrt{\frac{1}{T}\int_0^T E_0{}^2 \sin^2\omega t\,\mathrm{d}t} = \frac{E_0}{\sqrt{2}} = 0.707E_0, \\ J_e &= \sqrt{\frac{1}{T}\int_0^T J_0{}^2 \sin^2(\omega t-\varphi)\mathrm{d}t} = \frac{J_0}{\sqrt{2}}0.707I_0. \end{aligned}\right\} \qquad \text{(III·37)}$$

故に，実効値を測る交流用の計器としては，その可動部分に交流の瞬時値の二乗に比例

* III. §1. g) 参照.

する回転偶力を働かし，かつ適当な復元回転力を加えるようにすればよい．このようにすれば，慣性のために，可動部分の静止する位置は実効値の二乗に比例することになるから，適当な目盛を添えておけば，静止の位置から実効値が直読できる．

交流の瞬時値の二乗に比例する作用として，交流計器によく利用される例を挙げれば，

(1) 電流と，これによって磁化された軟鉄片との作用，または磁化された軟鉄片どうしの作用，(2) 電流の相互作用，(3) 電流の熱作用などがある．

直流の場合にもこれと同様な作用があるから，この作用を応用した交流用計器は，直流も測ることができる．(1) の作用を応用した電流計は**動鉄片型**（moving iron type）と呼ばれ，(2) および (3) の作用を利用したものは，それぞれ**電流力計型**（electrodynamometer type）および**熱線型**（hot wire type）と呼ばれる．これらの電流計に，大きな無誘導抵抗をつけ加え，目盛をボルト単位で表せば，電圧計に転換できる．また，整流器を内部に納めた直流用計器も，交流用の**整流型**（rectifier type）計器として使用される．

b）動鉄片型電流計および電圧計　この種の電流計は**吸引型**（attraction type）と**反発型**（repulsion type）とに大別される．吸引型では，図 III-18 に示すように，コイル C に電流を通すとき動鉄片 M が磁化されて C 中に吸い込まれることを利用して指針を動かす．また反発型では，図 III-19 のように，コイル C 中に固定鉄片 F と動鉄片 M とを備え，C に流れる電流により磁化されて，M が F から反発されることを利用して指針を回転させる．

図 III-18

一般に，コイルの作る磁場の強さは流れる電流 J に比例し，磁化された鉄片に生ずる磁化の強さは，磁場の強さ，したがって電流 J に比例する．ところが吸引型では，M のうける吸引力は，磁場の強さと鉄片に生じた磁化の強さとの積に比例し，かつ鉄片の位置にも関係する．また反発型では，M のうける反発力は，F および M の磁化の強さの積に比例し，かつ鉄片の位置にも関係する．故に，いずれの場合にも，吸引力または反発力によって動鉄片のうける瞬時回転偶力は，これを L とすれば，

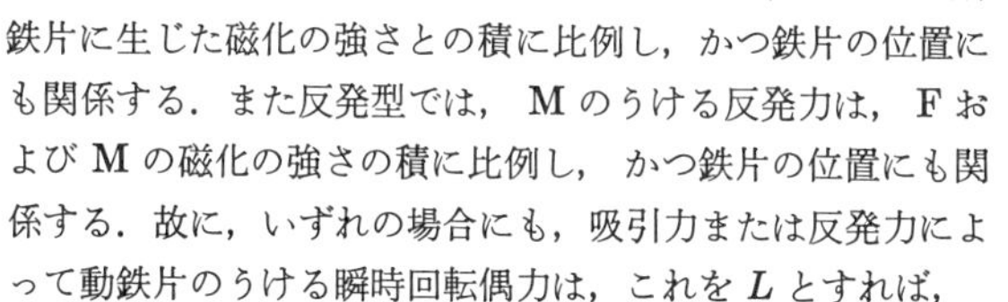

$$L = cJ^2 \cdot f(\theta). \qquad \text{(III·38)}$$

ここに c は定数，$f(\theta)$ は動鉄片の位置または回転角 θ によって定まる関数を示す．もし L が $f(\theta)$ に無関係となるように工夫がしてあれば，

図 III-19

$$L = kJ^2, \quad ここに \quad k = 定数. \qquad \text{(III·39)}$$

一方，動鉄片が角 θ だけ偏れたとき重力またはうず巻きバネから受ける復元偶力が，

$$L' = k' \sin\theta, \quad または \quad L' = k'\theta, \quad ここに \quad k' = 定数 \qquad \text{(III·40)}$$

として示されるならば，$L = L'$ のとき動鉄片は釣り合を保つから，

$$kJ^2 = k' \sin\theta, \quad または \quad kJ^2 = k'\theta \qquad \text{(III·41)}$$

を満足する位置で鉄片は静止し，この際の J^2 は実効値の二乗を示す．故に，

$$J = \sqrt{\frac{k'}{k}} \times \sqrt{\sin\theta}, \quad \text{または} \quad J = \sqrt{\frac{k'}{k}} \times \sqrt{\theta}. \qquad \text{(III·42)}$$

このように，J は $\sqrt{\sin\theta}$ または $\sqrt{\theta}$ に比例するから，この種の電流計の目盛は一様でなく，目盛の幅は電流の強いところでは広いが，弱い範囲では著しく狭くなり，測定がしにくくなる．

この種の電流計では，測る電流をコイルに流すだけで，可動部分には流す必要がない．故に，コイルの巻線を太くすれば，強い電流を測る電流計が作られる．そして構造が簡単で安価なため，配電盤用としてだけでなく，入念の構造のものは，ある程度の精密測定用にも用いられるため，携帯用としても，この種のものが多く用いられる．

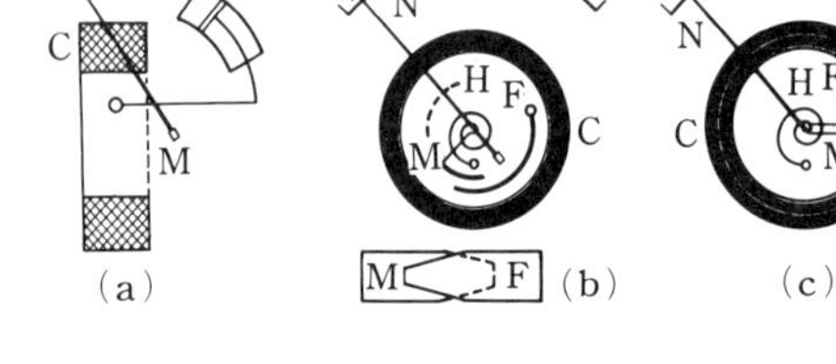

図 III-20

図 III-20 の（a）は吸引型，（b）および（c）はともに反発型の電流計の原理を示す．図において，C は電流コイル，M は動鉄片を示す．（b）および（c）の F は固定鉄片である．（b）では，目盛をなるべく均等にするため，鉄片は同図の下部に示すような形にしてある．（c）では，M が F から遠ざかるにしたがって反発力が減ずるから，このような工夫なしに，目盛は幾分か一様になる．

動鉄片型電圧計は電流計の C に大きな無誘導抵抗をつけ加えて作られる．

c）電流力計型電流計および電圧計　この種の計器は，電流の相互作用を利用したもので，ふつう固定コイルの作る磁場内で，これに直列または並列に連結した動コイルのうける作用を基として電流を測る．いろいろの型のものがあるが，携帯用の指針型のものについて考える．

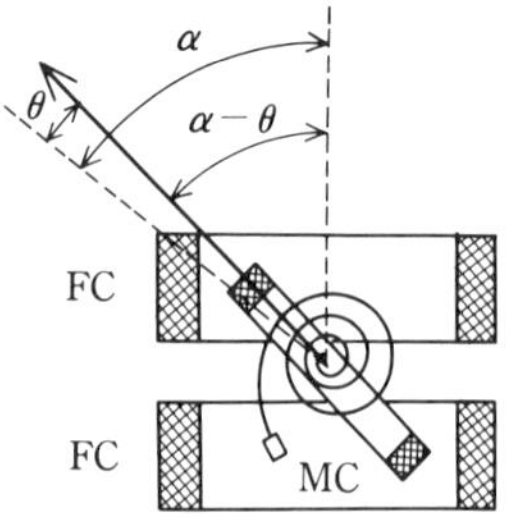

いま，図 III-21 において，固定コイルを FC，これに流れる電流を J_f とし，FC 内に生ずる磁束密度を B とする．また動コイルを MC，その電流を J_m とし，MC が零位から FC に直角となる位置までの回転角を α とすれば，角 θ だけ回転したときに MC のうける瞬時回転偶力 L は，

$$L = K_1 B J_m \cos(\alpha - \theta). \qquad \text{(III·43)}$$

ところが，
$$B = K_2 I_f.$$

$$\therefore \quad L = K_3 J_f J_m \cos(\alpha - \theta). \qquad \text{(III·44)}$$

図 III-21

ここに，K_1, K_2 および K_3 はすべて定数とする．MC が FC に対して直列に，または並列に連結されていても，J_f および J_m は測ろうとする電流 J に比例する．故に，K を

定数とすれば，

$$L = KJ^2\cos(\alpha-\theta). \tag{III·45}$$

したがって，L の平均値は電流の実効値の二乗に比例する．また，うず巻きバネから MC に復元偶力として，

$$L' = K'\theta,\quad ここに\quad K' = 定数 \tag{III·46}$$

が働くものとすれば，MC が釣り合う位置では $L = L'$ となるから，

$$KJ^2\cos(\alpha-\theta) = K'\theta. \tag{III·47}$$

$$\therefore\quad J = \sqrt{\frac{K'}{K}}\sqrt{\frac{\theta}{\cos(\alpha-\theta)}}. \tag{III·48}$$

故に，適当な目盛を添えれば，MC に取りつけられた指針の回転角 θ から，交流の実効値が測られる．この目盛は一様ではないが，コイルの配置を α が 30°～45° くらいにして，できるだけ一様になるように工夫してある．

この種の電流計は鉄分を除いて FC および MC の自己誘導を小さくし，かつ両コイルに多少の無誘導抵抗をつけ加えて，両コイルに流れる電流の位相差を少なくし，そのうえ，金属部分をなるべく少なくしてうず電流を避けるようにしてあるから，直流に対しても同じ目盛で正確な測定ができる．故に，交流と直流との比較測定に用いられる．

FC はふつう 2 個のコイルからなり，それらは測る電流が弱い場合は直列に，強い場合は並列に連結される．電流計によっては，この直列，並列の連結を切り換えて電流の測定範囲を広くし，目盛を 2 段読みにしたものもある．また，MC はふつう FC に並列に連結され，MC への電流の導入は制動用のうず巻きバネを利用するため，あまり強い電流の導入は無理である．故に，この種の電流計は最大 10 A くらいしか測れない．コイルの動く部分は鉄箱に納めてあるが，外部磁場の影響の恐れのあるときは，電流の方向を切換えて 2 度測り，その平均値をとるようにすればよい．

電流力計型電圧計は，大きな抵抗値をもつ．温度係数の小さな無誘導抵抗を電流計につけ加えたもので，MC は FC に直列に連結される．

図 III-22 (a) は一例として，ドイツ A. E. G.* 製の電流計の配線図を示す．端子盤の 2 の穴に金属のプラグ列を差込めば，2 つの FC は直につながり，1 および 3 の穴に差込

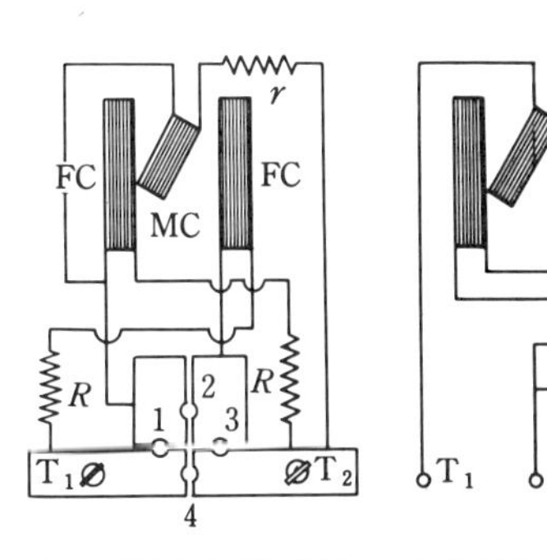

（a）電流力計形電流計　（b）電流力計形電圧計

図 III-22

* Allgemeine Elektrizitäte Gesellschaft.

めば並列に連結される．4の穴はこの直列，並列連結を切換えるときに T_1, T_2 端子を短絡するためのプラグ差込み用の穴である．MC は常に一方の FC に並列につながれている．r および R は，FC と MC とに直列に入れた，温度係数の小さな無誘導抵抗である．

図 III-22 (b) は同じくドイツ A. E. G. 製の電圧計の配線図である．端子 T_1 と T_2 または T_1 と T_3 とを用いることによって，測定範囲が変えられる．

d) 熱線型電流計および電圧計　これは電流によって熱せられた導線の伸び，または伸びによって生ずるたるみを利用して電流を測るものである．交流の実効値はそれと等しい熱を発する直流の強さに等しいから，ある温度 t°C における熱線の抵抗を $R\Omega$，交流の実効値を J A とすれば，熱線に発生する毎秒の熱量は，

$$H = J^2 R \text{ J} \tag{III·49}$$

電流を通ずるまえの熱線の温度を t_0 °C とし，このときの抵抗を $R_0\Omega$，その温度係数を $\beta\,\text{deg}^{-1}$ とすれば，

$$R = R_0\{1+\beta(t-t_0)\}\ \Omega. \tag{III·50}$$

$$\therefore\quad H = J^2 R_0\{1+\beta(t-t_0)\} \text{ J} \tag{III·51}$$

熱線は外部に熱を放散するが，周囲の温度を t_0 °C，熱線の表面積を $S\,\text{cm}^2$ とし，$(t-t_0)$ があまり大きくないときは，熱線が放散する毎秒の熱量 H' は，

$$H' = \sigma S(t-t_0) \text{ J}. \tag{III·52}$$

ここに，σ は熱線の物質，表面の性質に関係する定数を示す．故に，熱線が熱平衡の状態に達して一定の温度 t°C を保つときは，

$$J^2 R_0\{1+\beta(t-t_0)\} = \sigma S(t-t_0). \tag{III·53}$$

ところが，熱線はこの間に膨張し，初め t_0°C のとき長さが $l_0$cm であり，かつその膨張率が $\alpha\,\text{deg}^{-1}$ であるならば，熱線の伸び λ は次式で示される．

$$\lambda = \alpha l_0(t-t_0)\text{cm}. \tag{III·54}$$

これを (III·53) に入れて，$(t-t_0)$ を消去すれば，

$$J^2 R_0\{1+(\beta\lambda/\alpha l_0)\} = \sigma S\lambda/\alpha l_0. \tag{III·55}$$

故に，$\beta/\alpha l_0 = K_1$，かつ $\sigma S/\alpha l_0 R_0 = K_2$ とおけば，

$$J^2(1+K_1\lambda) = K_2\lambda. \tag{III·56}$$

もし，熱線に温度係数 β の小さな導線を使えば，K_1 は極めて小となるから，$K_1\lambda$ を無視して，

$$J = \sqrt{K_2}\,\sqrt{\lambda}. \tag{III·57}$$

したがって，熱線の伸びから交流の実効値が定められる．しかし，伸びを正確に測るためには，熱線を相当長くしなければならないから，これよりも，伸びのために生ずる熱線のたるみを測る方が有利である．図 III-23 (a) のように，両端を固定した長さ l の熱線の中点に糸をつけて引き，伸び

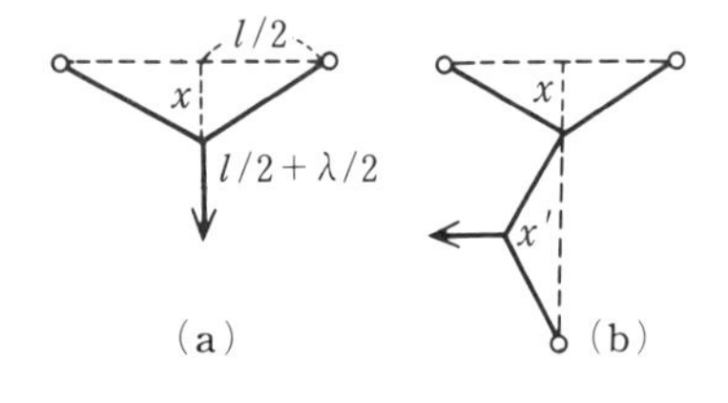

図 III-23

λに応じて熱線をたるませるようにすれば，たるんだ長さxは$\sqrt{\lambda^2+2\lambda l}/2$となり，$\lambda$が微小でも，$x$は$l$の値により$\lambda$の何倍にも拡大される．さらに図III-23(b)のように，熱線の中点に直角にとりつけた針金の中点を糸で横に引くようにすれば，一層倍率を大きくすることができる．

熱線型電流計では，多くの場合熱線のたるみを利用して指針を動かすようにするが，目盛は(III·57)から明らかに一様ではない．電流を通ずるのはふつう1本の熱線であるから，自己誘導はほとんどないため，測る電流の周波数，波形に関係なく，直流に対しても全く同じ目盛が使用できる．また，外部の磁場の影響の恐れもない．しかし，気温の影響をうけ，零点の狂いの生じやすいこと，その他指針の運動が潜動となり，正しい指示を得るのに時間を要することなどの欠点がある．また，熱線を太くすると，感度が低下するから，あまり太くできない．それで，強い電流を測る計器は分路を備える．

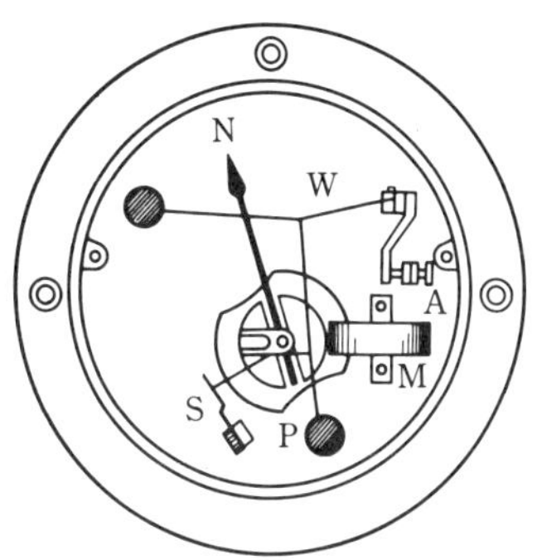

図 III-24　熱線型電流計

熱線型電圧計は電流計に温度係数の小さな，無誘導の大きな抵抗を付加したものである．

図III-24はJ & P* 社製の熱線型電流計の原理を示す．Wは熱線，Aは零点調節用のネジ，Sは滑車にかけた糸を引張るためのバネである．Pは滑車の軸にとりつけたアルミニウム板で，指針Nの回転に応じて磁石Mの磁極の間を回転し，Nの運動に電磁制動を与える．

e）整流型電流計および電圧計　これは**整流器**(rectifier)を利用し，交流を**脈流**に整流したうえで，直流用の動コイル型計器で測るようにしたものである．

整流型電流計は，図III-25(a)のように，整流器をブリッジ型に連結した整流回路を動コイル型電流計の内部に備えたもので，測ろうとする交流回路に端子A, Bをつなげば，Aが正のときはS_1, S_2を，Bが正のときはS_3, S_4を通って電流が流れ，動コイル型電流計には(b)に示すような**両波整流**した脈流が流れるため，指針の偏れから交流が測られる．

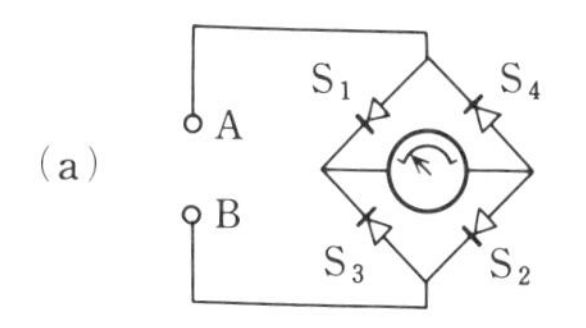

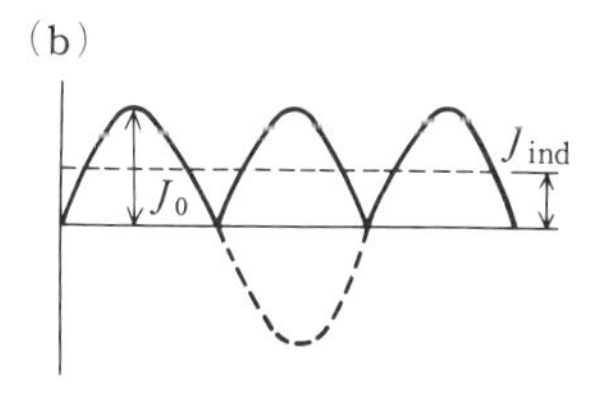

図 III-25

いま，交流の最大値をJ_0とすれば，指針の指示

* Johnsno and Phillip Ltd.

J_{ind} は図 III-25 (b) のように整流された電流の平均値に等しいから，

$$J_{\mathrm{ind}} = \frac{2}{\pi} J_0. \tag{III·58}$$

ところが，交流の実効値 J と最大値 J_0 との関係は，

$$J = \frac{1}{\sqrt{2}} J_0. \tag{III·59}$$

$$\therefore \quad J = \frac{1}{\sqrt{2}} \frac{\pi}{2} J_{\mathrm{ind}} = \frac{3.14}{2.83} J_{\mathrm{ind}}, \tag{III·60}$$

$$J \approx 1.1 J_{\mathrm{ind}}. \tag{III·61}$$

故に，動コイル型電流計の指示の10％増しを交流の実効値とする目盛を添えておけば，指針の示す目盛から交流の実効値が測られる．この電流計の目盛は一様であるが，目盛零の近くで感度が著しく低くなる．これは，整流器にかかる電圧が低くなって零に近づくと，整流能力が低下するためである．

整流型電圧計は図 III-26 のように，上記の電流計に大きな抵抗 R を直列につけ加えたものである．R が大きいほど整流器の抵抗の変化の影響は小さくなるから，全目盛にわたって読みが正確となる．

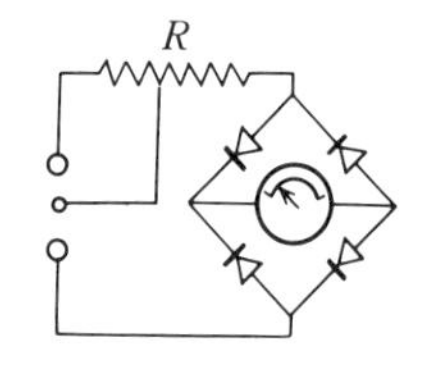

図 III-26

§7　指針型電気計器の記号と精度

指針型計器の目盛板には規格によるその性能等を示す記号が表示されている．よく使われる記号の例を示す．計器は許容誤差に従って5階級（0.2級，0.5級，1.0級，1.5級，2.5級）に分けられている．これは有効測定範囲（等間隔目盛では全目盛）での計器の誤差が，最大目盛値の ±C％（C は計器に示された階級数）以内であることを示している．

：動コイル型　　：直熱熱線型　　：直流用

：動鉄片型　　：絶縁熱線型　　：交流用

：空心電流力計型　　：立てて使用する

：鉄心電流力計型　　：水平にして使用する

：整流型　　遮磁型は記号を○円で囲んで示す　　：斜めにして使用する

デジタル計器の測定精度は取扱い説明書に示されている．

第2編　実　　験

実験 1.　天びんの使用法（質量の測定）

[A]　化学天びんの使用法

a）　化学天びん

天びん（balance）は秤量の目的により，外形，装備などにいろいろ異なったものがあるが，**化学天びん**として使用されるものの主要部は**支柱** P, **秤さお**（beam）B および 2 個の等しい**秤さら**（scale pan）D_1, D_2 からなり，B は P の上端に設けた平板の支座の上に，下向きの**刃先**（knife edge）K で中央を支えられ，D_1, D_2 は B の両端の上向きの刃先 K_1, K_2 に，受け板をのせた懸金から垂下する．B は軽く，かつたわまないように架構状とし，左右対称にしてあるから，B が水平の位置にあるとき，B の重心は K の直下にある．重心の位置は B の中央にある小錘 M をネジで上下し，あるいはその両側かまたは B の両端にある小錘 M_1, M_2 を左右にネジで送って調節される．ふつう，重心の高さは B の振動の周期を **10〜15 s** 程度とするように定める．また B の位置は，K_1, K_2 を結ぶ直線に直角に B の中央から垂下する長い指針 N と，P の下部にある小さい**目盛板** S とで読み取られる（図 1-1 参照）．

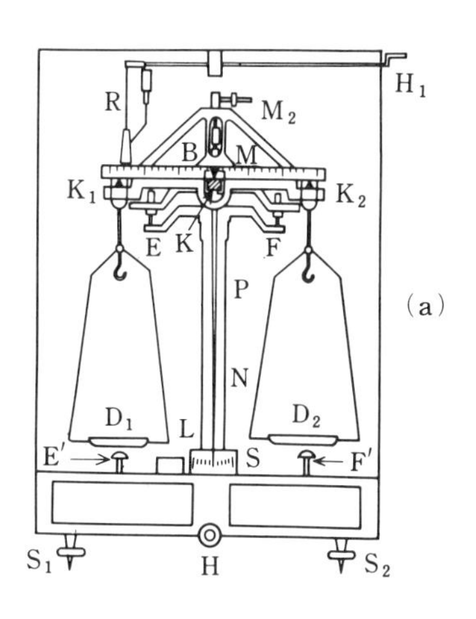

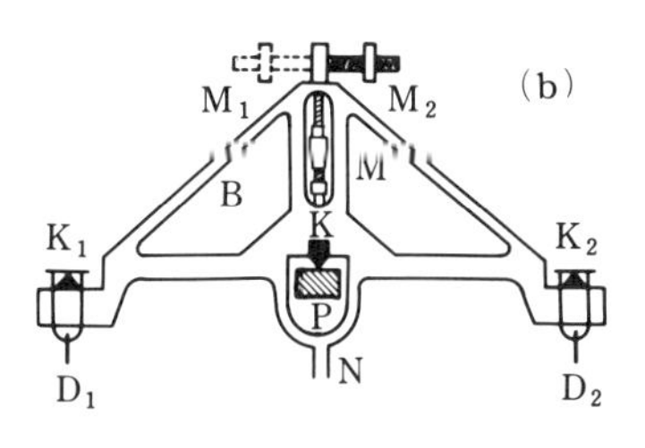

図 1-1　化学天びん

天びんは湿気，気流の影響を避けるためにふつうガラス張りの箱の中に納め，箱には水準器 L および水準用のネジ S_1, S_2 が取りつけてある．つまみ H は B の**押え**（arrester）E, F と，D_1, D_2 の押え E′, F′ とを同時に上げ下げするもので，H を回わして押えを下げると，B は K で P の支座の上に支えられ，D_1, D_2 はそれぞれ K_1, K_2 から垂下して自由になる．また，ハンドル H_1 は**馬乗り分銅**（rider）を，K_1, K_2 を結ぶ直線と平行に B に設けた目盛板上の任意な位置にのせ，またはこれを取り除く操作用のものである．

なお，天びんには箱入りの**分銅**（ふんどう）(weight) が付属している．秤量 200 g の分銅は，ふつうつぎの組合わせになっていて，箱には分銅を取扱うピンセットが添えてある（図1-2参照）．

100，50，20，10，10，5，2，1，1，1 g　グラム分銅（真鍮製），

0.5，0.2，0.1，0.1 g　デシグラム分銅（Ni 製），

0.05，0.02，0.01，0.01 g　センチグラム分銅（Ni 製），

5，2，2，1，1 mg　ミリグラム分銅（Al 製），

0.01 g　馬乗り分銅（Pt 製）．

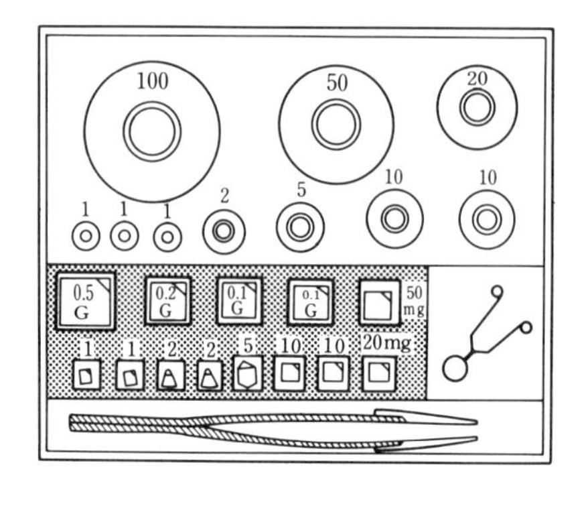

図 1-2　分　銅

ミリグラム分銅は数字および単位の刻印がないが，形で判別する．六角形は 5 mg，三角形は 2 mg，四角形は 1 mg で，一隅を少し折り曲げてピンセットでつまみ易くしてある*．

b）使用上の注意

天びんは精密鋭敏な器械であるから，取扱い方に細心の注意を払い，ていねいに扱わなければならない．

（1） 天びんは，室内の熱源，日光の直射のために不均一に熱せられるような場所を避け，防振台上にすえつけて使用する．

（2） 天びん箱の内に乾燥剤を入れた容器を入れておき，湿気による天びんのさびを防ぐ．したがって，液体の秤量には，ふたつきの秤量ビンを使用する．

（3） 箱のとびらの開閉は静かに行う．開閉用のとびらは左右のものを使い，前面のとびらはいつも閉じておくのがふつうである．また，押えの上げ下げはつまみ H を静かにまわして，滑らかに行う．

（4） 使用のまえには，軟らかいはけまたは羽毛で秤さらのちりを払う．ただし，あらかじめ押えを上げて，さらを固定しておくことを忘れてはならない．

（5） 秤さおを振動させる場合，押えを下げても振動しないときは，とびらを開いて，掌で一方のさらに風を送るか，または押えを静かに上下すればよい．指針の振幅は 2～3 目盛で充分である．

---

* 分銅の質量はそれに刻印し，または指定してある値とは，かならずしも一致していない．市販の分銅には，**公差**（法令上の許容誤差）がある．また，製作の際は質量が正確であったとしても，使用中に磨滅またはさびのために狂いを生ずる．故に，分銅をときどき検査して，その誤差を確かめておく必要がある．

（6） 秤さおの振動を止めるには，指針が振動の中心を通るときに押えを静かに上げ，秤さおと押えとの激突を避ける.

（7） 指針の示度を読み取るときは，かならず箱のとびらを閉じて正面から望み，視差による誤差を避ける.

（8） 秤量物体および分銅を秤さらにのせ，または取り除くときは，かならず押えを上げてさらを固定してからにする. 物体を左のさらの中央に，分銅を右のさらにのせるのがふつうである. 大きい分銅は秤さらの中央に，小さい分銅はそのまわりに，なるべく箱の外から見易い位置に配置する.

（9） 分銅はかならずピンセットで取扱い，決して手で持ってはならない. 分銅は，分銅箱と秤さら以外の場所に置かないようにする.

(10) 物体と釣り合った分銅は，秤さらの上で一応読み取り，分銅箱の内の分銅を検べて検算したのちに，箱の元の位置に納める.

(11) ミリグラム分銅の代わりに，馬乗り分銅を利用してもよい. これを秤さおに平行に設けた目盛板上の n 目盛の位置にのせれば，その方の側の秤さらに n mg を加えたと同じになる.

(12) 天びんの極大秤量値以上の物体，または高温の物体を秤量してはならない.

c) 天びんの調節

（1） **支柱を鉛直にする調節** 水準ネジ S_1, S_2 で，箱内の水準器の空気のあわを中央にくるようにする*. 水準器の代わりに支柱に懸錘を備えたものでは，錘を指定の位置に垂下するように2方向から見て確める.

（2） **重心の位置の調節** 秤さらに何ものせない場合に，秤さおが釣り合を保つときの指針の指す目盛板S上の位置，すなわち**零点**が中央の目盛からあまり離れておれば，秤さおに取りつけた左右の小錘 M_1, M_2 をネジで送って，零点をなるべく中央の目盛に近づける. また，秤さおの振動の周期を検べ，周期が過小または過大のときは，秤さおの中央の小錘 M をネジで上げ下げして，その振動の周期を 10～15s 程度に調節する.

d) 振動法による秤量

秤さおの振動は，空気の抵抗，摩擦などのために次第に減衰し，最後に指針は，目盛板上である位置を指して静止する. しかし，それを待つのは時間の浪費でもあり，かつ刃先に働く摩擦の影響で，指針の静止する位置は真の静止点とは異なる. したがって，振動中に静止点を定める方法を採用する. これを**振**

---

* II. §5. 注意2 参照.

動法という．この方法は時間的にも経済であり，また摩擦は運動摩擦として働くため，その影響も少なくなり，正しい静止点が決定される．

秤さおの振動の減衰のし方は，制動力が微弱であるため，振幅は直線的に減少すると見なされる．故に，任意の時刻から始めて，指針の**回帰点**（turning point）を連続奇数回（ふつう5回）だけ目盛板で読み，右側の回帰点の読みの平均と，左側の回帰点の読みの平均との平均値を求めれば，指針の静止点が決定される．ただし，目盛板の読みを取る場合，中央の長い目盛線を10，左右の長い目盛線をそれぞれ0および20として読むのがふつうである（図1-3参照）．

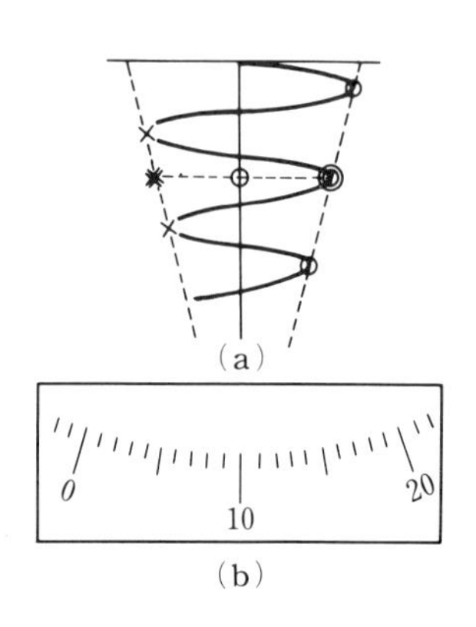

図 1-3　零点の定め方

振動法によって物体を秤量するには，つぎの順序で行う．

（1）まず，両方のさらに何ものせないときの静止点，すなわち零点を求める．たとえば，この場合，右の表のようにして，零点として9.68を得たとする．

	回　帰　点			平　均	静止点
右	11.5	11.3	11.1	11.30	9.68
左	8.0	8.1		8.05	

（2）左の秤さらに試料を，右のさらに試料よりも少し重いと思われる分銅をのせる．押えを少し下げて指針の偏れる方向を見る．分銅が過大ならば，つぎの大きさの分銅と取り換え，これが過小なれば，これに小分銅を加える．このようにして分銅をつぎつぎに加減して，ついに分銅を試料より僅かに過小または過大で，試料に最も近い値（1mgの差）に近づけ，そのときの静止点を求め

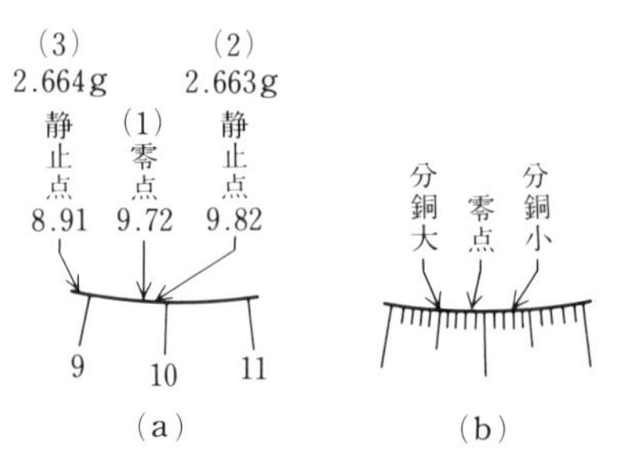

図 1-4

る．例えば，分銅は2.663 g で，静止点として9.82を得たとする．

（3） つぎに，馬乗り分銅を用いるか，あるいは1 mg の分銅を加え，または減じて静止点を定める．ただし，このときの静止点は，零点を越えて (2) の場合の静止点の反対の位置にあるものでなければならない．例えば，この際分銅は2.664 g で，静止点が8.91であったとする．

（4） 最後に，さらから試料と分銅とを取去って，再び零点を定める．これと最初に求めた零点との平均を求めて，これを秤量の零点とする．たとえば，2度目の零点として9.75を得たとすれば，最初の9.68と平均して，9.72を秤量の零点とする．

（5） 前記の測定値から，試料の質量を内挿法によって求める．これには，つぎの表のように観測値を記録して，計算をする．

分　銅	回　帰　点	平　均	静止点
0	11.5　11.3　11.1 8.0　8.1	11.30 8.05	9.68
2.6630 g	11.5　11.5　11.3 8.2　8.2	11.43 8.20	9.82
2.6640 g	9.9　9.9　9.8 7.9　8.0	9.87 7.95	8.91
0	11.4　11.3　11.2 8.2　8.2	11.30 8.20	9.75

$$\text{零点の平均} = \frac{9.68+9.75}{2} = 9.72.$$

$$\frac{x}{0.001} = \frac{9.82-9.72}{9.82-8.91} = \frac{0.10}{0.91}$$

$$\therefore \quad x = 0.0001\,\mathrm{g}$$

$$\therefore \quad \text{試料の質量} = 2.6630+0.0001 = 2.6631\,\mathrm{g}$$

e） 空気の浮力に対する補正

空気中で秤量する場合，一般に秤量物体と分銅との体積が異なり，空気の浮力が同一でないから，秤量値にはそのための補正を要する．いま，秤さおの両腕の長さは等しいとし，物体の真の質量を M，これに釣り合う分銅の質量を M' とし，空気，物体および分銅の密度をそれぞれ σ, ρ, ρ' とすると Archimedes の原理から，

$$Mg-\sigma\frac{M}{\rho}g = M'g-\sigma\frac{M'}{\rho'}g. \tag{1·1}$$

$$\therefore \quad M = M'(1-\sigma/\rho')(1-\sigma/\rho)^{-1} \approx M'(1-\sigma/\rho')(1+\sigma/\rho) \approx M'(1-\sigma/\rho'+\sigma/\rho).$$

$$\therefore \quad M = M'+M'\sigma\left(\frac{1}{\rho}-\frac{1}{\rho'}\right). \tag{1·2}$$

したがって，真の質量 M は，秤量値 M' に $M'\sigma\left(\dfrac{1}{\rho}-\dfrac{1}{\rho'}\right)$ だけの空気の浮力の補正を加えねばならない．

常温においては，$\sigma=1.20\times10^{-3}\,\mathrm{g/cm^3}$，またふつうの分銅は真鍮であるから，$\rho'=8.4\,\mathrm{g/cm^3}$ とすればよい．

f）二 重 秤 量 法

秤さおの左右の腕の長さは，実際は多少異なる．その場合の正しい秤量値を求めるには，つぎの方法によればよい．いま，両腕の長さを a, b，物体の質量を M として，物体を左側のさらにおいたとき，それと釣り合う右側のさらの上の分銅の質量を M_1，右側においたとき，それと釣り合う左側の分銅の質量を M_2 とすれば，

$$a\cdot Mg=b\cdot M_1 g,\quad \text{および}\quad a\cdot M_2 g=b\cdot Mg. \tag{1·3}$$

$$\therefore\qquad M=\sqrt{M_1M_2}.$$

M_1 と M_2 との差は僅かであるから，(I·9) にしたがって，

$$M\approx(M_1+M_2)/2. \tag{1·4}$$

すなわち物体の真の質量は，厳密には，左右のさらで交換して2度測ったときの分銅の質量の相乗平均であるが，近似的にはその算術平均でよい．このような方法を Gauss の**二重秤量法**という．

現在の進歩した工作技術で作られた天びんでは，左右の腕の差は極く微小であるから，特別な場合を除いては，このような二重秤量法を行う必要はない．

g）質 量 の 測 定

（1）試料の立方体中，少なくとも2個（内1個はかならず Al か Pb を選ぶこと）の質量を，前記の例に従って振動法で測定する．ただし，各1個の立方体につき，観測者と記録者とはお互いに交替して2回測定し，その結果を比較検討する．

（2）必要があれば，測定値に空気の浮力の補正を行う．

問題　使用した分銅の材質が同じでなく，密度 ρ_1 のものの質量が M_1，ρ_2 のものの質量が M_2 であった場合，真の質量はつぎの式で与えられることを示せ．ただし，空気の密度を σ，物体のそれを ρ とする．

$$M=(M_1+M_2)+M_1\sigma\left(\frac{1}{\rho}-\frac{1}{\rho_1}\right)+M_2\sigma\left(\frac{1}{\rho}-\frac{1}{\rho_2}\right).$$

[B] 直示天びんの使用法

a) 直示天びん

これは操作が簡単で短時間に精度の高い測定結果が数字で表示されるから，これを読み直ちに秤量値が求められる．便利なため広く使用されるようになった．

図1-5は直示天びん*の外観を示し，図1-6はその**秤さお**を示す．秤さおは金属チタン製で，中央部には支座で支えられた下向きの**中刃先**があり，前端には**さら吊り**の受板を乗せた上向きの**端刃先**がある．刃先や支座，受け板は人造宝石製である．さら吊りには**分銅掛け**が取りつけられ，これに左右対称に一連の**環状分銅**を掛け，下端に**秤さら**を吊す．後端には秤さおの微小な傾きを示すための投影用の**ガラス目盛板**を備え，中間部には空気制動用の円筒や重心の位置調整用の**重心玉**と**調子玉**，その他，中刃先を支点として前後部が均衡を保って釣合うだけの**均衡用重錘**が取りつけてある．

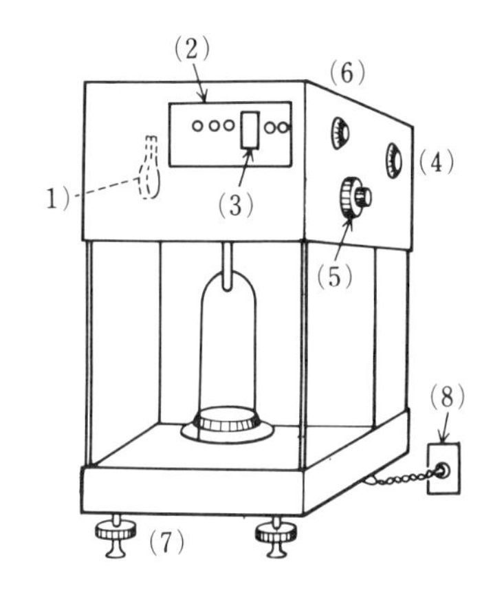

(1) 作動ハンドル　(2) 数字窓　(3) スクリーン　(4) 零点調整ツマミ　(5) 分銅加除ダイアル　(6) マイクロメータ用ツマミ　(7) 水準ネヂ　(8) A. C. 100 V電源

図 1-5　直示天びんの外観

ケース左側の**作動ハンドル**が直立のときは，秤さおやさら吊りは受け金具で支えられて**休止状態**にある．ハンドルを後方に倒すと受け金具が下がり秤さおは中刃先を支点として自由になるが，空気制動のために間もなく静止して**作動状態**となる．これと同時にケース内の電燈がともり，ケース前面の**数字窓**の**スクリーン**に秤さお後尾の目盛板の拡大影像が映る．**零点調整用ツマミ**を回すと，投影レンズが僅かに上下して影像の目盛が移動するから，このツマミで影像の零目盛線をスクリーン上の指定の標点に合わせ，釣り合いの基準とする．

休止状態にして秤さらに測る試料をのせた場合には，作動ハンドルを前方に止るまで回すと秤さおは作動状態とはなるが，大きく傾かずにスクリーン上に影像目盛が見える程度に微小な角だけ傾く．この傾きを減少し，基準の釣り合いに戻すにはケース右側にある同軸の大小2個の**分銅加除ダイアル**を使う．これを回すと歯車と鎖との連繋でカムが回転しレバーを上下して，それぞれ10 g 単位および1 g 単位の環状分銅を分銅掛けから外したり掛けたりする．同時に数字車を回して分銅掛けから外した分銅の合計質量を数字窓に数字で示す．

---

* 島津製作所 直示天びん LS 形

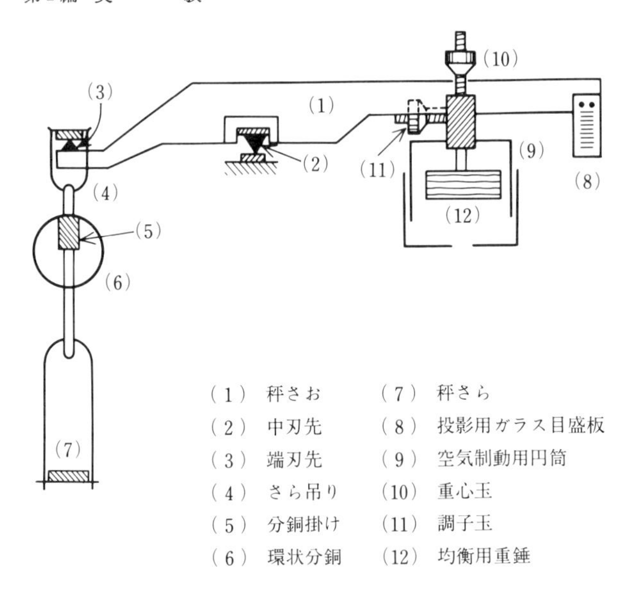

図 1-6　秤さおと付属品

1 g 以下の環状分銅がないから，このダイアルではこれ以上傾きを減少できない．残りの傾きを零とするに必要な質量はスクリーン上の標点の示す投影目盛数から定める．目盛数を読み易くするために各目盛に番号の数字が添えてある．一般に，単位質量の差による秤さおの傾角の変化，あるいは目盛数の変化を天びんの**感度**という．直示天びんの感度は秤量物体の質量の大小には関係なく一定である（注意 1 参照）．したがって，前もって **1 g** で **100** 目盛，すなわち **10 mg** で **1** 目盛だけ変化するように感度を調節しておけば，スクリーン上の投影目盛数から **1 g** 以下の必要な質量が判定される．

さらに，1 目盛以下の標点との差はケース右側の**マイクロメータ用ツマミ**を使って **1** 目盛の **1/100** まで読むことができる．このツマミを回わすと投影レンズの前にある平行平面ガラス板が傾き，投影目盛が平行に移動する．同時に歯車などの仕掛で数字車が回転しガラス板の傾角を **1** 目盛の **1/100** まで数字で数字窓に表示する．

要するに数字窓において，外した環状分銅の合計質量を示す数字と，スクリーン上で標点の示す投影目盛数，さらに **1** 目盛以下の端数を表示する数字を読むことにより秤量値が求められる．

注 意 1．　等ひじ天びんでは，実験 **2** の a）に示すように，両ひじが一直線からはずれて傾く角 α や秤量物体の重量 w などによって感度が変化する．w が増すと両ひじの撓みが大きくなり感度が低下する．しかし直示天びんでは端刃先にかかる荷重は秤量物体の有無，重量の大小に関係なく一定であり撓みもいつも一定不変である．したがって，感度は一定である．これが直示天びんの特徴であり，これを活用して高精度の秤量を可能にしている．

b）**調　整**

直示天びんは精巧な精度の高い測定器械であるから，その取扱いには充分に注意し，ハンドルやツマミの操作も静かに丁寧にすることが大切である．

1）**投影目盛のピント合わせ**　電燈線コードを電源につなぎ，ケース付属のスイッチを常時点燈側に切換えておく．まず，作動ハンドルを使って作動から休止の状態にしたのち，秤さおが正しくさお受けに乗っているかを確める．なお，ピントが合っていないときは，ケースの上蓋をはずしてスクリーンに近い方のレンズを前後に動かしてピントを合わせる．

2）**制動の調整**　秤さおの振動が一度だけ静止点を越えたのち，静止点に戻って止まる程度であれば制動は最適である．このためには制動用の外筒の底から出ているレバーを前後に動かし，底部の空気孔の大きさを加減すればよい．

3）**零点の調整**　零点調整用ツマミを回しても，投影の零目盛線がスクリーン上の指定の標点に合わないときは，数字窓の数字を全部零とし，ツマミを時計方向に止るまで回したのち，反時計方向に**1.5**目盛ほど戻す．秤さおが動かないように手で押え，調子玉をネジで前方または後方に送り，零目盛線が指定の標点に合うようにする．

4）**感度の調整**　数字窓の数字を全部零とし，作動ハンドルを直立にして秤さらに**1g**の分銅を乗せる．分銅加除ダイヤルを使って数字窓の数字を**1g**としたのちにハンドルを前方に回わし，投影の零目盛線を標点に合わせる．次に数字窓の数字を**0g**として，投影目盛の**100**番目の線が標点に一致するか否かを確める．もし一致しないときはハンドルを直立したのち，秤さおを動かないように手で押えて，重心玉をネジで上下に移動する．これに応じて感度は向上し，低下する．かくして**1g**で**100**番目の目盛線が標点に合うようにする．4)の調整で零点が狂うことがある．もし狂いがあれば，3)，4)の調整を繰返えす．調整が済めば，ケースの上蓋をかぶせケース付きのスイッチを元通りに切換えておく．

注意 2.　3)，4)の調整だけなら上蓋をはずさずに上蓋の天窓を開いて行なえばよい．

c）秤 量 法

（1） 作動ハンドルが直立し，天びんが休止状態にあることを確かめたのち，ケース付属の水準器内の小気泡を中央に来るように水準ネジを調節する．作動ハンドルを静かに後方に倒し投影目盛が静止したら，零点調整用ツマミを使って零目盛線をスクリーン上の指定の標点に正しく合わせる．ハンドルを静かに直立し天びんを休止させる．

（2） ケース右側の扉を開き試料を秤さらの中央に乗せて扉を閉じる．まず，試料の質量が100g以上か以下かを調べるため，10g単位の加除ダイアルを反時計方向に1段まわし数字窓の数字を100gとし，作動ハンドルを静かに前方に回わす．投影目盛が（＋）側に動けば試料は100g以上，（−）側に振り切れば100g以下である．試料の質量が大略既知であればこの操作は不要である．

（3） 試料の質量が100g以下であることが判明したら，数字窓の数字を零としたのち，投影目盛の移動を見ながら，10g単位の加除ダイアルを時計方向に回わし，10g, 20g, 30g, …と順次増加する．例えば，20gから30gに増したとき，投影目盛が始めて（−）方向に動いたとすれば，試料の質量は20gと30gとの間であることが分る．ダイアルを1段もどして20gとする．

（4） 次に，g単位のダイアルを時計方向にまわして1g, 2g, 3g, …と増加し，もし4gのときに投影目盛が（−）方向に動いたとすれば，ダイアルを1段戻して3gとして天びんを休止させる．以上で数字窓にg単位で023の数字が現われている．

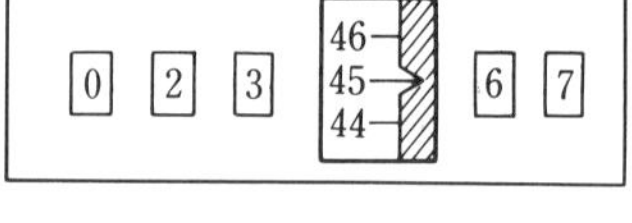

（5） 再び作動状態にすると間もなく投影目盛が静止する．スクリーン上で標点と目盛線とが一致しないのが普通で，例えば標点が46と45の目盛線の中間にあったとする．標点に対する1目盛以下の端数はマイクロメータ用ツマミを使って1/100目盛まで測られる．このツマミを回すと，目盛は（＋）側に移動するから，標点の（−）側の近くの目盛線，すなわち45の目盛線を標点にツマミを回して合わせる．このとき，数字窓にマイクロメータの指示として，例え

図 1-7　数字窓

ば67の数字が現われる.

（6） 以上で，数字窓の数字（023 g），投影目盛の番号（450 mg），および マイクロメータの指示（6.7 mg）から直ちに秤量値が求められる.

（7） 秤量が済んだら天びんを休止させ，試料を取り出し数字窓の数字を全部零とする. 再び零点を測り前後の零点の差が小さければ，平均値を零点として秤量値を補正すればよい. もし差が大きければ，もう一度測定し直す必要がある.

注意 3. 試料の質量が100 g 以上と判明した場合は，分銅加除ダイアルを反時計方向に回して，110 g, 120 g, …とし，以下，(3), (4), (5) の方法に準じて秤量すればよい.

d） 性能の点検

同じ試料を繰返し測定しても，いつも等しい秤量値が得られるならば，天びんは最上の性能をもつことになる. しかし，直示天びんは極めて精度の高い鋭敏な測定器であるから，僅かな条件の違いでも静止点に狂いを生じ易い. 気温や湿度を一定に保ち，静止点を繰返し測定してもその都度静止点が異なる. 静止点のバラツキを調べるために，静止点の標準偏差 [第 I 編 § 5 (I·45) 参照] を求めれば，この値によって天びんの性能の良否が判定される. 測定値の標準偏差は各測定値 x_i，その算術平均値を $\bar{x}$，測定回数を n とすれば，

$$\text{標準偏差}\quad \mu=\sqrt{\sum(x_i-\bar{x})^2/(n-1)}$$

零点を数回測定して，そのバラツキの有様を図示し，標準偏差 μ を求める.

実験 2. 天びんの感度曲線の求め方

a） 天びんの感度

天びんの左右の秤さらにのせた物体の重さに，微小の差 Δw があっても，秤さおはある角 θ だけ傾いたまま釣り合う. この場合 $\theta/\Delta w$ は，単位の重さの差に対する秤さおの偏れの角を示す. これをそのときの荷重に対する**感度**といい，ふつう 1 mg の重さの差のあるときの指針の偏れの角，または目盛数で表す.

秤さおには，三つの刃先 K, K_1, K_2 があり，K は秤さお全体を，K_1, K_2 は秤さらを支えている. そして，この 3 つの刃先が同じ直線上にあると，つぎに述べるように，感度が荷重に無関係になって都合がよいが，実際は多少の偏差がある.

いま，3 つの刃先が同じ直線上にないものとし，秤さおの重さを W，その重心を G,

左右の秤さらの重さをともに P, $KK_1 = KK_2 = l$, $KG = h$ とする．また両腕が一直線からはずれて傾く角を，図のようにそれぞれ α とする．いま，一方のさらに重さ w の物体，他方の皿に重さ $w+\Delta w$ の物体をのせたため，秤さお，したがって指針が角 θ だけ偏れて釣り合を保ったとする．刃先Kにおける摩擦および両方のさらの上の物体に対する空気の浮力を無視すれば，秤さおの釣り合の条件（Kの周りの合能率 = 0）として，次式が得られる．

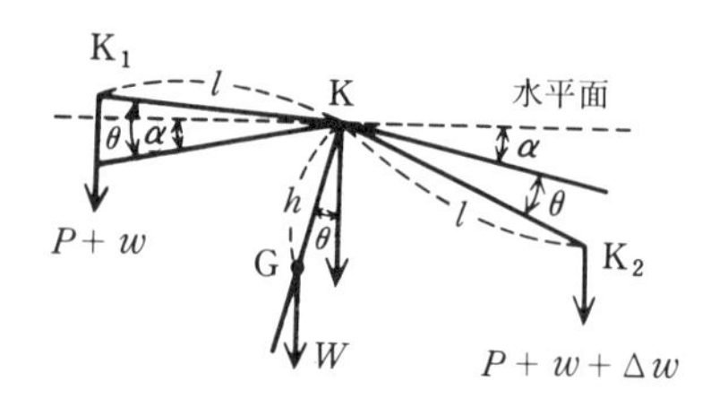

図 2-1

$$l\cos(\theta-\alpha)(P+w)+h\sin\theta\cdot W = l\cos(\theta+\alpha)(P+w+\Delta w). \tag{2·1}$$

いま，Δw を微小とすれば，θ は小さく，したがって $\tan\theta\approx\theta$ とみなされるから，

$$\text{感度}\quad S=\frac{\theta}{\Delta w}\approx\frac{\tan\theta}{\Delta w}=\frac{l\cos\alpha}{hW+l\sin\alpha\{2(P+w)+\Delta w\}}. \tag{2·2}$$

したがって感度は，天びんの構造上の要素ばかりでなく，秤量する物体の重さ，すなわち荷重にも関係するが，$\alpha=0$，すなわち3つの刃先が同一直線上にあるときは，

$$S = l/hW \tag{2·3}$$

となって，感度は荷重に無関係に，天びんの構造によって定まることになる．

(2·2) によれば，K_1, K_2 が K より下にあるときは $\alpha>0$ であるから，感度 S は荷重 w が増すと低下し，また上にあるときは $\alpha<0$ となり，S は w が増加すると向上することが分る．しかし，秤さおは剛体でないから，荷重により多少たわむ．故に，ある指定荷重のとき3つの刃先が同じ直線上にあるように設計してあれば，荷重がそれより小さい間は，感度は荷重の増加とともに向上して，指定荷重のとき最大となり，荷重がそれよりも大きくなれば低下する．また，無荷重のとき3つの刃先が同じ直線上にあるように設計してあれば，感度は荷重の増加とともに一方的に低下する．

天びんの構造上から，感度を高めるには秤さおの腕の長さ l を大きくし，W と h とを小さくすればよい．しかし l を大きくすると，たわみを防ぐため，たとい秤さおを架構状に作っても，W を著しく増す必要があり，また l の温度による膨張の影響も増す．故に精密な天びんでは，l をかえって小さくする．したがって，l を大きく W を小さくすることには，一定の制限がある．つぎに，h についても，これをあまり小さくすれば，周期が長くなって振動は不安定となり，かつ測定に不便となるため，h を小さくすることにも限度がある．

天びんの感度の良否は，大体その振動の周期の長短から推定することができる．これは，(2·3) によれば天びんの感度は h に逆比例し，その周期は，天びんの振動を剛体振子の振動と見なせば，$\sqrt{h}$ に逆比例するからである．ふつうの天びんでは，その周期が10〜15秒のものが感度も相当高く，かつ使用にも適する．なお感度は，刃先とその支座との間の摩擦の影響もうける．したがって，摩擦をできるだけ小さくするため，刃先と支座とはひずまない硬い物質で作ってある．

b）感度曲線の定め方

（1）まず，天びんの調節を行う*．

（2）両方のさらを空にして，振動法によって，指針の静止点すなわち零点を定める．

（3）つぎに，右のさらに1 mg の分銅をのせたとき（馬乗り分銅を用いてもよい，以下同じ）の静止点 e_1 と，その1 mg の分銅を左のさらに移したときの静止点 e_2 とを定める．このとき $S_0=(e_2-e_1)/2$ 目盛/mg は，無荷重のときの感度である．

（4）さらに，両方のさらにそれぞれ5 g の分銅をのせて静止点を定める．その際の静止点は，(2) で定めた零点と異なることがある．それは個々の分銅が正確でないためである．このような場合は，分銅を取り替えるか，あるいは軽い方の分銅に小分銅を加えるか，または馬乗り分銅で修正して，静止点を (2) の場合の零点にできるだけ近づけてから，(3) と同様にして質量5 g の場合の感度 S_5 を求める．

（5）同じようにして，質量 10，15，20，25，50，100 g の場合の感度を求める．たとえば，

質　量 (g)	0	5	10	15	20	25	50	100
感度(目盛/mg)	1.90	1.66	1.49	1.39	1.34	1.32	1.37	1.18

（6）方眼紙上に，横軸に質量を，縦軸に感度をとり，(5) に求めた結果を点示し，それらの点列の出入りがなるべく点平均するような，滑らかな曲線を描けば，図 2-2 のような**感度曲線**をうる．この曲線から，天びんの性能を知ることができる．

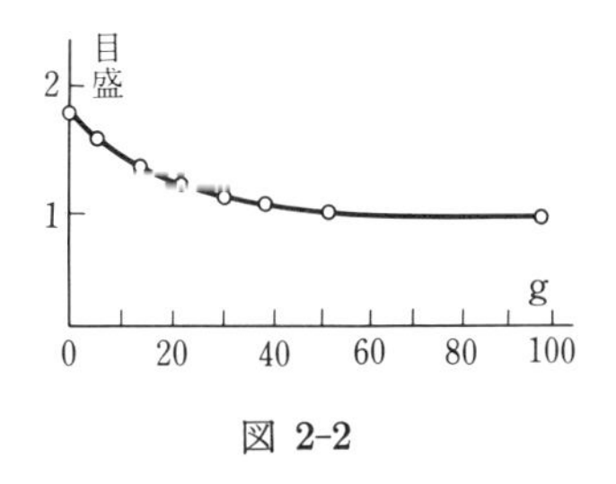

図 2-2

* 実験 1．c) 参照．

c) 感度曲線を利用する秤量法

感度曲線を利用すれば，物体の質量は，つぎのようにして簡単に求められる．たとえば，零点として10.20を得，つぎに左のさらに秤量物体，右のさらに26.386 g の分銅をのせたとき，その静止点が先の零点に最も近づき，それが10.35となったとする．いま，既に得た感度曲線を調べれば，質量26 g 付近の感度は1 mg について1.32目盛であるから（図2-2参照），

$$\text{静止点と零点との差} = 10.35-10.20 = 0.15\ (\text{目盛}).$$

したがって，0.15目盛だけ静止点を移すに要する分銅の質量を x g とすれば，

$$\frac{x}{0.001} = \frac{10.35-10.20}{1.32} \quad \frac{0.15}{1.32}, \quad \therefore \quad x = 0.0001\,\text{g}.$$

$$\therefore \quad \text{秤量物体の質量} \quad M = 26.3860+0.0001 = 26.3861\,\text{g}.$$

この例にしたがって，時間に余裕があれば，適当な物体の秤量を試みる．

実験 3.　二本つりによる慣性能率の測定

a) 説　明

二本つり　等しい長さの2本の糸で，左右対称に物体を水平につるし，その重心を通る鉛直線の周わりに回転振動させる装置を**二本つり**（bifiler suspension）という．これは物体の重心を通る軸の周わりの**慣性能率**（moment of inertia）を測る目的によく利用される．

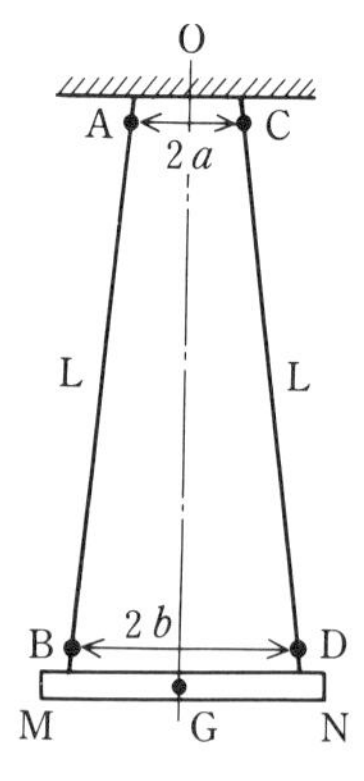

図 3-1

図3-1に示す二本つりの糸 AB, CD の長さを L とし，糸の上下両端の間隔をそれぞれ $2a$, $2b$ とする．ただし，糸の長さは両端の間隔にくらべて相当に長いものとする．また，懸垂体 MN はその重心 G を通る回転軸 OG に対して左右対称であり，その周わりの慣性能率を I_0, その質量を m_0 とする．いま，MN を平衡の位置から OG の周わりに少し偏らして放せば，MN は僅かに上下に運動しながら OG の周わりに振動する．もし，空気の抵抗，糸の摩擦を無視し，平衡の位置から角 θ だけ偏れたとき，G の位置が O から z だけ下方にあるものとすれば，エネルギー保存の原理から，

$$\frac{1}{2}I_0\left(\frac{\mathrm{d}\theta}{\mathrm{d}t}\right)^2+\frac{1}{2}m_0\left(\frac{\mathrm{d}z}{\mathrm{d}t}\right)^2-m_0gz = c. \tag{3·1}$$

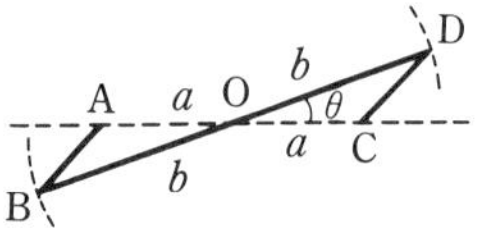

ここに，c は初期条件によって定まる定数を示す．$\mathrm{d}z/\mathrm{d}t$ は微小であるから，上式左辺の第2項を他の項に比べて無視して微分すれば，

$$I_0\frac{\mathrm{d}\theta}{\mathrm{d}t}\frac{\mathrm{d}^2\theta}{\mathrm{d}t^2}-m_0g\frac{\mathrm{d}z}{\mathrm{d}t} = 0. \tag{3·2}$$

図 3-2

ところが，図 3-2 から明らかなように，

$$z^2 = L^2-(a^2+b^2-2\,ab\cos\theta). \tag{3·3}$$

$$\therefore\quad \frac{\mathrm{d}z}{\mathrm{d}t} = \frac{-ab\sin\theta}{\sqrt{L^2-(a^2+b^2-2\,ab\cos\theta)}}\cdot\frac{\mathrm{d}\theta}{\mathrm{d}t}.$$

θ は微小であるから，

$$\frac{\mathrm{d}z}{\mathrm{d}t} = \frac{-ab\,\theta}{\sqrt{L^2-(a-b)^2}}\cdot\frac{\mathrm{d}\theta}{\mathrm{d}t}. \tag{3·4}$$

これを (3·2) に代入して，

$$I_0\frac{\mathrm{d}^2\theta}{\mathrm{d}t^2} = -\frac{m_0\,gab}{\sqrt{L^2-(a-b)^2}}\theta. \tag{3·5}$$

すなわち，

$$\frac{\mathrm{d}^2\theta}{\mathrm{d}t^2} = -\frac{m_0\,gab}{hI_0}\theta,\qquad \text{ただし}\quad h = \sqrt{L^2-(a-b)^2}. \tag{3·6}$$

故に，懸垂体の振動は**角単振動** (angular harmonic motion) と見なされ，その周期を T_0 とすれば，

$$T_0 = 2\pi\sqrt{\frac{hI_0}{m_0\,gab}}.\qquad \therefore\quad I_0 = \frac{abT_0{}^2\,m_0\,g}{4\pi^2h}. \tag{3·7}$$

上式の右辺の諸量を測れば，これから I_0 が定められる．しかし，実際上は，懸垂金具にかぎを取りつけ，これに測ろうとする物体を，その重心が回転軸上にあるようにのせ，金具と物体とを一体として振動させて物体の慣性能率を測る．この場合，物体の重心の周わりの慣性能率を I，質量を m とすれば，金具と物体との複合体の振動周期は (3·7) により，

$$T = 2\pi\sqrt{\frac{(I_0+I)h}{(m_0+m)gab}}.\qquad \therefore\quad I = \frac{abT^2}{4\pi^2h}(m_0+m)g-I_0. \tag{3·8}$$

故に I_0 が既知ならば，上式から I が求められる．もし I_0 が未知ならば(3·7) と (3·8) とから I_0 を消去して，

$$I = \frac{abg}{4\pi^2h}\{(m_0+m)T^2-m_0T_0{}^2\},\qquad \text{ここに}\quad h = \sqrt{L^2-(a-b)^2}. \tag{3·9}$$

これから，右辺の諸量を測って I を定めることができる．

b) 装置および用具

図 3-3 は使用する二本つりを示す．糸（荷重で伸びるから細い鋼線を代用する方がよい）は軽くて丈夫なものを選び，AB, CD を別な 2 本の糸とせず，BACD を 1 本の糸とし，これを支梁に水平に打込んだ適当な 2 本のくぎ A, C にかけ，その下端 B, D にかぎを備えた懸垂金具 PQ を水平につる．PQ の中央に取りつけた小さい円板 pq は，円形の穴のある物体を PQ 上にのせるとき，その中心を定めるために利用するもので，これに周期測定用の小突起 M

を取りつけておく．測定試料としては，**円柱状の金属棒**と，中心に円形の穴をあけた**正六角形の金属板**とを用意する．このほか，**望遠鏡**と**ストップ・ウオッチ**(**クォーツ式が望ましい**)，**上さら天びん**と金属製の巻尺，**カリパー**を準備する．

c）**方　法**

（1） まず，懸垂金具PQの質量m_0と，試料の物体，例えば円柱状の棒の質量mとを，上さら天秤で測る．水平な2本のくぎA, Cにかけた糸の下端B, DにPQをつるしたのち，AB, CDの長さを等しく調節し，PQを水平にする．

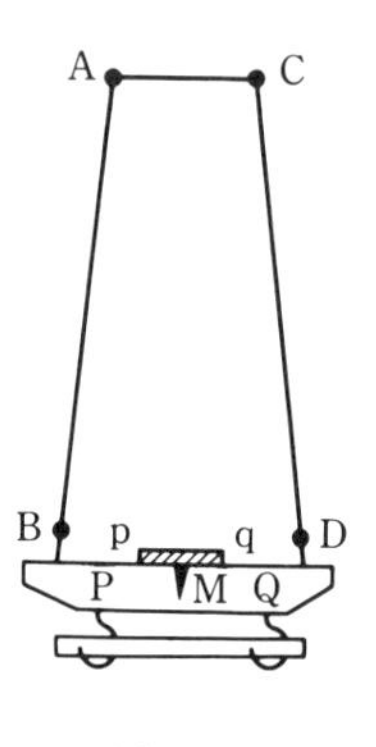

図 3-3

（2） 望遠鏡をPQの前方1～2mの距離にすえつける．望遠鏡を調節し*，PQの小突起Mに視差なく望遠鏡の焦点を合わす．PQを回転軸のまわりに少し偏らして放し，振動の周期T_0を測る．これには，一人が観測者として望遠鏡をのぞき，視野内でMの像が十字線の交点を同一方向に10回通過するごとに合図する．この場合，観測者は小声に振動回数を順次数えて，9回目に達したときに，用意と唱えて記録者の注意を喚起し，10回目に小刀のような金属片を木台に軽く打ちつけて鋭い短い音を立て，これを合図とする．他方，記録者は，あらかじめ動かしてあるストップ・ウオッチの動きを注視しながら秒時音に合わせて0,1；0,2；0,3；… と調子をとり，合図のたびごとに，その時刻を記録する．それで，右の表のように記録して周期を求める．

振動回数	時刻 分	秒	振動回数	時刻 分	秒	50回の振動時間	
0	2	54.4	50	4	20.7	1	26.3
10	3	11.7	60	4	38.0	1	26.3
20	3	28.8	70	4	55.2	1	26.4
30	3	46.3	80	5	12.6	1	26.3
40	4	03.4	90	5	29.8	1	26.4
					平均	1	26.34

$$T_0 = \frac{86.34}{50} = 1.727\,\mathrm{s}$$

（3） つぎに，PQのかぎに試料の円柱を，その重心が回転軸上にあるようにのせて小さく振動させ，(2) と同様にしてこの複合体の振動周期Tを測る．

* II.§5. d) (3) 参照．

（4） 糸 AB, CD の長さ L を巻尺で測り，糸の上下両端の間隔 $2a$, $2b$ をカリパーで測って，$h = \sqrt{L^2-(a-b)^2}$ を求める．

（5） 以上の測定値を次式に入れて，I を算出する．

$$I = \frac{abg}{4\pi^2 h}\{(m_0+m)T^2-m_0 T_0{}^2\} \quad \mathrm{kg\cdot m^2}$$

なお，a, b および L の値を変えて，同様な実験を繰り返し，求めた I の平均値を求める測定値とする．

（6） 均質な円柱（長さ l，半径 r，質量 m）の重心を通り軸に直角な回転軸に関する慣性能率を計算上から求めれば，

$$\text{円柱の慣性能率}\quad I = \frac{1}{4}mr^2+\frac{1}{12}ml^2.$$

したがって，円柱の寸法と質量とを測れば，上式から I が算出される．この計算値と，(5) に求めた測定値とを比較検討する．

（7） 他の与えられた試料についても同様な実験を行い，求めた測定値と計算値とを比較する．

注 意　物体の慣性能率を測る方法としては，二本つりのほかに捩(ねじ)り振子*を利用する方法もある．しかしこの場合は，振子の針金の太さが一様であるかどうか，また針金の半径の測定の精度が高いかどうかによって，結果が大きく左右される．そのうえ，針金の剛性率が既知でなければならない．二本つりでは，単に糸の長さ，間隔などが問題となるだけで，精密な測定器械を要しない．この意味で，二本つりによる方法は優れている．

実験 4. Borda の振子による g の測定

a） 説 明

図 4-1 は複振子，すなわち剛体振子の重心Gを通り，振子の水平な支軸に直角な断面を表わし，O を支軸の切口，OG $= h$ とする．いま，空気の抵抗および摩擦を無視すれば，複振子の運動方程式は，

$$I\frac{\mathrm{d}^2\theta}{\mathrm{d}t^2} = -Mgh\sin\theta \qquad (4\cdot1)$$

となる．ここに，θ は直線 OG の鉛直線から偏れた角を表し，I は支軸のまわりの複振子の慣性能率を示す．もし，複振子の

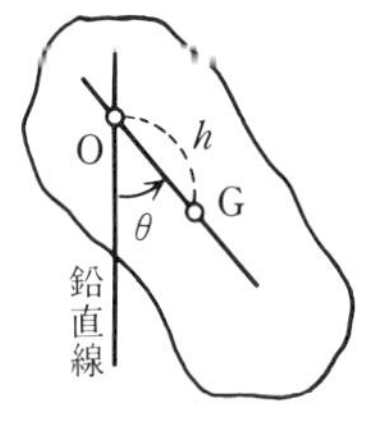

図 4-1

*　実験 8 a) (3) 参照

振幅が小さくて，$\sin\theta = \theta$ とみなされる場合は，

$$\frac{\mathrm{d}^2\theta}{\mathrm{d}t^2} = -\omega^2\theta,\quad ここに\quad \omega = \sqrt{\frac{Mgh}{I}}. \tag{4·2}$$

したがって，複振子の運動は角単振動（angular harmonic motion）となり，その周期 T はつぎのようになる．

$$T = 2\pi\sqrt{\frac{I}{Mgh}}. \tag{4·3}$$

しかし，振幅が大きく $\sin\theta = \theta$ とみなされない場合は，単角振動とは見られず，その周期は（4·3）とは異なる．この場合，周期は近似的につぎの式で示される．

$$T = 2\pi\sqrt{\frac{I}{Mgh}}\left(1+\frac{1}{4}\sin^2\frac{\alpha}{2}\right) = 2\pi\sqrt{\frac{I}{Mgh}}\left(1+\frac{\alpha^2}{16}\right). \tag{4·4}$$

ここに，α は振幅を示す．実際は，空気の抵抗や摩擦のために減衰振動となるが，この場合は，観測の初めと終りとの振幅をそれぞれ α, α' とすれば，（4·4）をつぎのようにしても大きな差がない．

$$T = 2\pi\sqrt{\frac{I}{Mgh}}\left(1+\frac{\alpha\alpha'}{16}\right).\quad したがって，\quad g = \frac{4\pi^2 I}{T^2 Mh}\left(1+\frac{\alpha\alpha'}{16}\right)^2. \tag{4·5}$$

故に，複振子により重力加速度 g が測られる．ただし，振子はその I と h との決定し易いものでなければならない．このためにもっとも簡便なのは，**Borda の振子**である．これは細長い針金（長さ l）に小さな金属球（半径 r，質量 M）をつるしたもので，厳密にいえば，針金と球とは一体となって振動せず，針金に対する球の小さい振動も含まれるが，l にくらべて r が小さければ，全体が剛体として振動すると見なされる．この場合，支軸のまわりの振子の慣性能率は，

$$I = \frac{2}{5}Mr^2 + M(l+r)^2. \tag{4·6}$$

針金の質量を無視すれば $h = l+r$ となるから，（4·5）にしたがって

$$g = \frac{4\pi^2}{T^2}\left\{(l+r)+\frac{2}{5}\frac{r^2}{(l+r)}\right\}\left(1+\frac{\alpha\alpha'}{16}\right)^2. \tag{4·7}$$

T と α, α' を観測し，l と r を測れば，これから g が求められる．

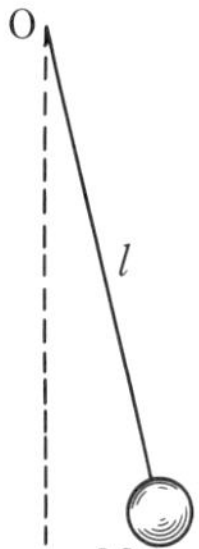

O
l
M

図 4-2　単振子

注 意 1　複振子において $\sin\theta = \theta$ と見なし得ないときの周期は，つぎのようにして導かれる．（4·1）を I で割り，両辺に $2\,\mathrm{d}\theta/\mathrm{d}t$ をかければ，

$$2\frac{\mathrm{d}\theta}{\mathrm{d}t}\frac{\mathrm{d}^2\theta}{\mathrm{d}t^2} = -2\omega^2\sin\theta\frac{\mathrm{d}\theta}{\mathrm{d}t},\quad (\omega^2 = Mgh/I).$$

すなわち，

$$\frac{\mathrm{d}}{\mathrm{d}t}\left\{\left(\frac{\mathrm{d}\theta}{\mathrm{d}t}\right)^2\right\} = 2\omega^2\frac{\mathrm{d}}{\mathrm{d}t}(\cos\theta).$$

積分すれば，

$$\left(\frac{\mathrm{d}\theta}{\mathrm{d}t}\right)^2 = 2\omega^2\cos\theta + C,\quad (C = 積分定数). \tag{4·8}$$

$t=0$ のとき $\dfrac{\mathrm{d}\theta}{\mathrm{d}t}=0$, かつ $\theta=\alpha$ とすれば, $C=-2\omega^2\cos\alpha$.

$$\therefore \qquad \frac{\mathrm{d}\theta}{\mathrm{d}t}=\pm\sqrt{2}\,\omega\sqrt{\cos\theta-\cos\alpha}. \tag{4·9}$$

複振子が釣り合の位置から右の方に遠ざかる間だけを考えれば,「+」符号だけを採ればよいから, その間について上式は, つぎのように変形される.

$$\mathrm{d}t=\frac{1}{\sqrt{2}\,\omega}\frac{\mathrm{d}\theta}{\sqrt{\cos\theta-\cos\alpha}}. \tag{4·10}$$

振子の周期を T とすれば, $\theta=0$ から $\theta=\alpha$ となるまでの時間は $T/4$ である. したがって, その間に上式を積分して,

$$\int_0^{T/4}\mathrm{d}t=\frac{1}{\sqrt{2}\,\omega}\int_0^{\alpha}\frac{\mathrm{d}\theta}{\sqrt{\cos\theta-\cos\alpha}},$$

すなわち,

$$T=\frac{2\sqrt{2}}{\omega}\int_0^{\alpha}\frac{\mathrm{d}\theta}{\sqrt{\cos\theta-\cos\alpha}}. \tag{4·11}$$

いま, 上式の右辺を積分するため, つぎのようにおく.

$$\sin\frac{\theta}{2}=\sin\frac{\alpha}{2}\sin\phi, \quad \left(\theta=0\to\alpha:\ \phi=0\to\frac{\pi}{2}\right). \tag{4·12}$$

よって,

$$\frac{1}{2}\cos\frac{\theta}{2}\mathrm{d}\theta=\sin\frac{\alpha}{2}\cos\phi\,\mathrm{d}\phi.$$

すなわち,

$$\mathrm{d}\theta=\frac{2\sin\dfrac{\alpha}{2}\cos\phi\,\mathrm{d}\phi}{\sqrt{1-\sin^2\dfrac{\alpha}{2}\sin^2\phi}}. \tag{4·13}$$

しかるにまた,

$$\sqrt{\cos\theta-\cos\alpha}=\left(2\sin^2\frac{\alpha}{2}-2\sin^2\frac{\theta}{2}\right)^{\frac{1}{2}}=\sqrt{2}\,\sin\frac{\alpha}{2}\left(1-\sin^2\frac{\theta}{2}\bigg/\sin^2\frac{\alpha}{2}\right)^{\frac{1}{2}}$$

$$=\sqrt{2}\sin\frac{\alpha}{2}(1-\sin^2\phi)^{\frac{1}{2}}=\sqrt{2}\sin\frac{\alpha}{2}\cos\phi. \tag{4·14}$$

ここで, (4·13), (4·14) を (4·11) に代入すれば,

$$T=\frac{4}{\omega}\int_0^{\pi/2}\frac{\mathrm{d}\phi}{\sqrt{1-\sin^2\dfrac{\alpha}{2}\sin^2\phi}}. \tag{4·15}$$

これは楕円積分であり, 初等関数をもって表すことはできない. したがって, $\left(1-\sin^2\dfrac{\alpha}{2}\sin^2\phi\right)^{-\frac{1}{2}}$ を $\sin\phi$ の級数に展開して, それを各項ごとに積分する方法をとる. すなわち,

$$T=\frac{4}{\omega}\int_0^{\pi/2}\left(1+\frac{1}{2}\sin^2\frac{\alpha}{2}\sin^2\phi+\frac{1.3}{2.4}\sin^4\frac{\alpha}{2}\sin^4\phi+\cdots\cdots\right)\mathrm{d}\phi$$

$$=\frac{4}{\omega}\left\{\frac{\pi}{2}+\frac{\pi}{2}\left(\frac{1}{2}\right)^2\sin^2\frac{\alpha}{2}+\frac{\pi}{2}\left(\frac{1.3}{2.4}\right)^2\sin^4\frac{\alpha}{2}+\cdots\cdots\right\}$$

$$\therefore \quad T = 2\pi\sqrt{\frac{I}{Mgh}}\left(1+\frac{1}{4}\sin^2\frac{\alpha}{2}+\frac{9}{64}\sin^4\frac{\alpha}{2}+\cdots\cdots\right).$$

振幅がやや大きい場合でも，第2項までとれば十分であり，これから (4·4) が得られる．

b) 装置および用具

壁または柱に取りつけた**支台**Aに，水準ネジS_1, S_2, S_3をもつU字形の**支座**Bをのせ，これに振子の**刃先**Cをまたがせる．Cに取りつけた心棒の下端には，針金を固定するネジDがあり，上部には刃先自身の振動の周期を調節するネジEがある．また支座Bには，刃先との摩擦を小さくするため，接触部にガラス板がはめてある．Wは長さ約1mの細い**針金**で，その下端を**錘**Mに刻んだ小孔にハンダづけするか，またはネジで固着する．SはWの下端近く，これに接近して水平に支えた**目盛尺**で，振子の振幅を測るためのもので，**錘**Mは直径約4～5cmの真鍮または鋼の球である．その下に設けたネジFと図4-3 (b) の金属棒（LからNを抜き差しして全長が加減できる）とは，振子の長さを測るときに利用される．

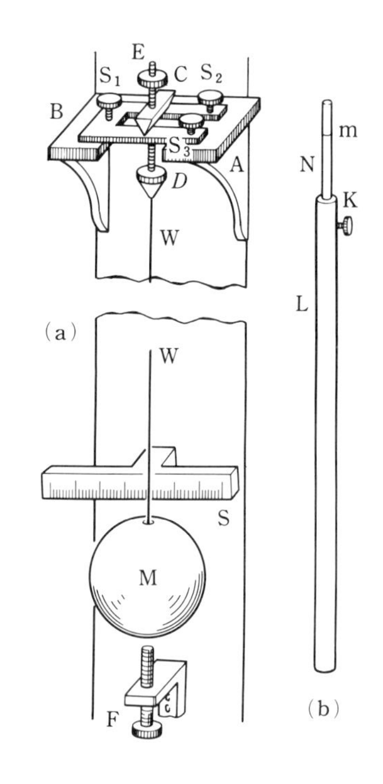

図 4-3

なお，周期測定用に**望遠鏡**と**ストップ・ウオッチ**（クォーツ式が望ましい），その他**ネジ・マイクロメーター**，**ノギス**，**メートル尺**，**小型の水準器**を準備する．

c) 方　法

（1） まず，支台Aの上に支座Bをのせ，水準器を用いてS_1, S_2, S_3を調節して，Bを水平にする．

（2） 刃先C (ECD) のネジDに，曲りをよく伸ばした約1mの針金W

をつけて錘Mをつるし，Cを支座Bにまたがせて10回振らして，その周期 T を測ってみる．つぎにCから針金と球とを外して，刃先C (ECD) だけをまた10回振らしてその周期 T'を測り，T' が T に等しくなるようにネジEを調節する．これは，振子の振動に及ぼすC (ECD) の振動の影響をなくするためである．

（3） 再び針金の上端を，針金の長さが (2) の場合と同じになるようにDに取りつけ，刃先Cを支座Bに正しくまたがせて錘Mを垂下する．ついで，望遠鏡を目盛尺Sの前方約2 m の机の上にすえて，その焦点を針金に合わす*．そして，Wと重なって見えるSの目盛 a_0 を読み，これを振子の振動の起点とする．このとき，起点の目印に鉛筆などで目盛尺に標線を記入するようなことをしてはいけない．

（4） 振子を刃先に直角な鉛直面内に振動さすには，木綿糸で輪を作り，これをMにはめて一方に引っ張って手放すか，または他物体に結びつけ，マッチで焼き切ればよい．いずれにしても，錘が不規則な軌道を描く場合はやり直す．なお，この際の振幅は，S上の目盛で測って振動の起点 a_0 から両側に2~3cm程度とし，角度では5度以下とする．そして，もしも振動の1回帰点の目盛を a cm，刃先Cから目盛尺Sまでの距離を d cm とすれば，振幅は次式で与えられる．

$$振幅 = (a-a_0)/d \quad \text{rad.}$$

（5） 振子の周期を測る直前，1回帰点の読み a cm をとり，これを最初の振幅 α を測る資料とし，その後引き続き望遠鏡とストップ・ウオッチとを利用し，実験3. c) (2) の要領で，この振動の周期 T s を測る．次頁にその一例を示す．

（6） 周期測定直後の回帰点の読み a' cm をとり，これから振動の終りの振幅 α' を求める．

（7） 最後に，振子の刃先から重心までの距離 $l+r$ を測る．これには，錘Mの下にあるネジFの上端がMの下端に軽く触れるように調節したのち，振子を取り除き，Fの上端に図4-3 (b) に示す金属棒の下端をのせて，これ

* II. §5. d) (3) (i) および (ii) 参照.

振動回数	時刻 分	秒	振動回数	時刻 分	秒	100回の振動時間 分	秒
0	1	20.8	100	4	39.7	3	18.9
10	1	40.2	110	4	59.7	3	19.5
20	2	00.0	120	5	19.7	3	19.7
30	2	20.1	130	5	39.5	3	19.4
40	2	39.8	140	5	59.5	3	19.7
50	2	59.8	150	6	19.5	3	19.7
60	3	19.8	160	6	39.0	3	19.2
70	3	39.6	170	6	59.0	3	19.4
80	3	59.6	180	7	19.0	3	19.4
90	4	19.6	190	7	39.0	3	19.4
				平均		3	19.43

平均周期　$T = 199.43/100 = 1.9943$ 秒.

を鉛直に支え，棒の長さを加減して標線 m を支座の面と一致させたのち，ネジKで長さが変わらないように止め，棒の全長をメートル尺とノギスで測り，これから刃先と錘の最下端との距離 L を求める．さらに，錘 M の直径を数個所ノギスで測り，平均値を二分して半径 r を求め，$L-r = l+r$ (m) とする．

（8）以上の測定値を次式に入れて，g を求める．

$$g = \frac{4\pi^2}{T^2}\left\{(l+r)+\frac{2r^2}{5(l+r)}\right\}\left(1+\frac{\alpha\alpha'}{16}\right)^2 \ \mathrm{m/s^2}.$$

g の値を小数点以下3位まで求めるには，上式右辺の諸量をどの程度まで測る必要があるかを検討する．

（9）観測者を代えてこの測定を2度繰返して結果の平均値を求め，これと重力実測表の値と比較する．

注意 2　周期の平均値をとる場合，10回目の時刻と初めの時刻との差を作り，つぎに20回目と10回目との時刻の差を作り，このようにして200回まで10回ずつの差を作って平均するようなことをしてはいけない．

何故ならば，振動数0回のときの時刻を T_1，10回のときを T_2，……，190回のときを T_{19} とし，このような平均をとれば，

$$\left(\frac{T_2-T_1}{10}+\frac{T_3-T_2}{10}+\frac{T_4-T_3}{10}+\cdots\cdots+\frac{T_{19}-T_{18}}{10}\right)\div 19 = \frac{T_{19}-T_1}{190}$$

となり，終りの時間から始めの時間を差引いて全体の振動回数で割っただけで，多数の測定値を平均して最確値を出すことにならない．

注意 3　g を求める上の式では，刃先 C (ECD) の慣性能率を無視している．これは何故か．

注意 4　g を求める式には，T は T^{-2} として入っている．したがって，T の測定は精密に行わねばならない．T の精密測定については，実験 5. [B] を参照されたい．

実験 5.　Kater の可逆振子による g の測定

[A]　ストップ・ウオッチを用いる周期の測定

a)　説　明

複振子と等しい周期の単振子の長さを**相当単振子の長さ**という．この長さを L とすれば，複振子の小さい振動の周期 T は $2\pi\sqrt{L/g}$ として示される．また，図 5-1 において，G を複振子の重心，O を水平な支軸の G を通る鉛直面の切口とし，O と G とを結ぶ延長線上に O から L の距離にある点を O′ とするとき，この点 O′ を O に対する**振動の中心**という．そして，点 O′ に水平な支軸を設けてその周わりに振動させれば，前の支軸の位置 O が O′ に対する振動の中心となるという特性がある．したがって，この場合の振動の周期は前と同じく $2\pi\sqrt{L/g}$ となる．故に，剛体内に支軸 O と振動の中心 O′ との関係を満足する 2 点を選び，そこに水平な支軸を設けて振らせれば，いずれの支軸の周りにも等しい周期 T で振動する．このような振子を**可逆振子** (reversible pendulum) という．

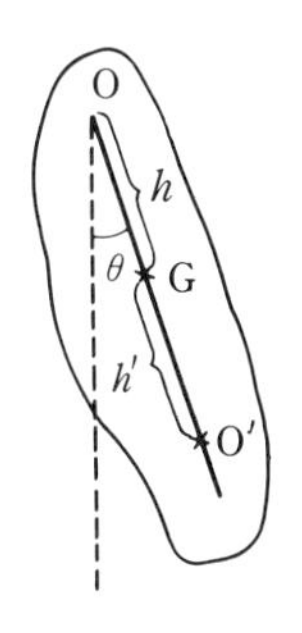

図 5-1

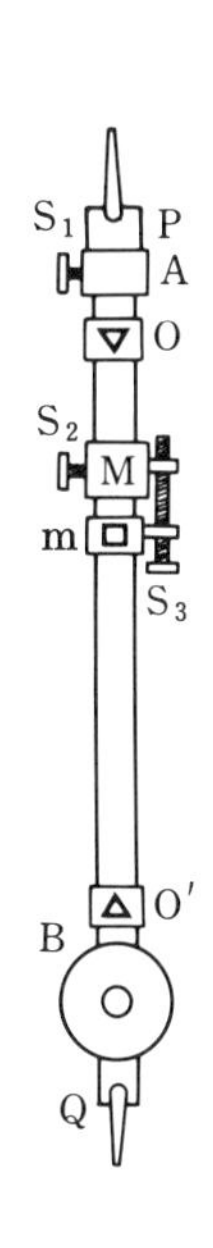

図 5-2

可逆振子においては，両支軸間の距離は相当単振子の長さ L に等しいから，その周期 T は，

$$T = 2\pi\sqrt{L/g}, \quad \text{したがって} \quad g = 4\pi^2 L/T^2. \qquad (5\cdot1)$$

故に，可逆振子によれば，L と T とを測り g が定められる．

Kater はこの理に したがって，便利な可逆振子を考案した．図 5-2 にその一例を示す．金属棒 PQ の P 端近くに小さな可動錘 A を，Q 端近くに大きな固定錘 B をつけ，重心を一方にかたよせ，棒の 2 点 O, O′ に支軸用の金属の刃先を平行に設け，O, O′ 間には，別の可動錘 M とこれに対して呼びネジ S_3 で微動する錘 m とを備えている．故に，可動錘 A および M, m を移動して重心の位置を加減し，刃先 O および O′ のいずれを支えて振らしても周期が等しくなるように調節すれば，OO′ $= L$ となるから，この長さ L と周期 T とを測れば，(5·1) から g の値が求められる．しかし，両周期を完全に等しく調節することは非常に面倒であるから，実際上はつぎの方法を用いる．

刃先O, O′間に，目盛を施し可動錘mに副尺を備えて，錘mの位置が読み取られる場合は，あらかじめ両周期が大体等しくなるように調節したのち，まず錘mの位置を副尺で読み，刃先OおよびO′の周りに順次振らしてその周期 T_1 および T_1' を測る．つぎに，錘mを微動してその位置を副尺で読み，前と同様にして周期 T_2 および T_2' を測る．この方法を順次繰り返して，錘mの位置を示す副尺の読みを縦軸に，刃先OおよびO′の周りの周期を横軸にとり，測定の結果を方眼紙上に図示すれば，図5-3のように2本の曲線を得る．この交点に相当する周期は，いずれの刃先の周りに振らしても等しくなる周期を示す．故に，図上から求める周期 T が定められる．

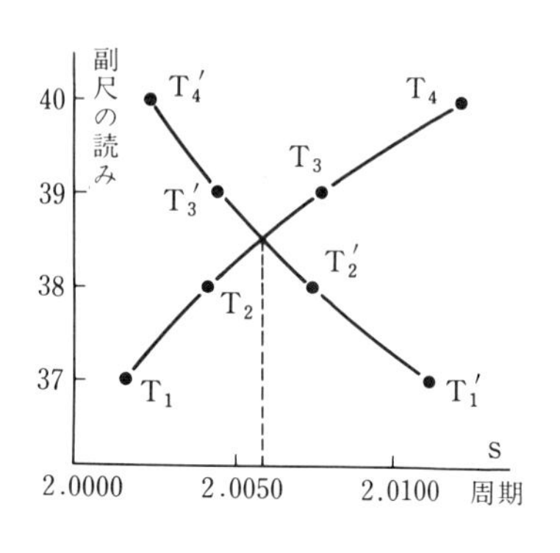

図 5-3

また，もし刃先O, O′間に目盛がなく，可動錘mの位置が読みえない場合は，あらかじめ両周期の差をできるだけ小さくなるように調節したのち，周期 T および T' を測る．そのときは，

$$T=2\pi\sqrt{L/g}=2\pi\sqrt{(k_G{}^2+h^2)/gh},\quad \text{また,}\quad T'=2\pi\sqrt{L'/g}=2\pi\sqrt{(k_G{}^2+h'^2)/gh'}.$$

ここに，L および L' はOおよびO′を支軸としたときの相当単振子の長さを示し，h および h' はOGおよびO′Gの長さを示す．また，k_G はGのまわりの回転半径 (rad. of gyration) を示す．故に，両式から k_G を消去して，つぎの式を得る．

$$\frac{4\pi^2}{g}=\frac{hT^2-h'T'^2}{h^2-h'^2}=\frac{1}{2}\left(\frac{T^2+T'^2}{h+h'}+\frac{T^2-T'^2}{h-h'}\right). \tag{5·2}$$

これから g を求めるとよい．T と T' との差は小さいから，h と h' との差が大きくなっていれば，上式の右辺の第2項は第1項にくらべて微小となり，g に対する影響は小さい．故に，第2項の $h-h'$ の測定は簡略にして，振子を水平に支える点の位置から重心Gの位置を定めて $h=\text{OG}$, $h'=\text{O'G}$ を測ればよい．また第1項については，$h+h'$ は刃先O, O′間の距離を示すから，これを精密に測るようにする．このようにして (5·2) から g を求めても，充分に精密な値がえられる．

b) 装置および用具

可逆振子の懸垂には，実験4．と同様に，柱または壁に取りつけた**支台**上に，水準ネジを設けたU字形の**支座**を乗せたものを用いる．刃先O, O′間の距離は少なくとも1/10mm程度まで測る必要上，高低計，尺度比較器などの器械を要するが，使用する振子にこの長さが指定してあれば，これらの器械は不要である．また，周期の測定には**ストップ・ウオッチ**（クォーツ式が望ましい）

を使用する．このほか，**望遠鏡**と**水準器**とを用意する．

c）方　法

（1） 支台上の支座を水準ネジで水平に調節し，それに可逆振子の刃先 O および O′ を順次かけ，振幅を 3° 以下にして 10 振動の時間を測る．いずれの刃先をかけても 10 振動の時間が大体等しくなるように可動錘 A の位置を調節する．もちろん振子の振動は，常に鉛直面で行われるように注意を要する*．

（2） さらに，可動錘 M を m とともに移動して，いずれの刃先のまわりにも，100 回の小さな振動の時間がほとんど等しくなるように錘 M の位置を加減して，M を固定する．

（3） つぎに，一方の刃先 O のまわりの小さい振動の周期 T_1 を精密に測定する**．観測の結果を下の表のように記録して，振子の周期 T_1 を求める．

振動回数	合図の時刻 分　秒	振動回数	合図の時刻 分　秒	100 回の振動時間 分　秒
0	2　07.2	100	5　27.8	3　20.6
10	2　27.7	110	5　48.9	3　21.2
…	………	…	………	………
…	………	…	………	………
50	3　47.2	150	7　08.3	3　21.1
			平均	3　21.25

$$\therefore \quad T_1 = 201.25/100 = 2.0125\text{ 秒}.$$

同様にして，刃先 O′ をかけて振らした周期 T_1' を測り，錘 m の位置を副尺で読む．

（4） つぎに，錘 m を呼びネジ S_3 で 1/10 mm だけ微動したのち，再び (3) と同様に，刃先 O, O′ のまわりに振らせて周期 T_2 および T_2' を測る．このような方法を 4，5 回繰返して，方眼紙上に測定値を図 5-3 のように図示し，図上からいずれの刃先をかけて振らしても等しくなる周期 T を求める．

（5） 上記の周期 T に対しては，刃先 O, O′ 間の距離は相当単振子の長さ L となるから，この長さ L を少なくとも 1/10 mm 程度まで精密に測る．もし，

* 実験 4. c) (4) 参照.

** 実験 3. c) (2) 参照.

振子の棒 PQ が真鍮製で，両刃先 O, O′ の間隔が 0°C のときに 1m に等しく調節し固定してあるならば，室温 t°C のときの Lm の長さは，熱膨張に対する補正を考慮して，次式から求めればよい．

$$L = 1.00000(1+\alpha t)\ \mathrm{m}, \quad ただし \quad \alpha = 0.000019\,\mathrm{deg}^{-1}.$$

（6） 以上の測定値 Ts, Lm を次式に入れて，g m/s^2 を算出する．

$$g = 4\pi^2 L/T^2\ \mathrm{m/s^2}$$

注 意 1　(5·2) により g を求める場合は，200 振動の時間が大体等しくなるように可動錘 M および m の位置を調節したのち，順逆両振動の周期 T および T' を測る必要がある．

[B] ユニバーサル・カウンタ (universal counter) を用いる周期の測定

a） 説　明

ストップ・ウオッチでは 50～100 周期の平均値を求めて周期とするが，カウンタは水晶発振子を内蔵し周波数安定度が非常に高く，1 周期だけの測定で十分な精度が得られる．

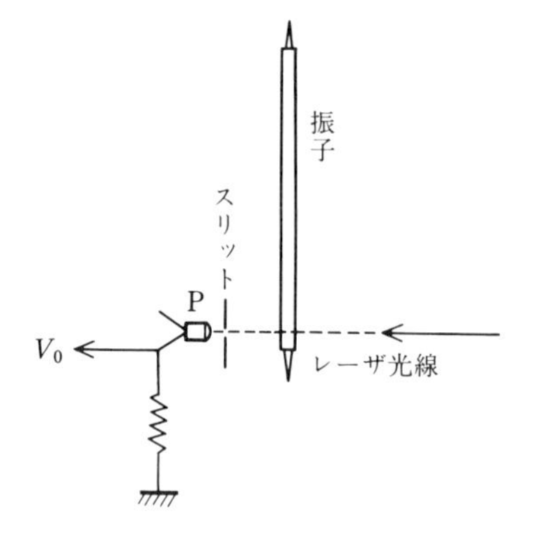

図 5-4

（1） **周期の測定の原理**　この実験では振子の正面からレーザ光をあて，細いスリットを通して**オプト・センサ** P に入射させる．振子の振幅が小さいと図 5-5 (a) のような出力電圧波形 V_0 が得られる．この電圧波形はユニバーサル・カウンタの中で図 5-5 (b) のように整形される．この周期が，カウンタに内蔵されている標準周波数（以下の装置の場合 10 MHz）のパルスの計数によって表示される．

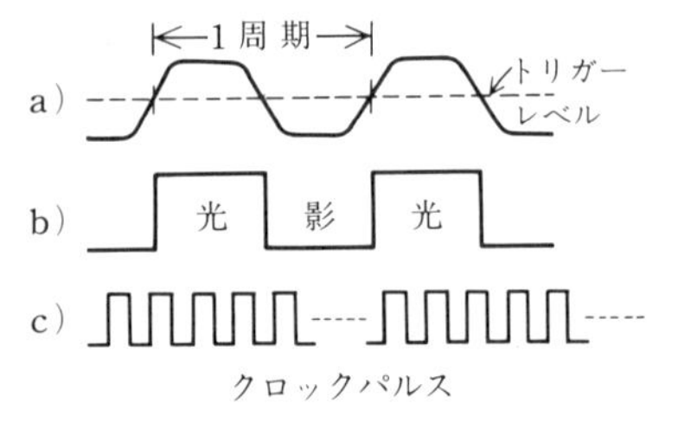

図 5-5

（2） **取 扱 法**　レーザ光をオプト・センサ面に入射させる．スリットの幅はできるだけ狭くするのが望ましいが，出力 V_0 が適当な大きさになるよう調節する．振子が静止している状態で振子の左右いずれかのフチをレーザ光が通るようにしておけば，図 5-5 (b) の光と影の時間がほぼ等しいようになる．（オシロスコープを用いて観測するとよい.)

ユニバーサル・カウンタ（タケダ理研 TR-5151）のパネル上のつまみは図 5-6 のようにする．振子をふらせ光束を断続させる．右上のトリガーレベル T_r を図の位置にまわすとトリガーインジケータ I が明滅する．表示窓には 5 桁の数字が現われるがこれは 1 周期（この実験では約 2 秒）を示し，振子の動きが安定して居れば最後の桁だけが毎回変動する程度となる．さらに，time unit を 0.1 μs 側にすると上三桁は消えて←表示が出る．トリガーレベルはインジケーターの明滅が止まらない程度に調節しておく．

← 1995.6 ms
I
T_r
10°
0.1 μs
0.1 ms
Function
入力
V_0
オシロスコープ
斜線はつまみの位置

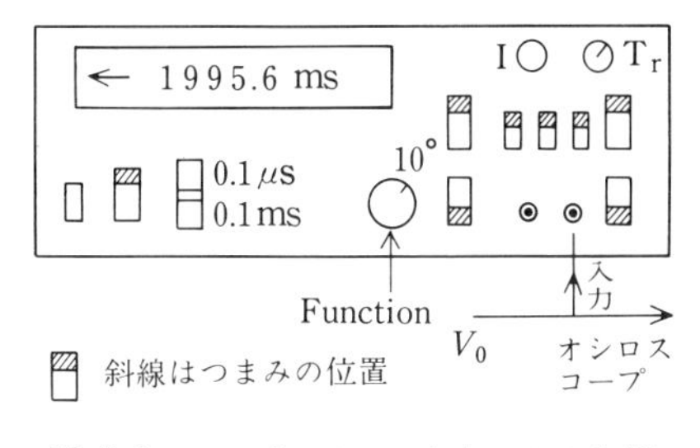

図 5-6　ユニバーサル・カウンタの 1 例

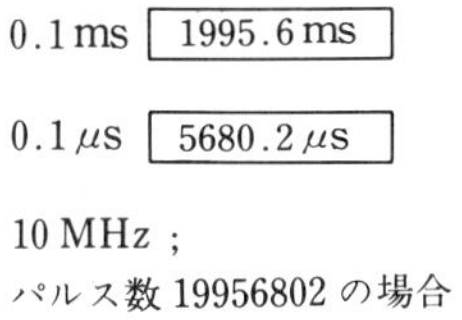

0.1 ms
1995.6 ms
0.1 μs
5680.2 μs
10 MHz ;
パルス数 19956802 の場合

図 5-7　表示面

b)　**装置および用具**

可逆振子およびその懸垂の方法等は [A] と同じとし，ストップ・ウオッチのかわりにユニバーサル・カウンタを用いる．また平行光線を出すための He-Ne **レーザ**光源（実験 26 参照），オプト・センサを使用する．補助的にオシロスコープを使用するとよい．

c)　**方　法**

（1）　図 5-2 で副尺に備えられた錘 m を S_3 により M にぴったりつける．(S_3 は以後使用しない．) 副尺の零点を主尺の 50.00 cm に合わす．

（2）　A を O にぴったりつけ，O を支点とする（順位）．

（3）　B を O′ から最も近い刻線（図 5-2 の左側面に A, B の位置を示す刻線が入れてある*）に合わせ，振子の周期を測定する．1 周期の時間を数回測定し，平均値をすぐ計算する．数値がばらつくのは振動が乱れているためであるからしばらく待つとよい．

（4）　B を刻線の各点に置いて 1 周期の時間を 2 回づつ測定しそれぞれの平均値を出す．

---

*　Kater 可逆振子の装置に刻線がないものは，B の位置を示すための目印の線を適当に等間隔で入れて置く．

（5） Kater 振子を上下逆転して O′ を支点とし（逆位），B の刻線の上に対応するそれぞれの位置について同じことを繰返す．

（6） 順位，逆位についての振動の1周期が最も近づくときの刻線の位置に B を固定する．

（7） M の位置を 15 cm づつ離れた点に移動して順位，逆位の周期を求める．順逆の周期が等しくなるところを周期 T とする．図5-8のように B の選び方によっては交点のない場合も生ずる．そのときは B の位置を変えて同じ実験を行い交点が求められるようにする．交点が得られたなら縦軸を十分伸ばしてグラフを描き T を精密に求める．

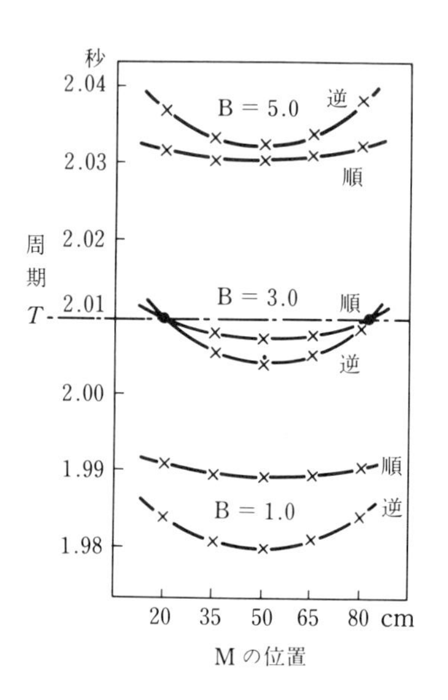

図 5-8

（8） 普通の Kater 振子では，(5·1) 式の L は室温 15°C で 1000.0 mm に調節してある（誤差は最大 0.1 mm と考えてよい）．上で求めた T とこの L を用い，$g = 4\pi^2 L/T^2$ m/s^2 より g を計算する．L が与えられていないときはカセトメータでその長さを測定すればよい．

実験 6．　Searle の装置による Young 率の測定

a） 説　明

Hooke の法則によれば，長さ l，断面積 S の細い一様な針金の上端を固定し，下端に重さ W の錘（おもり）をつるした場合の針金の伸びを Δl とすれば，その伸びがあまり大きくない範囲では，ひずみの大きさ $\Delta l/l$ はその際の応力（歪力）W/S に比例する．このときの比例定数 E を針金の物質の **Young 率**（Young's modulus；伸びの弾性率）という．すなわち，

$$\text{Young 率}\qquad E = \frac{W}{S}\bigg/\frac{\Delta l}{l} = \frac{Mgl}{\pi r^2 \Delta l}. \tag{6·1}$$

ここに，M は錘の質量，g は重力加速度，r は針金の半径である．したがって (6·1) の

右辺の諸量を測れば，E が定められる．微小な伸び Δl を測るには，いろいろな方法・装置が用いられる．

b） Searle の装置

主要部は 2 個の真鍮製のわく F, F′ とこれに橋渡した水準器 L およびネジ・マイクロメータ S とからなる．F, F′ はそれぞれ上端に針金 W, W′ を挟むネジ B, B′ と，下端に錘をのせるつり皿をかけるかぎとを備え，たがいにねじれないように 2 枚の板 K で連結されていて，わく面を平行にして独立に自由に上下できる．また，水準器 L の一端は F′ の回転軸上に，他端は F に備えた S の先端にのっている．S の位置は，これに付属する目盛円板 D と目盛尺 S′ とで，1/100 mm または 1/1000 mm まで読みとられる．W, W′ の上端を固定するネジ A, A′ は，B, B′ と同じ間隔で壁から突出する支台に取りつけてある．

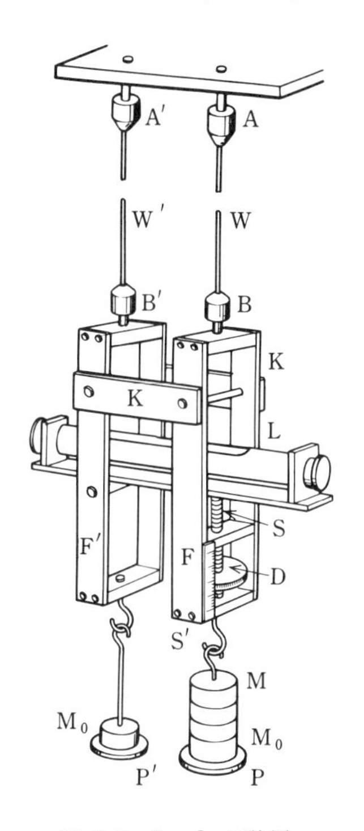

図 6-1　Searle の装置

この装置の特徴は，同じ材料の等しい針金 2 本のうち，一方を試料，他方を補助として用いるために，観測中の温度変化のための針金の膨張による誤差が除かれる点にある．したがって，針金の上端を固定するネジ A, A′ も同物質のものを用いる．測定の際は鋼製の**巻尺**またはメートル尺，**ネジ・マイクロメータ**および**上さら天びん**を用意する．

c） 方　法

（1） まず，長さ約 1~2 m の同じ材料の等しい針金 W（試料）および W′（補助）の上端を支台のネジ A, A′ に強く固定し，下端を Searle の装置のネジ B, B′ に取りつけ，水準器 L をわく F, F′ に正しくまたがせ，つり皿 P, P′ に適当な錘 M_0（1 kg の錘 1~2 個ずつ）をのせて針金を緊張させる．このとき針金が曲がっているようならば，その点を手で直す．ネジ A, A′, B, B′ を十分かたくしめておく．万一の落下に備えて，装置の下の床に砂または鋸屑（のこくず）を入れた箱を置く．

（2）　A, B 間の針金の長さを巻尺またはメートル尺で測り，これを l_1 とする．つぎに，水準器 L の下の測微ネジ S をまわして L の気泡（きほう）をその中央に来させ，目盛尺 S′ と目盛円板 D によって，S の位置 a_0（1/100 mm まで）を読んで記録する．

（3）　さら P に錘 M = 1 kg を加える．そのとき針金 W は伸びて，L の気泡は中央からふれるから，S をまわして再び気泡を中央にもってきて，S の位置 a_1 を読む．読みの差 $a_1 - a_0$ は錘 M による針金 W の伸びを表す．

（4）　以下，弾性の限界を越えない範囲で，さら P に錘を M = 2, 3, 4, 5 kg と順次に増加し，S の位置 a_2, a_3, a_4, a_5 を読む．つぎに，逆に錘を M = 5, 4, 3, 2, 1, 0 kg と順次に減少したときの S の位置 $a_5', a_4', a_3', a_2', a_1', a_0'$ を読む．この際の錘ののせ降しは，静かに行う．

（5）　このようにして a_0 と a_0', a_1 と a_1', ……, a_5 と a_5' との平均値 $\bar{a}_0, \bar{a}_1, \cdots, \bar{a}_5$ を求め，これと錘 M = 0, 1, 2, …, 5 kg との関係が直線になるか否かを，方眼紙上に図示して確かめる．もし著しく非直線的ならば，これは最初 P および P′ にのせた基礎の錘 M_0 が過小なために針金の緊張が不充分であったか，あるいは追加の錘 M が過大なため伸びが弾性の限界を超えたことに原因するから，これに対して適当な処置を講ずる．

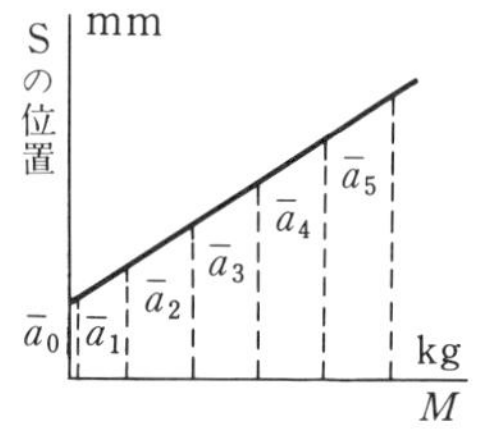

図 6-2

（6）　以上の測定値から，$M = 3$ kg に対する平均の伸び Δl を求める．このためには，(5) をつぎのように記録する*．

S の位置 (mm)				3kg に対する伸び (mm)	平均の伸び Δl (mm)
$\bar{a}_0$	10.865	$\bar{a}_3$	11.336	0.471	
$\bar{a}_1$	11.021	$\bar{a}_4$	11.493	0.472	0.472
$\bar{a}_2$	11.178	$\bar{a}_5$	11.650	0.472	

*　実験 4　注意 2　参照

（7） 念のため，再び A, B 間の針金の長さを，緊張用錘 M_0 をのせたまま巻尺またはメートル尺で測り，これを l_2 とし，(2) に測った l_1 と l_2 との平均値 l を A, B 間の針金の長さとする.

（8） 針金の断面積 S を求めるために，ネジ・マイクロメータで針金の半径 r を測る（注意 1 参照).

（9） 測定値 $M=3\,\mathrm{kg}$, $l\,\mathrm{m}$, $\Delta l\,\mathrm{m}$, $r\,\mathrm{m}$ を次式に入れ，また $g\,\mathrm{m/s^2}$ の値は必要があれば観測地の値を用い，針金の E を算出する.

$$\text{Young 率}\qquad E=\frac{Mgl}{\pi r^2\Delta l}\ \mathrm{N/m^2}.$$

注 意 1　針金の直径の測り方　ネジ・マイクロメータを用い，針金の数個所につき，それぞれの断面において，たがいに直角な方向の直径を測り，それらの平均値を 2 分して半径を求める. このようにすれば，針金の断面が円形でなく長円形となっている部分についても，そのための誤差が避けられる.

注 意 2　針金には，Hooke の法則の成立する弾性限界以上の応力を与えないように注意を要する. このためには，荷重を，

$$\text{限界張力} < \frac{1}{2}\text{破壊応力} \times \text{断面積}$$

とすればよい.

材料	破壊応力 (kgwt/mm²)	Young 率 (N/m²)
真鍮	34	$9.7\sim10.2\times10^{10}$
銅	30	$12.3\sim12.9\times10^{10}$
鉄	60	$15\ \sim21\ \times10^{10}$
鋼	110	$19.5\sim21.6\times10^{10}$

注 意 3　Hooke の法則でいうところの伸びとは，針金の自然の長さ（荷重のないときの長さ）からの伸びである. したがって，緊張用の錘 M_0 はあまり大きくしてはならない.

問 題　荷重用の 1 kg の錘の質量は正確ではない. 偏差量が 20 g にも達するものがある場合はどうすればよいか.

実験 7.　棒のたわみによる Young 率の測定

a) 説　明

与えられた試料が軽い角棒の場合には，たわみを利用して Young 率を求めれば便利である. 図 7-1 のように，幅 a，厚さ b の角棒を，その両端近くで距離 l を隔てた 2 個の平行な刃先で水平に支え，その中央に重さ W の荷重を集中的にかけるとき，中央の最大のたわみ s を測れば，棒の物質の Young 率 E は，つぎの式から求められる（注意 1 参照).

$$E=\frac{1}{4}\frac{l^3}{ab^3}\frac{W}{s}. \tag{7·1}$$

(この式によって E を求める実験では直ちに d) を見よ.)

もしも，刃先が棒に食い込む恐れがあれば，たわみ s の測定に誤差は避けられない．しかし，刃先の支点における棒の傾く角 φ は刃先が食いこんでも，それには関係がないから，φ を測って E を求めるようにすれば，結果はそれだけ正確になる．この意味で，(7·1) の代わりに φ と E との関係を示す式（注意1参照）.

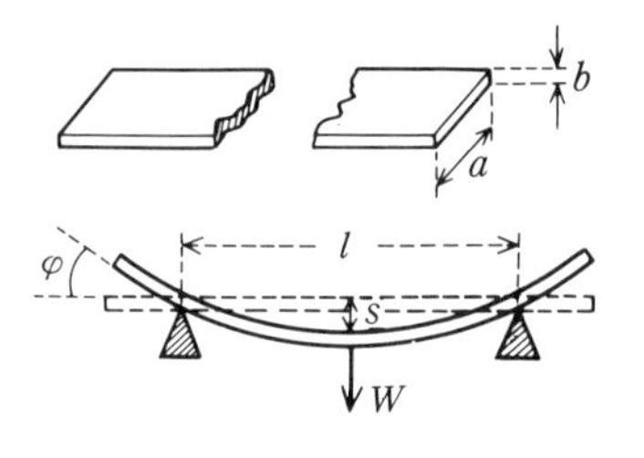

図 7-1　棒のたわみ

$$E = \frac{3}{4}\frac{l^2}{ab^3}\frac{W}{\tan\varphi} \tag{7·2}$$

にしたがって E を求めることにする.

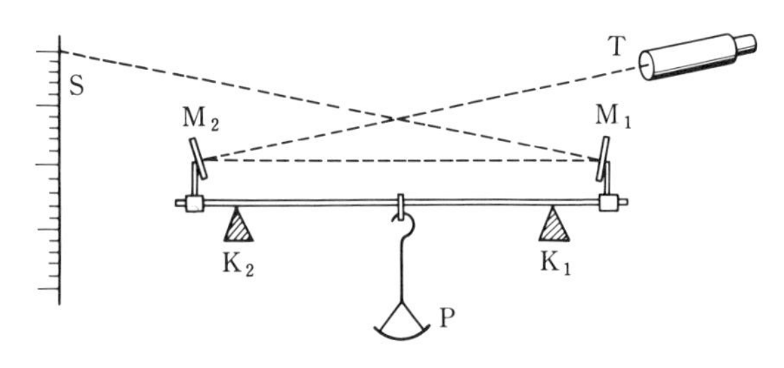

図 7-2　棒のたわみにおける傾角 φ の測定

角 φ を測るには，試料の棒の両端近くで刃先 K_1, K_2 の外側に軽い鏡 M_1, M_2 を立てて，図7-2のように望遠鏡 T と目盛尺 S とを対置し，T を通して M_1 および M_2 による S の反射像を望むようにする．この場合，秤さら P に荷重 W を加えたために棒がたわみ，T で見る十字線の示す S の読みが x だけ移動したとすれば，鏡の回転角すなわち支点における棒の傾く角 φ はつぎの式で与えられる（注意2参照）.

$$\varphi = \tan\varphi = \frac{x}{2(d+2D)}. \tag{7·3}$$

ここに，d は M_1, M_2 の間隔，D は S, M_1 間の距離を示す．φ は微小であっても，上式の分母が大きいため，x も相当に大きくなり，精密に測られる．ただし観測に際しては，鏡 M_1, M_2 を棒になるべく直角に近く取りつけて，光線 SM_1, M_2T が水平からあまり大きく傾かないようにして望む必要がある.

注意1　たわめた棒の支点における傾角　棒をたわますとき，図7-3のように棒がその中心軸に平行な多数の薄い層からなると考えれば，中心軸に沿って伸びも縮みもしない層すなわち**中立層** (neutral layer) MN を境として，その上の層は伸び，下の層は縮む．いま，棒の直角な断面に生ずる応力の作用を求めるために，棒の一素分をとり，中立層の長さを $\mathrm{d}x$，曲率半径を R，曲率の中心において含む角を $\mathrm{d}\theta$ とすれば，$\mathrm{d}x = R\,\mathrm{d}\theta$.

また，中立層から ξ だけ隔てた層 EF の長さを $\mathrm{d}x'$ とすれば，$\mathrm{d}x' = (R+\xi)\mathrm{d}\theta$.

$$\therefore \quad \text{EF の伸び} \quad \mathrm{d}l = \mathrm{d}x' - \mathrm{d}x = \xi\,\mathrm{d}\theta.$$

層 EF の断面に働く引張りまたは圧縮の応力を f とすれば，

$$\text{Young 率} \qquad E = \frac{f}{\xi\,\mathrm{d}\theta/\mathrm{d}x} = \frac{f}{\xi/R}. \tag{7·4}$$

$$\therefore \quad f = \frac{E}{R}\xi. \tag{7·5}$$

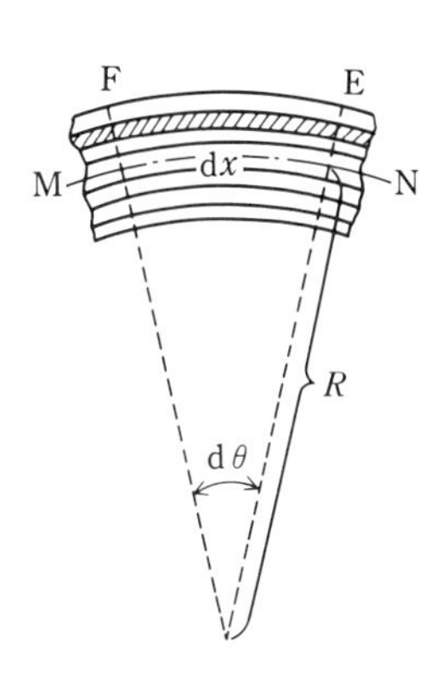

図 7-3

したがって，各層の断面に働く応力 f は中立層からの距離 ξ に比例し，ξ が正のときは張力，負のときは圧力となる．故に，棒の各層の断面積を $\mathrm{d}S$，棒に直角な一つの断面において，中立層に対する応力の能率を N とすれば，

$$\left.\begin{aligned} N &= \int \xi f\,\mathrm{d}S = \frac{E}{R}\int \xi^2\,\mathrm{d}S. \\ \text{すなわち，} \quad N &= \frac{EI}{R}, \quad \text{ただし} \quad I = \int \xi^2\,\mathrm{d}S. \end{aligned}\right\} \tag{7·6}$$

この N を**曲げモーメント** (bending moment) という．ここに，I は垂直断面と中立層との交線の周わりの断面の慣性能率を示す．

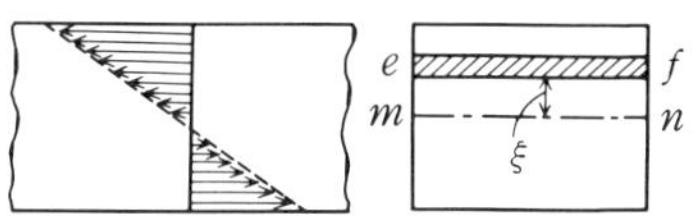

図 7-4

さて，長さ l のまっすぐな軽い水平な棒の一端 A を固定し，他端 C に重さ W の錘をかけて棒をたわますとき，棒の垂直断面 B の A 端からの距離を x，たわみを y とし，棒の重さを無視すると，BC の部分が平衡を保つためには，これに左側から働く曲げモーメントと錘の能率とは釣り合わなければならない．すなわち，

$$EI/R = W(l-x). \tag{7·7}$$

また，

$$R = \left\{1+\left(\frac{\mathrm{d}y}{\mathrm{d}x}\right)^2\right\}^{\frac{3}{2}} \bigg/ \frac{\mathrm{d}^2y}{\mathrm{d}x^2}. \tag{7·8}$$

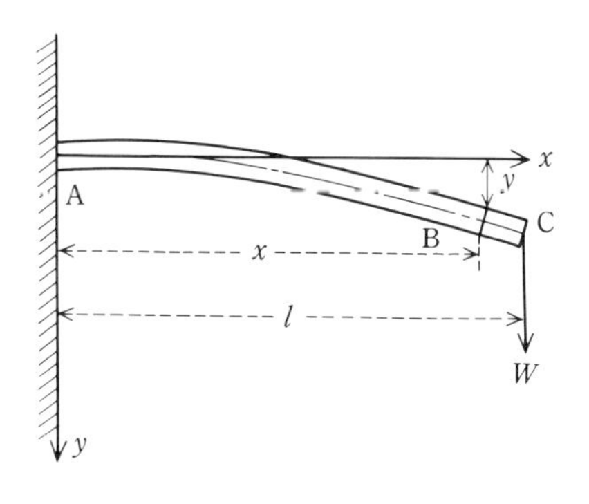

図 7-5

たわみを小さいものとすれば $\mathrm{d}y/\mathrm{d}x$

は小さく，したがって1に対して $(\mathrm{d}y/\mathrm{d}x)^2$ を無視して差支えない．この R を (7·7) に入れると，

$$\frac{\mathrm{d}^2y}{\mathrm{d}x^2}=\frac{W}{EI}(l-x).$$

これを積分して，
$$\frac{\mathrm{d}y}{\mathrm{d}x}=\frac{W}{EI}\left(lx-\frac{x^2}{2}\right)+C,\qquad ここに\ C=積分定数.$$

ところが，$x=0$ において $\mathrm{d}y/\mathrm{d}x=0$ の条件があるから $C=0$．

$$\therefore\quad \frac{\mathrm{d}y}{\mathrm{d}x}=\frac{W}{EI}\left(lx-\frac{x^2}{2}\right). \tag{7·9}$$

これは，固定端 A から距離 x の点における棒の勾配を表す．故に，他端 $\mathrm{C}(x=l)$ における棒の傾角を φ とすれば，

$$\left[\frac{\mathrm{d}y}{\mathrm{d}x}\right]_{x=l}=\tan\varphi=\frac{W}{EI}\frac{l^2}{2}. \tag{7·10}$$

また，他端 C における棒のたわみ（変位）を s とすれば，(7·9) を積分して，

$$s=[y]_{x=l}=\int_0^l\frac{\mathrm{d}y}{\mathrm{d}x}\mathrm{d}x=\frac{W}{EI}\int_0^l\left(lx-\frac{x^2}{2}\right)\mathrm{d}x=\frac{W}{EI}\frac{l^3}{3}. \tag{7·11}$$

以上は，図7-5のように一端を固定し，他端に荷重を加えてたわめた場合であるが，図7-1のように，棒の両端近くを間隔 l の2個の刃先で下から水平に支え，その中央に荷重 W をかけてたわます場合は，ちょうど棒の中央を固定し，両方の支点にそれぞれ $W/2$ の力を加えて上方にたわましたのと同等であるから，(7·10) における l のかわりに $l/2$ を，また W のかわりに $W/2$ を入れれば，図7-1において両方の刃先 K_1, K_2 における棒のたわんだための傾角 φ がえられる．すなわち，

$$\tan\varphi=\frac{1}{16}\frac{l^2W}{EI},\quad ただし矩形棒については\quad I=\frac{ab^3}{12}.$$

$$\therefore\quad \tan\varphi=\frac{3}{4}\frac{l^2}{ab^3}\frac{W}{E},\quad よって\quad E=\frac{3}{4}\frac{l^2}{ab^3}\frac{W}{\tan\varphi}.$$

棒の中央の最大のたわみ s についても同様にして，

$$s=\frac{1}{4}\frac{l^3}{ab^3}\frac{W}{E},$$

$$よって\quad E=\frac{1}{4}\frac{l^3}{ab^3}\frac{W}{s}.$$

注 意 2　(7·3) の導き方　図7-6において，初めの無荷重のとき，鏡 M_1, M_2 は点線の位置にあり，望遠鏡Tを通して，入射光線とは逆な TQPS の径路により目盛尺の目

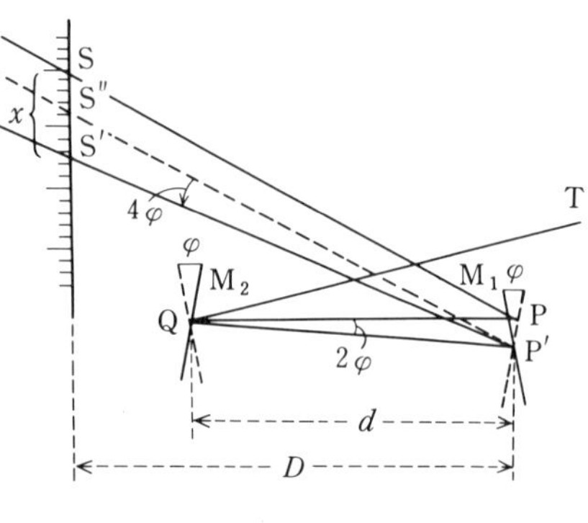

図 7-6

盛Sが見えたとし，荷重を加えたのちは，鏡は実線の位置に移り，TQP′S′ の径路で目盛 S′ の読みを得たとする．いま，鏡 M_2 の回転角を φ とすれば，QP は角 2φ だけ偏れて QP′ となり，

$$\mathrm{PP'} = 2\varphi d.$$

また，鏡 M_1 も同じ角 φ だけ回転し，ここでも反射光線は角 2φ だけ偏れるから，P′S′ は結局角 4φ だけ PS の方向から偏れたことになる．したがって，PS に平行に P′S″ を引けば，光線の水平との傾きを小として，

$$\mathrm{S'S''} = 4\varphi D, \quad \text{かつ} \quad \mathrm{S''S} = \mathrm{P'P} = 2\varphi d.$$

故に，T を通して望む目盛の前後の読みの変化を x とすれば，

$$x = \mathrm{S'S''} + \mathrm{S''S} = 4\varphi D + 2\varphi d = 2\varphi(2D+d).$$

$$\therefore \quad \varphi = \tan\varphi = \frac{x}{2(2D+d)}.$$

b) 装置および用具

図 7-7 は使用する装置の主要部を示す．D は中央に穴をあけた**木の台**で両端を適当な高さの台で支えるか，または 2 個の机の縁にまたがせる．K_1, K_2 は**鋼の刃先**，AB は試料の**金属棒**で，幅 1 cm，厚さ 2 mm，長さ 30 cm くらいの平らなものを用いる．C は秤さら P をつるす**懸け金具**，M_1, M_2 は**鏡**である．鏡は表面に銀づけしたものを用いる．裏面に銀づけしたものでは，像は 2 重になり観測に不便である．また，鏡は図 (b) に示すように，コの字型に曲げた金属板に金属の支柱をハンダづけにした軽い金具に支持されていて，これを棒の端にはめ込んで棒に取りつける．鏡の面の向きは，支柱を手で曲げて容易に加減できる．また，鏡の支柱をコの字型の金属板に対して支軸で回転できるようにして，別なバネの支柱に対して，鏡の面をネジで加減するのも便利である．

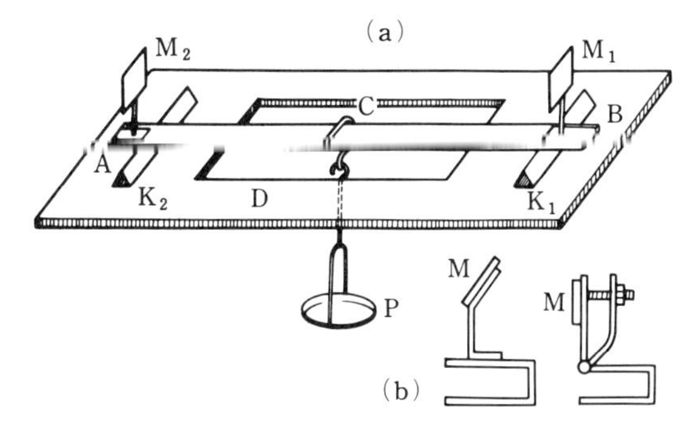

図 7-7

このほかに，**ネジ・マイクロメータ**，**ノギス**，**竹尺**，**巻尺**，**分銅**，それに**望遠鏡**と**目盛尺**を使用する．

c） 方　法

（1） 試料の棒を刃先 K_1, K_2 に橋渡すまえに，K_1, K_2 の間にくる部分につき，その幅および厚さをそれぞれノギスおよびネジ・マイクロメータで棒の数個所につき測り，それぞれの平均値を a および b とする．

（2） 棒の K_1, K_2 の部分の正しく中央に，秤さら P をつるす懸け金具をかけ，両端に鏡 M_1, M_2 を支える金具をはめ，台上に適当な間隔（ほぼ棒の全長）で平行に対置した刃先 K_1, K_2 に，直角に棒を橋渡す．さらに，望遠鏡 T と目盛尺 S とをそれぞれ棒の両端から 20～30 cm くらいの距離に対置して，T を調整*して鏡 M_1 および M_2 による S の反射像に，視差のないようにして焦点を合わす（図 7-6，図 7-7 参照）．この際，S, M_1 間および M_2, T 間の光線があまり大きく水平から傾かないように，M_1, M_2 の面を適当に加減する．

（3） 刃先 K_1, K_2 の間隔 l を竹尺で測る．つぎに，秤さら P に分銅を 10 g ずつ積み増して，$M=0, 10, 20, \cdots, 70$ g とした場合と，分銅を 10 g ずつ減少して $M=70, 60, \cdots, 10, 0$ g とした場合とに，T を通して S の読みをとり，それぞれの平均の読み $\bar{a}_0, \bar{a}_1, \cdots, \bar{a}_7$ を求め，これから $M=40$ g に対する読みの変化 x の平均値を求める．これには，記録をつぎの表のように整理する**．

分銅 (g)	T による S の読み (mm)		平 均	分銅 (g)	T による S の読み (mm)		平 均	40 g に対する読みの変化 x (mm)
	増 重	減 重			増 重	減 重		
0	549.7	550.1	549.90	40	544.4	544.7	544.55	5.35
10	548.3	548.8	548.55	50	543.0	543.3	543.15	5.40
20	547.0	547.4	547.20	60	541.8	542.0	541.90	5.30
30	545.6	546.0	545.80	70	540.5	540.5	540.50	5.30
							平均	5.34

（4） つぎに，鏡 M_1, M_2 の間隔 d を竹尺で，S, M_1 間の距離 D を巻尺で測り，次式から刃先 K_1, K_2 における棒の傾角（鏡の傾角）φ を定める．

---

* II. § 5. d) (3) 参照.

** 実験 4　注意 2　参照.

$$\varphi=\tan\varphi=x/2(2D+d).$$

（5） 以上の測定値 a m，b m，l m，$M=0.04$ kg，重力加速度 g m/s^2，および $\tan\varphi$ を次式に代入して，Young 率 E を求める．

$$E=\frac{3}{4}\frac{l^2}{ab^3}\frac{Mg}{\tan\varphi}\ \mathrm{N/m^2}.$$

（6） 観測者交替のうえ，念のために棒を裏返して，l の値を変えて測定をくり返し，結果の平均値を測定値とする．

（7） 備えつけの他の試料についても，同様にして Young 率を測定する．

注 意　望遠鏡 T で鏡 M_1 および M_2 に映る目盛尺 S の像を望むことは未経験者には面倒であるが，これには，まず肉眼で一方の鏡，例えば M_1 をのぞき，試料の棒とその像とが一直線または平行となって見えるように，M_1 の方向をなおし，つぎに，他の鏡 M_2 についても，同様にしてその向きを正したのち，棒 AB の延長線上に S をすえつける．そののち，肉眼で M_2 に映る S の像を探し求め，眼の位置に T を持ってきて，S に焦点を合わすようにすると，容易に目的が達せられる．

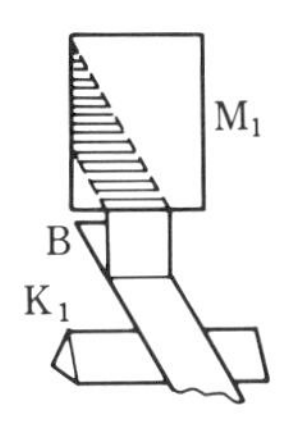

図 7-8

問 題　棒を裏返してもう一度測る理由について考察せよ．

d） 最大のたわみ s を測定する装置

図 7-9 は使用する装置の主要部を示す．D は金属製の台，K_1, K_2 は**鋼の刃先**，AB は試料の**金属棒**で，幅 1 cm，厚さ 5 mm，長さ 30 cm くらいの平板を用いる．C は錘をのせる金具である．EF は試料と同じ材質，大きさの**金属棒**で**光の挺子** G の基準台である．光の挺子 G（II §6 参照）の 1 脚 L_1（図 II-11）は試料の中央 C の位置に，他の 2 脚 L_2, L_3 は EF 上に置く．C に錘をのせると試料 AB はたわみ，L_1 は s だけ下がる．この s は図 II-12 の d であるから，式（II·6）の d すなわち s が求められる．

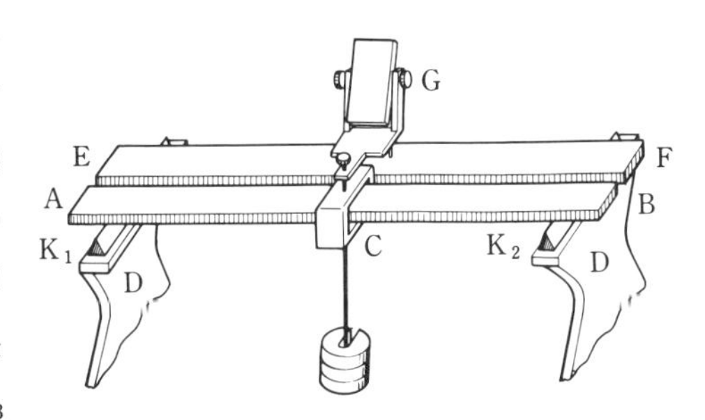

図 7-9　最大のたわみの測定

このほかに，**ネジ・マイクロメータ**，**ノギス**，**竹尺**，**巻尺**，**望遠鏡**と**目盛尺**

および**上さら天びん**を併用する．

この装置の実験方法は c）に述べた方法とほぼ同じである．異なる点に注意しながら c）に従って実験を行う．

注 意　錘の質量を上さら天びんで測定せよ．

問 題 1　同じ材質の二本の棒を使うのは何故か．

問 題 2　錘の質量に違いがある．これは，有効数字を考慮してどのように処理すればよいか．

実験 8．　ねじり振子による剛性率の測定

a）説　明

直六面体の上下両端面に，図 8-1 のように，平行な相等しい力 P を加えるとき，六面体は体積を変えずに，形のみのひずみを受ける．これを**ズリ**（shear）という．この場合，上下両端面の面積を S，その間隔を l，その相対変位を Δl とすれば，**ズリ応力**（shearing stress）は $p = P/S$ で表され，ズリの大きさはズリの角 φ，すなわち $\Delta l/l$ で表される．

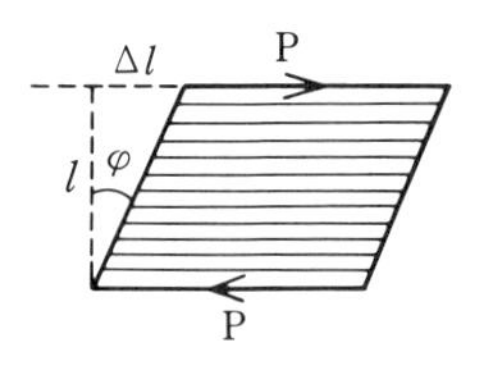

図 8-1　ズリひずみ

Hooke の法則によれば，ズリがあまり大きくない場合，φ は pに比例する．この比例定数をその物質の**剛性率**（modulus of rigidity），または**ズリの弾性率**という．すなわち，

$$剛性率\quad n = \frac{p}{\varphi} = p\bigg/\left(\frac{\Delta l}{l}\right). \qquad (8\cdot1)$$

この式にしたがって n を求めることは困難である．しかし，つぎの方法によれば，便利に測られる．

図 8-2 のように，均質等方な長さ l，半径 r の針金または円柱状の棒の上端を固定し，下端に中心軸のまわりに偶力 N を加え，角 θ だけねじる場合，棒を多くの薄い円板の集まりからなると考えれば，各円板面はそれぞれ棒の固定端からの距離に比例する角だけ回転し，各円板の上下端面は，相対的な回転のため少しずつズレて，結局ねじりのひずみはズリからなることがわかる．そして，この際のねじりの角 θ は，外から加えられた偶力 すなわち **ねじり能率** N に比例し，その比例定数 c はつぎのように表される（次頁の注意参照）．

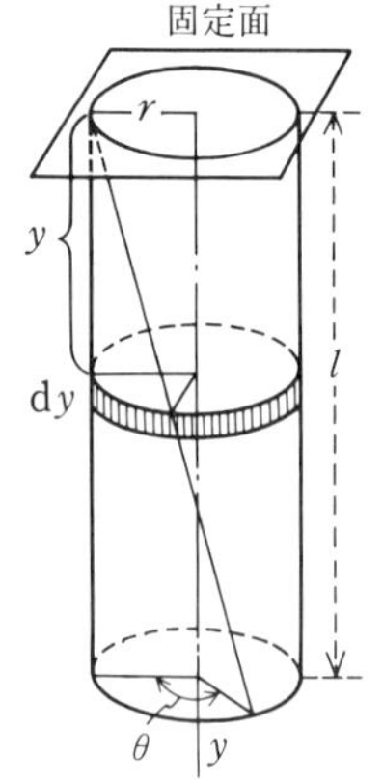

図 8-2　棒のねじり

$$ねじり能率\qquad N = c\theta, \qquad ここに\quad c = \pi n r^4/2l. \qquad (8\cdot2)$$

ただし，n は針金または棒の剛性率を，c はその**ねじり係数**（coefft. of torsion）を示す．故に，試料が円い棒のときは，直接（8·2）を利用して n を測定することもできるが，針

金のときは，**ねじり振子** (torsion pendulum) を用いると便利である．

ねじり振子は，針金の上端を固定し，下端に錘をつるし，これをねじって回転振動させる装置である．針金のねじり係数を $c = \pi n r^4/2l$ とするとき，錘が釣り合の位置から角 θ だけ回転した位置においては，針金のねじり能率は $c\theta$ に等しいから，錘の運動方程式として，

$$I\frac{\mathrm{d}^2\theta}{\mathrm{d}t^2} = -c\theta, \qquad \text{ここに} \quad c = \pi n r^4/2l \tag{8·3}$$

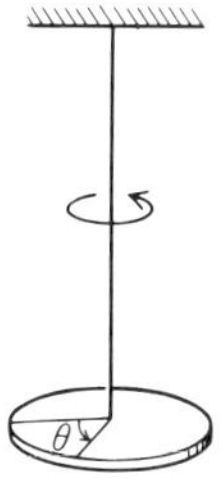

が得られる．ただしこの際，針金の質量を無視し，I は回転軸のまわりの錘の慣性能率とする．したがって，ねじり振子の（錘の）運動は角単振動となり，その周期 T はつぎの式で示される．

$$T = 2\pi\sqrt{\frac{I}{c}}. \qquad \therefore \quad n = \frac{8\pi l}{r^4}\frac{I}{T^2}. \tag{8·4}$$

図 8-3　ねじり振子

したがって，錘の慣性能率 I が既知ならば，周期 T を測って針金の剛性率 n が求められる．しかし，錘に慣性能率を計算することのできる規則正しい形を与えることは困難である．それで，これを避けるため，つぎのような方法をとる．針金に，慣性能率 I_0 の懸垂金具で，慣性能率 I の物体をつるしたとすると，

$$n = k(I+I_0)/T^2, \qquad \text{ここに} \quad k = 8\pi l/r^4.$$

いま，I_0 を消去するため，慣性能率の計算しやすい物体，例えば鉄輪（内径 $2R_1$, 外径 $2R_2$, 高さ H, 質量 M）を懸垂金具にそれぞれ鉛直及び水平に支持したときの慣性能率を I_1, I_2 とし，これに対する振子の周期を T_1, T_2 とすると，

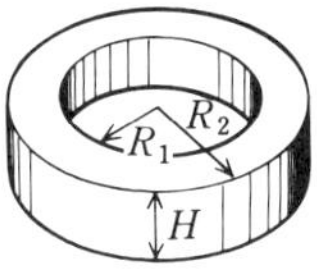

$$n = k\frac{I_1+I_0}{T_1{}^2} = k\frac{I_2+I_0}{T_2{}^2} = k\frac{I_2-I_1}{T_2{}^2-T_1{}^2}. \tag{8·5}$$

図 8-4

ところが，
$$I_1 = M\frac{R_1{}^2+R_2{}^2}{4}+\frac{M}{12}H^2, \qquad I_2 = M\frac{R_1{}^2+R_2{}^2}{2}. \tag{8·6}$$

$$\therefore \quad n = \frac{8\pi l}{r^4}\frac{\dfrac{M}{4}\left(R_1{}^2+R_2{}^2-\dfrac{1}{3}H^2\right)}{T_2{}^2-T_1{}^2} = \frac{2\pi l M}{r^4}\frac{\left(R_1{}^2+R_2{}^2-\dfrac{1}{3}H^2\right)}{T_2{}^2-T_1{}^2}. \tag{8·7}$$

この式によれば，不規則な形の懸垂金具の慣性能率に関係なく n が求められる．

注 意　図8-2において，棒は単位長さごとに θ/l だけねじられるから，影線をつけた厚さ $\mathrm{d}y$ の円板の下の面は，上の面に対し角 $(\theta/l)\mathrm{d}y$ だけねじられる．いま，この円板を棒の中心軸と同軸な多くの薄い円筒に分け，半径 x，厚さ $\mathrm{d}x$ の円筒の一部分をなす六面体 ABCD について考えれば（図8-5），下の面は上の面に対し $x(\theta/l)\mathrm{d}y$ だけズレる．故に，

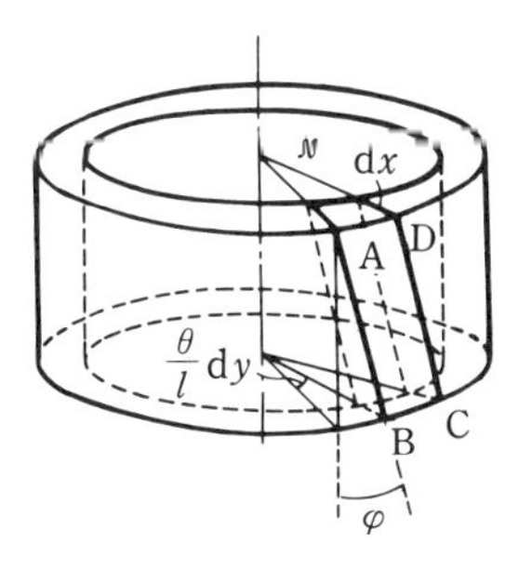

図 8-5

$$\text{ズリの角}\quad \varphi = \{x(\theta/l)\mathrm{d}y\}/\mathrm{d}y = x\theta/l.$$

したがって，上下端面に働くズリ応力は，

$$\text{ズリ応力}\qquad p = n\varphi = nx\theta/l. \tag{8·8}$$

故に，円筒の端面に働くズリ応力の中心軸のまわりの能率は，

$$\mathrm{d}N = 2\pi x\,\mathrm{d}x\cdot p\cdot x = 2\pi n\theta x^3\,\mathrm{d}x/l. \tag{8·9}$$

故に，円板の一端面の全体に働く能率は，

$$N = \int \mathrm{d}N = (2\pi n\theta/l)\int_0^r x^3\mathrm{d}x = \pi nr^4\theta/2l. \tag{8·10}$$

すなわち，　$N = c\theta,\quad \text{ここに}\quad c = \pi nr^4/2l.$ (8·11)

この能率は，円板の位置 y に無関係であるから，任意の断面について同じであり，棒の下端に加えられたねじり能率に等しい．

b）装置および用具

長さ約1 m の**試料の針金**の上端をネジ A に固定して，下端を図のように**懸垂金具** CD に備えたネジ B に固定する．P_1, P_2 は**鉄輪**を CD に鉛直につるすためのピンで，CD の前面の標線 L は振動周期測定用の目印である．P_1, P_2 をはずして，鉄輪を CD の上にのせれば，鉄輪を水平に支持できる．この際，P_1, P_2 を CD に差し込んでおく必要がある．

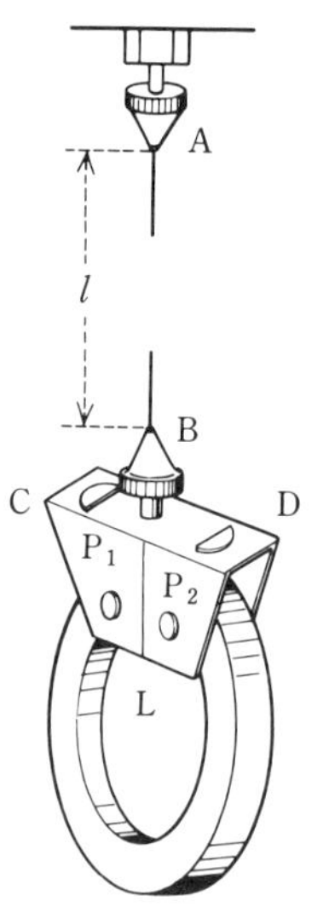

図 8-6　剛性率測定装置

望遠鏡，**ストップ・ウオッチ**（クォーツ式が望ましい），**ネジ・マイクロメータ**，**ノギス**，**竹尺**，**メートル尺**，**上さら天びん**などを用意する．

c）方　法

（1）鉄輪の質量 M を上さら天びんで測る．また，その内外径 D_1, D_2 は竹尺でたがいに直角な方向に2〜3組ずつ測り，高さ H はノギスで数個所につき測定し，それぞれの平均値を求める結果とする．

（2）懸垂金具に固く試料の針金を取りつけ，鉄輪をつるす．ネジ A, B 間の針金の長さをメートル尺で測り，これを l_1 とし，また，針金の直径 d をネジ・マイクロメータで測る*．直径 d の測定は，特に精密を要する．

---

* 実験6. 注意1 参照.

（3） 望遠鏡を振子の前方1～2mの位置にすえてこれを調節し，その焦点を懸垂金具の縦の標線Lに合わせる*.

（4） つぎに，鉄輪を鉛直につるし，振子に回転振動を与える．横振れがあれば，針金を指先きで軽く持って除く．その振幅はあまり大きくする必要はない．このときの周期 T_1 を測る．それには，望遠鏡とストップ・ウオッチを利用し，実験 3. c) (2) の要領にしたがって観測し，その結果をつぎのように記録し**，これから T_1 を求める.

振動回数	合図の時刻 分	秒	振動回数	合図の時刻 分	秒	50回の振動時間 分	秒
0	1	42.2	50	6	30.7	4	48.5
10	2	39.3	60	7	28.3	4	49.0
20	3	36.5	70	8	26.0	4	49.5
30	4	35.0	80	9	24.1	4	49.1
40	5	33.0	90	10	21.7	4	48.7
					平均	4	48.96

$$T_1 = 288.96/50 = 5.779\text{秒}.$$

（5） 同様にして，懸垂金具に鉄輪を水平に支持したときの周期 T_2 を測定する．この場合，ピン P_1, P_2 を差し入れておくことを忘れてはならない.

（6） 最後に，念のため再びネジ A, B 間の長さ l_2 を測り，(2) で求めた l_1 との平均値を l とする.

（7） 以上に測定した Mkg, l, d, D_1, D_2, H（すべて m 単位）および周期 T_1, T_2（ともに秒単位）から，π を何桁までとればよいかを考慮して，次式によって針金の剛性率を求める.

$$n = \frac{8\pi l M\left(D_1{}^2 + D_2{}^2 - \dfrac{4}{3}H^2\right)}{d^4(T_2{}^2 - T_1{}^2)}\ \mathrm{N/m^2}.$$

問題 1. n を有効数字3つまで求めるには，上式の右辺の諸量をどの程度まで精密に測る必要があるかを検討せよ.

問題 2. ねじり振子の振動周期は振幅に無関係に等時性を保つのは何故か.

---

* II. §5. d) (3) 参照.

** 実験 4 注意 2 参照

実験 9. 毛細管現象による表面張力の測定

a) 説　明

両端の開いた内半径 r の毛細管を，下端を密度 ρ の液体中に差し入れて直立すれば，管内の液面は管壁に対して一定の接触角 θ を保とうとして弯曲する．$\theta<90°$ の場合は，図 9-1 に示すように凹んだ曲面となり，曲面下の圧力は表面張力のために減少し，したがって管外から液体が入り込んで，管内の液面は押上げられる．いま，管内の弯曲表面，すなわち**メニスカス** (meniscus) の最低点が管外の液面よりも H だけ高まって，液柱が釣り合ったものとする．

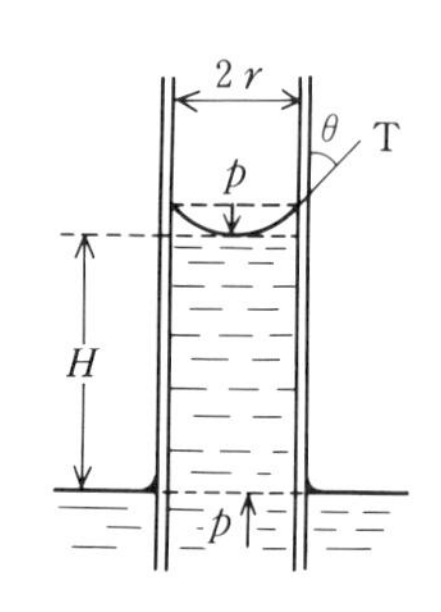

図 9-1　毛細管現象

この場合，メニスカスが管壁と接する周辺の長さは $2\pi r$ に等しく，この周辺の単位長さにつき管壁と角 θ だけ傾く方向に表面張力 T が働くから，この成分として，液柱には鉛直上方に向かう $2\pi rT\cos\theta$ の力が働く．ところが，管内に上昇した液柱の上下両端面に働く圧力は，ともに大気圧 p に等しいから，この液柱に働く重力と表面張力の鉛直成分とは釣り合わなければならない．故に，メニスカスの最低点を通る水平面よりも上にある液体の体積を v，重力加速度を g とすれば，

$$2\pi rT\cos\theta = (\pi r^2 H+v)\rho g. \tag{9·1}$$

もし，接触角が小さくて，$\cos\theta\approx 1$ と見られる場合は，メニスカスは半球面と見てよいから，

$$v = \pi r^2\times r-2\pi r^3/3 = \pi r^3/3. \tag{9·2}$$

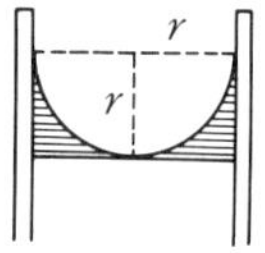

これを (9·1) に代入して T を求めれば，

$$T = \frac{1}{2}\left(H+\frac{1}{3}r\right)r\rho g. \tag{9·3}$$

図 9-2
メニスカス

この式を利用すれば，接触角が零と見なされる液体，例えば水の表面張力が測られる．表面張力は温度，液面の汚れにより著しく変化するから，その測定値には液体の温度を示しておく必要がある．また，液体を取扱う器具類は十分に清浄にしておくことが大切である．

b) 装置および用具

毛細管としては，内径約 0.5 mm 程度のガラス管を用い，これを小型ビーカーに容れた水中に差し入れ，**スタンド**で鉛直に支持する．毛細管内の水柱の高さは**移動顕微鏡**で測

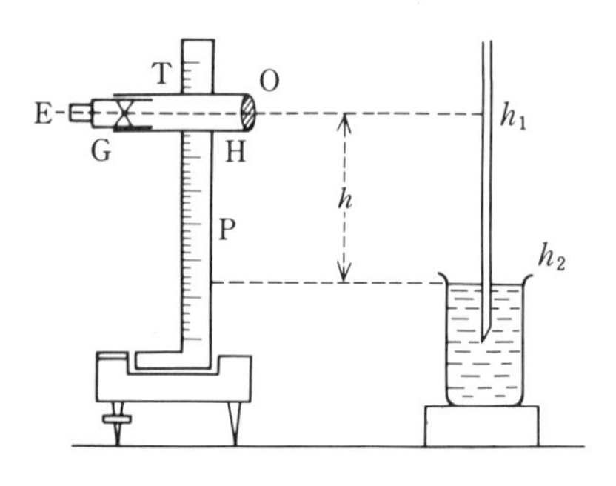

図 9-3　毛細管現象の測定装置

る．管の内半径については，毛細管につけた番号に応じて，あらかじめ半径測定に必要な諸量を測定して，その結果が示してある．このほかに，温度計を用意する．

c） 方 法

（1） まず，移動顕微鏡の対物レンズを取替えるか，またはその先端レンズを取りはずして望遠鏡とし，鏡軸を尺度柱に直角に固定し，毛細管を立てる位置（望遠鏡の前方約1～2m）に，明るい物体，例えば印刷した白紙をおき，望遠鏡を調節してそれに焦点を合わす*．

（2） 使用する管の内外面をよく洗浄する（注意2参照）．毛細管があらかじめ洗浄されているならば，流水で水洗いするだけでよい．そののち，管内に水滴の残らないように通風し，必要があれば，フイゴまたはスポイトを使用して一応乾かす．このさい，汚れた手などで再び毛細管を汚さないことが是非必要である．

（3） つぎに，よく水洗いしたビーカーに清浄な水（しばらく出し放しにしたのちの水道水を代用してもよい）を入れ，その中に毛細管の下端を差し入れ，管内に液が上昇し終わるのを待って，管を少し引き上げる．これは管内をぬらして，正しい接触角を保たせるためである．そして，管を（1）の場合の物体の位置において，スタンドで鉛直に固定する．また，よく洗った温度計をビーカー内に差し込んでおく．

（4） 望遠鏡を通して管内の水面を見る．はっきり見え，かつ十字線との間に視差のないように，望遠鏡を調節する．つぎに，望遠鏡を尺度柱に沿ってネジで下げ，ビーカー内の水面を見る．もし，十字の横線の水面に対して傾いておれば，十字線を備えた筒をまわして水平にする．

（5） 望遠鏡を静かに上昇（降下）させ，その十字線をメニスカスの最低部に合わし，その高さ h_1 を支柱 P の目盛および副尺から読む**．つぎに同様にして望遠鏡でビーカー内の水面の高さ h_2 を測る．h_1-h_2 は管内にある水柱の高さ H_1 を与える．同時に水温 t_1 を測る．

---

* II. §5. d) 参照.

** II. §5. 注意1 参照.

（6）　ビーカー内の水を取替えて，(5) の測定を数回行ない，H_i および t_i ($i=1, 2, \cdots$) の平均値 H および t を求める．

（7）　密度表から，水温 t に対する水の密度 ρ を求める．

（8）　毛細管の内半径 r の測定は通常次のようにする．管内の半径を測ろうとする部分に少量の水銀を取り入れ，その水銀柱の長さと質量とを測って半径を算出する．いま，管内に取り入れた水銀の質量を M とし，また図 9-4 のように管壁に接する水銀柱の部分の長さを l_0 として，水銀柱の両端の弯曲面の部分の長さを無視して管の半径 R を導けば，

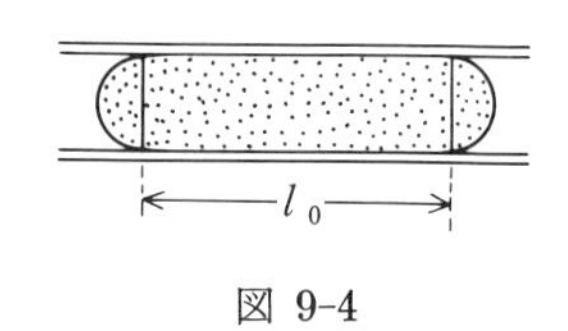

図 9-4

$$R=\sqrt{M/\pi l_0\rho'}. \tag{9·4}$$

ここに ρ' は，このときの温度 t_0°C における水銀の密度を示す．この R は概略値であるが，これを用いて，水銀柱の両端のメニスカスに対する補正 $4R/3$ を加え，水銀柱の長さを $(l_0+4R/3)$ として管の t_0°C の半径 r を求めれば，

$$r=\sqrt{\frac{M}{\pi\left(l_0+\dfrac{4}{3}R\right)\rho'}}. \tag{9·5}$$

ふつうの目的には，これを管の必要な半径と見なしてよい．故に，l_0, M および ρ' の測定値を (9·5) に入れれば r が算出される．毛細管の番号に応じて，あらかじめ l_0 および M を測定した値と，そのときの温度 t_0°C とが付記してあるから，これを利用して t_0°C における ρ' を表から求め，(9·5) から r を算出すればよい．

上記の諸量を実際に測定する場合には，次の順序で行う．まず，広いバットなどの中で測定がすべて行なえるようにして，万一，水銀がこぼれたときに備える．毛細管内をフイゴまたはスポイトで吹いてよく乾かし，管内で水面の上昇した部分に長さ 2～3 cm の水銀柱を取り入れる．これには，管の下端を水銀容器中に適当な深さに押し入れ，上部の管口を指で閉じて引き上げ，水銀柱を所定の位置に移せばよい．管を移動顕微鏡の台上に置いたコルク製の台の上に水平に横たえ，図 9-4 に示された水銀柱の長さ l_0 を測る．水銀柱の位置を少しずつ変えて数回測り，その平均値を l_0 とする．つぎに，管内の水銀を時計ざらに受け，化学天びんでその質量 M を測る．使用ずみの水銀は，かならず指定の容器に返し，計器類に付着しないように注意する．

（9） 以上の値 H m, r m, ρ kg/m^3, g m/s^2 を次式に入れて，t°C における T を計算する．

$$T=\frac{1}{2}\left(H+\frac{1}{3}r\right)r\rho g \quad \mathrm{N/m}.$$

注 意 1 毛細管現象を利用する表面張力の測定法は，精密便利な方法であるが，接触角 θ を零とみなし得ない場合は，θ に関係のない別な方法で測定しなければならない．このような場合に，どんな方法によればよいかを考えよ．

注 意 2 ガラスの洗浄法 液体の表面張力は液面，器壁の汚れ，とくに油脂による汚染により著しくその値を変化する．故に，表面張力の測定に際しては，容器をよく洗浄し，油脂による汚れを除くことに特に注意を要する．

ガラスの洗浄は，ふつうアルコールでふいて水洗いし，アルカリ溶液に浸したのちに水洗いし，さらに酸に浸したのちに水洗いする方法が採用される．ただし，アルカリはガラスを浸し，アルカリ・イオンがガラス面に吸蔵され，除きにくくなる傾向があるから，これよりもこのような危険の少ない洗剤や石けん水で洗ってもよい．また，洗い水も，節約しながら使う蒸留水よりも，あらかじめ出し放しておいた水道水を使う方が効果的である．場合によっては，ガラス面をこする必要があるが，このようなときに，直接手や指をふれてはいけない．ゴム手袋，またはガラス棒の先きに巻きつけた洗い古したガーゼを用いる．要するに，ガラス面が一様に水にぬれて，一部分から水が引いて，そこが乾くようなことがなくなれば，よく洗浄されたことになる．

ガラスなどの洗浄で，たとえば毛細管などのように入り込んだ形の場合は特に超音波洗浄器を用いることが必要である．洗剤水槽中で超音波をかけた後，流水で充分ゆすぐ．洗浄中及び洗浄し終わった器具には，できるだけ指をふれないように気をつける．

実験 10．スプリング秤による表面張力の測定

a） 説　明

図10-1 (a) のように，円筒状の環を上下両端面が水平となるようにつるし，その下端面を僅かに液中に浸す．いま，環を静かに引き上げれば，まず環に接する液面は環の上昇とともに盛り上がるが（図 (b)），ついに環は液面から離れる．環が液面からまさに離れようとするとき，盛り上がった液体のため環が下に引かれる力は，環の下端の内外両側面に働く表面張力と，環の上下両端面に働く圧力の差とだけである．故に，環の内外の半径をそれぞれ r_1 および r_2，空気に対する液体の表面張力を T，環の下端面が水平な液面から引き上げられた高さを h とすれば，環が下方に引かれる力 f は，

$$f=2\pi(r_1+r_2)T+\pi(r_2{}^2-r_1{}^2)h\rho g. \tag{10·1}$$

$$\therefore\quad T=\frac{f}{2\pi(r_1+r_2)}-\frac{r_2-r_1}{2}h\rho g. \tag{10·2}$$

ここに，ρ は液体の密度，g は重力加速度を示す．故に，(10·2) の右辺の f と他の諸量とを測れば，この式から T が定められる．

環が液面から離れるときに環を下方に引く力 f は，天びんやねじり秤を利用しても測れるが，この実験ではスプリング秤を用いて測る．表面張力は液温と液面，器壁などの汚れによって著しく変化するから，測定に際しては，これらの点に十分な注意を要する．

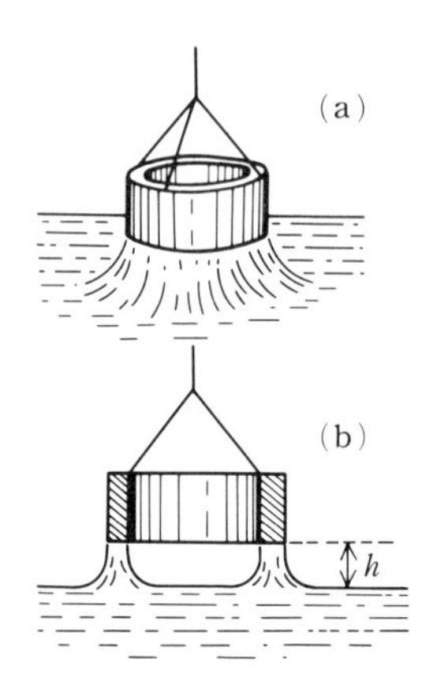

図 10-1

b) 装置および用具

使用する**スプリング秤**を図 10-2 に示す．AB は3脚を有する木製の角柱で，可動台 T を備え，前面には鏡に目盛を施した目盛尺 M を添え，上端には高さの加減できる支柱 C がはめてある．C の腕 D からスプリング S が垂下し，下端に秤さら P をつるす．Z はスプリングの伸びを M で読むための標点である．T を上下に静かに微動することは困難であるから，T の上に，図 10-3 に示すように，ネジで上下に微動する補助台を乗せておくと，観測に便利である．

円筒状の環としては，外径約 2 cm，高さ 1 cm の薄肉の**真鍮製の環** R を用い，細い針金でこれを秤さら P の下につるせるようにしておく．

以上のほかに，**分銅**，浅い**ガラス容器**（シャーレー），**温度計**，**ネジ・マイクロメータ**，**ノギス**，さらに円環の洗浄にアルコールなどを用意する．

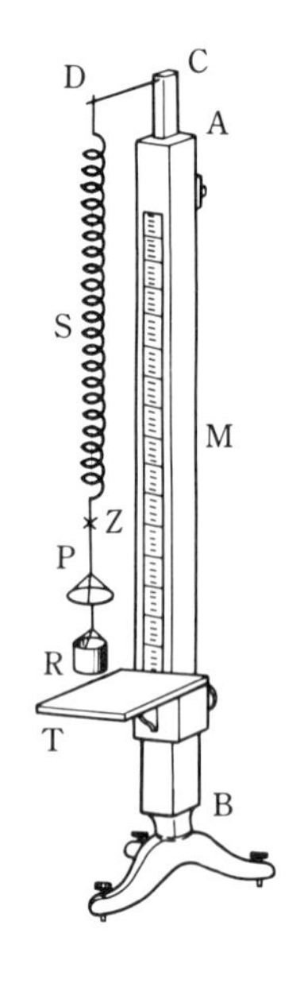

図 10-2

c) 方　法

(1) まず，スプリング秤の調節を行う．すなわち，3脚の水準ネジで，つり下げられたスプリングと鏡目盛尺とが鉛直で，かつ平行となるように調節する．

(2) 円環 R をアルコール中に浸したのち水洗いして

乾かし，これを秤さらPの下に上下両端面が水平となるようにつるす．

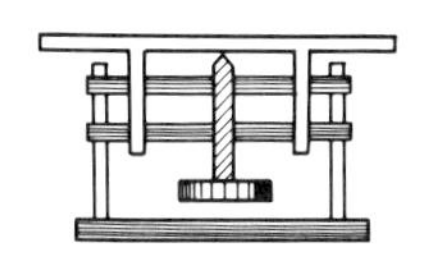

図 10-3

（3） つぎに，スプリング秤の目定めを行う．初め秤さらPに何ものせないとき，標点Zの位置を鏡目盛尺 M で視差のないように，すなわち目, Z および Z の像が一直線となるように望み，目盛の1/10まで読みとる．つぎに，P に $m=0.5$, 1.0, 1.5, 2.0, 2.5g の分銅を順次にのせて，そのたびごとに標点Zの位置を視差なく読み，その後2.5, 2.0, 1.5, 1.0, 0.5, 0g と順次分銅を減少して，前と同様に読みをとる．同じ分銅に対する読みの平均値を求め，これと分銅の重さとを縦，横の座標とする点を方眼紙上に記入し，点列が大体一直線上に並ぶか否かを検べる（図 10-4）．あまり飛び離れた点がなければ，それらの点の出入りが平均するような直線を描く．この図を利用すれば，標点Zの読みから，秤さらに加わる未知の力が定められる．

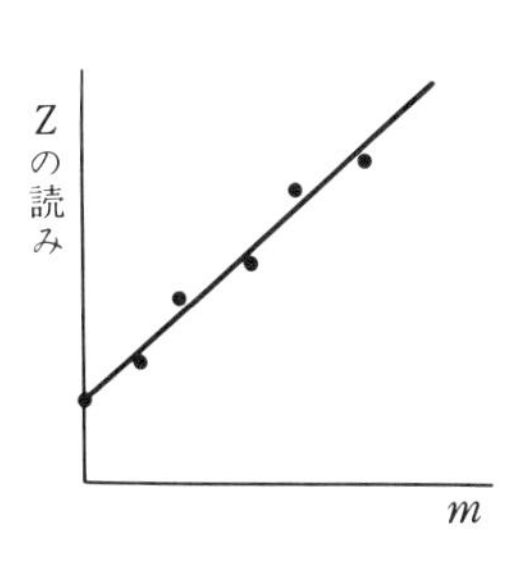

図 10-4

（4） 浅いガラス容器に試料の液体（出し放しにした水道の水）を入れ，これを可動台 T 上においた微動用の補助台に乗せ，試料の液の温度 θ_1 を測る．

（5） 台Tと補助台とを利用して液面を高め，環Rの下端を液中に浸したのち，補助台のネジを回し，液面を徐々に下げれば，環についた液面は盛り上がり，スプリングは伸び，ついに環は液面から離れて飛び上がる．この瞬間の標点 Z の位置を鏡目盛尺で視差なく読む．これを数回くり返して, Z の読みの平均値 d を求め，図 10-4 を利用して d に対応する m kg を求めれば，重力加速度を $g\,\mathrm{m/s^2}$ として，

$$\text{環を下に引く力}\qquad f=mg\ \mathrm{N}$$

（6） 環が液面から離れるまでに水平な液面から引き上げられた高さ h を測るには，補助台上にコルクせんで針Nを立て，環が飛び上がる瞬間の位置でNの先端の読み h_1 をとる．つぎに，環を乾かして秤さらに小分銅または砂をのせて，ちょうど標点Zが d の目盛を示すようにし，補助台を高めて液面が環に

触れるときの N の先端の読み h_2 をとる．これらの読みから，

$$h = h_1 - h_2. \tag{10·3}$$

（7）　再び液体の温度 θ_2 を測り，θ_1 と θ_2 との平均値 θ を観測中の液温とし，この温度に対する液体の密度 ρ を表から求める．

（8）　環の外径をノギスで互に直角な方向について測り，これから直径を求める．これを二三度くり返して平均の直径を定め，外半径 r_2 を求める．さらに，ネジ・マイクロメータで環の厚さを数個所について測り，平均値 t を求める．そのとき，内半径 r_1 は r_2-t に等しい．

（9）　以上の測定値 m kg，r_1 m，r_2 m，h m，ρ kg/m^3，および g m/s^2 を次式に入れて，θ°C における液体の表面張力 T を算出する．

$$T = \frac{mg}{2\pi(r_1+r_2)} - \frac{r_2-r_1}{2} h\rho g \ \mathrm{N/m}. \tag{10·4}$$

注 意　この測定法は，簡単であるが精密でない．h の測定が困難で誤差の原因となるが，この誤差の影響を小さくするには，(10·3) に見るように，第2項の r_2-r_1 を小さくすればよい．しかし，強さの関係上円環の厚さをあまり薄くできない．

問 題　ネジ・マイクロメータで円環の厚さを測るとき，円環をひずませずに測るには，どのような工夫をすればよいか．

実験 11.　流体の粘性係数の測定

a）説　明

流体がその内部で少しずつ流速の異なる層をなして流れているとき，その境界面において，たがいに相対速度を減らす方向に接線力を及ぼし合う．この性質が流体の**粘性**である．実験によれば，この際の粘性力 F は接触面の面積 S に比例し，流れの方向に直角な方向（仮りに y 方向とする）における速度勾配 $\mathrm{d}v/\mathrm{d}y$ に比例する．すなわち，

$$\text{粘性力}\quad F = \eta S \frac{\mathrm{d}v}{\mathrm{d}y}. \tag{11·1}$$

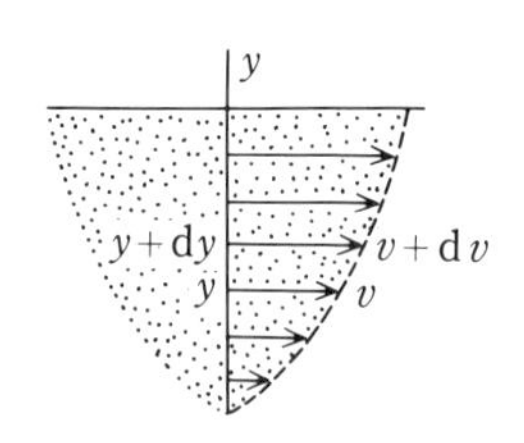

図 11-1　粘性のある流れ

ここに，η は流体の種類によって定まる定数で，これを**粘性係数**という．η は温度により著しく変化する．実験によれば，粘性流体が太さ一様な細い管内をゆるやかに流れるときは，**層流** (laminar flow) となる．そしてこの場合，管の半径を r，長さを l とし，管の両端の圧力差を p とすれば，t 時間に流れ出る流体の体積は，つぎの式で示される．

$$V = \pi r^4 pt/8\eta l. \tag{11·2}$$

この関係を **Hagen-Poiseuille の法則**という．この法則を利用すれば，

$$\text{粘性係数}\quad \eta = \pi r^4 pt/8Vl. \tag{11·3}$$

この実験では，上式にしたがって η を測る．

(11.2) は初め実験上から見出されたのであるが，理論上からも誘導される．いま，水平な管内で層流をなす流体を，管と同軸な円筒状の薄い層に分けて考えれば，管壁に接する層は付着力のために動かず，粘性によりその内側の層の流れを妨げる．順次各層は同様に作用するため，内側にある層ほど流速が大きくなっている．故に，各層はその外側の層からは流れを妨げる方向に，また内側の層からは流速を増す方向に粘性力をうける．長さ l の部分において，半径 y，厚さ $\mathrm{d}y$ の層について，その内面に流れの方向に働く粘性力を F とすれば，その外面に反対方向に働く粘性力は $-\{F+(\mathrm{d}F/\mathrm{d}y)\mathrm{d}y\}$ となる．故に，

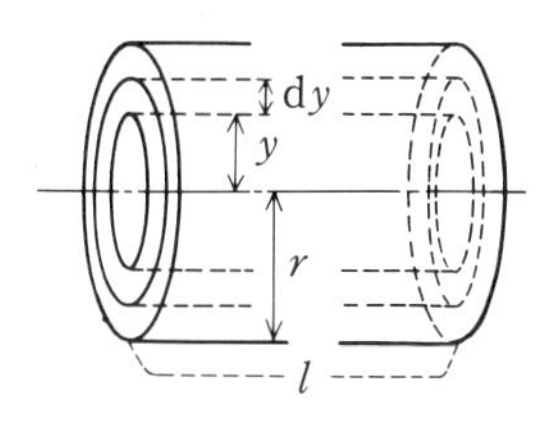

図 11-2

$$\text{この薄層の内外面に働く粘性力} = F-\{F+(\mathrm{d}F/\mathrm{d}y)\mathrm{d}y\}.$$

また，管の半径の方向には流れがないから，管に直角な断面上の各点の圧力は一様に相等しい．故に，l 部分の両端に働く圧力の差を p とすれば，

$$\text{この薄層の両端面に加わる圧力差} = 2\pi y\,\mathrm{d}y \times p.$$

管内では，流体は定常な流れにあるから，

$$F-\{F+(\mathrm{d}F/\mathrm{d}y)\mathrm{d}y\}+2\pi py\mathrm{d}y = 0. \tag{11·4}$$

$$\therefore\quad \mathrm{d}F/\mathrm{d}y = 2\pi py. \tag{11·5}$$

半径 y の場所では，$\mathrm{d}v/\mathrm{d}y<0$．したがって，この場合の F は (11·1) から，

$$F = -\eta\cdot 2\pi yl(\mathrm{d}v/\mathrm{d}y). \tag{11·6}$$

(11·5) を積分して (11·6) とくらべると，

$$-2\eta ly(\mathrm{d}v/\mathrm{d}y) = py^2+c.$$

ここに，c は積分定数で，$y=0$ においては $\mathrm{d}v/\mathrm{d}y=0$ であるから $c=0$.

$$\therefore\quad -2\eta l(\mathrm{d}v/\mathrm{d}y) = py. \tag{11·7}$$

さらに積分して，

$$-2\eta lv = py^2/2+c'.$$

c' は積分定数で，管の半径を r とすれば，$y=r$ のとき，$v=0$．よって $c'=-pr^2/2$.

$$\therefore\quad v = \frac{p}{4\eta l}(r^2-y^2) \tag{11·8}$$

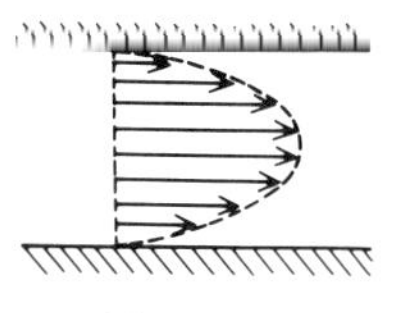

したがって，おのおのの薄層における流速は図 11-3 のように，管の中心部で最大となり，その分布は回転放物面で示される．故に，管から t 時間に流出する流体の体積 V は，おのおのの薄層から流れ出る体積を総和して，

図 11-3

$$V = \int_0^r \frac{p}{4\eta l}(r^2-y^2)t\cdot 2\pi y\,\mathrm{d}y = \frac{\pi pt}{2\eta l}\left[r^2\frac{y^2}{2}-\frac{y^4}{4}\right]_0^r = \frac{\pi r^4 pt}{8\eta l}. \tag{11·9}$$

b)　**装置および用具**

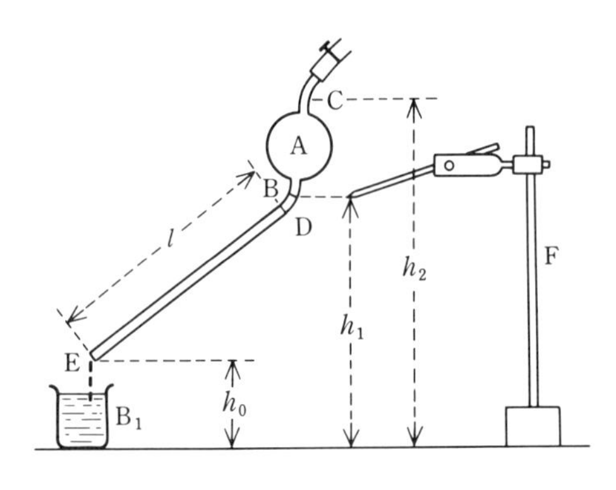

図 11-4　粘性係数の測定装置

標線 B, C をもつ約 50 cc の**球状ガラス容器** A の上の口には，液体を吸い上げるための短いゴム管をつけ，下の口には，短いゴム管で長さ約 30 cm，内径 1～0.5 mm の**毛細管** DE をつなぎ，これを**台**から突出する金具で，管をゆるやかな傾きにして支持する．管から滴下する液を受けるための**ビーカー** B_1，容器 A の容積を測る際に使用する**秤量ビン**と**上さら天びん**，そのほか**竹尺**，**スタンド** F，**ストップ・ウオッチ**（クォーツ式が望ましい），**温度計**を用意する．

c)　**方　法**

（1）　毛細管の内面をよく洗う*．しかし，あらかじめ管が洗浄されている場合は，流水で水洗いするだけでよい．

（2）　毛細管の全長を竹尺で 2～3 回測り，平均値 l を求め，これを容器 A の下の口のゴム管にはめて，図 11-4 のように装置する．

（3）　水を入れたビーカー B_1 を少し持ち上げて，水中に毛細管の下端を浸し，A の上部のゴム管から水を吸い上げ，水面が標線 C と一致するようにゴムを指で押さえ，B_1 をもとの位置におく．つぎに，ストップ・ウオッチを用意し，指を放して水をビーカー B_1 に滴下させると同時に時刻 T_1 を読み，次第に A 内の水面が下がって標線 B を通過するとき，再び時刻 T_2 を読む．またそれと同時に，B_1 内に流下した水の温度を測る．時間 T_2-T_1 は容器 A 内の標線 B, C 間の水が管を流下するに要した時間である．

（4）　つぎに，ビーカーの水を取り替えて，(3) の実験を数回繰り返し，水の流下に要する時間の平均値 t と，水温の平均値 θ を求める．

---

*　実験 9．注意 2 参照．

（5） 毛細管の下端および標線 B, C までの机上からの高さ h_0, h_1, h_2 を，スタンドで支えた棒の先端を利用して竹尺で流下のたびごとに測り，それらの平均値を次式に入れて，毛細管の下端から A 内の平均水面までの高さ h m を

$$h = \frac{1}{2}(h_1+h_2)-h_0 \ \mathrm{m} \qquad (11\cdot10)$$

によって求める．また，水の密度表から平均水温 θ に対する水の密度 ρ kg/m^3 を求め，重力加速度 g m/s^2 を用いて，

$$p = \rho gh \ \mathrm{N/m^2}. \qquad (11\cdot11)$$

で与えられる水圧差 p を計算し，これをもって Hagen–Poiseuille の法則における長さ l の毛管の両端の圧力差とする．

（6） 容器 A を毛管から取りはずし，A をビーカーの水中に沈めて標線 C まで水を満たし，図に示した要領で B, C 間の水を秤量ビンに移し入れ，上さら天びんでその質量を測り，空の秤量びんの質量との差と，(5) に求めた水の密度から，この際流下した水の体積 V を計算する．

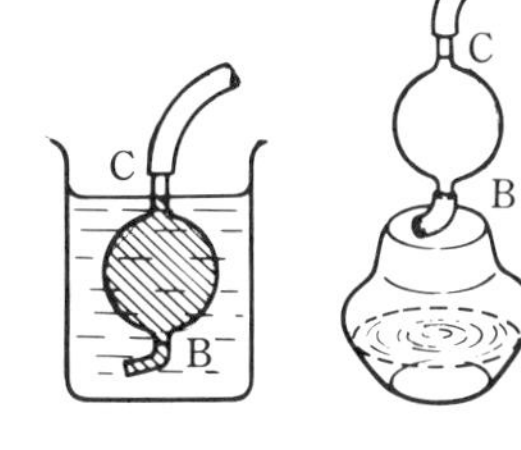

水の入れ方　C線まで入れて，ゴム管を押さえて止める．

水の出し方　B線まで流出させてゴム管を押さえ，B以下の水を流さない．

図 11-5

（7） 最後に，管の半径 r を次式によって計算する*．

$$r = \sqrt{\frac{M}{\pi\left(l_0+\frac{4}{3}R\right)\rho'}}, \quad \text{ただし} \quad R = \sqrt{\frac{M}{\pi l_0 \rho'}}. \qquad (11\cdot12)$$

ここに，M, l_0 は毛細管の番号に応じて付表に示してある水銀の質量および長さである．また，ρ' はそのときの温度（t_0°C）における水銀の密度で，そのときの温度が示してあるから，密度表から求める．

（8） 以上の測定値 l m, r m, V m^3, t s および p N/m^2 を次式に入れ，θ°C における水の粘性係数 η を求める．

$$\eta = \frac{\pi r^4 p t}{8 V l} \ \mathrm{N\cdot s/m^2}$$

* 実験 9. c) (8) 参照.

注意 1　この測定法は簡便でよい方法であるが，η の大きな液体の場合は，細い管内にこれを流すことが困難となり，この方法を使用できない．このような場合には，どのような方法によればよいかを考究せよ．

注意 2　測定用の水は水道の水を使用する．ただし，開栓直後の水は不純であるから，少時間後の水を用いる．液体の粘性係数 η は温度 θ によって著しく変化する．実験によれば，η と θ との関係は，次式で示される．

$$\eta = c/(1+b\theta)^n.$$

ここに c, b および n は液体の種類によって定まる定数を示す．水の η は15°C付近で，温度が1°C上昇すると約3% ずつ減少する．したがって，(4) で求めた水温がたがいに著しく異なるときは，その平均を求めるのは無意味である．似よりの水温に対するものだけを平均して η を算出する．

注意 3　実験が終ったら，机上を整理し，こぼした水はふいておく．

問題　η を0.1% の精度で求めるためには，上式の右辺の諸量をどの桁まで測る必要があるかを検討せよ．

実験 12．混合法による比熱の測定

a) 説　明

比熱 c cal*/g·K，質量 m_1 g の試料の物体Bを t_1°C まで熱する．また，水熱量計K内の水の質量を m_2 g，その温度を t_2°C とし，Bを熱量計に入れてかきまぜ，熱平衡に達したときの共通の温度が θ°C になったとする．この場合に，熱量計及びそれに付属する撹拌器S，温度計Lなどの**水当量**（water equivalent；熱量計及び付属物の熱容量をそれと等しい熱容量をもつ水の質量 [g] で表したもの）を w g とすれば，Bの放出した熱量は $m_1c(t_1-\theta)$ cal，熱量計のえた熱量は $(m_2+w)(\theta-t_2)$ cal に等しいから，外部へ熱が失われないものとすれば，

$$m_1c(t_1-\theta) = (m_2+w)(\theta-t_2). \qquad (12\cdot1)$$

$$\therefore\quad c = \frac{(m_2+w)(\theta-t_2)}{m_1(t_1-\theta)}. \qquad (12\cdot2)$$

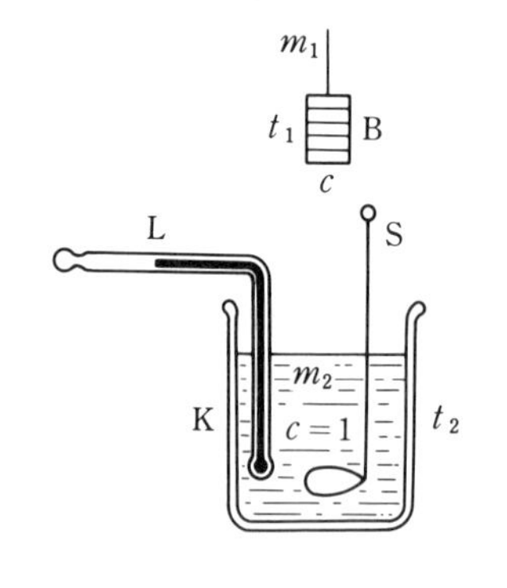

図 12-1

なお，熱量計および付属物の熱を吸収する部分の質量をそれぞれ M_1, M_2, … とし，その比熱をそれぞれ c_1, c_2, … とすれば，w は，

$$w = M_1c_1+M_2c_2+\cdots = \sum M_ic_i \qquad (12\cdot3)$$

---

*　熱量の単位は国際単位系（SI）はJで表示されるが，本書では従来用いられたcalを使う（1 cal = 4.18605 J）．測定精度上水の比熱は1 cal/g·K としてよい．

を g 数で表して求められる．しかし，w はこれとは別に，つぎのような実験的方法で定めることもできる．すなわち，あらかじめ熱量計 K に温度 t_2'°C，質量 m_2' g の水を入れておき，これに温度 t_1' °C，質量 m_1' g の温水を，温度の変らないうちに手早く注ぎ，よくかきまぜて熱平衡に達したときの混合水の温度を θ'°C とすれば，

$$m_1'(t_1'-\theta') = (m_2'+w)(\theta'-t_2').$$

$$\therefore \quad w = \frac{m_1'(t_1'-\theta')}{\theta'-t_2'} - m_2'. \qquad (12\cdot4)$$

これから w を求めることができる．ただしこの際，注いだ温水の質量 m_1' は，混合後の熱量計の質量を測って逆算する．また，混合後の水の分量（$m_1'+m_2'$）が，比熱測定のときの熱量計内の水の分量 m_2 にほぼ等しく，かつ混合後の水の温度 θ' が，比熱測定のときの混合後の水温 θ に近いように調整することが大切である．

b） 装置および用具

図 12-2 に示す装置を使用する．A は**側管つきのフラスコ**を利用した**蒸気発生器**，N は**アスベスト付金網**である．H は金属の 2 重壁の間に蒸気を通し，内側に試料の物体 B をつるして熱するための**加熱器**である．T_1 は H の内側の温度 すなわち B の温度を測る**温度計**，W は水を満たした防熱用の水槽で，E はその注水口である．また，S は金属の遮閉板で，これを抜き出せば，H の下方の出口から B を外部につり降すことができる．

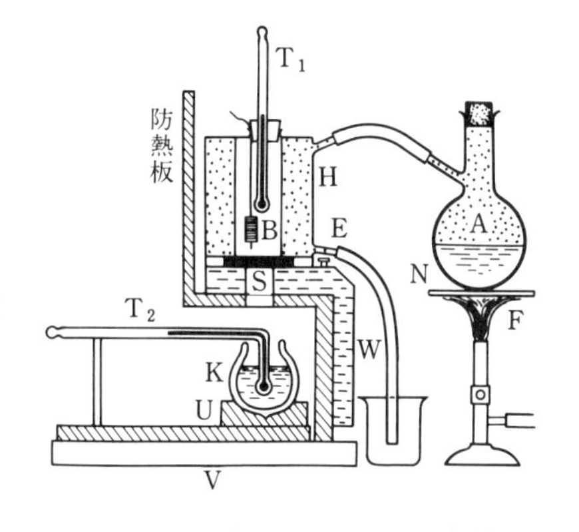

図 12-2 混合法による比熱測定装置

Kは**水熱量計**で，熱の放散を避けるために，口の小さな**ま法ビン**を使用する．ふつうは，フランネルで包んだ銅製容器，または内面を銀メッキした金属容器中に熱の不導体で支えた銅製の容器を用いる．この場合は，水当量が（12·3）により計算上から求められて便利であるが，熱の放散による温度補正が必要となる．K の水温測定には，1/10°C 目盛の **L 型温度計** T_2 を用いる．ふつう，熱量計には撹拌器を必要とするが，この場合はK内につり降した試料Bを撹拌器に代用するため，これを省略する．Kは台Uとともに基台Vのみぞに沿って移動でき，加熱後，試料Bを中につり

降すときにだけ，図のようにHの直下に押し入れる．このほかに，**ガス・バーナー**，**レトルト台**，**ビーカー**，**棒状温度計**，さらに試料として**亜鉛の円板**（直径1.5cm，厚さ1mm，中央の小孔に糸を通してつるす）を約10枚，**上さら天びん**を用意する．

c）**方　法**

（1）蒸気発生器に適当な量の水を入れ，これを加熱装置Hにゴム管で連絡して加熱する．この際，蒸気発生器にはその下に金網を敷き，ガスの炎を直接にあてないようにする．また，防熱水槽Wに水を満たし，Hの下方の出口を遮閉板Sで閉じておく．

（2）高温の蒸気の発生までに時間を要するから，この間に試料の物体の質量 m_1g を上さら天びんで1/10g まで測り，これを糸で，棒状温度計 T_1 とともに，加熱室中に図のように底まで降さずに，宙つりとして加熱する．

（3）同じく，上さら天びんで熱量計Kの質量を測り，つぎにこれに八分目くらい水（水道の水）を入れて再び測り，前後2回の測定値から，水熱量計に入れた水の質量 m_2g を求める．そして，熱量計の中にL型温度計を差し入れて，これを加熱器から遠ざけておく．

（4）温度計 T_1 の示度が一定となったのち，なお10分間以上引続き加熱し，その示度 t_1°C を読む．この温度 t_1 は熱せられた試料Bの温度を示す．また，L型温度計 T_2 で熱量計内の水の温度 t_2°C を測る．T_2 の最高限度は50°C であるから，それ以上の温度の測定に使用してはならない．

（5）つぎに，遮閉板Sを引抜くとともに，熱量計を加熱器の下に押し入れ，糸を伸ばして試料Bを熱量計内の水中につり降し，直ちに熱量計を適当の位置まで引き出す．試料を水に落す際，水を飛び散らしたり，また試料をつるす糸を必要以上に水中に入れたりしないようにする．

（6）糸を手早く手に持って，試料を攪拌器に代用してよく水をかきまぜ，水温の最高となる値 θ°C を読む．水をかきまぜる場合，水が糸について上下すれば，水の蒸発を助け熱を失うから，以上の操作を手早くするがよい．また，試料の物体が T_2 に接触しないように気をつける．

（7）熱量計の水当量 wg を（12·4）に従って実験的に測定する．これは，試料を加熱する時間を利用して，先きに測ってもよい．

（8） 以上の測定値をつぎの式に入れて，試料の比熱 c を求める．

$$c=\frac{(m_2+w)(\theta-t_2)}{m_1(t_1-\theta)}\ \mathrm{cal\cdot g^{-1}\cdot K^{-1}}.$$

（9） 実験終了後，机上を整理し，すべての容器内の水を捨て去り，こぼれた水をふいて，あとの始末をする．

注意 1 この実験では，混合中に外部と熱の受授がないとしている．したがって，K と外部との熱の受授が相殺して零となるように，試料投入直前の K の水温 t_2 と，混合後の最高温度 θ とを適当に選ぶ必要がある．また，混合中の時間を短くする意味で，試料としてなるべく表面積の大きい板状のもの，または針金を折り曲げたものを使用するとよい．

注意 2 熱伝導率の小さな試料の場合の放散熱量の補正 実際は，熱量計と外部との間に，伝導，対流，放射及び水の蒸発によって損失する熱量がある．ことに，金属以外の熱伝導率の小さな物体の比熱を測る場合は，混合後最高温度となるまでに相当の時間を要し，損失する熱量は決して無視できない．したがって精密な実験では，このような損失する熱量に対する補正を行う必要がある．

いま，混合中に仮りに外部に失われる熱量を ΔQ とすれば，(12·1) を補正して，

$$m_1c(t_1-\theta)=(m_2+w)(\theta-t_2)+\Delta Q. \qquad (12\cdot5)$$

故に，もし ΔQ が外部に失われずに，熱量計内に温存すると仮定すれば，熱量計および付属物の最高温度 θ は，それだけ高まる．この温度の上昇を $\Delta\theta$ とすれば，上式の右辺を書きかえて，

$$m_1c(t_1-\theta)=(m_2+w)(\theta+\Delta\theta-t_2). \qquad (12\cdot6)$$

$$\therefore\quad c=\frac{(m_2+w)(\theta+\Delta\theta-t_2)}{m_1(t_1-\theta)}. \qquad (12\cdot7)$$

これから c を算出しなければならない．故に，混合中の放散熱量に対する補正は，結局 (12·2) の分子における最高温度 θ にどれだけの補正 $\Delta\theta$ を加うべきかという問題に帰着する．つぎに，参考のためこの補正を求める１つの方法を示す．

（1） まず，加熱した試料の物体Bを K 中に投入する数分前から K の水温をかきまぜながら，１分間ごとに T_2 の読みをとり，これを第 I 期とし，投入後は最高温度に達するまで，20 秒ごとに T_2 の読みをとり，これを第 II 期とする．さらに，その後１分間ごとに約 10 分間

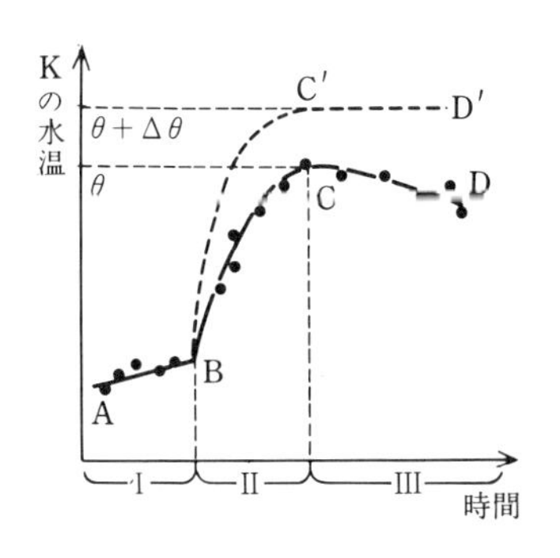

図 12-3

引きつづき水温を読み，これを第III期とする．以上の読みから，図12-3のような温度曲線ABCDを描く．試料の投入操作のため，ABの終りとBCの初めには読みをとり得ないが，ABとBCとの交点から物体Bを投入した時刻がわかる．この時刻以後に，もしKから熱が外部に失われないとすれば，温度曲線はおそらくBC′D′のような曲線となるであろう．このような曲線を求めることができれば，温度補正$\Delta\theta$が容易に定められる．

（2）　さて，第III期の水温の読みについて，図12-3の曲線CDから，5分間ごとの温度降下の平均値を求め，これを秒数で割って最高温度θにおける毎秒の温度降下を定める．そして，方眼紙上に，横軸にKの水温，縦軸に毎秒の温度降下をとり，図上に最高温度θにおける毎秒の温度降下を示す点Qを記入する．さてまた，Kの水温が室温あるいはKの周囲の温度と等しいときは，毎秒の温度降下は零に等しいから，横軸上に室温に相当する点Pを記入する．2点P, Qを結ぶ直線を描けば，PQはKのいろいろな温度における毎秒の温度降下を示す．何故ならば，この場合にKの水温と室温との温度差は小さいから，**Newtonの冷却に関する法則**によれば，Kの冷却の速さ，すなわち毎秒の温度降下は，その温度差に比例すると考えられるためである．

（3）　つぎに，第II期の水温の読みにつき，最初の相隣る20秒ごとの読みθ_0, θ_1の平均値$(\theta_0+\theta_1)/2$を求め，これに対する毎秒の温度降下を図12-4から求めて，これを20倍して，20秒間の温度降下$\Delta\theta_1$を算出すると，$\Delta\theta_1$は水温θ_1における温度補正と見なされる．すなわち，

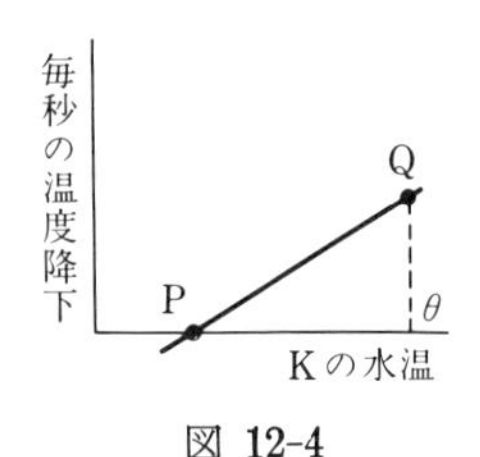

図 12-4

$$\theta_1 \text{に対して補正した温度}\quad \theta_1' = \theta_1+\Delta\theta_1. \tag{12·8}$$

同様に，θ_1, θ_2の平均温度$(\theta_1+\theta_2)/2$における毎秒の温度降下を図12-4から求めて20倍し，20秒間の温度降下$\Delta\theta_2$を算出すれば，

$$\theta_2 \text{に対して補正した温度}\quad \theta_2' = \theta_2+\Delta\theta_1+\Delta\theta_2. \tag{12·9}$$

以下同様にして，

$$\theta_n \text{に対して補正した温度}\quad \theta_n' = \theta_n+\sum_1^n \Delta\theta_i. \tag{12·10}$$

なお，第III期の1分ごとの水温の読みに対しても，同様な方法で補正した温度を順次求める．

（4）　以上の補正した温度θ_1', θ_2', …, θ_n', …を用いて温度曲線を描けば，図12-3に示した曲線BC′D′が得られる．C′D′はほとんど横軸に平行な直線となるから，この部分の示す温度から，θに対して補正した温度$\theta+\Delta\theta$が定められる．

注 意 3　試料が結晶またはガラスのような場合には，これを細片にくだいて銅の金網で軽く包み，温度計T_1を細片中に差し込んで加熱し，これをK中に投入後は，撹拌器として代用する．ただし，比熱cを算出するに当たっては，金網の放出する

熱量を除外しなければならない.

注意 4　熱した物体 B の比熱が既知ならば，このような混合法で，K 内の液体の比熱を求めることができる.

実験 13.　冷却法による比熱の測定

a）説　明

物体が放射によって外界に熱を失う速さは，物体と外界との温度に関係し，かつ物体の表面の性質と広さとによって定まる．故に，ある時刻 t における物体の温度を θ，外界の温度を θ_0 とし，その際に物体が $\mathrm{d}t$ 時間に失う熱量を $-\mathrm{d}Q$ とすれば，

$$-\mathrm{d}Q = \sigma f(\theta,\ \theta_0)\mathrm{d}t,\quad \text{ここに } \sigma = \text{表面の性質および広さだけに関する定数.} \tag{13·1}$$

この際の物体の温度の降下を $-\mathrm{d}\theta$，物体の質量を m，比熱を c とすれば，

$$\mathrm{d}Q = mc\,\mathrm{d}\theta, \tag{13·2}$$

$$\therefore\quad \text{冷却の速さ}\quad -\frac{\mathrm{d}\theta}{\mathrm{d}t} = \frac{\sigma}{mc}f(\theta,\ \theta_0). \tag{13·3}$$

Newton の冷却に関する法則によれば，物体と外界との温度差が小さい範囲 (5°C 以下) では，$f(\theta,\ \theta_0)$ は $\theta-\theta_0$ として表される.

さて，(13·3) から

$$\frac{\sigma}{mc}\mathrm{d}t = -\frac{\mathrm{d}\theta}{f(\theta,\ \theta_0)}. \tag{13·4}$$

いま，外界の温度 θ_0 が常に一定に保たれているとして，この物体が温度 θ_1 から θ_2 まで冷却するに要する時間を t とすれば，

$$\frac{\sigma}{mc}t = -\int_{\theta_1}^{\theta_2}\frac{\mathrm{d}\theta}{f(\theta,\ \theta_0)}. \tag{13·5}$$

一定の容器に順次に比熱 c，質量 m_1，の液体と質量 m_2 の水とを入れ，これを常に一定の温度 θ_0 に保たれている空間においたとき，両者が一定の温度区間 $\theta_1\to\theta_2$ を冷却するに要する時間をそれぞれ t_1, t_2 とすれば，

$$\frac{\sigma}{m_1c}t_1 = -\int_{\theta_1}^{\theta_2}\frac{\mathrm{d}\theta}{f(\theta,\ \theta_0)} = \frac{\sigma}{m_2}t_2.\qquad \therefore\quad \frac{t_1}{m_1c} = \frac{t_2}{m_2}. \tag{13·6}$$

したがってこの際，容器の水当量*を w とすれば，

$$\frac{t_1}{m_1c+w} = \frac{t_2}{m_2+w}. \tag{13·7}$$

$$\therefore\quad c = \frac{m_2+w}{m_1}\frac{t_1}{t_2} - \frac{w}{m_1}. \tag{13·8}$$

故に，容器の水当量 w が既知ならば，2 回の測定によって m_1, m_2 および t_1, t_2 を測れば，c を求めることができる.

---

* 実験 12. a) 参照.

b）装置および用具

図13-1において，Jは2重壁の間に一定の水圧で流水を通じた中空の**恒温槽**で，内部空間は一定の温度 θ_0 に保たれる．Kは外面を黒く塗った，やや細長い円筒状の薄い銅板製の**熱量計**である．Kにはめたコルクせん A は，K内の液体の蒸発を防ぐためと，KをJの蓋BからJ内につるす役目をかねている．Tは**温度計**，Sはコルクの握りをもつ銅製の**攪拌器**で，いずれもAの小孔を通してK内に差し込んである．Sは上下式よりも翼車型の回転式の方が液体の蒸発を促進しない点ですぐれている．KおよびT, Sの水当量の測定のために，**上さら天びん**，**目盛計量びん**を用意し，試料の液体としては便宜上**食塩水**を用い，その加熱用に，**ビーカー**，**ガス・バーナー**，**アスベスト付金網**を準備する．また，**時計**は各自所持のものを使用する．流水を使用する関係上，装置を水道の洗い場に置いて実験するとよい．

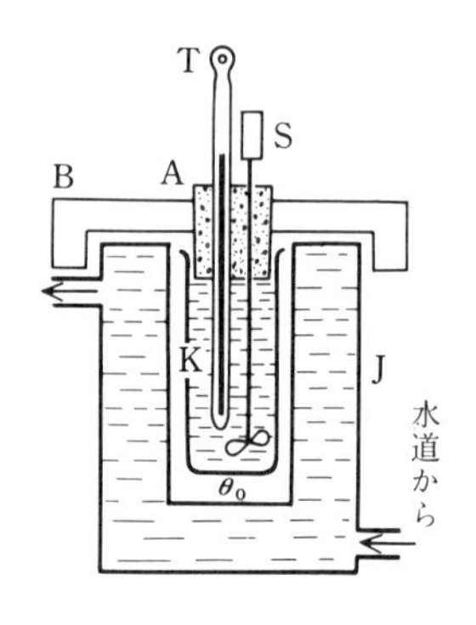

図 13-1　冷却法による比熱測定装置

c）方　法

（1）ビーカーに適量の試料の食塩水を入れ，ガス・バーナーで50°～60°Cに熱し，これをKに八分目ほど移し，その周囲をよくふき，コルクせんAで蓋をし，温度計Tおよび攪拌器Sを差し入れてJ中につるす．一人の実験者は液体が規則正しく冷却し始めるのを待って，SでK内をかきまぜながら時計掛りの合図にしたがって，ある時刻から始めて，初めは1分ごとに，続いて2分ごとにTの温度を読み，時計掛りは直ちにそれを記録する．Sによるかきまわし方は，液体の分量も少ないからあまり激しく行う必要はない．また同時に，方眼紙上に横軸に時間，縦軸に温度をとって読みを点示し，出入りを平均した滑らかな冷却曲線を描き，液体の温度が室温より10°Cくらい高い温度となるまで続ける．

（2）熱量計Kを装置から取りはずし，それに試料を入れたまま，上さら天びんでその質量を測り（1/10gまで），つぎに容器を水洗したのち，それをふいて乾かして秤量し，その差を試料の液体の質量 m_1 g とする.

（3） つぎに，ふいて乾かされた熱量計K内に，あらかじめ加熱（50～60°C）した蒸留水（水道水を代用してもよい）を，前回の実験とほぼ同体積だけ入れ，また温度計Tの水中に差し込む長さも前実験とほぼ等しく，かつ撹拌器Sの回転もまえと同様な速さで冷却実験を行い，その冷却曲線をまえと同じ方眼紙上に描く．そののち，水量 m_2 g を測る.

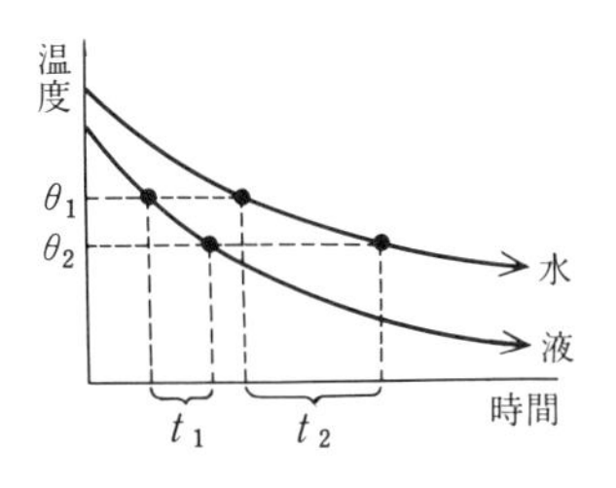

図 13-2　冷却曲線

（4） この冷却曲線をながめ，適当な2つの温度 $\theta_1, \theta_2\ (\theta_1>\theta_2)$ を選び，図13-2に示す作図で，食塩水および水がその間を冷却するに要する時間 t_1 および t_2 を求める.

（5） つぎに，熱量計の水当量を測定する．水当量 w g は，

$$w = \sum M_i c_i = M_{\mathrm{K}} c_{\mathrm{K}} + M_{\mathrm{S}} c_{\mathrm{S}} + M_{\mathrm{T}} c_{\mathrm{T}}$$

で与えられる．ここに添字 K, S, T は，熱量計 K，撹拌器 S および温度計 T についての各量を示す．ところが，K, S は銅製であるから，

$$M_{\mathrm{K}} c_{\mathrm{K}} + M_{\mathrm{S}} c_{\mathrm{S}} = (M_{\mathrm{K}} + M_{\mathrm{S}}) \times 0.092. \qquad (13 \cdot 9)$$

また，　$M_{\mathrm{T}} c_{\mathrm{T}} = (13.6 \times v) \times 0.0333 = 0.45 \times v$,（$v$: cm^3 単位）.　(13·10)

ここに，v は測定時に液中に浸した水銀温度計Tの部分の体積を示す．これは，ガラスと水銀との同体積の熱容量がほとんど相等しいため，v 全体が水銀からなると考えてさしつかえないからである．故に，

$$w = 0.092(M_{\mathrm{K}} + M_{\mathrm{S}}) + 0.45 \times v, \text{（g 単位）} \qquad (13 \cdot 11)$$

したがって，熱量計 K（蓋なし）と撹拌器 S（握りのコルクは除く）との質量の和（$M_{\mathrm{K}}+M_{\mathrm{S}}$）を秤量し，かつ目盛計量びんの水中に，T の先端を冷却実験のときと同じ深さまで差し込み，水面の上昇に相当する体積を読んで v を求めれば，上式から熱量計の水当量 w g が求められる.

（6） 以上の測定値を次式に入れて，試料の食塩水の比熱 c を計算する.

$$c = \frac{m_2+w}{m_1}\frac{t_1}{t_2} - \frac{w}{m_1}\ \mathrm{cal^* \cdot g^{-1} \cdot K^{-1}}.$$

（7） θ_1, θ_2 の組合わせをいろいろにとり，これに対する t_1, t_2 を求めて比熱を算出し，その平均値を求める結果とする．

注 意 1　実験が終われば，容器 K 中の水を完全に捨てておく．特に塩気を残してはならない．

注 意 2　食塩水（20°C）の比熱……2% 水溶液：0.974；4%：0.951；10%：0.892 cal*·g⁻¹·K⁻¹.

実験 14．線膨張率の測定

a） 説　明

温度 0°C において長さ l_0 の棒が温度 t°C のときに，l_t の長さに膨張したとすれば，温度 t があまり高くない範囲では，l_t は一般に次式で示される．

$$l_t = l_0(1+\alpha t+\alpha' t^2). \tag{14·1}$$

ここに α, α' は物質に特定な定数を示し，ふつうの固体では，α は微小で，α' はそれより一層小さな値をとる．もし，t が小さく（14·1）の右辺の第3項が無視され，l_t が t に比例して膨張すると見なされる場合には，

$$l_t = l_0(1+\alpha t),\ \text{あるいは}\quad \alpha = (l_t - l_0)/l_0 t. \tag{14·2}$$

α は 0°C と t°C との間において，温度 1°C 上昇するとき，0°C のときの単位長さ当りの膨張の割合を示し，これを物質の**線膨張率**という．

また，この場合に膨張前の温度が 0°C でなくても，α の値は変わらないと見なされる．例えば，任意の温度 t_1, t_2°C における棒の長さを l_1, l_2 とすれば，

$$l_1 = l_0(1+\alpha t_1) \qquad \text{また} \qquad l_2 = l_0(1+\alpha t_2),$$

$$\therefore\ \ l_2 = l_1(1+\alpha t_2)/(1+\alpha t_1) = l_1(1+\alpha t_2)(1-\alpha t_1).$$

温度 t_1, t_2 があまり高くなければ，

$$l_2 = l_1\{1+\alpha(t_2-t_1)\} \qquad \text{あるいは，} \qquad \alpha = (l_2-l_1)/l_1(t_2-t_1). \tag{14·3}$$

これから α が定められる．

しかし，（14·1）式の右辺の第3項が無視できない場合には，α は温度によって変化するため，各温度における α を考える必要がある．いま，t°C のとき長さ l の棒が温度 Δt だけ上昇したために，Δl だけ膨張したとすれば，t°C における線膨張率 α_t は次式で示される．

$$\alpha_t = \lim_{\Delta t \to 0}\frac{\Delta l}{l\,\Delta t} = \frac{1}{l}\frac{\partial l}{\partial t}. \tag{14·4}$$

温度が 0～100°C くらいの範囲では，ふつうの物質については α と α_t とを区別する必要がなく，いずれも同じく物質の線膨張率を示すと見て差支えない．

---

*　実験 12．a）参照

α の測定には (14·3) 式を用いるが，この場合に，温度の上昇 (t_2-t_1) による膨張 $(l_2-l_1)=\Delta l$ が微小であるから，これを精密に測る必要がある．このためにいろいろな方法があるが，この実験では光の挺子による方法を採用する．

b) 装置および用具

使用する装置を図 14-1 に示す．

AB: **加熱器**(外側を断熱材で包んだ円筒状の容器，水蒸気を通す側管と温度計 T_1, T_2 を差込む側管をもつ)．

R: 試料の**金属棒**（直径約 5 mm，長さ約 50 cm)．

G: 中央に円い穴のある水平な円座（高さはネジ E で支柱 P に沿って上下できる)．

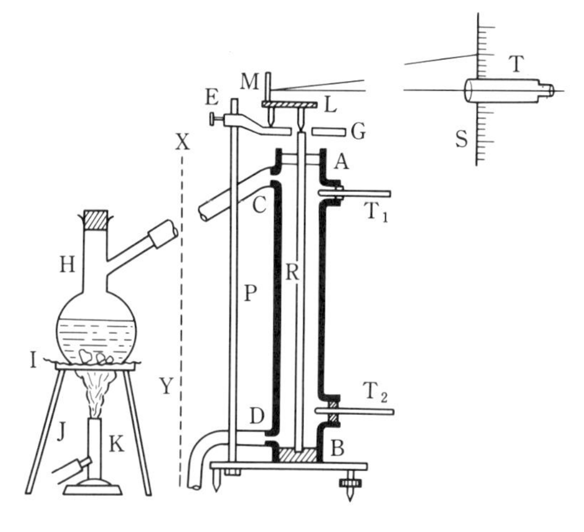

図 14-1 線膨張率測定装置

L: **光の挺子**（2 脚を G 上に，他の 1 脚を R の端面上に乗せる)．

H: **蒸気発生器**（側管つきのフラスコを代用する．突沸を避けるために沸騰石を入れておく）

I: **アスベスト付き金網**　J: **三脚台**　K: **ガス・バーナー**

T, S: **望遠鏡**と**目盛尺**

このほか，流出する水蒸気を受ける**ビーカ**，**メートル尺**，**巻尺**，**ノギス**などを用意する．

c) 方法

(1) 沸騰石を入れた H に 7~8 分目の水を入れ，これと AB の側管 C をゴム管と連絡し，また側管 D にもゴム管をとりつけ，その下端をビーカで受ける．ゴム管の途中に湯が溜って水蒸気の流通を妨げないように注意する．

（2）　試料の棒 R の長さを2, 3回メートル尺で測り，平均値 l_1 を定める．R を AB の上端のコルク栓を通して気密に，かつ AB の中心軸に沿って鉛直に差込み，R の下端が AB の底面に密着してぐらつかないようにする．そののち，温度計 T_1, T_2 の読みを2, 3回ずつとり平均値 t_1 を求める．

（3）　円座 G の高さを調整し，G の上面と R の上端面とをほぼ同じ高さにし，光の挺子 L の2脚を G の上面に，他の1脚を R の上端面にのせる．この場合に，G の下面は AB の上端面から少なくとも 3 mm くらいの間隔をあけておく．

（4）　L の鏡 M から 1~2 m 前方に望遠鏡 T と尺度 S を置き T を通して S の像が見える位置に据えつけ，T を調節して S の目盛を読みとる．すなわち，T の接眼レンズの支持管を前後して視野の十字線を見易くしたのち，T の筒の長さを加減して S の像が明瞭に，かつ，十字線との間に視差がないようにする(p. 39 参照)．その上で十字の交点の示す S の像の目盛を読む．2~3回の読みの平均値 a を求める．

（5）　ガス・バーナー K に点火して H から AB に水蒸気を送る．H および K からの放射熱で G を支える支柱 P が膨張しないように工夫する必要がある．XY の位置に断熱用衝立を置けば最上である．T_1, T_2 の読みを数分ごとにとり両方の読みが一定したとき，平均温度 t_2 を定める．

（6）　次に，T を通して S の像の目盛を2~3回読み，平均値 b を求める．K の火を消したのち，S と M との距離 D を巻尺で測る．

（7）　最後に L について，R の上面にある1脚と，G 面上の2脚を結ぶ直線との距離 d を測る．これには L を平らな紙面上に置いて軽く押しつけ，3脚印のつくる2等辺三角形の高さをノギスで測ればよい．

（8）　以上の測定結果から α を求める．すなわち，温度が t_1°C から t_2°C に上昇したための R の膨張した長さ Δl は，II. § 5. (II·6) 式に従って，

$$\Delta l = \frac{d(b-a)}{2D}.$$

したがって，

$$\alpha = \frac{\Delta l}{l_1(t_2-t_1)} = \frac{d(b-a)}{2Dl_1(t_2-t_1)}\ \mathrm{K}^{-1}.$$

注 意　同一物質でも異方質の場合は方向によって α の値が異なる．しかし，等方

質の固体ではすべての方向に α が等しいから，体積膨張率 β と α との間に $\beta=3\alpha$ の関係が成り立つ．したがって，α と β のうち一方を知れば他方が定められるため，等方質の固体の膨張率としては，ふつう α だけを指定することになっている．

問題　等方質の固体では $\beta=3\alpha$ の関係が成り立つことを証明せよ．

実験 15.　気体の両比熱の比 γ の測定

a) 説　明

気体の両比熱の比（定圧比熱 C_p と定積比熱 C_v との比，すなわち $C_p/C_v=\gamma$）は，1つの気体については一定であるが，実験および理論の示すところによれば，また気体の種類についても定まり，その1分子を構成する原子数により定まる（次表参照）．

気体の γ の値は，気体中を伝わる音の速さを測り，それから求める方法*もあるが，**Clément-Désormes の方法**によれば，簡単便利に測られる．この方法は巧妙であるが，精密な結果は望めない．

1原子気体……He,	A,	Ne,	Hg		$\gamma=1.67\approx5/3.$
2原子気体……O_2,	H_2,	CO,	空気		$\gamma=1.40\approx7/5.$
3原子気体……H_2O,	CO_2,	NO_2			$\gamma=1.33\approx8/6.$

大きなガラス容器Vに，大気の圧力よりやや高い圧力に試料の気体を圧入し，しばらくして容器内の温度が外部の温度 t_0 と等しくなったとする．そのときのV内の気体の圧力を p_1，その1gの体積（比体積）を v_1 とすれば，そのときの気体の状態は，p-v 線図上で $A(p_1, v_1;\ t_0)$ で表される．つぎに，容器についているコック T_1 を急に開き，Vの気体を急激に断熱的（外部から熱量が流入するいとまのないこと）に膨張させる．この際，コックを開いている時間を加減して，膨張後の圧力をちょうど大気圧 p_0 まで下げたものとする．そのときの気体の状態を $B(p_0, v_2;\ t)$ とする．この場合，もちろん $t<t_0$ である．この状態で，コック T_1 を閉じたまましばらく放置すれば，V内の気体は外部から熱を得て圧力を増し，ついに再び内外の温度が等しくなって，もとの温度 t_0 にもどる．その状態を $C(p_2, v_2;\ t_0)$ とする．

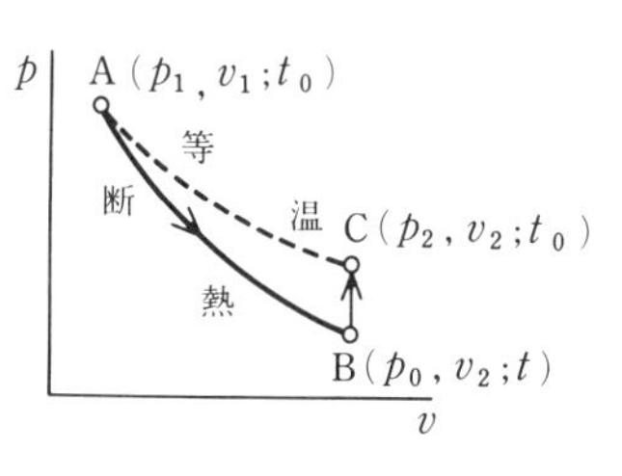

図 15-1

さて，変化 A→B は断熱膨張であるから，その間に **Poisson の法則**が成立する．すなわち，

$$p_1 v_1^{\gamma}=p_0 v_2^{\gamma},\quad (\gamma=\text{気体の両比熱の比}). \tag{15·1}$$

また，A と C とは同温であるから，この間に **Boyle の法則**が成立する．すなわち，

$$p_1 v_1=p_2 v_2 \tag{15·2}$$

上の2つの式の両辺の対数をとれば，

* 実験 17. 注意 4 参照.

$$\log p_1-\log p_0=\gamma(\log v_2-\log v_1),\quad \log p_1-\log p_2=(\log v_2-\log v_1). \tag{15·3}$$

$$\therefore\quad \gamma=\frac{\log p_1-\log p_0}{\log p_1-\log p_2}. \tag{15·4}$$

したがってこの際，圧力 p_0, p_1, p_2 を測定すれば，γ を求めることができる．

いま，容器に取りつけた開管圧力計 M でえた圧力 p_1, p_2 に対する両脚の液柱の高さの差をそれぞれ h_1, h_2 とし，かつすべての圧力をその液柱の高さで測ることとすれば，

$$p_1=p_0+h_1,\qquad p_2=p_0+h_2. \tag{15·5}$$

$$\therefore\quad \log p_1-\log p_0=\log\frac{p_1}{p_0}=\log\frac{p_0+h_1}{p_0}=\log\left(1+\frac{h_1}{p_0}\right)\approx\frac{h_1}{p_0}. \tag{15·6}$$

また，
$$\log p_1-\log p_2=(\log p_1-\log p_0)-(\log p_2-\log p_0)$$
$$=\log\left(1+\frac{h_1}{p_0}\right)-\log\left(1+\frac{h_2}{p_0}\right)\approx\frac{h_1}{p_0}-\frac{h_2}{p_0}. \tag{15·7}$$

ただし，$h_1 \ll p_0$, $h_2 \ll p_0$ とする．したがって，(15·4) はつぎのようになる．

$$\gamma=\frac{h_1}{h_1-h_2}. \tag{15·8}$$

故に，圧力計に使用する液の種類に関係なく，ただそれの圧力に相当する液柱の高さの差を測定するだけで，簡単に γ を求めることができる，ただし，圧力計用の液体としては蒸気圧の小さいものを，また試料の気体としてはよく乾いたものを使用する必要がある．

b) 装　置

容積 10～20 l の**大きなガラス・ビン** V の口に，気密な口金を施し，これに開閉コック T_2，**開管圧力計** M を備えたやや太い管 A と，開閉コック T_1，**乾燥器** D をへて**フイゴ**に通ずる管 B とを差し込む．空気以外の気体について実験する場合は，V 内を真空にしたのちに気体を圧入するようにする．M 内の液体には，真空ポンプ用の蒸気圧の小さな，かつ粘性の小さな油を用いる．また，V は周囲の温度変化の影響を避けるために，ボロ布またはカンナくずを入れた**木箱**中に納める．

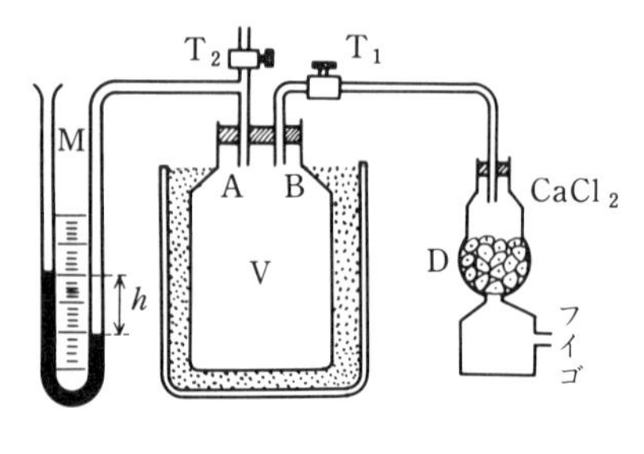

図 15-2

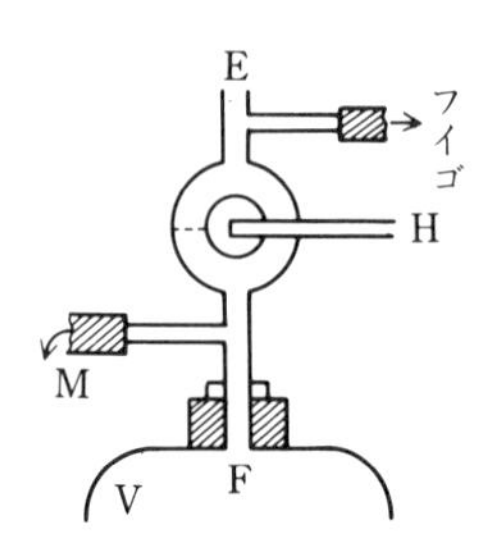

図 15-3

図 15-2 の 2 本の管 A, B の代わりに，図 15-3 のような装置を用いてもよい．この場合は，気密な口金に開閉コックを有する 1 本の太い金属管 EF を差し込む．開閉コックのハンドル H を鉛直な位置にまわし，開口端 E を指で押さえて，フイゴまたは自転車用の**小型の空気ポンプ**を手で静かに押せば，空気は V に圧入され，M の両脚の液面は上下して，V 内の圧力の増加を示す．そののち，H を水平の位置に寝かせば，指を放しても V 内の空気は外部と遮断される．つぎに，H を鉛直の位置にまわせば，「スーッ」という音とともに，V 内の空気は E を通って外部に排出し，M の液柱の高さの差は減少して，V 内の圧力の減少を示す．ただし，このような液体圧力計では，刻々変化する圧力は測り得ない．

c）**方　法**

（1） 開閉コックのハンドル H を鉛直の位置にまわし，開口端 E を指で押さえ，圧力計 M の液面を注視しながら，容器 V 内に「フイゴ」または空気ポンプで静かに空気を圧入する．この際急激に圧入して，M の液内に気泡を入れたり，液を上部から噴出させたりしてはならない．そののち，H を横に倒してコックをしめて，圧縮熱が次第に放散し，V 内の空気の温度が外気温に等しくなり，圧力計 M の示度が一定するのを待って，M の両脚の液柱の高さの差 h_1 を視差なく読みとる（h_1 があまり大きいと，示度の落ちつきが悪い）．

（2） つぎに，急にハンドル H を鉛直の位置にまわしてコックを開き，極めて少時間ののち，空気の噴出する音「スーッ」が止むか止まないうちに，すなわち，容器内の空気が断熱的に膨張して，ちょうど外圧に等しくなったと考える瞬間に，コックを閉じる．この場合，圧力計は役立たないから，感じで閉じることになるが，この閉じる瞬間が適当であるかどうかは，この実験の結果に大きく影響する．したがって，コックを閉じる手加減を数回練習してみる必要がある．

（3） 最後に，容器内の温度が上がり，圧力計の示度が一定するのを待って，再び M の液面の高さの差 h_2 を読みとる．

（4） 観測値 h_1 cm, h_2 cm を次式に入れて，空気（室温）の両比熱の比 γ を求める．

$$\gamma = \frac{h_1}{h_1 - h_2}. \tag{15·9}$$

（5） 容器内の初めの圧力，すなわちh_1をいろいろ変えて，実験を約10回くり返してγを求め，その結果を平均し，その公算誤差を付記する．

注意 この実験は，簡単な装置で容易にγを測定できる点で優れているが，c)(2)のコックを閉じる手加減で結果が大きく左右されるのが，欠点である．故に，γの既知な空気について，数回予備実験を行ってγを算出し，γがちょうどよい値をうるときのコックの閉じ加減を会得したのちに，本実験に入るようにする．

実験 16. 弦による音叉の振動数の測定

a） 説　明

両端を固定して引き張られた弦の一部をはじけば，そこから生ずる横波は固定端において反射し，反射波との干渉の結果，弦に**定常波**（stationary wave）を生じ，弦は固定端を節として横振動する．弦が全体1区分として振動して原音を発する場合は，弦に生じた定常波の波長λは弦の長さの2倍に等しいから，横波の伝わる速さをvとすれば，弦の振動数nは，

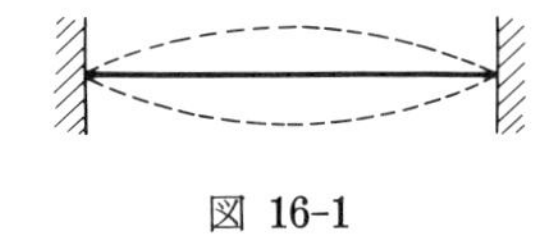

図 16-1

$$n = v/\lambda = v/2l. \tag{16·1}$$

ただしvは，弦の張力をT，線密度をσとすれば，

$$v = \sqrt{T/\sigma} \tag{16·2}$$

として示される（注意1参照）．故に，

$$\text{弦の振動数}\quad n = \frac{1}{2l}\sqrt{\frac{T}{\sigma}}. \tag{16·3}$$

弦が2, 3, … 区分に分かれて振動するときは，振動数は$2n$, $3n$, … となり，弦は倍音を発する．

このように，弦の振動数nは弦の長さlに逆比例し，張力Tの平方根に比例するから，lとTとを変化して弦の発する音の調子を変え，音叉の発する音に同調させて，その際のl, Tおよびσを測れば，(16·3) にしたがって音叉の振動数が定められる．

b） 装置および用具

図16-2に示す鉛直型の**モノコード**（monochord）を使用する．Cは約1mの木製の台（共鳴箱），Aは固定橋，Bは可動橋である．A, Bはいずれも木片の山に沿って真鍮線を埋め，ヤスリをかけて刃形にしたもので，BはAよりも約2mm高い．Wは直径約0.5mm，長さ1.5mくらいの鋼線の弦である．その両端を4～5cmずつ加熱し柔かくして輪を作り，一方の輪をCの上部のネ

ジに止め，他方の輪をA，Bをへて垂下し，これに錘Mをつるす．

このほかに，**音叉**とそれを打つゴムカバーつきの小さい**木づち**，**竹尺**，**上さら天びん**を用意する．

c）**方　法**

（1） まず，錘の質量 Mkg を測り，弦の下端につるす．固定橋Aに近いところから始めて，順次可動橋Bを少しずつ遠ざけ，そのたびにA，B間の弦の中央部を指ではじき，また音叉の1脚を木づちで軽く打って，両方の音の調子を調べ，同調するBの位置を求める．この場合，弦の音が音叉の音の調子に近づくと**唸り**（うなり）（beat）が聞えるから，Bを微動して毎秒の唸りの数を減少させ，ついに唸りが聞えなくなるBの位置を定める．もし，唸りが聞き分けにくいときは，音叉のえを台Cに押し当てれば，弦が共鳴する際に弦の振幅が最大となるから，弦の振動を見ながらBの位置を判定してもよい．そののち，A，B間の距離 l' を測る．つぎに，Aの遠くからBを少しずつ近づけて，両方の音の同調するBの位置を，まえと同じように探し求め，A，B間の距離 l'' を測り，$(l'+l'')/2$ を振動する弦の長さ l とする．

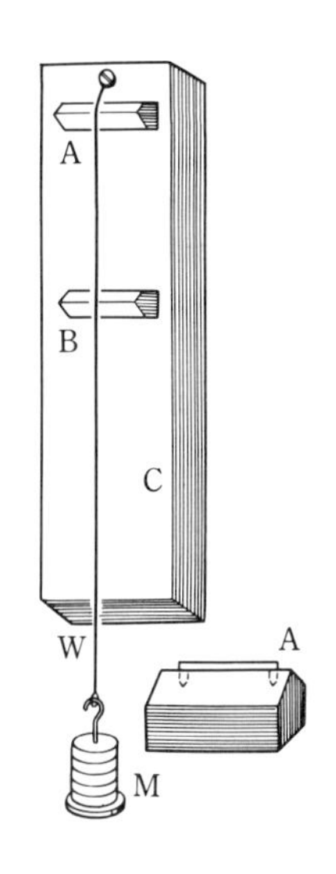

図 16-2

（2） 弦の全長 L および質量 m については，まえもって測定した値が表示してあればこれから弦の線密度 $\sigma = m/L$ を求める．表示のない場合は，観測が終わってからA，B間の適当な長さを測って切り取り，その質量を秤量して σ を求める．

（3） 以上の測定値 $T = Mg$ N，l m，$\sigma = m/L$ kg/m を（16·3）に入れて，弦の n Hz すなわち音叉の n Hz を算出する．

（4） 錘の質量 M をいろいろに変えて，いままでと同じ実験を繰り返し，それらの結果の平均値を，求める音叉の振動数とする．

注意 1 弦（張力 T，線密度 σ）に横波が伝わるとき，波の進行とは反対な方向に，波と等しい速さ v で弦を引きもどすとすれば，波は静止して見える．故に，波の微小部分に着目し，その長さを Δl，その曲率半径を ρ，曲率の中心において張る角を $\Delta\theta$ とすれば，その部分の弦の運動方程式として，次の式をうる．

$$\sigma\Delta l(v^2/\rho) = 2T\sin(\Delta\theta/2) = 2T(\Delta l/2)/\rho.$$

故に，　　弦に伝わる横波の速さ　$v = \sqrt{T/\sigma}$．

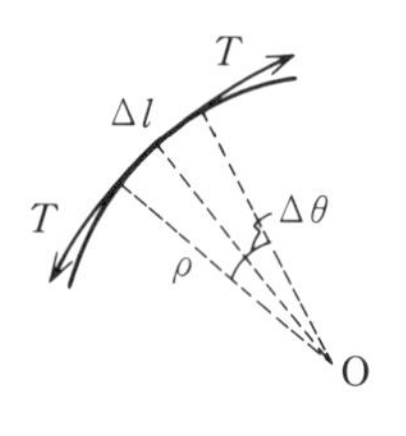

図 16-3

注意 2　モノコードには，水平型のものもあるが，水平型では弦を水平に張って滑車に掛け，垂下した端に錘をつるすため，滑車の摩擦により弦の振動する水平部分と，錘をつるした鉛直部分との張力が異なり，前記のような測定には不都合である．

注意 3　(16·3) は自由にたわむ理想的な弦の振動数を示す．針金のような場合には，これに弾性のための補正を要する．理論の結果によれば，

$$n = \frac{1}{2l}\sqrt{\frac{T}{\sigma}}\left\{1+\frac{\pi^3 r^4 E}{8l^2 T}\right\}. \tag{16·4}$$

ここに，r は針金の半径，E は Young 率を示す．したがって，長くて細い針金を用い，張力を大きくして振動させるときは，補正項を無視して (16·3) をそのまま使用しても差し支えない．

問題　この実験での精度を 0.1% とするためには，各量をどの程度まで精密に測る必要があるか．

実験 17．Kundt の実験による音の速さの測定

a) 説　明

音の速さの測定法の1つに **Kundt の実験**による方法がある．図 17-1 のように，水平に支えたガラス管 EF 内に，リコポディウム粉 (lycopodium powder) またはコルクの細粉を薄く一様にまき，その一端には棒 H に取りつけた可動円板 P を差し入れ，他端に金属棒 AC に固着した P と等しい円板 A を差し込み，AC を水平に支えて，その中点 B を固定する．いま，金属棒の半分 BC を棒に沿って摩擦し，これに縦振動を与えて原音を発音させると同時に，可動円板 P を動かして適当な位置に移せば，棒から出る波と，P で反射する波との干渉の結果管内に定常波を生じ，棒の振動数に応じて，管内の気柱は幾区分かに分れて振動して共鳴する．そして，細粉はおどりながら，図に示すような規則的な横しまを生じて配列する．この際，細粉が大きく振動して集まる点は定常波の

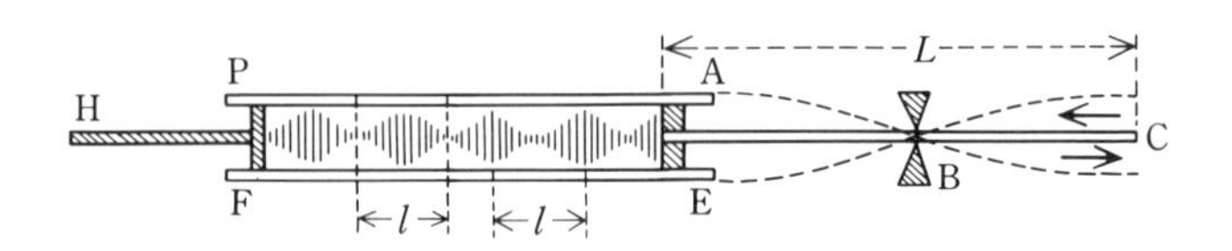

図 17-1

腹で，細粉が静止してほとんど集まらない点は節であると考えられる．したがって，相隣る2節点間または2腹間の距離を l，気柱内の音波の波長を λ，その振動数を n とすれば，

$$\text{気柱内の音速}\quad v = n\lambda = n\cdot 2l. \tag{17·1}$$

また，金属棒の全長を L，棒中の音波の波長を λ'，その振動数を n' とすれば，

$$\text{金属棒中の音速}\quad V = n'\lambda' = n'\cdot 2L. \tag{17·2}$$

ところが，気柱は棒の振動に共鳴しているのであるから，$n = n'$．　故に，

$$V = (L/l)v. \tag{17·3}$$

また，理論および実験上から，t°C の空気中の音速 v_t は，

$$v_t = (331.45+0.61t)\ \text{m/s}. \tag{17·4}$$

したがってこの際，管中の空気の温度がわかっておれば，(17·4) から v_t がわかり，それを (17·3) の v に代入して，金属棒中の音速 V を定めることができる．

なお，棒の密度を ρ，Young 率を E とすれば，棒に伝わる音の速さは $V = \sqrt{E/\rho}$ で与えられるから，(17·3) で計算した V を用いれば，棒の Young 率 E を知ることができる．また，(17·1) または (17.2) を用いれば，棒の振動数 n' も求められる．

b) 装置および用具

図において，**ガラス管** EF としては，長さ 1～1.5 m，内径 4 cm 程度のものを用い，これを水平に支えるには，図 17-2 (a) のように，ネジで机の縁に取りつけられる2個の**金属製支台**を使う．その腕のV字型の凹みにコルク片をはりつけ，ガラス管の柔らかい支座とする．支台と机との間に楔(くさび)を差し入れれば，支座の高さが加減できる．**試料の棒** AC としては，長さ 1.5 m，外径約 1 cm の金属棒を選び，その一端には EF の内径よりも僅かに小さい直径の，平らなコルクの円板Aを棒に固く接着する．棒 AC を支持するには，図 17-2 (b) のような小形の**万力**を用いる．これも，ネジで机の縁の任意の位置に取りつけられる．棒をはさむときは，万力の歯が直接棒にふれないように，棒をコルクの断片で巻く必要がある．**可動円板** P は，なるべく硬質のものがよいが，Aと同様なコルク円板を用い，これに軽い竹の棒を取りつける．ガラス管内にまく**細粉**としては，コルクの粉末かノコギリくずを，細かい目のフルイに通したもので代用する．

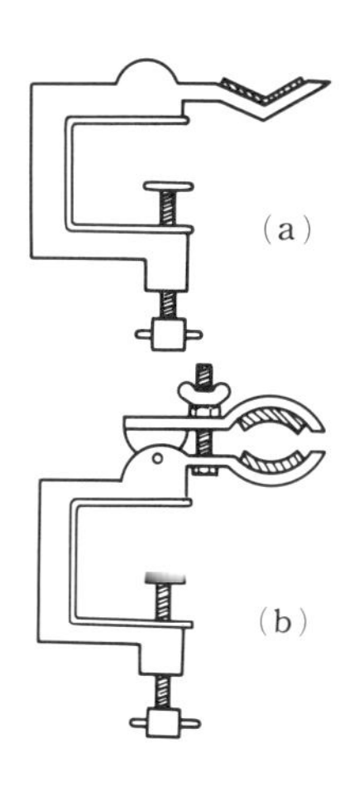

図 17-2

このほかに，棒の摩擦用の**綿布**，これにつける**松脂の粉**，**メートル尺**または巻尺，室温測定用の**温度計**，細粉および管の乾燥用の**電熱器**を用意する.

c） **方　法**

（1） 試料の金属棒の全長Lをメートル尺で測り，棒を適当の高さに水平にして，その中点をコルクまたは皮革に挟み，万力で机の縁に固定する.

（2） ガラス管の内壁をふいて乾かし，その内面によく乾かしたコルクの粉末を薄く一様にまく．粉が荒すぎても，また分量が多すぎても，しまが生じにくくなる．つぎに，金属棒の一端のコルク円板Aと管壁とが触れないように，またAがガラス管の一端から数cmの内側にくるように支台を加減して，ガラス管を2個所で水平に支える．この際，ガラス管を割らないように注意する.

（3） つぎに，松脂の粉をわずか綿布につけ，それで金属棒を，固定点と自由端との中央から自由端に向かって摩擦する．同時に，管の他端から差し入れた可動円板Pを静かに移動させれば，管内の細粉は振動し始める．この際，粉が最も激しく振動するPの位置で棒の摩擦を継続し，粉が規則正しいしまに並ぶまで行う．棒の摩擦の仕方は，最もコツを要する．強く握ってこするばかりでは，ただいたずらに棒を熱するだけである．あまり強く握らずに，棒の縦振動を助ける気持で，適当な速さでこすれば発音する.

（4） 定常波の相隣る節間または腹間の距離l_1を求めるには，管外からメートル尺または巻尺をあて，管の一方から順次第1, 2, …; $(m+1)$, $(m+2)$…の節の位置を読み，これからm個の節間を含む距離を求め，それらの平均値をmで割りl_1を求める．これには，測定値を右の表*のように記録するとよい.

節の番号	節の位置 (cm)	節の番号	節の位置 (cm)	4節間の距離 (cm)
1	6.6	5	55.5	48.9
2	18.2	6	67.9	49.7
3	30.5	7	80.6	50.1
4	43.1	8	92.2	49.1
			平均	49.45

$\therefore \quad l_1 = 49.45/4 = 12.36\,\mathrm{cm}.$

（5） 以上の測定値L cm, l_1 cm，室温t°Cを用いて，金属棒中の音速Vを次式によって算出する.

$$\text{棒中の音速}\quad V = (L/l_1)v_t\ \mathrm{m/s}. \qquad (17\cdot 5)$$

* 実験4．注意2 参照

ただし，
$$v_t = (331.45 + 0.61\,t)\ \mathrm{m/s}. \tag{17·6}$$

注意 1　ここに求めた音速Vは，棒の温度が室温と等しいと見なした値である．棒をあまり長時間摩擦し，あるいは強く摩擦すると，棒はいたずらに加熱され，その温度は室温とは異なる．したがって，むやみに棒をこすって加熱してはならない．発熱したら，冷えるのを待って行うがよい．要するに，棒の温度が常に室温に等しいことを理想とする．また，(17·6) は大気中における音の速さを示す．管内の音速は大気中の速さよりも小さく，管の半径に逆比例して減少する．故に，精密にはこれに対する補正を要する．

（6）　つぎに，棒の固定点を棒の 4 等分点のうちの外側の 2 点に移して，実験を行う（図 17-3）．ただし，棒の固定点を変える場合は，必ずガラス管をはずしておく．なお，この場合棒中の音波の波長は $\lambda' = L$ となるから，相隣る 2 節点間の距離を l_2 とすれば，

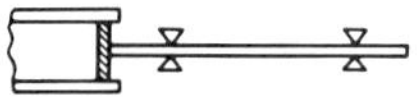

図 17-3

$$\text{棒中の音速}\quad V = (L/2l_2)v_t\ \mathrm{m/s} \tag{17·7}$$

となる．

（7）　中点固定と 2 点固定との実験をそれぞれ 2 回ずつ行い，その平均値を求めて，求める棒中の音速 V とする．

（8）　さらに，その値 $V\,\mathrm{m/s}$ と金属棒の密度 $\rho\,\mathrm{kg/m^3}$ とから，次式を用いて金属棒の Young 率 E を算出する．

$$E = V^2\rho\ \mathrm{N/m^2}. \tag{17·8}$$

（9）　また，しまの相隣る 2 節間（腹間）の距離 $l_1\,\mathrm{m}$ および $l_2\,\mathrm{m}$ と空気中の音速 $v_t\,\mathrm{m/s}$ とから，次式を用いて気柱 すなわち 棒の振動数を計算する．

$$\left.\begin{aligned} &\text{中点固定の場合} \qquad n_1 = n_1' = v_t/2l_1\ \mathrm{Hz}, \\ &\text{2 点固定の場合} \qquad n_2 = n_2' = v_t/2l_2\ \mathrm{Hz}. \end{aligned}\right\} \tag{17·9}$$

注意 2　(4) において，細粉が大きく振動して集まる点は管内の定常波の腹で，細粉が静止してほとんど集まらない点は節であるとしたが，詳しい研究によると，必ずしもそうではない．しかしどんな場合でも，粉の相隣る振動する 2 点の間の距離 l，または粉の相隣る静止する 2 点の間の距離 l が，管内の定常波の波長の半分であることには変りはない．よって，上のような方法で V を求めることは正しい．

注意 3　この実験では，空気中の音の速さを基にして，棒に伝わる音の速さを求めたが，同様な方法で，いろいろな気体内の音速も求められる．

ガラス管内の空気が棒の縦振動に共鳴したとき，管内に生じた定常波の相隣る 2

節点間の距離を l, 振動数を n とすれば, 空気中の音の速さ v は (17·1) に示した通り,

$$v = 2nl.$$

つぎに, ガラス管内に他の気体を満たして, 同様な実験を行えば, 気体内に伝わる音の速さ v' は,

$$v' = 2nl'.$$

ここに, l' は気体内に生じた定常波の相隣る2節点間の距離を示す.

$$\therefore\quad v' = (l'/l)v, \qquad \text{ただし}\quad v = (331+0.61\,t)\ \mathrm{m/s}.$$

l および l' を測れば, これから気体内に伝わる音の速さ v' が定められる.

この場合は, 前記の装置に多少工夫を要する. 図17-4のように, 長さ約2mのガラス管EFの一端Eにコルクせんを気密にはめ, これに長さ約2mの金属棒ACの一半を差し込み, 棒の中央をコルクせんに近づけて万力で固定する. また, コルクせんに排気管としてガラス管Gを差し込んでおく. 可動円板Pは気密にしかも可動にする関係上, コルクせんの縁にナシメ革をはりつけたものを用い, これにガラス管Hを取りつけて, これを気体の送入管に利用する. 管内にまいた粉末は, 常に乾燥した状態にないと不都合であるから, 乾燥器を通して十分に乾かした気体を管内に送入する必要がある.

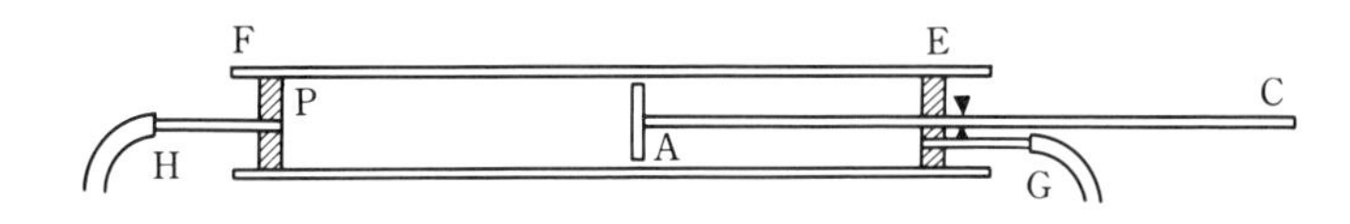

図 17-4

注 意 4　Kundt の実験で, 気体内の音の速さ v' を定めれば, その速さは, 理論上

$$v' = \sqrt{\gamma p/\rho} \tag{17·10}$$

として示されるから, p および ρ を測って, γ を求めることができる. ここに, p は気体の圧力, ρ は密度, γ は気体の両比熱の比を表す.

注 意 5　管EF内に液体を満たして実験すれば, 液体内の音の速さが定められる. ただしこの場合, 細粉としては金属の粉を使用しなければならない.

注 意 6　なお, 管EFを太いガラス管内に納めて2重の管とし, 2重管の管壁間に蒸気または温水を通して実験すれば, 空気中または液体中の音の速さに対する温度係数を測定することができる.

実験 18.　球面鏡の曲率半径の測定

a) 説　明

曲率半径 R の凸面鏡Mを鉛直に立て, 中央にmm目盛の紙製の目盛尺Sを水平に, はりつけ, Mの前方数メートルの距離 D の位置に, 望遠鏡 T を対置し, その対物レン

ズの真上または真下に，間隔 l で 2 標線 A, B をつけた目盛尺 N を水平に，かつ鏡面に平行にすえつける．ただし，Nは図 18-1 のように，鏡面にはりつけた目盛尺Sと同一水平面内にあるものとする．

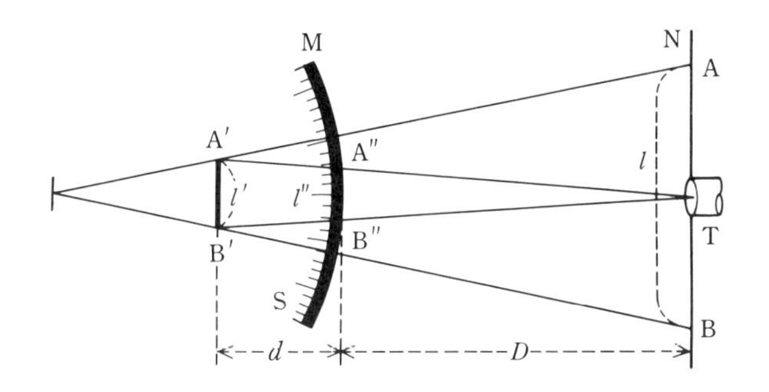

図 18-1

AB の像は虚像 A′B′ として鏡面の背後に生じ，その鏡面からの距離を d とすれば，

$$\frac{1}{D}-\frac{1}{d}=-\frac{2}{R}. \qquad \therefore \quad d=\frac{DR}{2D+R}. \tag{18·1}$$

また，像 A′B′ の長さを l' とすれば，AB $= l$ であるから，

$$l' : l = d : D. \qquad \therefore \quad l' = ld/D. \tag{18·2}$$

さらに，望遠鏡 T を通して望むとき，M にはりつけた目盛尺 S 上において，像 A′B′ は A″B″ として見える．これを l'' とすれば，

$$l'' : l' = D : (D+d). \qquad \therefore \quad l'' = l'D/(D+d). \tag{18·3}$$

以上の (18·1), (18·2), (18·3) から d および l' を消去して R を求めれば，

$$R=\frac{2Dl''}{l-2l''}. \tag{18·4}$$

故に，l が既知ならば，l'' を観測して D を測れば，R が決定される．

b) 装　置

中央に紙製の目盛尺 S をはった**凸面鏡** M をほぼ鉛直に，かつ S が水平となるように立て，これから数メートル隔てて**望遠鏡** T をすえ，T の対物レンズの真上に，**目盛尺** N をスタンドで S と同じ高さで，かつ鏡面に平行に水平に支持する．N には，30～50 cm の間隔に 2 標線 A, B を取りつける．

なお，**巻尺**，球面鏡の曲率半径を直接に測定するための**球指**を用意する．

c) 方　法

（1） 上記 b) のように装置したのち，望遠鏡の調節を行う．すなわち接眼レンズを抜き差しして，十字線が明瞭に見えるようにしたのち，鏡筒の長さを加減して，前方の目盛尺がよく見え，かつ十字線に対して視差がないようにする*．つぎに，鏡面 M の傾きと目盛尺 N の位置とを少し加減し，望遠鏡 T を通して N の像が見えるように T の鏡筒を少し短縮して，N の像が目盛尺 S に重なって見えるようにする．

（2） N 上に，望遠鏡 T を中央にして間隔 $l = 30\,\mathrm{cm}$ となるように，白紙の細片などで 2 標線 A, B を取りつけ，その像 A′, B′ の間隔を望遠鏡を通して目盛尺 S 上で読み，これを l'' とする．さらに，AB の中央から鏡面までの距離 D を巻尺で測る．

（3） 以上の測定値 l'', D 及び l の値を次式に入れ，曲率半径 R を算出する．

$$R = \frac{2Dl''}{l-2l''}.$$

（4） l および D の値をいろいろ変化し，また観測者も交替して，そのたびごとに l'' の値を観測して R の値を求め，それらの平均値を求める結果とする．

（5） 最後に，球指**で曲率半径を 2〜3 回測定し，この平均値と上に求めた結果とを比較検討する．

注意　凹面鏡の場合には，その前方に実像を生じ (18·1), (18·2) および (18·3) に対応して，つぎの式となる．

$$(1/D)+(1/d) = 2/R, \quad l' = ld/D, \quad l'' = l'D/(D-d). \qquad (18\cdot5)$$

上式から d および l' を消去したつぎの式から，凹面鏡の曲率半径が求められる．

$$R = 2Dl''/(l+2l''). \qquad (18\cdot6)$$

実験 19.　レンズの焦点距離の測定

[I]　与えられたレンズを薄いレンズとして，その焦点距離を測る実験

a)　説　明

薄い凸レンズの軸上で，その中心から a および b の距離にそれぞれ点光源およびその実像があるとき，レンズの焦点距離 f は，つぎの式で与えられる．

$$(1/a)+(1/b) = 1/f. \qquad (19\cdot1)$$

a および b を測ってこれから f を求めるには，図のような光学台を使用すると便利である．

b)　装置および用具

AB：目盛尺つきのみぞを有する長さ約 2 m の**光学台**.

---

* II. §5. d) (3) 参照.　　** II. §4. 参照.

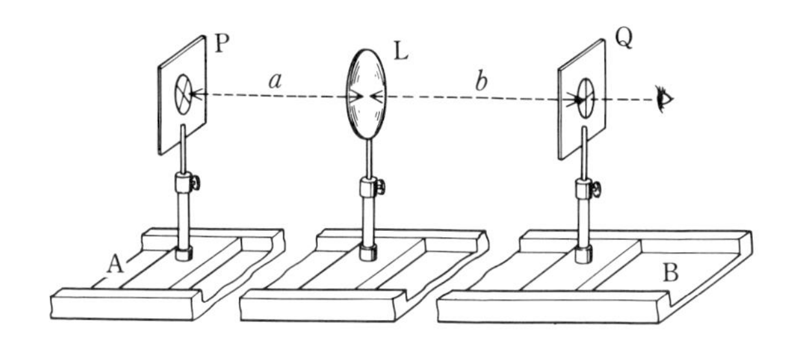

図 19-1

P および **Q**：中央の孔に**十字線を張った遮光板**で，みぞにはめた支台上にあり，その高さが加減できる．十字線は互いに 45° 傾けて張る．

L：**凸レンズ**で，**P, Q** と同様な支台上に取りつけてある．別に，同様な支台で支持した**平面鏡**（M）を用意する．

c）**方　法**

第 1 法（2 つの十字線を用いる方法）

（1） 光学台上に P と Q とを適当な間隔に対立し，その中間にレンズ L を立て，P および Q の十字線の交点が L の主軸上にあるようにその高さを加減する．Q の手前からその孔を通して P の十字線の実像を望む．この際，像を見やすくするため，P の背面が明るい白壁に面するように台 AB をおくと都合がよい．もし，暗室内で行うときは，P の前面を電灯で照らすか，または P のうしろに白紙をはり，これを電灯で照らすとよい．

（2） P と L との位置を適当に定め，Q を支台とともに AB のみぞに沿って進退させ，P の十字線の実像と Q の十字線との間に視差のないようにする．視差は両者が同一平面上にないために生ずるもので，眼の運動と同じ方向に動いて見える方は他方より遠くにあり，反対の方向に動いて見える方は近くにある*．この理をよくわきまえ，Q を少しずつ正当な方向に動かして，視差をなくする．この場合，Q を無方針に前後に動かしてはいけない．この機会に，視差に関する理解を深めることが大切である．このようにして視差をなくすれば，P の十字線の像は Q の十字線の面に生じたことになる．

---

* II. § 5. c) (1) 参照.

（3） Lの中心からP及びQの十字線の交点までの距離 a 及び b を，台ABに備えた目盛尺を利用して測り，これを次式に入れて焦点距離 f を求める.

$$(1/a)+(1/b)=1/f.$$

（4） PとLとの位置を変え，数回観測を繰り返し，結果の平均値を求める．つぎに，観測者交替のうえ，実験を繰り返す．

第2法（十字線と平面鏡を用いる方法）

Pの代わりに，平面鏡MをQに正しく平行に立て，Qの手前から望みながら，Qだけを前後に動かして，Qの十字線とそれの鏡Mによる反射像とが視差なく重なって見えるようにQの位置を調整する．そうすれば，Qの十字線の交点はLの焦点に位置したことになる．したがって，Q, L間の距離を測れば，f が求められる．この方法で，MとLとの位置を変えて，f を数回測定し，その平均を求める．

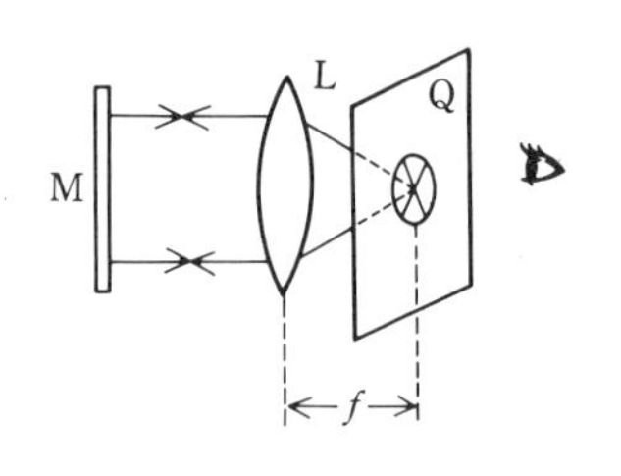

図 19-2

上にえた値と第1法で求めた値とを平均して，求める測定値とする．

注意1　f が大きいときは，第2法の方が便利である．

問題　凹レンズの焦点距離を測るには，どうすればよいか．

[II]　与えられた同じレンズを厚いレンズとして，その焦点距離を測る実験

a）説　明

図において，F_1, F_2 をレンズの主焦点とすれば，F_1 から出る光線 F_1A_1 は軸に平行な透過光線となって進み，軸に平行な投射光線 PA_2 はレンズを通ったのち F_2 を通る．光線の開きが小さい場合は，投射光線が共心ならば，レンズを通ったのちの光線も共心となる．故に，PA_2 と F_1A_1 の交点 D_1 を共心とする光線は，レンズを通ったのち，D_1 と同じ高さの D_2 を共心とする光線となる．したがって D_1, D_2 を通り主軸に垂直な2平面 D_1H_1 および D_2H_2 上で，軸から等しい高さの対応点は，D_1, D_2 と同様それぞれ共役点となり，一方の平面上の1点に向かう光線は，他方の平面上で高さの等しい対応点を通る光線となって進む．すなわち，一

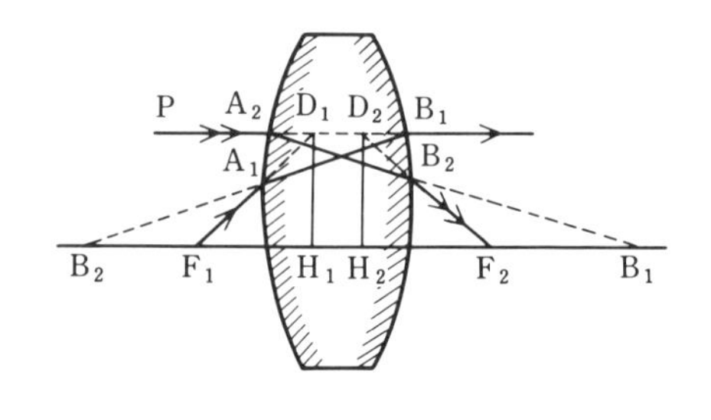

図 19-3

方の平面上に物体があれば，他の平面上に物体と大きさの等しい像を生ずる．このような2平面を**主要面**（principal plane）という．主要面と主軸との交点 H_1, H_2 は，軸上で倍率が1となる共役点であり，これを**主要点**（principal point）と呼ぶ．主要点はレンズに特定な点で，その位置はレンズの屈折率および両球面の曲率半径によって定まる．

主要点のほかに，なおレンズの主軸上に重要な共役点がある．これは一方の点に向かう投射光線がレンズを透過後，他方の点から投射光線に平行に進出すると見られる点で，略言すれば，レンズの軸上で角倍率が1となる共役点である．これを**節点**（nodal point）と呼ぶ．しかし，レンズの両側の媒質が等しい場合は，節点は主要点と一致する．したがって，ふつうの場合は主要点は節点の役割を兼ねることになる．

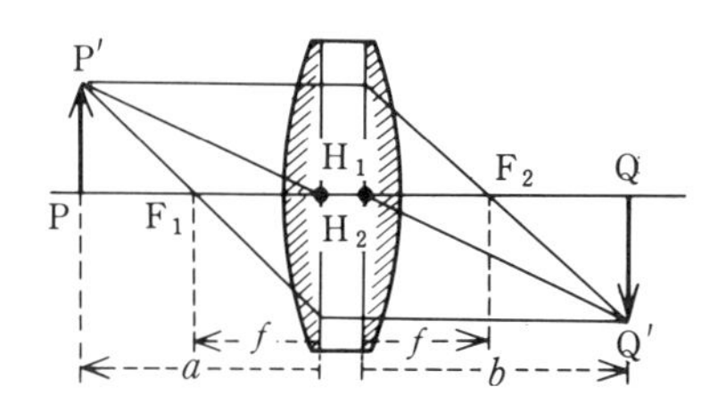

図 19-4　厚いレンズ

なお，主要点の位置が既知ならば，レンズによって生ずる物体の像は主要面及び主要点の性質を利用して，薄いレンズと同様に，図 19-4 に示す作図法で求められる．すなわち，薄いレンズは，両主要面がレンズの中心において一致すると見なされるが，厚いレンズでは，それが分離対立するとして作図すればよいのである．

計算の結果によると，レンズの両側の媒質が等しい場合は，$H_1F_1 = F_2H_2$ となる．これを**厚いレンズの焦点距離**という．いま，これを f とし，また同じく主要点を基準として，H_1 から軸上の点光源 P までの距離と，H_2 からその像 Q までの距離とをそれぞれ a および b とすれば，a, b および f の関係として，厚いレンズも薄いレンズの場合と同様つぎの式がえられる．

$$(1/a)+(1/b) = 1/f. \qquad (19\cdot2)$$

また，図 19-4 から明らかなように，$P'H_1/Q'H_2$ を考えると，倍率を m とすれば，

$$m = QQ'/PP' = H_2Q/H_1P = b/a. \qquad (19\cdot3)$$

さてレンズの主要点の位置が未知ならば，a および b の測定ができないため，(19·2) を利用して［I］の実験と同様な方法では，焦点距離 f が求められない．しかし，倍率を測る方法によれば，主要点の位置が不明でも，つぎに示すように容易に f が定められる．この意味で，f のいろいろな測定法のうちでも，この方法がよく用いられる．いま，倍率を m とすれば，(19·2), (19·3) から，

$$a/b = 1/m = (a/f)-1. \qquad (19\cdot4)$$

したがって，仮に小物体が，主軸上で初め主要点 H_1 から a_1 の距離にある場合の倍率を m_1 とし，つぎに物体を軸に沿って動かし，a_2 の距離に移した場合の倍率を m_2 とすれば

$$1/m_1 = (a_1/f)-1, \qquad \text{および} \quad 1/m_2 = (a_2/f)-1.$$

$$\therefore \quad f = \frac{a_1-a_2}{(1/m_1)-(1/m_2)}. \qquad (19\cdot5)$$

ここに，(a_1-a_2) は小物体の動いた距離で，主要点の位置が不明でも，それに関係なく測定ができる．故に，長さ (a_1-a_2) と小物体の前後の位置における倍率 m_1 および m_2 とを測れば，上式から f が定められる．

b）装　置

暗室内で，[Ｉ] の実験と同様な**光学台**を使用する．ただし**遮光板**PおよびQの小孔には，十字線の代わりに，それぞれ等間隔な目盛を施したすりガラス板および透明なガラス板をはりつけておく．またPのすりガラスの目盛板を照明するため，単色光源，例えば **Na 灯**，またはフィルターをつけた白熱灯を用いる必要がある．便宜上，ふつうの電球で照らすようにしてもよい．

c）方　法

（1）［Ｉ］の実験で使用した凸レンズLを，暗室内の光学台上で，遮光板P, Q の間にたがいに平行になるように立て，P および Q のガラス目盛板の中心とLの中心とが一直線上にあり，かつ高さが等しくなるように調整する．

（2） P の目盛板の n 目盛の像の長さを Q の目盛で測り，読み N を求めて，N/n からレンズの倍率 m を定める．また，P および L の位置を光学台付属の目盛尺で読み，L の中心から P に至る距離 a を求める．

（3） PとLとの位置を変えて（少なくとも **5** 回），そのつど (2) と同様な観測を行い，そのおのおのについて m と a とを定め，$1/m$ と a との関係を方眼紙上に，縦軸に $1/m$，横軸に a をとって図示する．(19·4) から予期されるように，$1/m$ と a との関係は直線的である．もし，図示した点が著しく直線から外れるようならば，観測をしなおす必要がある．

（4） 図示した点の配列が大体直線的であるならば，直線から外れる点については，その出入りが平均するように直線を描く．a 軸上で任意に適当な 2 点 P_1, P_2 を選び，そこから縦軸に平行線を引き，図 19-5 のように作図すれば，長さ P_1P_2 は (19·5) における光源の移動距離 (a_1-a_2) を示し，長さ A_1B はこの際の $(1/m_1-1/m_2)$ を示す．したがって，図上で，

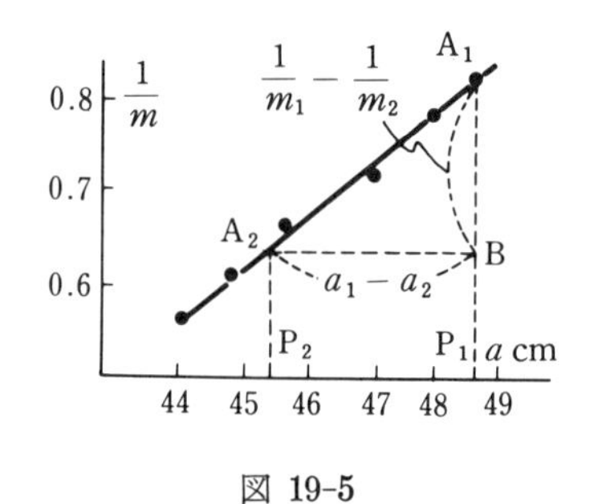

図 19-5

$$a_1 - a_2 = \mathrm{P_1P_2\ m}, \quad \mathrm{A_1B} = (1/m_1) - (1/m_2) \tag{19·6}$$

を測り，これを次式に入れて焦点距離 f を求める．そして，［I］の実験の結果と比較する．

$$f = \frac{a_1 - a_2}{(1/m_1) - (1/m_2)} = \frac{\mathrm{P_1P_2}}{\mathrm{A_1B}}\ \mathrm{m}. \tag{19·7}$$

注意 1　この実験では，作図法により f の平均値を求めたが，(3) の段階で得た m および a の組合わせから，各別個に $(a_1 - a_2)$ およびその $(1/m_1 - 1/m_2)$ を算出し，それを (19·5) に代入して f を求め，それを平均して求める焦点距離が定められる．計算による方法と図による方法とを比較研究する．

注意 2　実験終了後は，レンズをその支台とともに光学台から外しておく．そのまま放置すると，窓から日光が射し込むときに，出火の原因となる恐れがある．

実験 20.　望遠鏡および顕微鏡の倍率の測定

［I］　望遠鏡の倍率の測定

a）　説　明

望遠鏡を通して見たときの物体の像の**視角** (visual angle) と，その物体を肉眼で見たときの視角との比を**望遠鏡の倍率**という．望遠鏡の長さは，ふつう，物体と眼との間の距離に比べて無視できるから，望遠鏡の倍率 m は望遠鏡を通して見たときの像の視角 $\varDelta$ と，物体が対物レンズにおいて含む角 δ との比と見なされる．すなわち，

$$m = \varDelta/\delta. \tag{20·1}$$

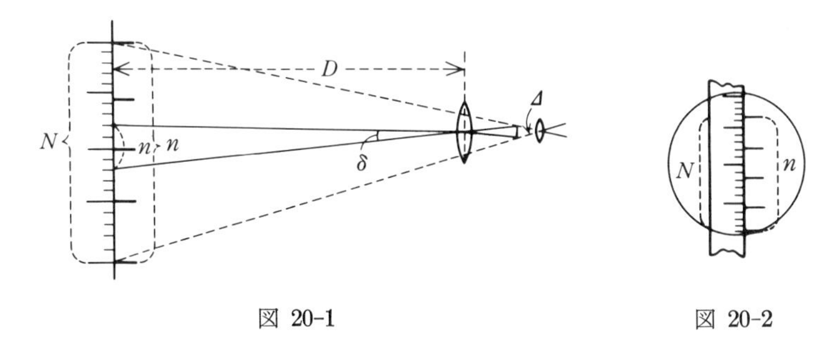

図 20-1　　　　図 20-2

いま，望遠鏡からその長さを無視される遠方 D の距離に目盛尺を立て，望遠鏡を望んで，視野に拡大して見える n 目盛の長さと，直接肉眼で見る N 目盛の長さとが等しく見えるとすれば，

$$\text{望遠鏡の視野の } n \text{ 目盛の視角} \quad \varDelta = N/D, \tag{20·2}$$

$$\text{直接肉眼で見た } n \text{ 目盛の視角} \quad \delta = n/D. \tag{20·3}$$

$$\therefore\quad \text{望遠鏡の倍率}\quad m=\frac{\Delta}{\delta}=\frac{N}{D}\Big/\frac{n}{D}=\frac{N}{n}. \qquad (20\cdot4)$$

したがって，望遠鏡の視野の n 目盛の拡大像に等しい長さに肉眼で見える目盛尺の目盛数 N を数えれば，上式から m が求められる．

b）**装　置**

望遠鏡のまえ，なるべく遠方（20～30 m）に，測量用のスケールあるいは遠くからでも見やすい**目盛尺**を立てて観測する．野外で行うときは，家屋に張ってある同じ幅の板を目盛尺の代わりに利用すればよい．

c）**方　法**

（1）まず，遠方に目盛尺を立て，望遠鏡を調節*してこれに焦点を合わす．

（2）一方の眼で望遠鏡を通して目盛尺の像を見，他方の眼で直接目盛尺を見て，望遠鏡の方向を加減し，両者が重なって見えるようにし，かつ望遠鏡を調節して両者ともに明瞭に見え，しかも視差のないようにする．

（3）望遠鏡の視野に拡大されて見える目盛尺の n 目盛のうちに，肉眼で見る目盛尺の幾目盛が含まれるか，その数 N を数える．そして，N/n から倍率を求める．また，n を変えてこの観測を数回くり返し，その平均の m を求める．

（4）望遠鏡の距離を変えて，同様な観測をくり返して m を求め，その平均値を求める結果とする．

[II]　顕微鏡の倍率の測定

a）**説　明**

顕微鏡を通して物体を見て，その虚像が**明視距離**（distance of distinct vision，健眼では 25 cm）に生じたときの像の視角 Δ と，この物体を明視距離において肉眼で見たときの視角 δ との比を**顕微鏡の倍率**という．これを m とすれば，

$$m=\Delta/\delta. \qquad (20\cdot5)$$

顕微鏡を通して目盛尺を見て，拡大された n 目盛の長さが，接眼レンズから明視距離 D においた同種の目盛尺を直接肉眼で見たときの N 目盛の長さと等しいとすれば，

$$\text{顕微鏡の視野の } n \text{ 目盛の視角}\quad \Delta=N/D, \qquad (20\cdot6)$$

$$\text{直接肉眼で見た } n \text{ 目盛の視角}\quad \delta=n/D. \qquad (20\cdot7)$$

$$\therefore\quad \text{顕微鏡の倍率}\quad m=\frac{\Delta}{\delta}=\frac{N/D}{n/D}=\frac{N}{n}. \qquad (20\cdot8)$$

したがって，拡大像の n 目盛に等しく見える同種の目盛尺の N 目盛を数えれば，m が定められる．

---

* II. §5，d）参照．

b）装　置

ガラス板に1/100mmの目盛をつけた**対物ミクロメータ**（object micrometer）と**顕微鏡**とを使用する．このほか，**mm目盛の竹尺**と，これを接眼レンズから明視距離に支持する台とを用意する．

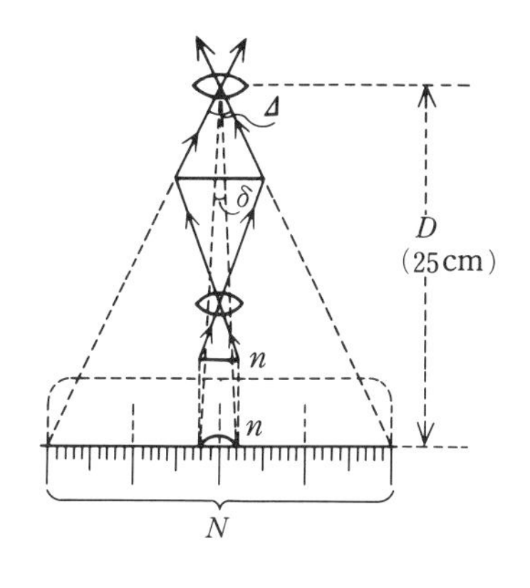

図 20-3

c）方　法

（1）顕微鏡の倍率は鏡筒の長さに関係するから，まず指定の長さ（ふつうのものでは170mm）に調節し，反射鏡の傾きを加減して，視野を最も明るくする．

（2）対物ミクロメータを，目盛面を上にして顕微鏡の台上にのせ，その目盛が明瞭に見えるように鏡筒を上下する．これには，まずミクロメータの表面に刻んだ製作会社のマークまたは他の文字などを対物レンズの下におき，側面から注視しながら鏡筒を下げ，対物レンズがほとんどミクロメータに触れようとする位置で止め，つぎに顕微鏡をのぞきながら少しずつ鏡筒を上げて，マークまたは文字の像が見えたなら，微動ネジを利用してこれに焦点を合わす．そののち，ミクロメータを滑らせて，その中央にある目盛の部分を対物レンズの真下に来たらせば，鏡筒の上下の調節をし直しすることなしに，目盛の拡大像が見られる．

注意 1　顕微鏡をのぞきながら鏡筒を無方針に上げ下げして物体の像を探すようなことをしてはならない．上記の方法に従わないと，対物レンズ系の先端レンズをミクロメータに押しつけ，先端レンズおよびミクロメータを破損する危険がある．鏡筒を上げながら視野に物体の像を捕えるようにするのが安全である．

（3）mm目盛の竹尺をのせる台の高さを加減し，接眼レンズから明視距離（25cm）に竹尺をおき，一眼で顕微鏡をのぞいて像を見，同時に他眼で直接竹尺を見て，像と竹尺との目盛の間に視差があるか否かを検べる．もしあれば，鏡筒を少し上下して視

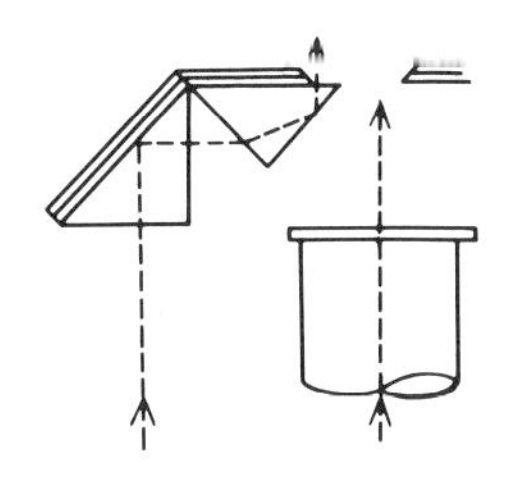
図 20-4　反射プリズム

差がなくなるように調節する．また，観測しやすいようにミクロメータおよび竹尺をそれぞれの面内で移動して，像が竹尺の目盛と並び，かつ像の目盛線が竹尺のある目盛と一致するようにする．

（4）顕微鏡の視野内の拡大像の n 目盛の長さが竹尺の幾目盛の長さと等しいかを観測して，N の値を定める．

（5）対物ミクロメータには 1/100 mm の目盛がつけてあるから，つぎの式に観測値 n および N を入れて，倍率 m を算出する．

$$m=\frac{\Delta}{\delta}=\frac{100\,N/D}{n/D}=100\frac{N}{n}. \qquad (20\cdot9)$$

n を変えてこの観測を繰返して m を求め，その平均値を求める倍率とする．

（6）顕微鏡に付属する対物および接眼レンズの各組合せについて，同様にして倍率を求める．

注意 2　一眼で顕微鏡の視野内の拡大像を，他眼で尺度を同時に見ることの困難を避けるためには，camera-lucida と呼ばれる反射プリズム（図 20-4）を接眼レンズの上に固定して使用すれば，一眼だけで拡大像と尺度とを同時に見ることができて便利である．

実験 21.　顕微鏡による板および液体の屈折率の測定

a）説　明

平行平板の底面の1点 P から発する光線のうちで，板の法線 PN の近くを通って表面から空中に出る光線 PAB, PA′B′ について考えれば，その延長線は PN 上の1点 Q において交わる．故に，P を板面の垂直上方から望めば，Q は P の虚像となり，それだけ P は浮び上がって見える．いま，板の屈折率を μ とすれば，図 21-1 から明らかに，

$$\mu=\frac{\sin i}{\sin r}=\frac{\mathrm{AN/QA}}{\mathrm{AN/PA}}=\frac{\mathrm{PA}}{\mathrm{QA}}\approx\frac{\mathrm{PN}}{\mathrm{QN}}. \qquad (21\cdot1)$$

故に，板の厚さを t，$\mathrm{PQ}=a$ とすれば

$$\mu=t/(t-a). \qquad (21\cdot2)$$

図 21-1

したがって，t および a を測れば，これから μ が求められる．板のかわりに，これを液体と見なせば，同様にして液体の屈折率も定められる．

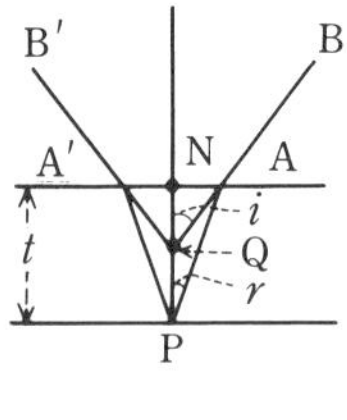

屈折率は温度および光の波長によって異なるため，温度を指定しかつふつうはD線に対する値をもって示す．しかし，この実験は白色光を用いて顕微鏡により観測するため，簡便ではあるが精密な方法ではなく，したがって，測定結果の有効数字は多く望めない．

b）**装置および用具**

試料としては，厚さ約1cm の**ガラス板**および**水**を用いる．また，**移動顕微鏡**，ヤスリで削り落したコルクの粉またはリコポジウム粉などの**細粉**，ヤスリで底面に十字の標線を刻んだ**シャーレ**を用意する．

c）**方　法**

（1） まず，移動顕微鏡の調節*を行い，顕微鏡の焦点を台面に合わす．これには，台面のみがききず，または台面に数粒のコルク粉かリコポジウム粉をまいて，これと十字線との間に視差のないように顕微鏡の高さを加減する．そののち，その高さ h_0 を読む．つぎに，台上に試料のガラス板をのせ，これを通してまえのみがききず，または細粉の虚像を望み，まえと同様にしてこれに焦点を合わせて，顕微鏡の高さ h_1 を読む．さらに，ガラス板の上に細粉を僅かまき，これに顕微鏡の焦点を合わせて，その高さ h_2 を読む．

（2） 以上の観測を数回繰返して h_0, h_1 および h_2 を次式に入れて μ を求め，それらの平均値を求める結果とする．

$$\mu=\frac{t}{t-a}=\frac{h_2-h_0}{h_2-h_1}. \qquad (21\cdot3)$$

（3） つぎに，底面に標線を刻んだシャーレを台上にのせて，標線に焦点を合わせて顕微鏡の高さ h_0' を読み，シャーレに試料の水を1～2cm の深さに注ぎ，シャーレの底面の標線の虚像に焦点を合わせて，顕微鏡の高さ h_1' を読む．最後に，水面にコルク粉，リコポジウム粉の少量をまいて焦点を合わせ，顕微鏡の高さ h_2' を読む．

（4） h_0', h_1' および h_2' の値を，

$$\mu=\frac{t}{t-a}=\frac{h_2'-h_0'}{h_2'-h_1'} \qquad (21\cdot4)$$

に入れて μ を求める．シャーレ内の水の量を変えて，(3) の観測を数回くり返して μ の値を求め，それらの平均値を求める結果とする．

注意 1 ふつうの顕微鏡でも，鏡筒を上下する調節ネジに目盛円板を取りつけ，あらかじめ調節ネジの歩みを測っておけば，この実験の目的に使用できる．

問題 (3) の観測の際，付近の歩行者のため水面が細かく振動して，水面の高さ

---

* II. §5. c) および，注意1および2参照．

の読みにくい場合には，どんな工夫をすればよいか．

実験 22．　プリズムの屈折率の測定

a）説　明

プリズムの2つの屈折面の交わりを**稜**(edge)，両屈折面間の角を**プリズムの角**，稜に直角な任意の平面を**主断面**という．主断面内でプリズムに光線を投射すれば，屈折および透過光線はともにその面内にあり，プリズムの屈折率が1より大きい場合は，屈折および透過光線はともにプリズムの厚い方に曲げられる．またこの際，投射光線と透過光線とのなす角 すなわち**偏れ** (deviation) **の角**は，最初の投射光線の方向によって異なる．

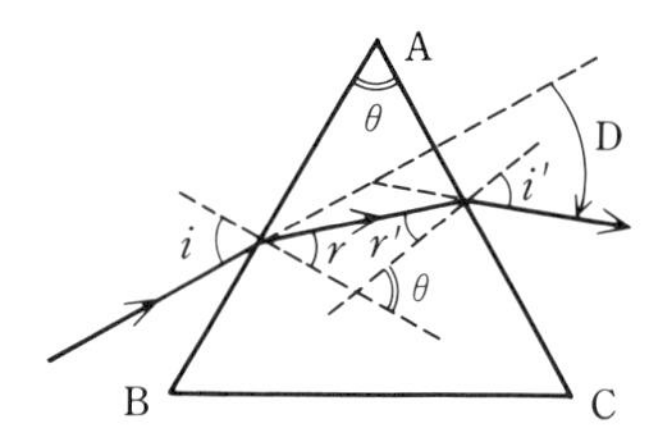

図 22-1

いま図22-1のように，第1および第2の屈折面における投射角と屈折角とをそれぞれ i, r および r', i' とし，プリズムの角を θ，偏れの角を D とすれば，

$$D=(i-r)+(i'-r')=i+i'-\theta, \tag{22·1}$$

$$\because \quad r+r'=\theta. \tag{22·2}$$

また，プリズムの屈折率を μ とすれば，

$$\mu=\sin i/\sin r=\sin i'/\sin r'. \tag{22·3}$$

θ および μ は与えられたプリズムについては一定であるから，D は i の値によって異なる．故に，D を最小とする i の値は，

$$\mathrm{d}D/\mathrm{d}i=1+(\mathrm{d}i'/\mathrm{d}i)=0 \tag{22·4}$$

の条件から定まる．ところが，(22·2) から，

$$\frac{\mathrm{d}r}{\mathrm{d}i}+\frac{\mathrm{d}r'}{\mathrm{d}i'}\frac{\mathrm{d}i'}{\mathrm{d}i}=0. \qquad \therefore \quad \frac{\mathrm{d}i'}{\mathrm{d}i}=-\frac{\mathrm{d}r}{\mathrm{d}i}\bigg/\frac{\mathrm{d}r'}{\mathrm{d}i'}. \tag{22·5}$$

また，(22·3) によれば，

$$\mathrm{d}r/\mathrm{d}i=\cos i/\mu\cos r, \qquad \text{かつ} \quad \mathrm{d}r'/\mathrm{d}i'=\cos i'/\mu\cos r'. \tag{22·6}$$

$$\therefore \quad \frac{\mathrm{d}D}{\mathrm{d}i}=1-\frac{\cos i}{\cos r}\frac{\cos r'}{\cos i'}=0. \tag{22·7}$$

故に，このときは $i=i'$，したがって $r=r'$ のとき，すなわち光線がプリズムを対称に通過するとき，D は最小となる．この最小の偏れの角を δ とすれば (22·1) および (22·2) から，

$$\delta=2i-\theta, \qquad \theta=2r.$$

$$\therefore \quad i=(\delta+\theta)/2, \qquad r=\theta/2. \tag{22·8}$$

$$\therefore \quad \mu=\sin\frac{\delta+\theta}{2}\bigg/\sin\frac{\theta}{2}. \tag{22·9}$$

したがって，θ と δ とを測定すれば，μ が定められる．このような測定に**分光計** (spectrometer）を使用すれば，精密な結果が得られる．

なお，ガラスの平行板で中空のプリズムを作り，これに液体をいれて使用すれば，同様にして液体の屈折率を測ることもできる．

（1） 分光計

この主要部は図22-2に示すように，プリズム台F，度盛円板D，望遠鏡Tおよび**コリメータ**（collimator）Cからなる．

精密級の分光計では，Tは**Gaussの接眼レンズ**（接眼レンズの筒側に小孔を設け，筒内に鏡軸と45°傾けてガラス平板Gを備えたもの），または**Abbeの接眼レンズ**（接眼レンズと十字線との間の小孔に小さな直角プリズムをはめたもの）を使用し，中央回転軸のまわりに回転する支柱に支持されている．またCはスリットSを照らす光をレンズLで平行光線として送り出すための金属管で，3脚に固定した主柱に支えられている．

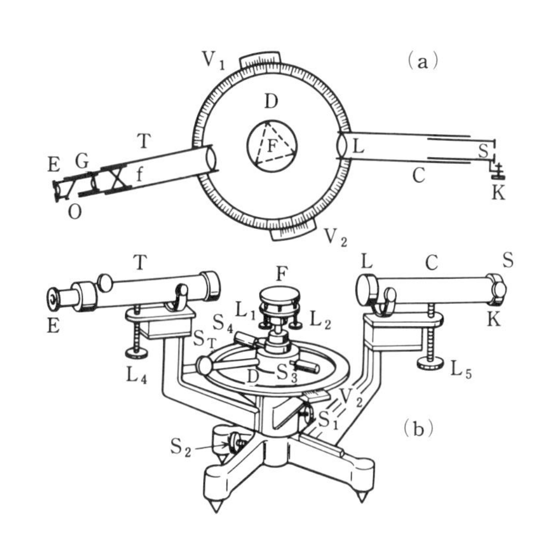

図 22-2　分光計

これを使用する際は，いろいろのネジの操作をよく心得ておく必要がある．

望遠鏡 T 用のネジ

S_1: T の支柱の回転を止めるネジ

L_4: T の視軸の水準用のネジ

コリメータ C 用のネジ

L_5: C の管の水準用のネジ

K: スリット S の幅を調節するネジ

望遠鏡 T および度盛円板 D の微動用のネジ

S_3 および S_T: T と D のうち，一方が固定し，他方が動きうるとき，止めネジS_3をしめてS_Tを回わせば，固定の方に対し，動く方が微動する．

プリズム台 F 用のネジ

S_4: 回転軸への止めネジ

L_1, L_2, L_3: プリズム台面の調節ネジ

度盛円板 D 用のネジ

S_2: D の回転を止めるネジ

（2） 分光計の調節

構造によって多少異なるが，ふつう，つぎのような調節を要する．

（i） **望遠鏡を無眼遠に合わす調節**　まず，暗室内でTの前方に白紙をおき，これを電灯で照らし，十字線fを備えた筒Hに対して接眼レンズEを静かに抜き差しして，

十字線が常に明確に見えるようにする．

つぎに，中央のプリズム台F上に，片面に銀づけした厚いガラス平行板の鏡Mを立てる．鏡のガラスが薄い場合は，鏡を直角に支持する台つきのものを用いる（図22-7参照）．いずれにしても，銀面の台に接する稜を図のように，ネジ L_3 を通って台面に引いてある直径線に一致するようにおくと，のちの調節に便利である．

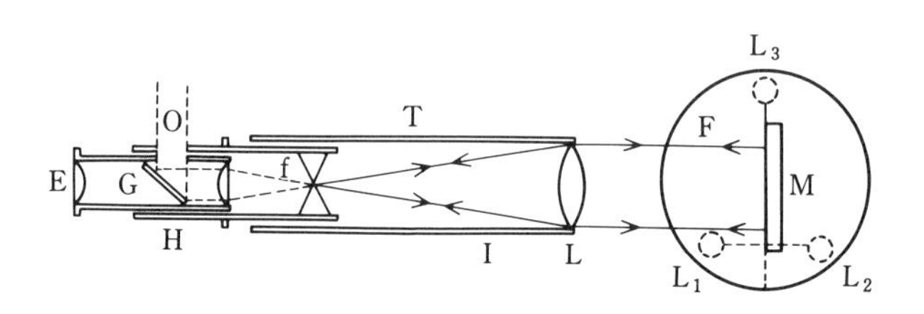

図 22-3

そののち，側孔Oから電灯の光を送って十字線fを照らし，Mからの反射十字線がTの視野に入るように，台Fを度盛円板Dとともに回転して，筒Hを筒Iに対して徐々に抜き差しし，十字線とその反射像との間に視差をなくする．この際，さきに行ったEの調節を乱さないように気をつける．以上で，十字線fが対物レンズの焦点面に位置して，Tを無限遠に合わせたことになる．

一般に，物体から発した光を反射，屈折により逆行させたのち，もとの物体の位置に像を結ばせる方法を**オート・コリメーション**（auto-collimation）という．故に，上記の調節はオート・コリメーションを利用したもので，この方法によれば，暗室内で調節が正確に行われて便利である．

Gaussの接眼レンズを備えていない望遠鏡の場合には，室外の遠方の物体を窓を開いて望み，その像が鮮明にかつ十字の交点に対して視差がないように鏡筒の長さを調節する．なお，Tを回転するときは，鏡筒に手をふれずに，かならずその支柱を持って回わすようにする．

（ii）**望遠鏡の視軸を中央回転軸に直角にする調節**　S_1 をしめてTを固定し，Tの側孔Oから光を送れば，Tの視野には，（i）の調節のときと同じく図22-4のように十字線とその像とが見える．十字の交点fとその像f′との間に狂いがあれば，まず左右の狂いは，台FをDとともに回転して直し，上下の狂いは，その半分だけを台Fの傾きで，したがって，ガラス板Mの傾きをネジ L_1 または L_2 で直し，残りの半分はネジ L_4 でTの傾きを加減して直す．つぎに，台FをDとともに180°まわして，fと像f′とが一致するかどうかを調べ，もし上下の狂いがあれば，前と同様にその狂いの半分ずつを，それぞれ台F，したがってMの面の傾きとTの傾きとを加減して直す．さらに念のため，再び台FをDとともに180°まわして最初の位置にもどして，fとf′とが一致するかどうかを確かめる．もし，上下の狂いがあれば，

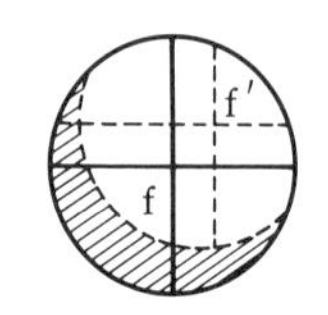

図 22-4

前のようにMとTとの傾きを半分ずつネジ L_1 または L_2 と L_4 とで直し，同様な方法を狂いのなくなるまでくり返す．狂いの半分ずつの目測に大きな誤りがなければ，3～4回もくり返すと，狂いがなくなる．この調節により，Tの視軸は中央回転軸に直角となる．

この理由を説明するために，図22-5 (a) のように，最初中央回転軸Vに対してMは α だけ傾き，Vに直角な方向Hに対してTは β だけ傾いていたものとすれば，fとf′との上下の狂いは角距離 $2(\alpha-\beta)$ に等しい．この狂いをTとMとで半分ずつ直したのは，MとTとの傾きをそれぞれ $(\alpha-\beta)/2$ だけ加減して，MをM′に，TをT′に移したのであるから，M′のVに対する傾きも，T′のHに対する傾きも，いずれも $(\alpha+\beta)/2\equiv\gamma$ に等しくなり，T′とM′とは互に垂直となる．故に，図22-5 (b) のように台Fをまわして見たときのfとf′との狂いは角距離 4γ となるからこの狂いを半分ずつMおよびTの傾きで直せばMおよびTはともに γ ずつ傾きが修正され，結局MはVにTはHに一致する．以上の調節で目的が達せられたのであるが，その後さらに台Fを180°ずつまわして，そのたびごとに同様な調節を要するのは，狂いの半分ずつの目測が正確でないために必要となるのである．

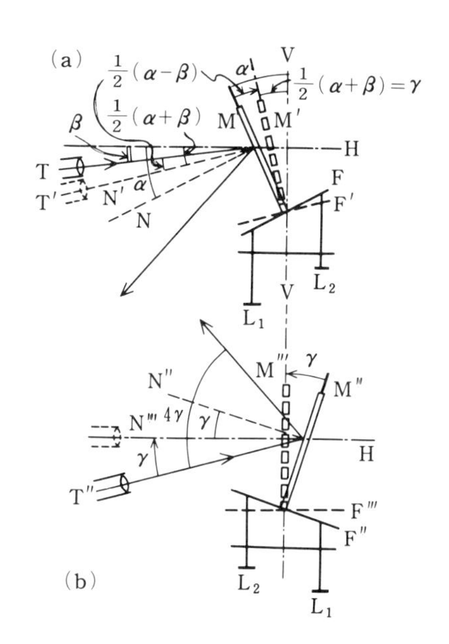

図 22-5

最後に，Tの止めネジ S_1 をゆるめて，ガラス板Mを台F上から取り除く．

(iii) **コリメータの調節** 無限遠に調節した望遠鏡Tをコリメータ C とほぼ一直線となる位置に回わし，スリットSの前方に白紙を置き，これを電灯で照らす．望遠鏡Tを通してSをのぞきながら，コリメータCの外筒に対して，Sを備えた内筒を静かに抜き差しして，Sの像を鮮明に，かつそれと十字線との間に視差のないように調節する．また，Sの方向が鉛直となるように内筒をまわし，かつSの幅を調節ネジKで加減する．Sの幅をあまり狭めると光が弱まり，調節および観測に不便となるから，視野におけるSの像の幅が1mm程度にしておくとよい．最後に，Cの傾きをネジ L_5 をまわして調節して，Sの像の中央を十字の交点と一致させる．Sの像の中央に目印をつけるために，Sの中央に細い針金を橋渡して，これを封蠟ではりつけておくか，また図22-6のように円形の金具に細い針金を張ったものをSの戸びらに取りつけ

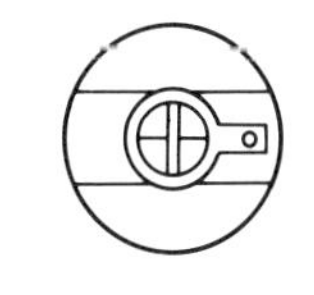

図 22-6

ておくと便利である．以上の調節により，Sを照らす光はCを通ったのち平行光線となり，しかもCとTとの中心軸は一致したこととなる．

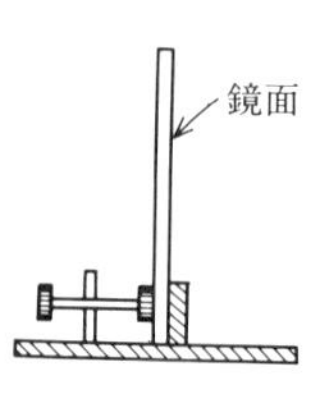

図 22-7

b）装置および用具

分光計および試料として**ガラス製プリズム**を用意する．オート・コリメーション用のガラス平行板としては，片面を鏡にした**厚いガラスの角板**を用いる．もし，薄いガラス板を用いる場合は，図22-7のように，これを支持する**金属台**を要する．

D線の光源としては，食塩水を含ました石綿（軽石，素焼の筒を代用してもよい）をブンゼン灯の炎の下端から1～2cmの外炎中に入れて得られる**Na炎**を利用する．この場合コリメータのスリットを保護するために，その前面をガラス板で覆う必要がある．Na炎の代わりに**Naランプ**を使用できれば，このような必要はなく，光も強くて好都合である．

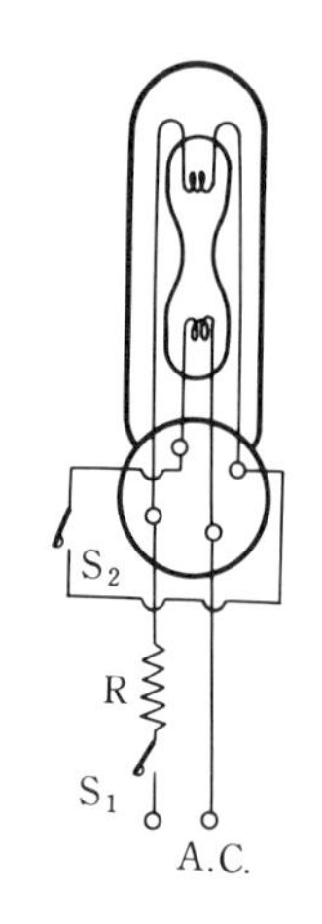

図 22-8

Naランプの主要部は，管内にNaのほかに，AまたはNeを低圧に封入し，W線の小さいつる巻き状の線条を電極としたもので，これを4脚のベースを備えたガラス真空管内に納めてある．いま，図22-8のように配線してスイッチS_1およびS_2を閉じ，20秒ほど電流を通じて電極を加熱して，熱電子を放出する状態にしたのちS_2を開けば，熱電子は電極間の電圧に加速され，内管内の気体を衝突電離するため，電極間に引続き電離電流を通ずる．初めのうちは，管内の気体に特有な光を発するが，10分もたてば，内管の温度が相当に高まり，Na蒸気の電離が盛んに行われ，内管から出る光の大部分は，Na光となり，強いD線が得られる．図22-8の配線の各部分は，セットとして売出されている．S_2には，押ボタン式のスイッチを用いる．

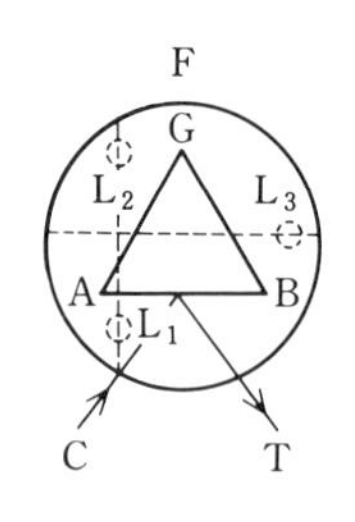

図 22-9

c）方　法

（1）プリズムのすえつけ　分光計の調節［a）(2)］が終ったならば，プリズム面を中央回転軸に平行にすえつける．まず，プリズムの一屈折面ABがネジL_1とL_2とを結ぶ直線に直角となるように，プリズム台Fの中央にのせ，つぎに望遠鏡 T をコリメータ C にほとんど直角となるまで回転して固定する. C のスリット S を電灯で照らし, T をのぞきながらプリズムを台 F ともとに回転し, AB 面からの反射光が T に入り, T の視野に S の像を望むようにする. そののち, S の中央に張った針金像と十字の交点との左右の狂いは台 F を D とともに静かに回転して直し, 上下の狂いはネジ L_1 または L_2 によって直す. つぎに, プリズムを台 F とともに回転し, 他の屈折面 AG からの反射光が T に入るようにしたのち, S の中央の針金像が十字の交点と一致するか否かを検べる. もし上下の狂いがあれば, ネジ L_3 をまわして両者を一致させる. この場合に L_3 をまわしても, AB 面はその面内で動くだけであるから, AB 面に対してさきに行った調節は乱されない. したがって, 以上の調節により AB, AG 面は T の視軸に直角, すなわち中央回転軸に平行となる. 最後に, T の止めネジ S_1 をゆるめておく.

（2）　**プリズムの角の測定**　コリメータ C のスリット S を電灯で照らし, 台 F 上のプリズムの稜をコリメータから出る光に向ける. まず, プリズムの一面 AB で反射する光を肉眼で受け, S の反射像を探し求める. つぎに, 他の面 AG についても, 同様に S の反射像が肉眼で見えるか否かを検べ, もし見えなければ台 F を少し回わし, あるいは台上のプリズムの位置を加減して, 両面からの反射像が見えるようにする. ネジ S_2 をしめて度盛円板 D を固定したのち, AB 面からの S の反射像の見える眼の位置に望遠鏡 T をまわし, 視野内の S の像の中央, すなわち目印用の針金の像の中点に十字の交点を合わせて, T の位置を度盛円板 D と副尺とで読み, これを ϕ_1 とする. 十字の交点を合わすとき, T に対して微動回転ネジを利用すると便利である. ただし, 用済みの際, 止めネジ S_3 をゆるめることを忘れてはならない.

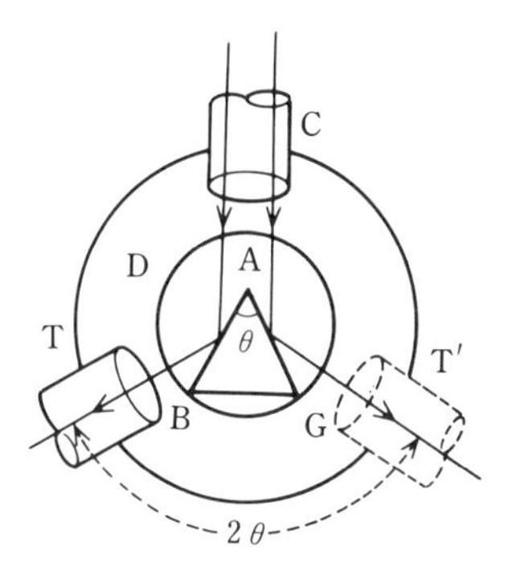

図 22-10

つぎに, 他の面 AG についても, 同様にして T の位置の読み ϕ_2 を求める. そのときは, プリズムの角 θ は明らかに $2\theta = \phi_1 \sim \phi_2$ で示される. 故に,

$$\theta=(\phi_1\sim\phi_2)/2.$$

このようにしてθが求められる．なお，台F上でプリズムの位置を少しずつ変えて，その度ごとにθを求め，その平均値を求める値とする．

（3） **最小の偏れの角の測定**　ネジS_4をゆるめて，台Fを単独に回転できるようにしたのち，Na炎またはNaランプでスリットSを照らす．まず，台Fをまわしてコリメータ C からくるD線を図22-11のようにプリズムの一面ABに当て，屈折して出てくる光を肉眼で受けてSの像を探し求める．そして，台Fに手をあてがって，台を偏れの角Dが減少する向きに静かにまわし，Sの像を眼で追い，さらに引き続き同じ向きに台をまわして像を追って行けば，ついに，偏れの角が増大し始める極限の位置，すなわち最小の偏れの角δの位置を見出すことができる．このときの眼の位置に望遠鏡Tをまわしてきて，視野中にSの像を捕え，前と同じ要領で台Fをごく僅かまわすと同時に，Tを微動して精密に最小の偏れの位置に十字の交点を合わせ，Tの位置を度盛円板と副尺とで読み，これをδ_1とする．十字の交点を合わせた位置では，Tをそのままにして台Fのみを右に，あるいは左に回わしても，Tの視野内のSの像は偏れの角が減少する方向に動くように見える．これは，Tを通して見るときには，肉眼で見る像の運動の方向とは反対に逆な方向に見えるためである．

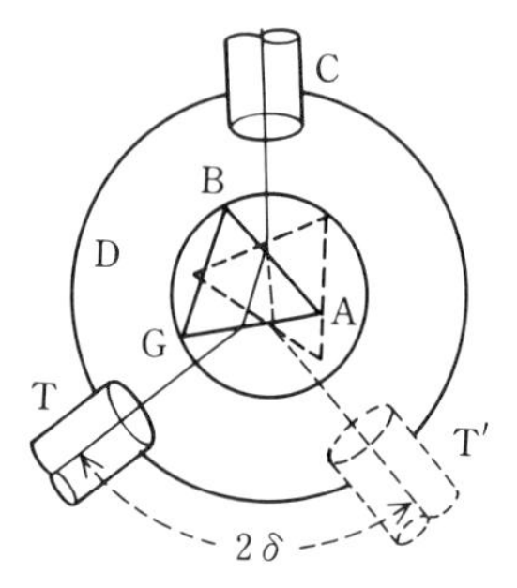

図 22-11

つぎに，台Fをまわして，コリメータCからくる光をプリズムの他の面AGに当てて，まえと同様な操作によって再び最小の偏れの位置の読みδ_2を求めれば，明らかに$\delta_1\sim\delta_2$は最小の偏れの角δの2倍に等しいから，

$$\delta=(\delta_1\sim\delta_2)/2.$$

このような測定をくり返して，その平均値をもってδの測定値とする．

（4） 以上の測定値θおよびδを次式に入れて，D線に対するプリズムの屈折率μ_Dを求める．

$$\mu_D=\sin\frac{\delta+\theta}{2}\Big/\sin\frac{\theta}{2}. \qquad (22\cdot10)$$

注 意 1　両角副尺の効用　望遠鏡Tの回転角は度盛円板に対するTの前後の位置の読みの差から求められるが，Tの位置を読む場合は，必ずTに付属する2つの**角副尺**を用いて読みをとり，その平均値をもってTの位置としなければならない．このようにすれば，Tの回転軸とDの中心とが一致しない場合でも，離心のための誤差を除いて正しい回転角が得られる．しかし，ふつうの器械では，この誤差はせいぜい2′～3′程度であるから，度の位を一方の角副尺だけで読み，分の位は両角副尺の読みを平均して，Tの位置とすればよい．

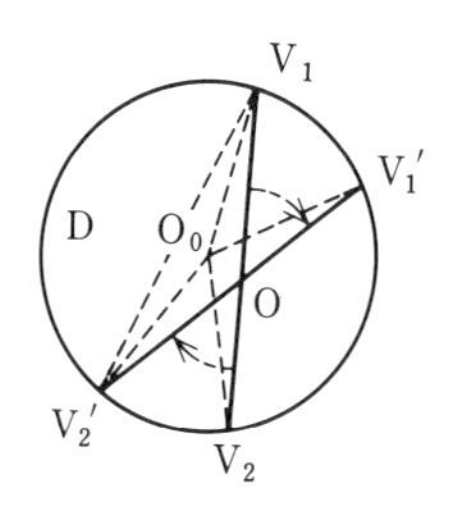

図 22-12

いま，両副尺を利用して読みをとるとき，離心誤差が避けられる理由を説明するために，図22-12においてTの回転軸をO，Dの中心をO_0，Tの前後の角副尺の位置を各々V_1, V_2およびV_1', V_2'としよう．この場合，Tの回転角は$\angle V_1OV_1'$または$\angle V_2OV_2'$に等しい．両角副尺を用いて回転角を求める場合は，

$$\angle V_1O_0V_1' = 2\angle V_1V_2'V_1' = 2(\angle V_1OV_1' - \angle V_2'V_1V_2).$$

$$\text{また}\qquad \angle V_2O_0V_2' = 2\angle V_2'V_1V_2.$$

$$\therefore\qquad \angle V_1O_0V_1' = 2\angle V_1OV_1' - \angle V_2O_0V_2'.$$

$$\therefore\qquad \angle V_1OV_1' = (\angle V_1O_0V_1' + \angle V_2O_0V_2')/2.$$

したがって，両副尺を用いて測った角の平均値から，正しいTの回転角が求められる．これに反して，一方の角副尺のみを用いて回転角を求める場合は，$\angle V_1O_0V_1'$あるいは$\angle V_2O_0V_2'$を得ることとなり，実際の回転角$\angle V_1OV_1'$とは異なり，**離心誤差**を伴うこととなる．

注 意 2　オート・コリメーションを利用するプリズムの角の測り方　前記の方法(2)に従ってプリズムの角θを測る場合，コリメータCの調節が不十分であるとθの測定に誤差を生ずる．しかし，つぎの方法によれば，Cの調節に関係なく正確にθが定められる．すなわち，度盛円板Dを固定し，台F上のプリズムの面ABにほとんど直角となる位置に望遠鏡Tをまわして，Tの側孔Oを電灯で照らし，Tを微動してTの視野における十字の交点とその像とを一致させる．このときTの視軸は面ABと正しく直角となるが，この際Tの位置を読む．

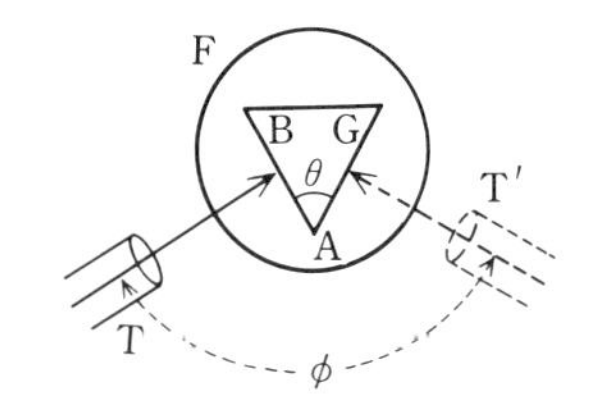

図 22-13

つぎに，Tをまわしてプリズムの他の面AGについても，同様にオート・コリメーションを利用して，Tの視軸を面AGに直角にしてその位置を読む．前後の位置の差，すなわちTの回転角をϕとすれば，プリズムの角θは，

$$\theta = 180 - \phi\ (\text{度}).$$

実験 23. 分光器によるスペクトル線の波長の測定

a) 説明

スペクトルの観察には，**プリズム分光器**（prism spectroscope）を用いるのが最も簡便である．ふつうのプリズム分光器は，望遠鏡の視野にスペクトルと並んで目盛尺の像が見えるから，スペクトル線の現われる位置，すなわちプリズムによる各線の偏れが読まれるようになっている．ところがスペクトル線の偏れはプリズムの角および屈折率によって定まるから，分光器で既知波長のスペクトル線の偏れを読み，線の波長と偏れとの関係を，図23-1のように曲線として表せば，この曲線は使用した分光器に特定なものとなる．このような曲線を**分散曲線**（dispersion curve）という．故に，あらかじめある分光器について分散曲線を求めておけば，同じ分光器で未知波長のスペクトル線の偏れを読めば，その波長を図上で求めることができる．またスペクトル線の数および波長は光源の元素について定まっているから，このような波長の測定から，光源の物質の元素を分析することもできる．これを**分光分析**（spectral analysis）という．

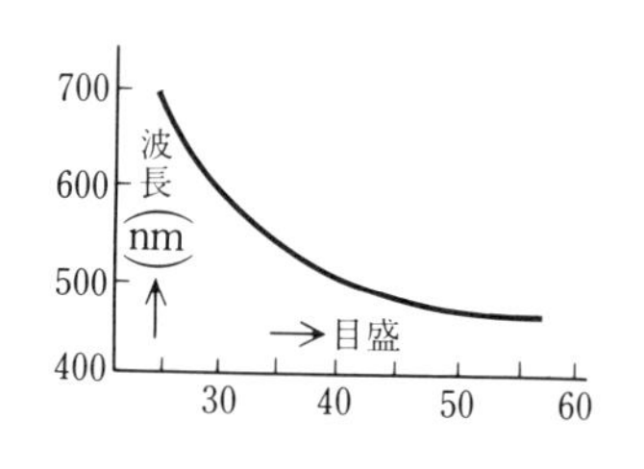

図 23-1　分散曲線

プリズムによるスペクトル線の偏れは，必ずしも分光器によらなくても，分光計*を用いて，望遠鏡の回転角から読むことができる．故に，分光器の代わりに分光計を使用しても差支えない．

（1） 分光器　ふつうに用いる分光器の主要部は図23-2に示す通り，コリメータ C, プリズム P, 望遠鏡 T および**標尺管** B からなる．標尺管は，一端に目盛と数字とだけを透明にしたガラスの細かい目盛板 S′ を取りつけ，他端に S′ を焦点とする凸レンズ L′ をはめ，S′ を照らす光をプリズムに向かって平行光線として送り出すための管である．

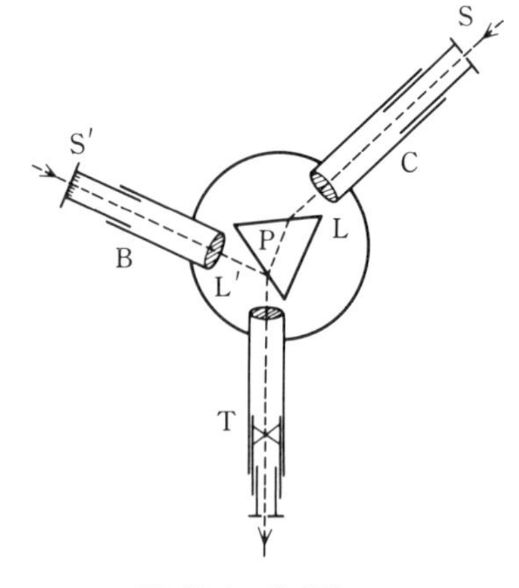

図 23-2　分光器

分光器にはC, P および B を正しく配置して3脚台に固定し，T だけをネジで僅かに回転できるようにして，ごみが入らないように，しかも明るい室内でも観測できる

* 実験22. a) (1) 参照.

ように，P に金属の覆いをかぶせ，これに C, B および T の一端を差し込んだもの，または各主要部分が可動で，それぞれの配置に調節を要するものなど，いろいろの型がある．いずれにしても図23-2のように，光源から発してCのスリットSを通り，レンズで平行になったのち，P で分散する光と，電灯から出て目盛板 S′ を照らし，B から平行に出たのち P で反射する光とを，無限遠に調節した T を通して望めば，T の視野にスペクトルと重って目盛の像が見えるから，スペクトルの色光の配列，線の現われる位置が観測される．

（2） 分光器の調節　コリメータ C, プリズム P および標尺管 B を固定した分光器については，調節は簡単である．C の管の長さを最も短くしたときに細隙 S がレンズ L の焦点に位するように製作されている分光器の，調節は一層容易である．この場合は，C の外管に対して S を備えた内管を十分に押し込み，S を Na 炎または Na ランプで照らして望遠鏡 T をのぞき，S の像として現われる D 線が明確に見えるように T の鏡筒の長さを加減する．望遠鏡に倍率の異なる別な接眼レンズが添えてある場合は，倍率の大きな方を使うと観測し易い．また S の幅は，線がはっきり見える程度で，狭いほどよい．つぎに，標尺管 B の目盛板 S′ を電灯で照らし，T の視野に明確な目盛の像が見え，かつ目盛像とD線との間に視差のないようにBの筒の長さを加減する．また，目盛板 S′ を支持するネジで，視野中の目盛像の位置を調節して，D 線を特定な目盛線，例えば30に一致させる．以上で，調節が終わる．

しかし，各主要部の可動な分光器については，つぎのような調節をする．

（i） **望遠鏡の調節**　プリズムを除き，望遠鏡を遠方の物体に向け，これに焦点を合わす．もし，望遠鏡に十字線が張ってあれば，あらかじめこれに接眼レンズを合わせたのち，遠方の物体像と十字線との間に視差がなくなるように鏡筒の長さを加減する．また望遠鏡および中央のプリズム台に調節ネジがあれば，分光計の場合と同様にして，望遠鏡の視軸を中央の回転軸に直角となるように調節する*．

(ii) **コリメータの調節**　暗室内でスリット S を Na 光で照らし，望遠鏡を通して S の像が明らかに見えるようにコリメータの管の長さを加減する．この際，S の幅を充分に細くしておく．

(iii) **プリズムのすえつけ**　まず，プリズムを中央の台上にのせる．もし，プリズム台に調節用のネジがあれば，プリズムの稜を回転軸に平行にする調節**を行う．つぎに，プリズム台をまわすと同時に望遠鏡をまわしスリットの像を追跡し，プリズムによる D 線の偏れの角が最小となる位置***を求めたのち，プリズム台と望遠鏡を固定する．

(iv) **標尺管の調節**　標尺管 B の目盛板 S′ を電灯で照らし，管を通過した光がプリズムの一面に反射したのち望遠鏡に入り，視野に目盛像が見える位置に標尺管を移す．目盛像が鮮明に，かつSの像との間に視差がなくなるように標尺管の長さを調節する．

---

*　実験 22. a) (2) (ii) 参照.

**　実験 22. c) (1) 参照.

***　実験 22. c) (3) 参照.

最後に，視野中に目盛像が適当な位置を占めるように標尺管の方向を変え，S′ の特定な目盛線とSの像とを一致させて標尺管を固定する．分光器の代わりに分光計を使用する場合は，(iv) の調節はいらない．

(3) 使用する光源　(i) **金属塩類で着色した火炎**　アルカリ，またはアルカリ土類金属の塩類をブンゼン灯の炎の中に入れれば，炎は金属に固有な光を発して着色する．その色は炎の温度が高いほど鮮明である．故に，酸水素炎のような高温なものを用いれば最もよいのであるが，簡単なため，ふつうはブンゼン灯の炎を利用する．この場合は，塩類をその中に支持する装置のために炎の温度を低下しないように，注意する必要がある．ふつう，白金線の先端を曲げて輪を作り，これを金属塩類の水溶液中に浸したのち，炎の下端から1~2cm 離れた外炎の中に支持する．しかしこの際，輪についた溶液は直ちになくなり，炎の色は永く続かない．着色を持続させるには，白金線の先端に中央を凹ました薄い白金の小片を取りつけ，これに溶液の少量を容れて炎の中に支持するとよい．また，石綿，木炭などに溶液を浸ませて支持するのも一法である．このほか，炎に溶液の一定量を連続的に補給する機械的な装置，または，溶液の霧を点火前のガスにまぜて着色炎をうる方法なども考案されている．このような炎の現わすスペクトルを，**火炎スペクトル**と呼ぶ．付録の表に，金属の火炎スペクトルの主要な線の波長を示す．

注意 1　試料の金属の融点が高い場合は，電気のアーク炎 (arc flame) または電気火花 (spark) を利用する．金属蒸気で着色したアーク炎によって生ずるスペクトルを**アーク・スペクトル**，着色火花によるものを**火花スペクトル**という．火花スペクトルでは，スペクトル線の数が多く現われる．

(ii) **気体の放電による光**　気体の線スペクトルをうるには，**真空放電管**を利用すればよい．これは，ガラス管内に数 mmHg 程度の気体を封入し，管の両端に白金またはアルミニウムの電極を備えたもので，電極を誘導コイルまたは変圧器の両端に結び，管内の気体を通して放電すれば，管内の気体は固有な光を発して輝き，気体の種類に特定な線スペクトルを現わす．図 23-3 はふつうに用いる分光用の放電管を示す．(a) は中央部を毛細管とし，電流密度を増して，そこから発する光を強めたもので，管に直角な方向に出る光を利用する．(b) は2本の管を毛細管で H 形に連通し，毛細管の方向を分光器に向けて使用する．管に直角な方向よりも，管の方向に出る光の方が強いから，(b) の方が有効である．また，電極も大きいから，強い電流に耐える．故に，強い光源を要する場合は，(b)の型が用いられる．このような分光用の放電管の代わりに，Na ランプ*，その他これと同様な Ne ランプ，Hg ラン

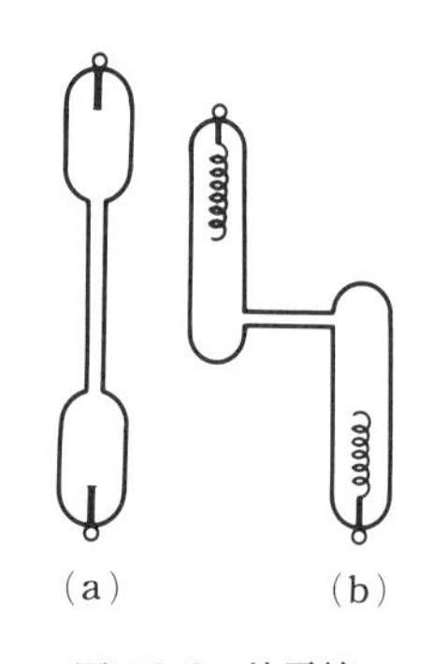

図 23-3　放電管

* 実験22. b) 参照.

プ，Cd ランプなどを使えば，100 V の交流電源で点灯するから便利である．付録の表に，気体の放電によるスペクトルの主要な線の波長を示す．

(b) 装置および用具

暗室内で**プリズム分光器**を使用する．ただし分光計を代用してもよい．既知波長のスペクトル線としては，D 線および水素，ヘリウム，水銀蒸気などの発する線を利用する．したがって，これらの光源に必要な用具を用意する．分光用の放電管の代わりに，Na **ランプ**そのほかの Ne, Cd, Hg **ランプ**を使う場合は，誘導コイルおよび電池は不用となる．

また，波長測定用には，**火炎スペクトル**を利用するから，いくつかの**金属の塩類**の水溶液と**ブンゼン灯**およびガラスのえつきの**白金線**(ニッケル線を代用)を用意する．

c) 方　法

（1） まず，分光器を調節する．つぎに，標尺管の目盛板を電灯で照らす．また，既知波長のスペクトル線を発する光源で順次にコリメータのスリットを照らし，望遠鏡を通して視野に現われるスペクトル線の位置すなわち偏れを読む．できれば，水銀ランプの発する線についても同様な観測を行う．これらの読みとともに，線の波長および色も記録し，スペクトルの見取図を描いておく．

（2） 以上の結果を基として，方眼紙上に，縦軸に波長，横軸に偏れをとり，使用した分光器に対する分散曲線を描く．この曲線は一般に双曲線となり，曲率がかなり大きいから，正確な曲線を描くために，なるべく多くの既知波長の線に対する観測値を求めておく必要がある．前記の水銀ランプの使用は，このためである．

（3） 与えられた試料で着色した火炎を光源として，(1) と同様にそれぞれのスペクトル線の偏れを読み，それらの読みに相当する波長を (2) で求めた分散曲線から定める．このように，各試料の火炎スペクトルにつき，線の波長を定めたのち，元素のスペクトル線表を参照して，各試料中に存在する金属を検出する．

注意 2　コリメータのスリットを十分に狭めると，ときとしてスペクトルの全域にわたって幾本かの黒い横じまが現われることがある．これは，スリットの戸びらの刃に付着したごみの遮光によるものであるから，このような場合は，マッチの軸のような柔らかい木片の先端，またはアルコールを僅か浸ました柔らかい布片で，スリットの戸びらの刃を軽くふいて掃除すればよい．

注意 3　金属の塩類を火炎中に入れるとき，その飛び散りでコリメータのスリットの部分を傷めないように，スリットの前面をガラス板で覆う必要がある．また，火炎をレンズで収斂してスリットを照らすようにすれば安全であるが，この場合はレンズの焦点距離がコリメータの筒の長さにほぼ等しいレンズを選ぶとよい．

注意 4　分散曲線を描くとき，波長 λ と偏れとの関係を図示する代わりに，波長の逆数すなわち 1 cm 中に含まれる波数 $1/\lambda$ と偏れとの関係を図に表せば，曲線の曲率が小さくなり，それだけ正確に曲線が描ける．さらに，$1/\lambda$ の代わりに $1/\lambda^2$ を用いて図を描けば，図形はほとんど直線となり，一層正確な結果がえられる．

実験 24．ニュートン環によるレンズの曲率半径の測定

a）説　明

ガラス平板Pの上に，曲率半径 R の大きい平凸レンズLを，凸面を下にしてのせ，上から波長 λ の単色光を送り，これを上から望むと，P と L との接点 O の近くは黒い斑点となり，これを中心とする多くの明暗の同心環が認められる．白色光を送ると，環は着色して見える．このような環を **Newton 環**という．これは，P と L との間の空気の薄い層によって生ずる一種の干渉しまである．

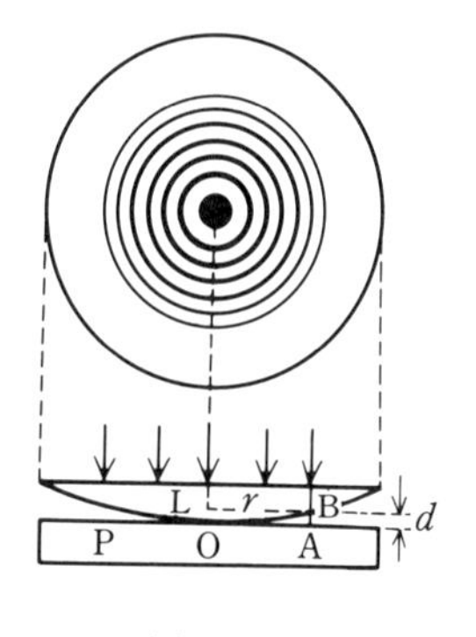

図 24-1

いま，接点 O から r の距離の点 A における空気層の厚さを d とすれば，

$$r^2 = d(2R-d) \approx 2Rd.$$

$$\therefore \quad d = r^2/2R. \qquad (24\cdot1)$$

また，A 点においては，P と L との向かい合う面は平行と見なされるから，光線が平行に，かつPに直角に上から入射するものとすれば，L の下面の B 点で反射する光と，空気層を通って P の表面上の点 A で反射する光とは重なって上方に進む．ところでA点では，光が疎から密の媒質へ入射する場合の反射であるから，反射光は $\lambda/2$ だけの位相の変化をうける．故に，A, B 2点における反射光の光路程差としては，$2d$ のほかに $\lambda/2$ の位相差を考えなければならないから，

$$2d = r^2/R = (2n-1)\lambda/2, \qquad \text{ただし} \quad n = 1, 2, \cdots \qquad (24\cdot2)$$

を満足する点は明るくなり，

$$2d = r^2/R = 2n(\lambda/2), \qquad \text{ただし} \quad n = 0, 1, 2, \cdots \qquad (24\cdot3)$$

を満足する点は暗くなる．したがって，d または r の変化に応じて，O を暗い中心とする明暗の同心環が見える．

さて，Newton 環の暗い中心を零番として，それから外側へ数えて第 n 番目の暗環に

ついては，

$$r^2/R = n\lambda. \tag{24·4}$$

故に，λ が既知であれば，n を数えて r を測って R が定められる．しかし，接点 O の位置を正確に定めることも，また接点における圧力によるガラスのひずみの有無を確かめることも困難であるから，第 n と第 $(n+m)$ 番目の暗環の直径 D_n および D_{n+m} を測ることにすれば，

$$D_n{}^2/4R = n\lambda, \quad \text{また} \quad D^2{}_{n+m}/4R = (n+m)\lambda.$$

$$\therefore \quad (D^2{}_{n+m} - D_n{}^2)/4R = m\lambda. \tag{24·5}$$

これから R を求める方が，便利である．

b） **装置および用具**　使用する装置を図 24-2 に示す．

ABC：相隣る二側面とふたとのない**木箱**で，内面は黒く塗ってある．

G：箱の底面 C に対して 45° 傾き，一側面 A に支持された**ガラス板**．

L：焦点距離約 1 m の**平凸レンズ**．

P：**ガラス平板**．

L′：つい立の孔にはめた**集光レンズ**．

S：**Na 炎**または **Na ランプ**

M：**移動顕微鏡**．

このほかに，**球指**を用意する．

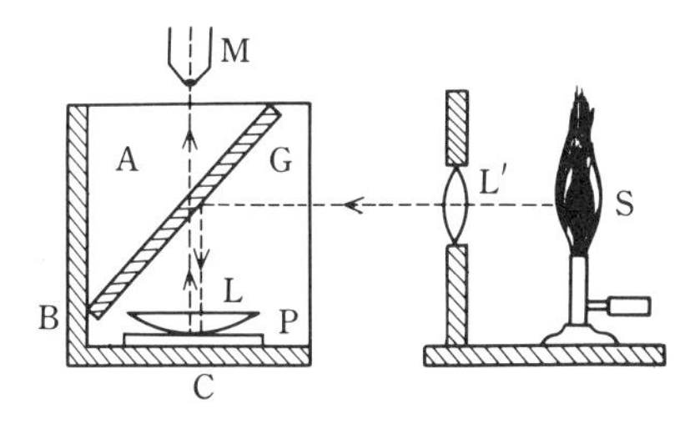

図 24-2

c） **方　法**

（1） まず，平凸レンズ L とガラス平板 P とを眼鏡ふきでよくふき，L を P 上に凸面を下にして重ねて，木箱の底面 C 上に納める．Na 炎または Na ランプ S の位置を加減し，S からの光がレンズ L′ を通って平行光線となり，ガラス板 G に反射ののち，L に直角に入射するようにする．

（2） 上方から，肉眼で L, P 間の空気の薄層を望み，Newton 環の中央の暗い斑点がレンズ L の中心にくるように，平板 P 上における L の位置と傾きとを調節する．この際，必要があれば L の周辺に硬練りの髪油の少量を塗って，L の傾きが狂わないようにする．しかし，L と P とを金属わくにはめ，ネジで止めてあるものでは，ネジをまわして P に対する L の傾きを調節すればよい．

（3） 移動顕微鏡 M（対物レンズ系の一部を除き，または全部を取り替えた望遠鏡）を調節して，P の表面に焦点を合わせれば，Newton 環が認められる．この位置で，環が最も鮮明に見えるように，微細に調節する．暗い中央の斑点から近くの，便利な第 n 番目の暗環の直径 D_n と，これから外側に $m=$ 5, 10, 15, … 番目の暗環の直径 D_{n+m} とを，M を利用して測る．

（4） 光源の D 線の波長 λ が既知であるから，D_n, D_{n+m} および m の値を次式に入れて，R を算出する．

$$R=(D^2{}_{n+m}-D_n{}^2)/4m\lambda. \tag{24·6}$$

このようにして求めた R の平均値を，求める結果とする．

（5） 球指*で直接 R を測定し，これと上に求めた結果とを比較する．

注 意　この実験では，L および P の上から光を送って，同じ方向から望んで反射光による Newton 環を観測するが，下から透過光を望んでも，明暗の反転した Newton 環が見える．この場合は，図 24-3 のように直接 L および P を透過する光線 I に比べると，L と P との面で 2 度反射して P を透過する光線 II は，2 度の反射により著しく弱くなっているため，両光線の干渉は不完全となり，暗環は十分に暗くならない．したがって，透過光による Newton 環は，このような観測には不向きである．

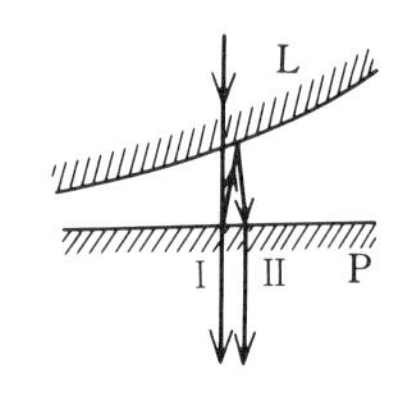

図 24-3

実験 25．回折格子による光の波長の測定

a） 説　明

回折格子 (diffraction grating) は回折する光の干渉を利用して，光の波長の絶対測定，スペクトル線の微細構造の研究などに用いられ，構造上から**平面格子**，**凹面格子**及び**階段格子**の 3 種に分類される．また，平面格子は**透過格子**と**反射格子**とに分けられる．この実験では，簡便な透過格子を用いて光の波長を測定する．透過格子はふつうガラス平行板の一面に，金剛石（ダイヤモンド）の尖端で多くの微細な等間隔の平行線を刻んだものであるが，ガラス面に 1 cm につき数千本も線を刻むことは困難であるから，多くの刻線を持つ格子を必要とする場合は，特殊な合金の平面鏡の表面に多くの線を刻んだ反射格子を原型として，その刻線を写し取ったゼラチン，セルロイドなどの薄膜をガラス板にはりつけたもの，または合成樹脂の板面に直接刻線を写したものなどの，いわゆる**複製** (replica) の格子を用いる．いずれにしても，刻線の周期的な凹凸が，ちょうど多くの平行な**スリ**

* II. §4. 参照.

ット (slit) を並べたと同じ役割をするため，これに光を投射すれば，おのおののスリットから出る回折光は，著しい干渉の現象を呈することとなる．

図 25-1 において，AB を多くの平行なスリットを有する回折格子面とし，これに波長 λ の単色平行光線を直角に投射すれば，おのおののスリットは新しい波源となり，そこから同位相で 2 次波を発する．いま，各スリットからたがいに平行に出る回折光線をレンズで収斂（れん）する場合，まず，AB の法線の方向では，光線は同じ位相で相会して強め合い明線を生ずる．また，法線に対して角（回折角）θ 傾く方向では，相隣るスリットの対応点から出る光線は，スリットの幅と間隔との和，すなわち**格子定数**を d とすれば，それぞれ $d\sin\theta$ の光路程差をもつから，

$$d\sin\theta = 2m(\lambda/2), \quad ただし \quad m = 1, 2, \cdots \tag{25·1}$$

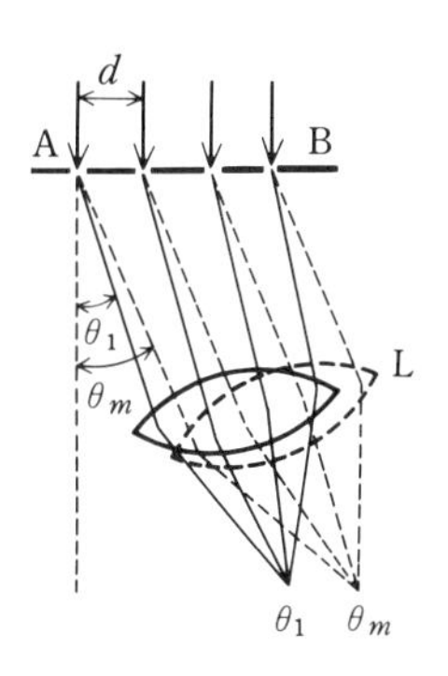

図 25-1

を満たす方向では，光は同位相で会して互いに強め合う．したがって，格子面の法線の方向の最も明るい明線を中央にして，これと並んでその左右に適当な間隔をおいて，第 1 次 ($m = 1$)，第 2 次 ($m = 2$)，… の明線を生ずる．この際，回折格子の 1cm 当たりの刻線数を n とすれば，$d = 1/n$ となるから，n が大きいほど明線の間隔は広まり，かつその明るさは増す．また，詳しい説明はさけるが，n が大きい場合は，(25·1) 以外の方向の光は，干渉の結果ほとんど打ち消して暗黒となり，かつ明線は尖鋭化して，鮮明となる．

第 m 次の明線の回折角を θ_m とすれば，(25·1) から投射光の波長 λ は，

$$\lambda = (d\sin\theta_m)/m = (\sin\theta_m)/mn \tag{25·2}$$

として示される．故に，n が既知ならば，明線の次数 m を数え，かつ θ_m を測れば，λ が求められる．

回折格子によって生ずるスペクトルは，格子の物質に無関係に，波長の順に配列するが，その分散の度 すなわち 開きは $\mathrm{d}\theta/\mathrm{d}\lambda$ によって定まる．(25·2) から，

$$\mathrm{d}\theta/\mathrm{d}\lambda = mn/\cos\theta_m. \tag{25·3}$$

これを回折格子の**分散度** (dispersive power) という．故に，同じ格子については，次数の高いほどスペクトルの開きは大きくなる．

なお，波長 λ のスペクトル線とその近くで $\mathrm{d}\lambda$ の波長差をもつ線とが，回折格子によって辛ろうじて 2 本の線として識別されるとき，$\lambda/\mathrm{d}\lambda$ を波長 λ に対するその回折格子の**分解能** (resolving power) と呼ぶ．理論上から，回折格子の総刻線数を N とすれば，その分解能は，つぎの式で示される．

$$\lambda/\mathrm{d}\lambda = mN. \tag{25·4}$$

故に，互に極めて接近したスペクトル線を調べるには，線の強度（明るさ）の関係で，次数 m をあまり高めて観測できないから，総刻線数 N の多い格子が必要となる．

b) **装置および用具**

暗室内で，**分光計**の中央の回転台上に**回折格子**をすえつけ，これにコリメータから出る，測るべき単色平行光線を直角に投射して観測する．

波長を測る単色光としては，D 線を用いる．**Na ランプ**は好適であるが，**Na 炎**を使用してもよい．この場合，食塩水を含ました石綿をブンゼン灯の上方の外炎中に差し入れると，強い Na 炎が得られる．

注意 1 分光計*の構造および操作については，あらかじめよく理解しておく必要がある．また，回折格子を取扱うとき，格子面には決して手を触れてはいけない．動かす必要があれば，格子の支持台**を持ってする．

c) **調節およびすえつけ**

まず，分光計の調節を行い，つぎに回転台上に回折格子をすえつけ，それから観測に入る．

(1) **分光計の調節**　すでに述べたように***，つぎの順序で調節する．

(i) **望遠鏡を無限遠に合わす調節．**

(ii) **望遠鏡の視軸を中央回転軸に直角にする調節．**

(iii) **コリメータの調節．**

以上の調節が終わったら，コリメータと一直線になる位置で望遠鏡を固定し，度盛円板を回転できるようにしておく．

(2) **回折格子のすえつけ**

(i) **格子面をコリメータからの投射光線に直角にすること**　まず，図 25-2 のように，格子面，すなわち刻線のある面が，望遠鏡 T の側を向いて，ネジ L_3 を通って

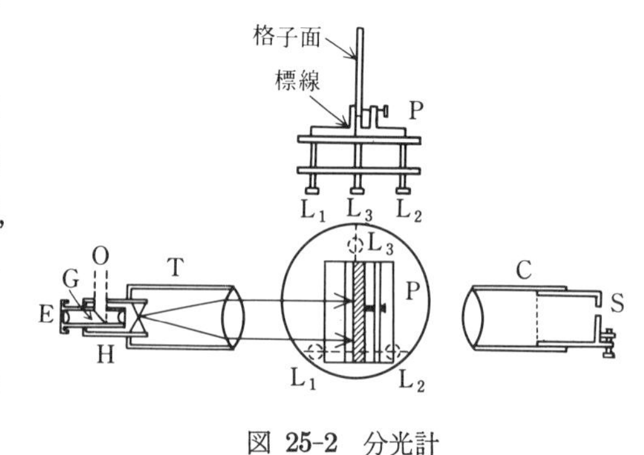

図 25-2　分光計

* 実験 22. a) (1) 参照．

** 図 22-7 および図 25-2 参照

*** 実験 22. a) (2) 参照．

中央の台 P 上に引いてある直径線に一致するように，P の中央に格子をのせる．格子面をTの側に向けるのは，回折光に対するガラスの屈折の影響を避けるためである．つぎに，望遠鏡の側孔Oから電灯の光を送って十字線を照らし，視野中の十字線と格子面からのその反射像（反射光が弱く，像が淡いから注意）とを，つぎのようにして一致させる．すなわち，左右の狂いは中央台Pを度盛円板Dとともにまわして直し，上下の狂いは中央台 P のネジ L_1（あるいは L_2）で調節して一致させる（1回だけでよい）．これで，格子面は望遠鏡に直角，したがってコリメータからの投射光に直角になる．最後に，度盛円板Dを固定し，望遠鏡を自由に回転できるようにする．

（ii） **格子の刻線を中央回転軸に平行にすること**　まずコリメータのスリットを Na 炎に向ける．望遠鏡をのぞきながらそれをまわし（鏡筒を持って動かしてはいけない．かならず支柱を持ってまわす），左右の回折像について，スリットの中央に張ってある針金*の像と十字線の交点との狂いの有無を検べる．もしあれば，左または右側の回折像のうち，なるべく次数mの大きいものについて，台Pのネジ L_3（他のネジに触れないよう）をまわして，狂いのなくなるように調節する．

d） 測　定

以上の調節を終われば，望遠鏡をまわし，第1次，第2次の順に左右の明線の現われる位置を読み，左右の同じ次数の明線の間の角の1/2から回折角 θ_1, θ_2, … を定め，これを次式に入れて λ を求める．

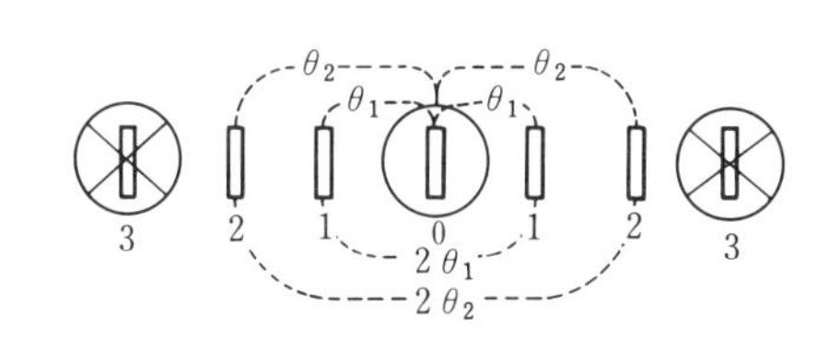

図 25-3

$$\lambda = \frac{\sin\theta_m}{mn}\ \mathrm{cm}.$$

ただし，n としては回折格子に指定してある1cm 当たりの線数を用いる．次数の高い明線まで観測して，λ の平均値にその公算誤差を付記する．

---

* 図22-6参照.

注意 2　次数の高い明線まで観測するためには，コリメータの正面に光源をおき，そのスリットを回折格子の刻線に正しく平行となるようにすることが大切である．そうしないと，明るさが減じて，高次の明線まで観測しにくくなる．

注意 3　この実験では，便宜上回折格子に指定してある刻線数 n をそのまま利用するが，n の値は温度によって多少異なる．故に，あらかじめ既知波長の光源を利用して (25·2) により n を定め，その値を用いて未知波長を求めなければ，正しい結果が得られない．次の実験26の**注意**参照．

注意 4　D線は2重線で，D_1 線 ($\lambda = 5895.94\,\text{Å}$) と D_2 線 ($\lambda = 5889.98\,\text{Å}$) とからなる．上の程度の実験では，この平均値を求めることになる．仮りに，コリメータのスリットを充分にせばめ，平行な光を格子に垂直に投射するものとし，第2次のスペクトルにおいてD線を D_1, D_2 の2本の線として見分けるためには，少なくとも総刻線数何本の格子を用いなければならないかを考えよ．

実験 26．レーザ光の波長の測定

a）説　明

レーザ（**Laser**）の名称は Light Amplification by Stimulated Emission of Radiation の頭文字をつなぎあわせたもので，原子（分子）のもつエネルギー準位間の遷移を利用して単色光を発振させるものである．

レーザ光の特徴　単色性にすぐれ，干渉性（coherency）がよい．その結果，レーザビームは著しく鋭い指向性を有し，ビーム幅は極めて狭く，輝度が高い．したがって，**ビーム（光束）を直接のぞいたり，鏡による反射ビームを眼に入れると網膜をいためる**から，この点を特に注意しなければならない．

レーザの応用　レーザ光のこれらのすぐれた利点を用い，通信，測量，ホログラフィ，分光学，情報処理等に広く用いられている．また，強力レーザによる加工，医用などの応用，核融合への適用が考えられる．

（1）**光増幅**　ポンピング（pumping）と呼ばれる方法を用い，図26-1のように，E_i の励起状態にある原子（分子）の数 N_i より $E_j(E_j>E_i)$ の励起状態にある原子（分子）の数 N_j が多くなるようにする ($N_j>N_i$)．この状態を**反転分布**という．この原子（分子）より成る媒質に $\nu_{ij}=(E_j-E_i)/h$（h はプランクの定数）の振動数の電磁波（光）が作用すると，これに誘導して $E_j \sim E_i$ の遷移が生ずるが $E_j \to E_i$ の方が $E_i \to E_j$ より強くおこり，$h\nu_{ij}$ の光量子が数多く放出される．すなわち原子（分子）はエネルギーを失って低いエネルギー状態に移るかわりに，ν_{ij} の振動数の電磁波（光）は増幅される．ポンピングの方法には色々あるが，（i）放電発光またはレーザ光などにより適当な波長の強い光を照射してエネルギーを与える

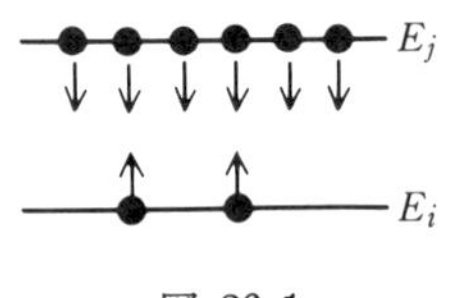

図 26-1

(ルビーレーザ等)，(ii) 放電管内での電離によるもの (ガスレーザ)，(iii) 半導体の PN 接合に電流を流す (半導体レーザなどが主なものである)．

（2） **発 振** 反転分布の状態にある媒質は電磁波 (光) を増幅する．したがって，適当なフィードバック (出力の一部を入力にもどすこと) を組合わせればレーザ発振器が得られる．この場合，光に対するフィードバック回路は間隔 l の 2 枚の平行平面鏡 (M_1, M_2) でよく，光の波長を λ，周波数を ν，速度を c として，

$$l = q\lambda/2 = qc/2\nu \quad (q\text{: 整数}) \qquad (26\cdot1)$$

のとき，弦の共振と同じく，始め雑音程度の強さの光信号は再生的にどんどん増幅され，発振状態となる．一方の鏡を半透明にしておけば，レーザ発振のエネルギーの一部を外部にとり出すことができる．なお，光の波長は極めて短い上，単色光の振動数 ν_{ij} には僅かながらスペクトル幅があることから，(26-1) 式の条件は自然に充たされる．

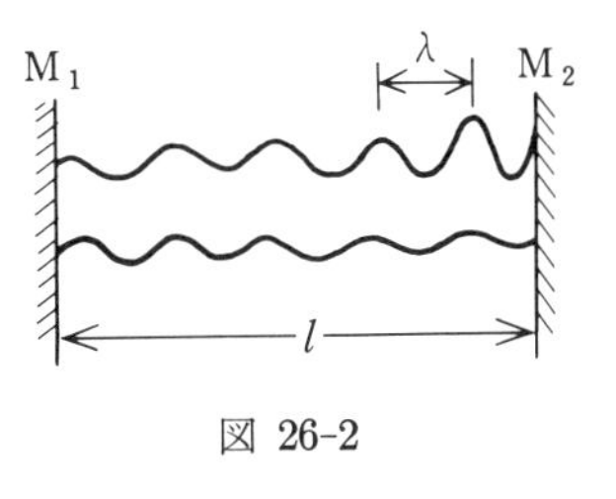

図 26-2

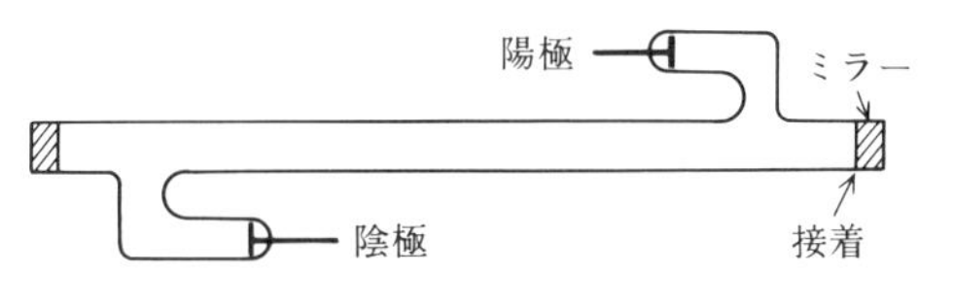

図 26-3 ガスレーザ管

（3） **反射格子** 図26-4のように，反射面に対して角 φ で入射した平行レーザ光 I, II が，それぞれ反射面と θ_1, θ_2 の角で反射した後，十分離れたスクリーン (壁面) 上の点 P_m で像を結ぶとする．スクリーンは十分遠いので $\theta_1 \doteqdot \theta_2 = \theta$ として，レーザ光は

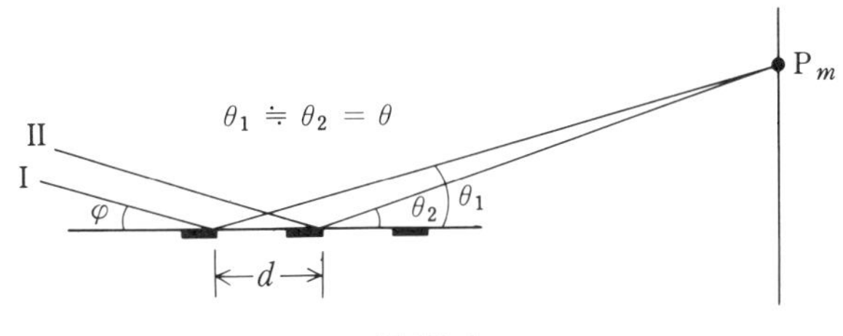

図 26-4

可干渉性であるから，I, II の光路差は $d(\cos\varphi - \cos\theta)$ である．したがって明線に対する干渉の基本式はこの場合，

$$m\lambda = d(\cos\varphi - \cos\theta) \qquad m = 1, 2, \cdots \qquad (26\cdot2)$$

となる．ただし，m は次数，λ は波長である．

b) 装置と用具

A: **レーザ発振装置**として He-Ne ガスレーザ，(出力0.5～1 mW，ビーム

径約1mm, ビーム拡がり幅約0.8m rad).

B: **金物指**1本. 長さ30cm以下で光をよく反射するもの.

C: レーザおよび物指を支持するための**木片**若干.

D: **回折格子**(1mm当り50本程度).

E: **メートル尺**(壁面に取りつける).　　F: **巻尺**(約3.5m).

c) 第1法(反射格子として金物指の目盛を用いる)

(1) 壁面より2～3mの所に金物指Bを水平の台の上にのせ, その延長と壁との交点をHとする. レーザ光を金物指に僅かの角φで斜めに照射する.

(2) 物指がなければ光束はHの下方Pを照らす. 物指の目盛のないところに光束を入射させると反射光はHの上方P_0を照らす. PとP_0との中点がHとなることを確かめる.

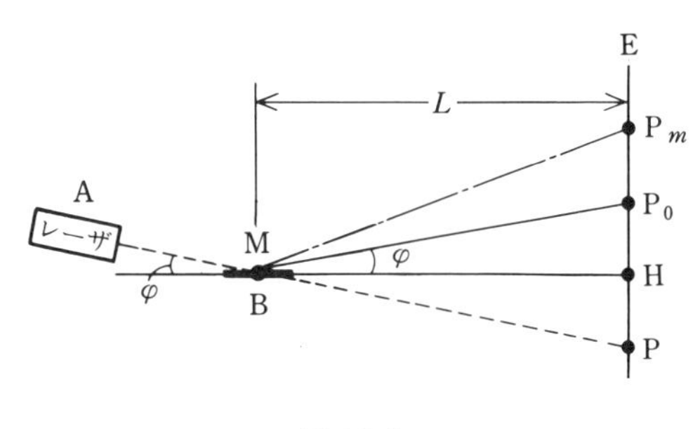

図 26-5

(3) 金物指をずらし, レーザ光で目盛を照らすと, 目盛は格子定数dの反射格子として作用し, 1mm目盛のとき$d = 1$mm, 0.5mm目盛のとき$d = 0.5$mmとなる. 反射レーザ光によるm次の回折像(干渉縞)は(26·2)式に応じ, 壁面上に一列に並んだ光の明るいスポットとして観測できる. この明るいスポットのそれぞれの中心の位置P_mを壁面上に貼られたメートル尺で読み取る.

(4) 図26-5でP_0に最も近いスポットが$m = 1$の場合の干渉縞で上方または下方に$m = 2, 3, \cdots$と続く. ただし下方のものは次数が少ないので, 一番明るいスポットP_0をよく見きわめて, 上方のスポットの位置だけを測定値とする.

(5) 図26-5でM点はレーザ光の当っている長円形の中心, LはMから壁面の物指までの距離である. (26·2)式より

$$m\lambda = dL\left\{\frac{1}{\sqrt{L^2+(P_0-H)^2}}-\frac{1}{\sqrt{L^2+(P_m-H)^2}}\right\}$$

$m=1$〜10 次以上までについて測定した P_m の値より求めた波長を平均して，このレーザ光の波長の測定値とする．

d）**第 2 法（回折格子による方法）**

（1） 壁面より 2〜3 m の位置で，回折格子 D を刻線が水平になるように鉛直に取り付け，図 26-6 のように水平なレーザビームで照射する．レーザビームの延長と壁面の物指との交点を O とする．

（2） (26·2) 式による m 次の明線が光束のスポットとして O の上下に現われる．上下の像の位置が対称となるよう，こまかく D の向きを調節しておく．スポットの中心の位置 Q_m（上），Q_m'（下）を壁に貼られたメートル尺で読み取る．また，D の刻線と物指との間の長さ l を巻尺で測定する．

（3） Q_mO を q_m とすると，それぞれの m に対して，

$$\sin\theta_m = \frac{q_m}{\sqrt{l^2+q_m{}^2}}$$

より求めた $\sin\theta_m$，および 1 cm 当りの刻線数 n を (25·2) 式，

$$\lambda_m = \frac{d\sin\theta_m}{m} = \frac{\sin\theta_m}{nm}\,\text{cm}$$

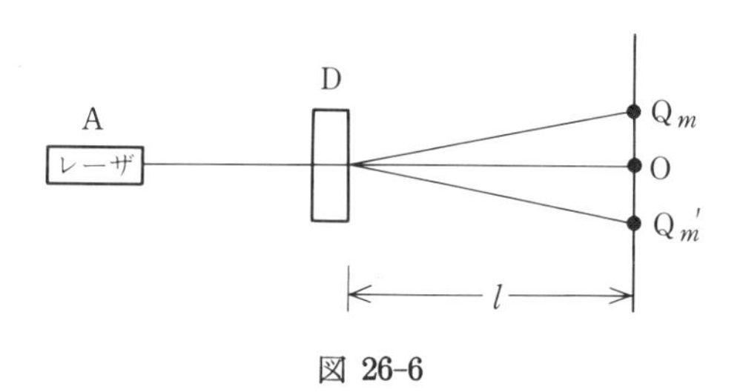

図 26-6

に代入して求めた波長 λ_m cm を平均して結果の測定値とする．

注意 He–Ne レーザ光の波長 632.8 nm から，回折格子の格子定数の逆数 n を逆に求めることもできる．

実験 27. 検糖計による水溶液中の蔗糖の分量の測定

a）**説　明**

振動方向が 1 方向に限定された光を**直線偏光**あるいは**平面偏光**（linearly or plane polarized light）または単に**偏光**という．偏光を通すとき，その振動面を回転さす物質

を**旋光性物質**（optically active substance）といい，偏光の進む方向とは反対に向かって見るとき，振動面を時針の回転の方向 すなわち 右旋するものを**右旋光性物質**，その反対に左旋するものを**左旋光性物質**という．水晶には，右旋・左旋の2種がある．

水晶は，結晶状態においてだけ旋光性を示すが，旋光性物質によっては，非旋光性の溶媒中に溶液として存在するときも，旋光性を有する．糖類の溶液はこの例である．このような溶液では，振動面の回転角は偏光の通過する溶液の厚さおよび濃度に比例する．すなわち，回転角を θ 度，溶液の厚さを l dm，100 cc の溶液中に存する旋光性物質のグラム数 すなわち 百分濃度を C とすれば，

$$\theta \propto l\frac{C}{100}. \quad \text{すなわち} \quad \theta = \alpha l\frac{C}{100} \text{ 度}. \tag{27·1}$$

α を**比旋光度**（specific rotatory power）といい，溶液の種類，温度および偏光の波長によって定まる．

実測の結果によれば，温度 t°C のとき，D 線に対する蔗糖の水溶液の比旋光度 $[\alpha]_{\mathrm{D}}^{t}$ は次式で示される．

$$[\alpha]_{\mathrm{D}}^{t} = 66.46\{1-0.000184(t-20)\} \text{ 度}. \tag{27·2}$$

$$\therefore \quad C = \frac{100\theta}{[\alpha]_{\mathrm{D}}^{t}\, l} = \frac{100\theta}{l}\frac{1}{66.46\{1-0.000184(t-20)\}}.$$

したがって，蔗糖の水溶液の百分濃度 C は，θ, l および t を測れば，求められる．このような目的に使用する装置を**検糖計**（saccharimeter）という．

b）半影検糖計

検糖計の主要部は，偏光を作る**偏光子**（polarizer）とその振動面の方向を検するための**検光子**（analyser）とからなる．Laurant の考案した**半影検糖計**（half-shadow saccharimeter）によれば，振動面の回転角が正確かつ便利に測られる．これは図のように，D線を沪過する重クローム酸加里の薄い板Sと偏光子Pとで単色偏光を作り，その一半は水晶の薄い板Dを，他半は光度補償用のガラス板を通過したのち，ともに庶糖の水溶液を入れた容器Tを通過し，T

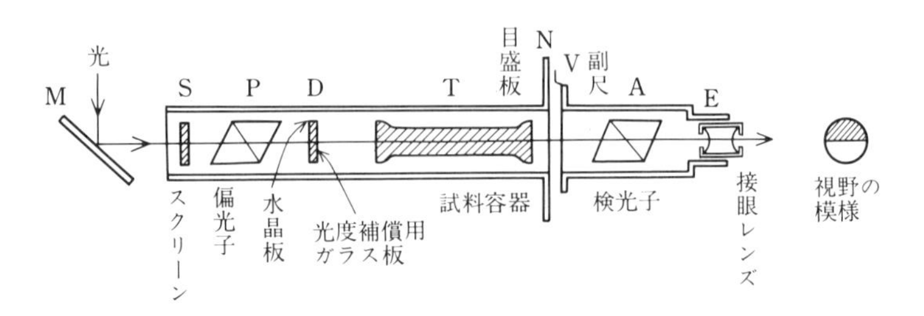

図 27-1　検糖計

を通る間に受けた振動面の回転角を，検光子 A と接眼レンズ E とで測る仕組みになっている．

水晶板 D は**光軸**に平行に切った薄い板で，**半波長板**（half wave length plate）と呼ばれ，これを通過する間に**常光線**と**異常光線**（入射点で複屈折のために分かれた 2 つの屈折光線で，前者は**屈折の法則**にしたがい，後者はしたがわない）とに，D 線の半波長の奇数倍に相当する位相差を与える厚さになっている．いま，図 27-2（a）において板 D に投射する偏光の振動を $\mathrm{OP} = a\cos\omega t$ とすれば，投射偏光は常光線 $\mathrm{OB} = a\sin\alpha\cos\omega t$ と異常光線 $\mathrm{OC} = a\cos\alpha\cos\omega t$ とに分かれて D 内に入り，D を通過する間に，一方に対して他方が半波長の位相差を受ける．故に，異常光線の振動 $\mathrm{OC} = a\cos\alpha\cos\omega t$ に対し，常光線は $\mathrm{OB'} = a\sin\alpha\cos(\omega t-\pi)$ となり，D を通過した方の一半の偏光の振動は OQ を振動面とし，他半の光度補償用のガラス板を通ってそのまま進む偏光は OP を振動面とする．したがって，(b) および (c) のように検光子 A の**主要面**（入射光線と光軸とを含む面）を，それぞれ OP または OQ に直角な位置 AOA または A′OA′ におけば，Dを通過しない側の半面は暗く，または明るくなる．すなわち，検光子 A の主要面を AOA から A′OA′ の位置に 2α だけ回転すると，視野の両半面の明暗は逆変する．故に A の主要面をその中間の位置 A″OA″ におけば，視野の両半面は同じ明るさとなる．なお，Aの主要面を直角だけ回わし，OP, OQ の間の角を 2 等分する位置においても，視野の両半面の明るさは同じになるが，ふつう角 α を小さくしてあるから，同じ明るさの位置を探すには，A の主要面の位置を A″OA″ においた方が，鋭敏に決定されて都合がよい．故に，溶液入りの管Tを入れるまえに，両半面が同じ明るさになるAの位置を目盛板Nと副尺Vとで読み，つぎに管Tを入れたのち，再び視

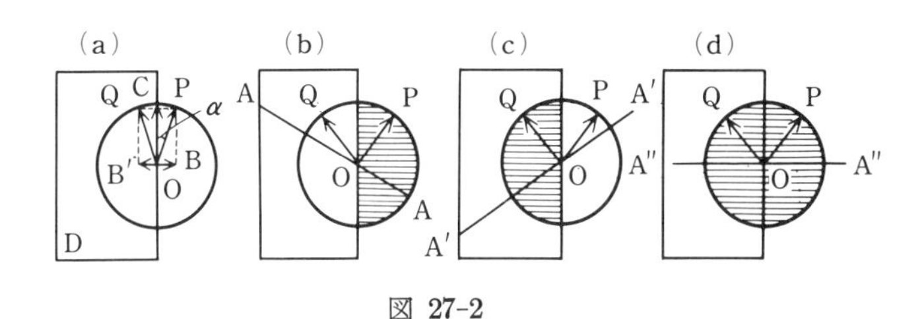

図 27-2

野の両半面が同じ明るさになるAの位置を読めば，前後の読みの差から，溶液による振動面の回転角が求められる．

半影検糖計の特徴は，視野の両半が同じ明るさかどうかを判定する方が，視野全体が全く暗いかどうかの判別よりも正確である事実を生かした点にある．

c）**方　法**

（1）まず，窓または電灯に対し，反射鏡Mの傾きを加減して視野を明るくし，つぎに接眼レンズEを調節して，視野が鮮明に見えるようにする．この際，検光子Aを少しまわして視野の両半に明暗の差をつけ，その境界線が鮮明となるように調節するとよい．

（2）つぎに，検光子をまわして，視野の両半面が同じ明るさになったときの検光子の位置を，目盛板Nと副尺Vとで読みとる．この位置の近くでは，視野の両半の明暗が鋭敏に変わるから，慎重に観測して数回読みを取り，平均値を θ_0 とする．

（3）溶液を入れる管Tの長さ l をdm単位で測る（ふつう，管側にその値が刻印してあるから，それを読めばよい）．

（4）試料の溶液の温度 t_1°C を測ったのち，これを管Tに充たす．管内に空気のあわが残ると，視野が不鮮明となるから，あわを入れないように注意する．管の両端面および側面をよくふき，管を検糖計内に入れる．接眼レンズEを調節して視野を鮮明にし，検光子Aを回転して再び視野の両半面を同じ明かるさにし，そのときの位置を読む．この場合も数回観測をくり返し，その平均値を θ_1 とする．(2) に求めた θ_0 と θ_1 との差すなわち $\theta=\theta_0\sim\theta_1$（度単位）を回転角とする．

（5）管Tを取り出し，溶液中に温度計を差し入れて，温度 t_2°C を測る．手の熱で温度が昇らないように気をつける．t_1°C と t_2°C との平均値を溶液の温度 t°C とする．

（6）以上の測定値 θ（度），l (dm) および t (°C) を次式に入れて，溶液の t°C における百分濃度 C を求める．

$$C=\frac{100\,\theta}{l}\,\frac{1}{66.46\{1-0.000184(t-20)\}}\ \mathrm{g/100\,cc.}$$

（7） ふつう半影検糖計には，試料の容器用の管Tは長短2本あるから，他方の管についても同様な測定を行い，(6) に求めた値との平均値を，求める結果とする．

注 意　蔗糖は右旋光性物質である．もし，溶液中に左旋光性物質をも含む場合は，原液の一部を採取し，このうちに含まれる蔗糖を特定な処理にしたがって左旋光性のブドー糖に化し，この液と原液とにつき回転角を測れば，蔗糖の百分濃度を算出することができる．

実験 28.　検流計の感度および抵抗の測定*

a） 説　明

図28-1のように電池 B（起電力 E）の両極を，直列に連ねた抵抗 r と R で結び，さらに r の両端 A, C を検流計 G（抵抗 r_g）と抵抗 r_1 とで連結する．電池の内抵抗を無視し，分岐点 A に入る電流を J_0 とし，A から出て r および G に流れる電流をそれぞれ J および J_g とすれば，

分岐点 A において　$J_g+J=J_0$,　(28·1)

回路 BACDB につき $Jr+J_0R=E$,　(28·2)

回路 AGCA につき　$J_gr_g+J_gr_1-Jr=0$.　(28·3)

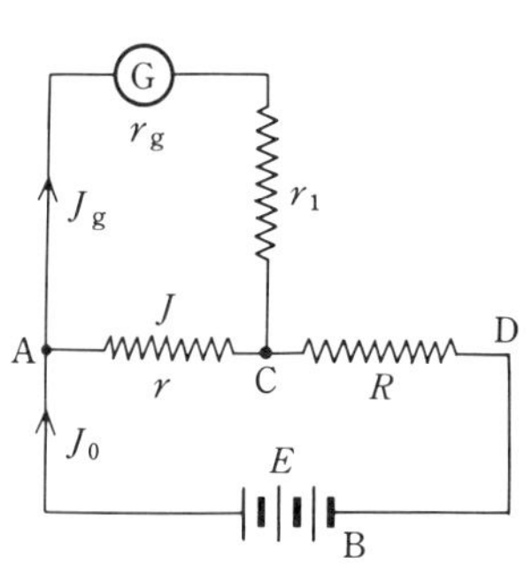

図 28-1

これから J_0 および J を消去して J_g を求めれば，

$$J_g=\frac{Er}{R(r+r_1+r_g)+r(r_1+r_g)}.\qquad (28·4)$$

r が R および r_1 に比べて無視されるほど小さい場合は，

$$J_g=Er/R(r_1+r_g).\qquad (28·5)$$

故に，検流計 G の偏れを望遠鏡と目盛尺の方法で測って δ とし，検流計 G の感度を S とすれば（III. §1, e）参照），

$$S=J_g/\delta.\qquad \therefore\ 1/\delta=(SR/Er)(r_1+r_g).\qquad (28·6)$$

$1/\delta$ と r_1 とは直線関係を保つから，いろいろな r_1 の値に対する $1/\delta$ の値を実験上から求め，$1/\delta$ および r_1 の値をそれぞれ縦横の座標として図示すれば，$1/\delta$ と r_1 との関係として直線が得られる．この直線と横軸との交点を T とし，直線上の1点 P の縦座標を PQ と

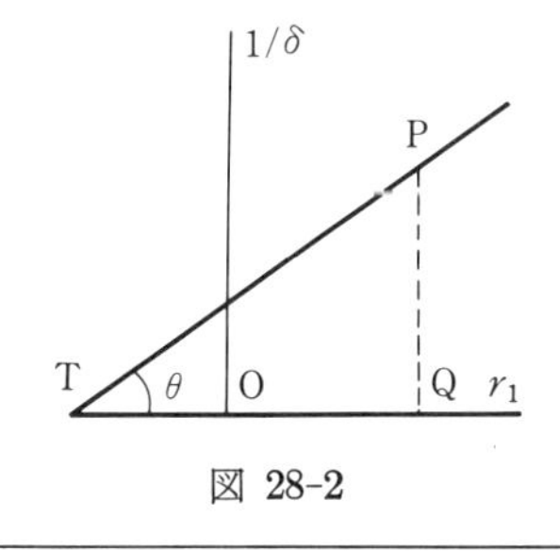

図 28-2

---

* まえもって，動コイル型反照検流計（III. §1.参照）に関する知識を会得しておく必要がある．

すれば，横軸に対する直線の傾き θ は，

$$\tan\theta = \mathrm{PQ}/\mathrm{TQ} = SR/Er. \tag{28·7}$$

$$\therefore\quad S = (Er/R)\cdot(\mathrm{PQ}/\mathrm{TQ}). \tag{28·8}$$

故に，R および r が既知ならば，E を測り S が求められる．また，$1/\delta = 0$ に相当する r_1 の絶対値は r_g に等しいから，図上で OT を測れば，r_g の値が定められる．

b）**装置および用具**　図 28-3 に示した回路を使用する．

G：**動コイル型反照検流計．**	r_1：**抵抗箱**（0～500Ω）．
V：**ボルト計**（0～7.5V）．	r：**抵抗器**（1Ω）．
B：**蓄電池**（2～4V）．	R：**抵抗器**（10kΩ）．
K′：**開閉スイッチ．**	K：**電流方向転換器．**

Kは2極切換スイッチの4極を対角線に連結したものを用いる．このスイッチのキーを一方に，または他方に閉じると，電流の方向は逆になる．

このほかに，**望遠鏡**と**目盛尺**，**メートル尺**などを準備する．

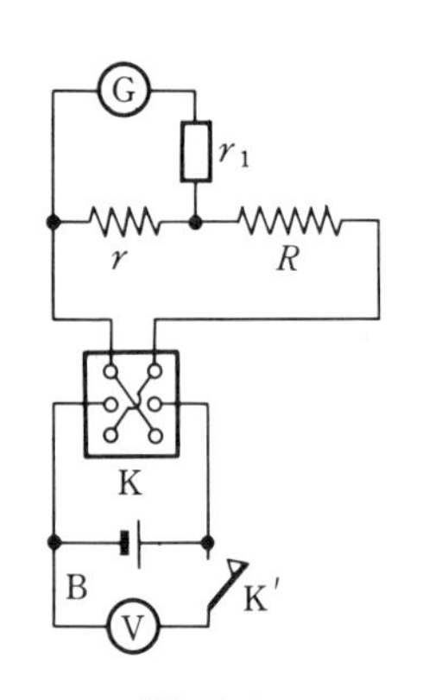

図 28-3

c）**方　法**

（1）検流計Gを実験机（できれば防震台）の上にすえ，鏡から目盛尺までの距離を正しく1mにして，望遠鏡と目盛尺をすえつけ，検流計の調節を行う*．回路の配線が終わったならば，まず抵抗 r_1 を 500Ω とする．

（2）配線に誤りがないかを確かめたのち，スイッチ K′ を一時閉じて，ボルト計 V で電池 B の起電力 E_1 を読む．つぎに，方向転換器Kのキーを一方に閉じて，鏡に映る目盛の偏れ δ_1' を望遠鏡で読み，またキーを他方に閉じて同様に偏れ δ_1'' を読む．もし δ_1' と δ_1'' との差があまり大きいときは，検流計および目盛尺の調節をし直す．δ_1' と δ_1'' との平均値を δ_1 とする．そののち，抵抗 r_1 を 50Ω ずつ減らし，そのたびごとに K のキーを一方に，また他方に閉じて δ_2' と δ_2''，δ_3' と δ_3''，… を読み，それぞれの平均値 δ_2, δ_3, … を求める．

---

* III. §1. g）参照．

K のキーを起こして電流を断ったのち，K′ を一時閉じて，ボルト計 V で電池 B の起電力 E_2 を読み，前に測った E_1 との平均値 E を求める．これらの結果を，つぎのように記録する．

	抵抗箱の抵抗 r_1 (Ω)	右側の偏れ δ' (mm)	左側の偏れ δ'' (mm)	偏れの平均値 δ (mm)	偏れの逆数 $1/\delta$ (1/mm)
1	500	144.0	144.2	144.1	0.00694
2	450	156.0	156.4	156.2	0.00641
⋮	⋮	⋮	⋮	⋮	⋮
	200	271.6	269.0	270.3	0.00370
電池の起電力 $E=2.05\,\mathrm{V}$，　抵抗 $r=1.00\,\Omega$，　抵抗 $R=10\,\mathrm{k}\Omega$					

（3） 方眼紙上に，$1/\delta\,\mathrm{mm}^{-1}$ を縦軸，$r_1\Omega$ を横軸にとり，r_1 のいろいろな値に対する $1/\delta$ の値を示す点を定め，点の出入りが平均するような直線を描く．この延長線と横軸との交点を T とし，直線上の 1 点 P の縦座標 PQ と TQ との値を図上で求め，これと E, r および R の値を次式に入れて，電流感度 S を算出する．

$$S=(Er/R)\cdot(\mathrm{PQ}/\mathrm{TQ})\ \mathrm{A/mm}.$$

（4） なお，図上で OT の絶対値を求め，検流計の抵抗を定める．すなわち，

$$r_{\mathrm{g}}=|\mathrm{OT}|\ \Omega.$$

（5） さらに，検流計の電圧感度を求める．

注 意　検流計を十分に調節し，正しくすえつけても，偏れの方向により多少感度が異なることがある．このような場合には，左右の偏れを平均せず，一方の偏れと他方の偏れとに対する感度を別々に算出すればよい．

実験 29. 銅ボルタ計による電流の強さの測定

a） 説 明

電解質 (electrolyte；酸，塩，塩基など) の水溶液に電極を差し込み電流を通せば，**電気分解** (electrolysis) が行われる．これは，電解質が水に溶けるとき分子が正および負のイオンに電離し，それらのイオンは電気力のために，正のイオンは陰極に，負のイオンは陽極に向かって移動し，電極に達すればそこで電荷を失い，電解物質として析出するか，または化学変化を起こして，他の物質となるためである．例えば，

$$CuSO_4 \rightleftharpoons Cu^{2+}+SO_4^{2-}.$$

この際もし，電極として銅板を使用すれば，陰極に銅が析出し，陽極ではSO_4^{2-}のために極板の銅が溶解する．電気分解に関して，つぎにのべる**Faradayの法則**がある．

（I）同じ電解質については，電気分解によって生ずる電解物質の量は，これを通過した電流と，電流を通した時間との積に比例する．

（II）一定の電流を等しい時間通して分解されるいろいろな電解物質の量は，その**化学当量**（chemical equivalent；原子量を原子価で除したもの）に比例する．

いま，J Aの電流でt sの間に1つの極に析出した量をm gとすれば，

$$m \propto Jt, \quad \text{すなわち} \quad m = \mu Jt. \tag{29·1}$$

$$\therefore \quad J = m/\mu t \text{ A}. \tag{29·2}$$

ここに，μは電解物質に特有な定数で，単位電気量で分解される物質の量を示す．これをその物質の**電気化学当量**（electrochemical equivalent）という．下表はμの実測値を示す．故に，μの既知な物質がt s間に極板にm g析出したとすれば，上式から通過した電流の強さJ Aが求められる．このように，電気分解により電解質の析出された量から電流の強さを測る装置を，一般に**ボルタ計**（voltameter）という．ふつう電解質の溶液としては，硫酸銅，硝酸銀の水溶液，稀硫酸などを用い，これらをそれぞれ**銅ボルタ計**，**銀ボルタ計**，**水ボルタ計**と呼ぶ．銀ボルタ計は最も精密であるが，この実験では，銅ボルタ計を用いて電流の強さを測り，アンペア計の目盛を検定する．

	Cu	Ag	H
μ (g/s·A)	0.000 3292	0.001 1180	0.000 01044

b）装　置

図29-1は**電解器**およびそのほかの部品の接続図を示す．

H：$CuSO_4$の水溶液を入れた**ガラス容器**．

G：絶縁をよくした木製の**ふた**．

A′, A″およびK：ネジで止められた，太い導入線をもつ**陽極**および**陰極**．

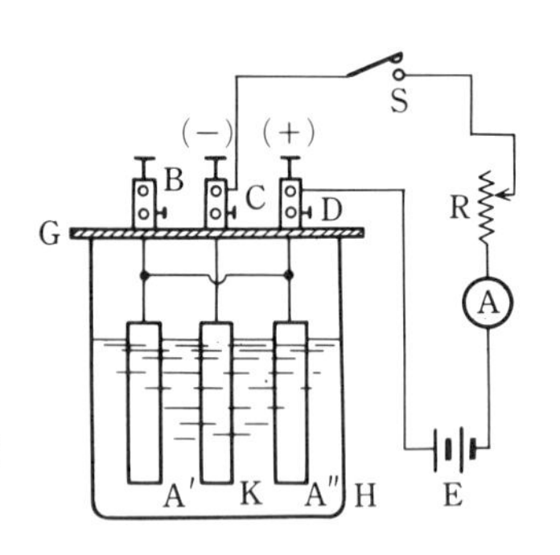

図 29-1　銅ボルタ計

A：**アンペア計**（0～1.2 A）．

S：**開閉スイッチ**．　　R：**可変抵抗器**（0～10Ω）．

E：**直流安定化電源**（10 V, 2 A）または，**蓄電池**（2～4 V）．

$CuSO_4$の溶液は，約20 gの結晶硫酸銅を約80 gの水に溶かし，これに1 gの硫酸とアルコール少量を加えた割合のものである．A′, A″は厚く，Kは薄い

銅板を用い，極板の周辺は角をとって丸味を持たす．また，A′ と A″ とは，G の下で連結しておく．このほかに化学天びんまたは直示天びんを用意する．

c） **方　法**

（1） 極板 A′, A″ および K をサンドペーパーでよく磨き，水洗いする．なお，酸化物を除くため，稀硫酸中に数分間浸したのち，蒸留水または水でよく洗う．

（2） 3 つの極板を止めネジでふたGに取りつけて溶液中に浸し，スイッチ S を閉じて電流を通じ，安定化電源のつまみを加減し，電流を約 10 分間引き続き通ずる．この際の電流の強さは，K の電流を通ずる面（両側）の $1\,\mathrm{cm}^2$ 当たりに 0.02 A 程度を越えないようにする．

（3） スイッチ S を開いて K を取りはずし，よく水洗いし，アルコールに浸したのち乾かす．ドライヤーがあれば便利であるが，無ければ静かに振り回わせばよい．

（4） 化学天びんまたは直示天びんで K の質量 M_1 g を測る．

（5） 再び，K を取りつけて溶液中に浸すと同時に，S を閉じて電流を流し，その時刻 T_1 を読む．この際，アンペア計 A の読みも取り，以後 A の偏れに注意し，1 分毎に読みとってその平均値を求める．

（6） 20～30 分後に S を開くと同時に，時刻 T_2 を読み，直ちに K を取りはずして水洗いし，アルコール中に浸したのち，ドライヤーでよく乾かしてその質量 M_2 g を測る．

（7） 以上の測定値を次式に入れて，電流 J を算出する．

$$J=\frac{m}{\mu t}=\frac{M_2-M_1}{0.000\,3292(T_2-T_1)}\ \mathrm{A}.$$

（8） アンペア計の読み J_A の平均値と，上に求めた J とから，J_A に対する補正値 $J_A \sim J$ を求める．

注意 1 銅の極板は多少 $CuSO_4$ の溶液に溶けるから，K を液内に入れると同時に電流を通じて測定を始め，電流を断つと同時に K を液から取出して水洗いする．この場合，あらかじめビーカーに水を入れて手もとに置き，K を取り出したら直ちにビーカー内に入れて運び，水槽内で水洗いするようにすると，K の表面の酸化が少なくて，好結果が得られる．

注意 2 アンペア計の目盛の検定 以上の実験を，アンペア計のいろいろ異なる読みに対してくり返せば，それぞれの読みに対する補正値が定められる．このようにして，目盛に対する較正表または較正曲線を求めておけば，アンペア計の目盛の誤差を正し，またはアンペア計の読みから直ちに正しい電流の強さが求められる．ただし，強い電流の読みの検定に際しては，極板における電流密度に制限があるから，大きい極板を使用する必要がある．

注意 3　硫酸銅溶液や銅の粉については公害上取扱いに留意する．

問題 1　K の電流を通ずる面の面積 $1\,cm^2$ 当りに 0.02 A 程度を越えないようにするのは何故か．

問題 2　銅板に丸味をもたせるようにするのは何故か．

実験 30.　導体はく上の等電位線を見出すこと

a）説　明

直流が太さ一様な針金を流れる場合には，電流の流線は等間隔かつ平行で，したがって**電流密度**は一様であるが，金属板，電解質溶液などの場合は，電流密度は一様でない．このような場合，実験上から直接電流の流線を見出すことは困難であるが，流線に直角な等電位線は，容易に求めることができる．すなわち，電位の等しい点の間には電流が流れないから，この理を応用して，ある1点に対して電位の等しい点を順次求め，これらの点を連ねれば，等電位線が得られる．この実験では，導体はくに流れる電流につき等電位線を求め，これから，流線の分布を調べる．

b）装　置

図 30-1 は，使用する装置の見取図を示す．

S：**スイッチ．**　WW′：止めネジ A, B を備えた**木板**または絶縁板．

TT′：周辺にうすくのりつけして，白紙で裏打ちした**導体はく**，または Al はく；(面積抵抗の大きいアナコン紙または複写紙についているカーボン紙を利用するとよい)．

R：**可変抵抗器．**

E：2～4 V の**電池**または**整流電源装置．**

G：**指針型検流計．**

P：絶縁台上に取りつけた**金属片の先端．**

Q：絶縁体のえのついた**接触子．**

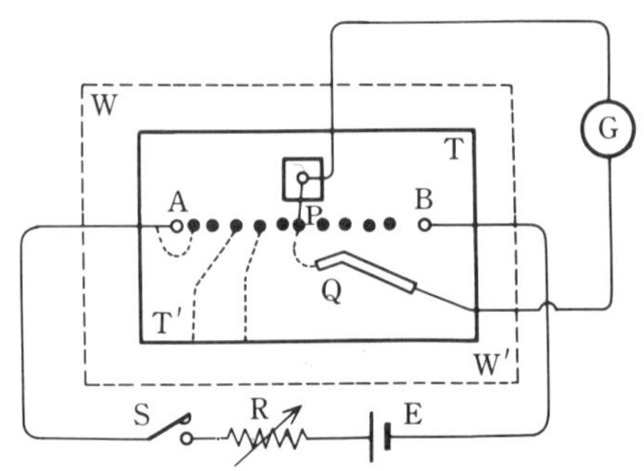

図 30-1

c) 方　法

（1） 導体はくに任意の形の孔をあけて，これを紙にはりつけ，止めネジ A, B により絶縁板上に取りつける．つぎに，電源 E，抵抗 R，スイッチ S をA, B 間に連結する．

（2） 導体はく上で，A, B 間を適当に分けて，標点を定める．標点の間隔は，A および B に近いほど狭くするとよい．はくの上半を紙で覆い，検流計 G に結んだ 2 本の針金のうちの 1 本の末端を，絶縁台に取りつけた金属片に結び，その先端 P を標点の 1 つに押しつける．他方の針金は接触子 Q に結ぶ．

（3） つぎに，S を少時間閉じ，接触子 Q を導体はくの面に触れると，一般に G は一方に偏れ，Q を少し移せば逆の方向に偏れる．このように Q を少しずつ動かして，G の全く偏れない点，すなわち P と同じ電位の点を求める．導体はくの下半面において，その縁に至るまで同様な点をなるべく多く求め，朱(しゅ)または白色インクで目印をつける．スイッチ S は，Q を導体はくの面に接触させて G の偏れを見るときだけ閉じる．閉じたままでは，電力の無益な消費となる．

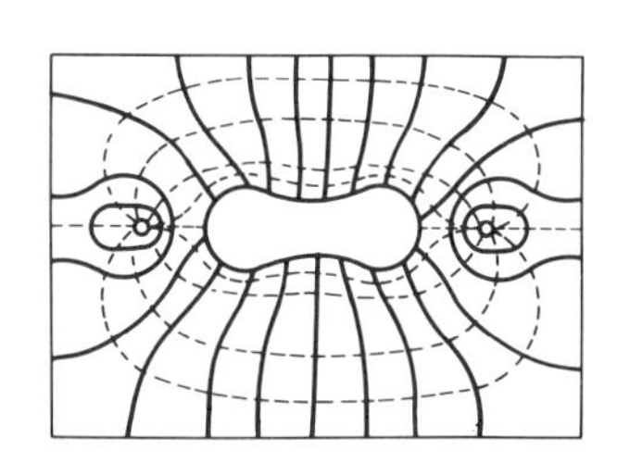

図 30-2　等電位線と電流の流線

（4） 他の標点に対しても，はくの下半面において同様の実験をし，各組の目印をつけた点を結んで，等電位線を描く．

（5） 上半面についても，同様にして等電位線を描き，導体はくを絶縁板から取り外して報告資料とする．失わないように報告書にはりつけておくとよい．

問題　導体はくの周辺では，等電位線が縁に対してどんな角度で交わるかを確かめよ．それはどうしてか．

実験 31．Wheatstone 電橋による抵抗の測定

a) 説　明

図 31-1 のように，直列に連ねた抵抗 BC = r_1，CD = r_3 と BA = r_2，AD = r_4 とを並列に連結し，2 点 B, D を電池 E の両極に結び，さらに 2 点 A, C を検流計 G を通して接続すると，一般に 2 点 A, C の電位が異なるため，電流 J_g を生じて検流計 G は

偏れる．しかし，抵抗 r_1, r_2 および r_4 を調節して G の偏れを零とする場合は，$J_g = 0$ となるから，

$$J_1 = J_3,\ かつ\ J_2 = J_4. \qquad (31 \cdot 1)$$

また，A, C 2 点の電位は等しいから，B→C, B→A 間および C→D, A→D 間の電位降下はそれぞれ等しい．すなわち，

$$J_1 r_1 = J_2 r_2,\ また\ J_3 r_3 = J_4 r_4. \qquad (31 \cdot 2)$$

$$\therefore \quad \frac{r_1}{r_2} = \frac{r_3}{r_4},\ すなわち\ r_3 = \frac{r_1}{r_2} r_4. \qquad (31 \cdot 3)$$

したがって，抵抗 r_1, r_2 および r_4 が既知ならば，未知抵抗 r_3 が定められる．

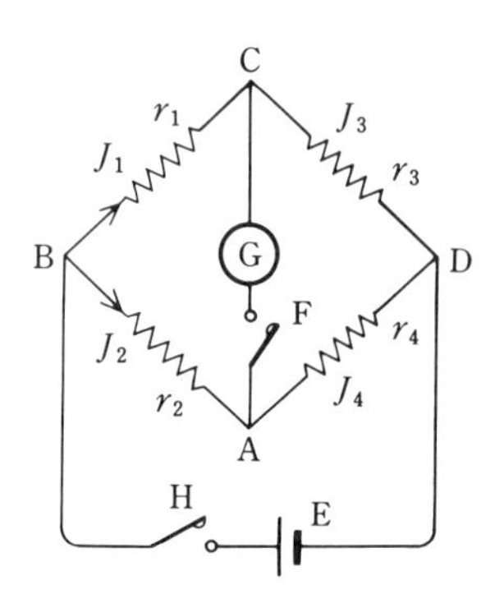

図 31-1　Wheatstone 電橋

上記の接続は **Wheatstone 橋（電橋）**（Wheatstone's bridge）と呼ばれ，$J_g = 0$ となるとき，電橋は**平衡**（balance）を保つという．また，r_1, r_2 を**比例辺**（ratio arm），r_4 を**可変抵抗辺**（adjustable resistance arm）と呼ぶ．電橋の接続は抵抗の測定のみならず，いろいろな場合に利用されるが，抵抗測定用に実用化して広く使用されるものに**スライド線型電橋**（slide wire bridge）と**局型電橋線**（post-office bridge）とがある．図 31-2 は前者の原理図を示す．

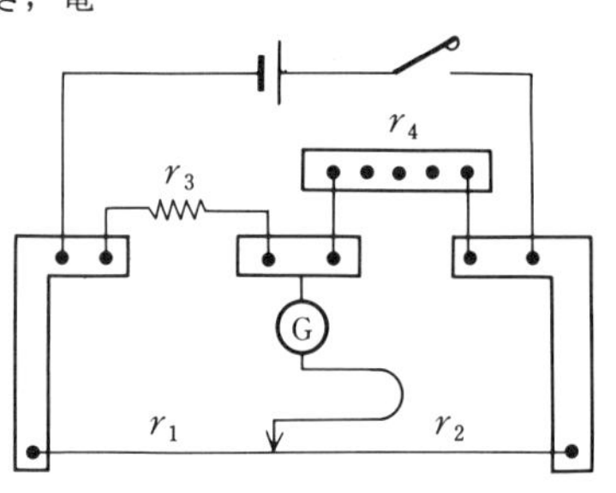

図 31-2　スライド線型電橋

b）局型電橋

これは図 31-3 のような一種の抵抗箱である．AB, BC は比例辺で，それぞれ 10, 100, 1000Ω の抵抗をもち，AD は可変抵抗辺で 1Ω から 4000Ω までの抵抗を備え，1Ω 飛びに任意の抵抗値に組み合わせられる．

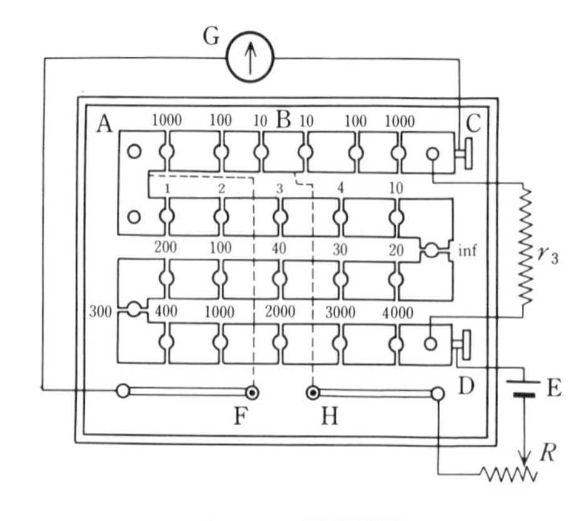

図 31-3　局型電橋

抵抗線は通常マンガニン（Cu 84%, Mn 12%, Ni 4%）

の2重絹巻き線を用い，無誘導とするために図31-4のように**折り返し2列巻き**（bifilar winding）とし，その両端をエボナイト板aに取りつけた金属片bに連結する．故に，金属片間の**プラッグ**（plug）を抜き差しして，比例辺および可変抵抗辺の抵抗を加減できる．

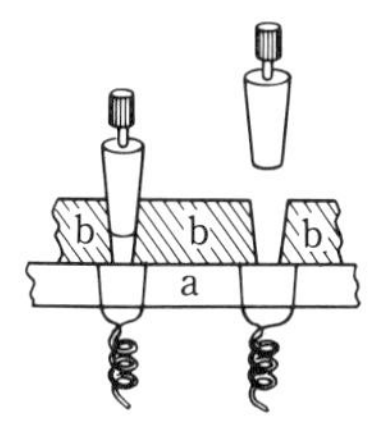

図 31-4

局型電橋で抵抗を測るには，図31-3のように接続するが，**検流計**Gとしては指針型のもの，**電池**Eとしては乾電池を用い，Eには直列に1000Ωくらいの**可変抵抗器**Rを入れる．これは，電橋の平衡を得るまでGに大きな電流を流さないための保護抵抗である．したがって，ほぼ平衡を得てGの偏れが小さくなるときは，$R=0$とすべきである．なお，使用上の注意を挙げれば，

（1） 1つのプラッグを抜き取ると他のプラッグがゆるみ，接触抵抗を増して誤差の原因となるから，測定中はときどきプラッグにゆるみのないようにしめ直す必要がある．

（2） プラッグは，その金属部が汚れると接触を悪くするから，金属部には手を触れてはならない．抜き取ったプラッグは，電橋の箱のふたの中に入れておく．

（3） キーHおよびFの操作は，まずHを押して電流を定常にしたのちFを閉じ，Fを開いたのちHを開くようにする（何故か）．

（4） r_1/r_2とr_4との値を加減すれば，r_3としては0.01Ωから10^6Ωまで測れるはずであるが，実際上は局型電橋の測定範囲は0.1から10^4Ω程度に限定される．この範囲外の低抵抗，高抵抗の測定は，別な方法によらなければならない．

c） **方　法**

（1） まず，必要な部品を図31-3のように，局型電橋の所定の端子に連結する．測ろうとする抵抗r_3だけは，太い針金で連結する必要がある．

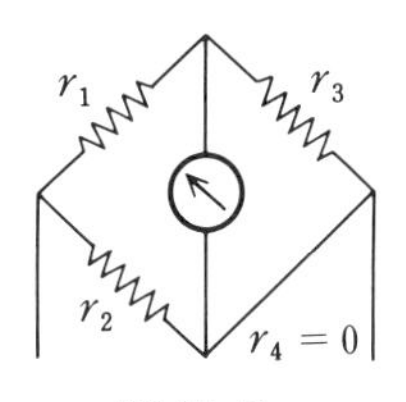

図 31-5

（2） 各端子の止めネジおよびすべてのプラッグにゆるみがないかを検べ，保護抵抗Rを最大にしたのち，比

例辺 r_1, r_2 からそれぞれ 10Ω のプラッグを抜き，可変抵抗辺 r_4 のプラッグは全部差し込んだままキー H を押し，つぎにキー F を一瞬押して G の偏れを見る．そして，F を開いたのちに H を開く．

以上の操作で，$r_1/r_2 = 10/10$ のとき $r_4 = 0$ として，G の偏れを確かめたことになる．

（3） つぎに，r_4 から∞のプラッグを抜き，まえと同様にして G の偏れを見る．恐らく，G の偏れはまえとは反対方向になるであろう．これは，$r_1/r_2 = 10/10$ のとき $r_4 = \infty$ とすれば，電橋の平衡に対し r_4 は過大であることを示す．(2) および (3) の操作から当然ながら r_3 は 0 と∞との中間の値をとることがわかる．

（4） つぎに，∞のプラッグを差し込み，4000Ω のプラッグを抜き，まえと同様 G の偏れの方向を検べる．$r_4 = \infty$ のときと同方向ならば，$r_4 = 4000\,\Omega$ は過大，$r_4 = 0$ のときと同方向ならば過小である．例えば，$r_4 = 4000\,\Omega$ では過大であることが判ったときには，4000Ω のプラッグを差し込んだのちに r_4 から 1Ω のプラッグを抜き，再びの偏れの方向を調べる．仮りに，$r_4 = 0$ のときと同方向であったとすれば，$r_4 = 1\,\Omega$ は過小なことがわかる．以上で，$r_1/r_2 = 10/10$ のとき $r_4 = 4000\,\Omega$ は過大，$r_4 = 1\,\Omega$ は過小で，したがって，r_3 は 1〜4000Ω であることを知る．

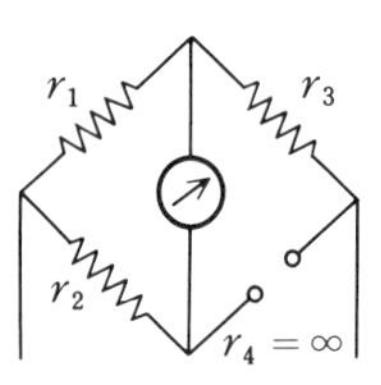

図 31-6

このようにして，r_4 の値の過大，過小の範囲を順次狭めて，r_4 が 1Ω の差で過大，過小となるような r_4 の値を探し求める．例えば，r_4 が 14Ω では過小，15Ω では過大なことを認めたとすれば，

$$r_1/r_2 = 10/10 \quad \text{のとき} \quad r_4 = 14\sim15\,\Omega. \qquad \therefore \quad r_3 = 14\sim15\,\Omega.$$

ただし，r_4 の値の範囲が狭まれば電橋は平衡に近づき，G の偏れは小さくなるから，この場合は保護抵抗 R を減少し，あるいは零として，G の偏れを大きくして観測する．

（5） つぎに，比例辺のプラッグを差し換えて $r_1/r_2 = 10/100$ とすれば，$r_4 = 140\sim150\,\Omega$ となるから，この範囲で r_4 を調節して G の偏れを調べる．例えば，r_4 が 146Ω と 147Ω で偏れが左右反対となったとすれば，

$r_1/r_2 = 10/100$ のとき $r_4 = 146\sim147\,\Omega$. $\therefore$ $r_3 = 14.6\sim14.7\,\Omega$.

（6） さらに，$r_1/r_2 = 10/1000$ として，r_4 を 1460～1470 Ω の間で加減し，まえと同様にして G の偏れを調べる．もし，r_4 が 1462 Ω と 1463 Ω で偏れが左右反対になったとすれば，

$r_1/r_2 = 10/1000$ のとき $r_4 = 1462\sim1463\,\Omega$. $\therefore$ $r_3 = 14.62\sim14.63\,\Omega$.

したがって，r_3 の測定値としては 14.625 Ω とすればよい．しかし，もし G の感度が高く，左右の偏れの大きさが区別して読めるならば，内挿法で偏れを零とするための r_4 の値を正確に定め，これを $r_3 = (r_1/r_2)r_4$ に入れて，r_3 の値を求めればよい．

（7） 以上の方法で，与えられた 2 個の抵抗 R_1, R_2 を測り，さらにこれらを直列および並列につないだときの抵抗 $R_{\rm s}$ および $R_{\rm p}$ を測定し，これを，

$$R_{\rm s} = R_1 + R_2,\quad R_{\rm p} = \frac{R_1R_2}{R_1+R_2}$$

に従って算出した結果と比較する．

実験 32. 金属と半導体の抵抗の温度変化の測定

a） 説 明

金属の電気抵抗 R は，金属中の自由電子の状態によるもので，結晶格子の熱振動や不純物によって周期性が乱され，電子の移動が妨げられて，R の値が決まる．合金の R は一般に大きい．純金属の R は絶対温度にほぼ比例して大きくなるが，金属の R は温度によって変化し，温度のあまり広くない範囲では温度に比例すると見なせるので，次の式で表される．

$$R = R_0(1+\alpha t). \tag{32·1}$$

R_0 は温度 0°C のときの抵抗値で，α は**温度係数**を示す．半導体では，安定なあるエネルギー準位にある電子が熱エネルギー等の**活性化エネルギー**を受けて励起され，次の高い準位に移って自由電子となるので，自由電子の数は温度とともに増大し，R は減少する．**サーミスタ** (Thermally Sensitive Resistor の略）は半導体の一種で，絶対温度 T における抵抗値 R は，ある特定温度 T_1 のときの抵抗値 R_1 との間に，次式で示される関係がある．

$$R = R_1 \exp\left[B\left(\frac{1}{T} - \frac{1}{T_1}\right)\right]. \tag{32·2}$$

R_1, B の値はサーミスタの固有値で，製品の特性表に示されている．普通 R_1 は $T_1 =$ 25°C の値で表示され，B は活性化エネルギーに関する定数で，特性温度 (Material

Constant）として単位 K で示されている．したがって，サーミスタの温度係数 β は，次の式で表される．

$$\beta = \frac{1}{R}\frac{\mathrm{d}R}{\mathrm{d}T} = -\frac{B}{T^2}. \tag{32·3}$$

通常は負の大きな値であり，普通金属の 10 倍以上にもなる．（正の温度係数のものもあり，ポジスターという．）

b） 装置および用具

抵抗の測定に**ダイヤル式ホイートストンブリッジ**を使う．実験 31 のホイートストンブリッジでプラグの代りにロータリスイッチを用いたもので原理は全く同じである．サーミスタ測定の都合で，ブリッジ内蔵の電池の代りに**定電圧電源**（0～20 V, 500 mA）を使う．**水銀温度計**（～200 °C, 1/5°C 目盛），**ビーカー**（500 cc 2 個），**攪拌器**，**電流計**（1 mA），**スイッチ**（電流計短絡用），**スタンド**（温度計および試料保持用），**オイル**（マシンオイル，サラダオイル，シリコンオイル等 1 l），**電熱器**（約 300 W），**電圧調整器**（0～130 V），のほかに次の A, B 2 つの測定試料（図 32-1）を用意する．

試料 A　長さ約 15 cm，太さ約 15 mm の絶縁物（ベークライト等）の筒の片端に直径 0.14～0.16 mm のエナメル銅線 15～20 m をコイル状に密巻きにし，銅線の両端を筒の他端に取りつけた 2 つの端子にハンダ付けする．

試料 B　サーミスタの両リード線に直径約 1 mm のエナメル銅線をハンダ付けし，絶縁棒（ガラス等）に固定して保持出来るようにする．（測定用サーミスタとして芝浦電子製の STT-300 を使う）

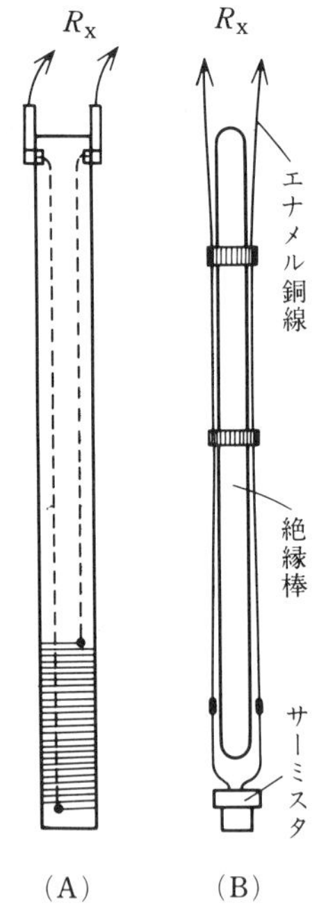

図 32-1　試料

c） 方　法

図 32-2 のようにオイル 500 cc 入れたビーカーを電熱器 H にのせ，試料 A，温度計 T をスタンドで保持し，攪拌器 S を入れておく．H のコードを電圧調整器 V_1 に，ブリッジ電源引出線を定電圧電源 V_2 に接続する．

（1） 常温における試料の抵抗値を測る．

（イ） V_2 の電源スイッチはOFFのまま電流調整ツマミは最大に，電圧調整ツマミは最小に回しておく．ブリッジの内蔵検流計Gの指針が0目盛を指し，EXT-GA端子が短絡片で短絡されていることを確かめてから試料Aの引出し線を R_X 端子に接続する．

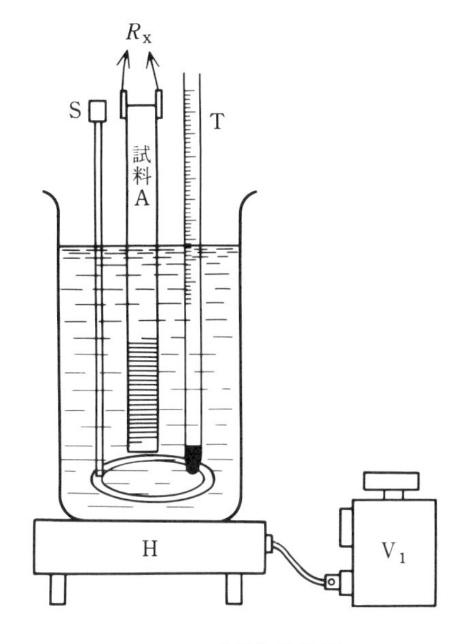

図 32-2　試料加熱装置

（ロ） V_2 のスイッチをONにし，電圧ツマミを回して，4.5Vに設定する．図32-3のダイヤル D_0, D_4 は1に， D_1, D_2, D_3 は0に合せておく．電鍵BAをおしたまま続いて電鍵GAをおしてGの指針が⊕⊖のいずれの方に振れるかを見る．（電鍵をおす時間はBA約1秒，GAは瞬間とし順序を間違えてはならない）．

（ハ） ⊕側に振れたらダイヤル D_0 を10にして，またも⊕に振れたら次の

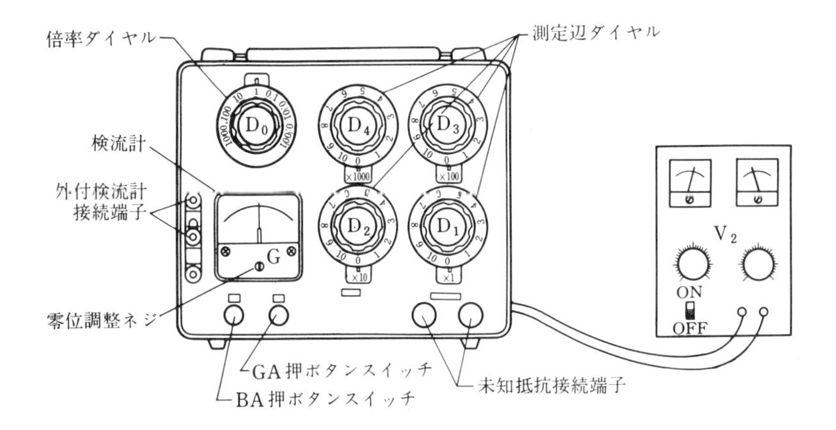

図 32-3　各部の名称

100 に増やして見る．これで ⊖ 側に振れたら R_X の値は 10 kΩ～100 kΩ の範囲にあることになる．

（ニ） はじめに ⊖ 側に振れたら R_X の値は 1000 Ω 以下であるので，ダイヤル D_0 を 0.1，0.01 と下げて指針が逆に振れるところを見つける．

（ホ） R_X の概略値が分れば，ダイヤル D_4～D_1 の順に調整し，検流計の指針が振れなくなるところを見つける．未知抵抗 R_X の値は，

$$R_X = (D_1 \sim D_4 \text{ の読みの代数和}) \times (D_0 \text{ の読み}).$$

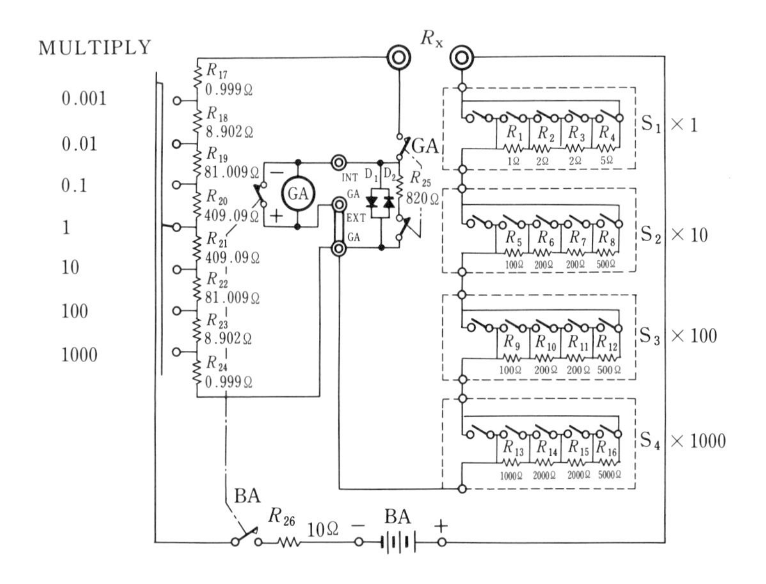

図 32-4　回路構成

（2） 電圧調整器 V_1 の上部のツマミを回して，ビーカのオイルを加熱し，常温から 90°C 位まで約 10°C ごとに (1) の測定を行う．測定温度近くまで上昇したら V_2 のツマミを下げて，オイル温度が一定に保たれていることを確かめた後に測定を行い，測り終ったときに T の目盛 t を読みとる．

（3） 各温度で得た R_X の測定値と温度 t との関係を方眼紙に図示し，直線になることを確かめて，(32·1) 式から温度係数 α の値を求める．

（4） オイルの入ったビーカを取り替えて試料Bをセットして，同じ測定を行う．サーミスタは過大電流を流すと破損することがあるので，これを防ぐた

めに R_x に接続する試料 B と直列に電流計と短絡スイッチ SW の並列回路を接続しておく．(図 32-5)

(５) 各回の測定に，まず SW を開き，V_2 の電圧ツマミを 0 から徐々に上げ，サーミスタに流れる電流を 0.05 mA にする．(使用サーミスタによって抵抗値が異るので，適当に電流値を設定する.)

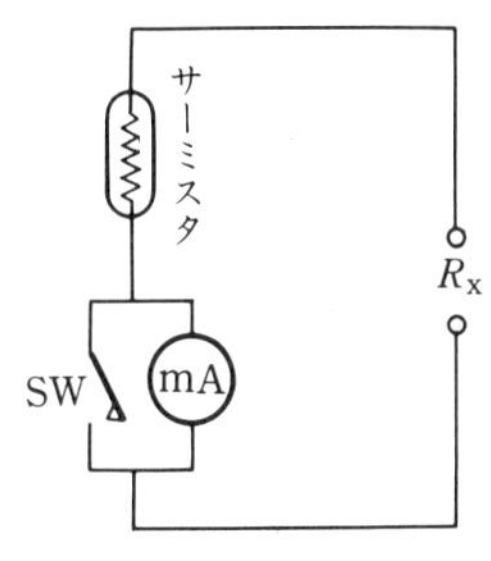

図 32-5

(６) サーミスタと電流計の内部抵抗値との和の概略値を求めてから SW を閉じてサーミスタの抵抗値を求め，そのときの温度計の目盛 t を読みとる．

(７) 常温から 100°C まで数点の温度について測定を行う．(サーミスタにより使用温度範囲が指定されているので，測定はその範囲内で行う.)
またサーミスタは温度変化による抵抗値の変動幅が大きいので，温度が一定に保たれていないときは検流計の振れない点の検出がむずかしい．

(８) 抵抗 R_x と温度 t との関係を方眼紙上に示す．また片対数方眼紙*を用いて，対数目盛に R，普通目盛に $1/T$ をとり，測定結果を記入して直線にな

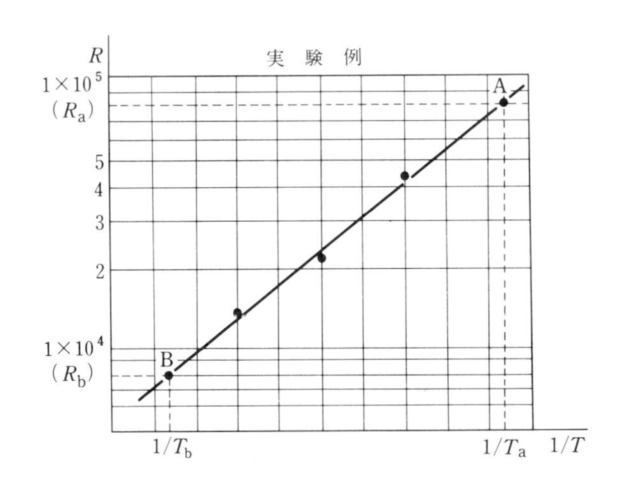

図 32-6

* I. §9. b) 注意 2 参照

ることを確かめる．($T=t+273$)

(9)　グラフから抵抗値の比が $R_a/R_b=10/1$ となるような T_a と T_b を求め（図 32-6 参照）(32·2) 式から，

$$R_a = R_b \exp[B(1/T_a - 1/T_b)], \qquad (\log_{10} e \doteqdot 0.434)$$

として B の値を求め，(32·3) 式から β の値を求める．

実験 33．低 抵 抗 の 測 定*

a) 説　明

低抵抗の測定には，局型 Wheatstone 電橋は接触抵抗および感度の低下などの原因で精密を欠くために，使用できない．低抵抗を測るには，実用上便利な装置（つぎのKelvin の複橋 参照）があるが，この実験では，既知および未知抵抗に同じ電流を通して，それぞれの電位降下の比，したがって，検流計の偏れの比を測って，未知抵抗を求める方法を用いる．

測ろうとする低抵抗 r の針金 AB, 既知抵抗 R さらに可変抵抗 P を直列に連ねて，一定の起電力の蓄電池 E の両極に結び，P を加減して図 33-1 の回路に弱い電流 J を流す．いま，抵抗の大きい検流計 G を切換スイッチ S により AB の両端に接続すれば，G に流れる電流は，A, B 間の電位差に比例し，かつ極めて弱いから，

$$\text{G の偏れの角} \quad \theta_1 \propto Jr.$$

つぎに，S を切換えて G を R の両端に接続すれば，同様に，

$$\text{G の偏れの角} \quad \theta_2 \propto JR.$$

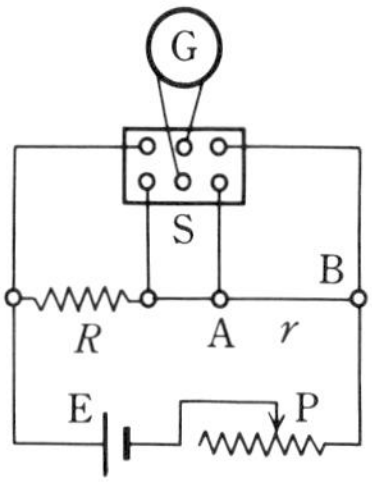

図 33-1

G の偏れの角 θ_1 および θ_2 を望遠鏡と目盛尺とで測るものとし，それぞれの偏れの読みを d_1, d_2 とすれば，

$$\theta_1/\theta_2 = d_1/d_2 = Jr/JR = r/R.$$

$$\therefore \quad r = (d_1/d_2)R. \qquad (33·1)$$

R が既知であるから，d_1, d_2 を測れば，上式から r が求められる．

なお，長さ l, 断面積 S の針金の抵抗 r は次式で示される．

$$r = \sigma l/S = l/\kappa S. \qquad (33·2)$$

ここに，σ は**比抵抗** (specific resistance), κ は**比伝導度** (sp. conductivity) と呼ばれ針金の物質に特定な定数である．したがって，σ あるいは κ を付録の表から求めれば，l, S を測って r が定められる．この実験では，(33·1) から求めた測定値と，同じ針金につき (33·2) から得た計算値とを比較検討する．

---

* この実験では，動コイル型反照検流計 (III. §1. 参照) を使用するから，あらかじめその原理，構造，使用法をわきまえておく必要がある．

b) **装　置**　　図 33-2 は装置の概略を示す.

R: **標準抵抗器** (0.1, または 0.01Ω).
r: **試料の針金**.
P: **可変抵抗器** (0~100Ω).
Q: **固定抵抗器** (3kΩ).
E: **蓄電池**または**整流電源装置** (2~6V).
A_0: **アンペア計** (0~1.2A).
G: **動コイル型反照検流計**.
S_0: **電流方向転換器**.
S: **切換スイッチ**.

r は長さ約 1m, 直径約 0.5mm のアルミニウム線で, 木台上の A, B の 2 端子間に張る. Q は G に高抵抗のものを用いれば, 不要となる.

以上のほか, **望遠鏡**と**目盛尺**, **メートル尺**, **ネジ・マイクロメーター**を使用する.

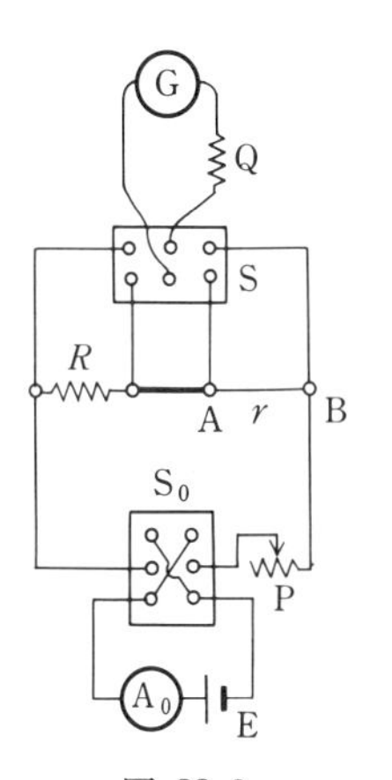

図 33-2

c) **方　法**

(1) スイッチ S および転換器 S_0 のキーを開いておいて, 各部品を適当に配置して配線したのち, 検流計 G の調節*を行う.

(2) 配線に誤りがないかを確かめたのち, 可変抵抗 P を最大にしたままで, 転換器 S_0 のキーを一方に投じて電流を通じ, スイッチ S を AB の側に転じて G の偏れ d_1' を読む. つぎに, S_0 のキーを他方に転じて, 電流の方向を逆にして G の偏れ d_1'' を読む. もし, d_1' と d_1'' との差があまり大きければ, G の鏡の向きを調節し直す. d_1' と d_1'' との平均値を d_1 とする. 電流を逆にして観測するのは, 熱起電力の影響を避けるためである. また観測中は, つねに電流が一定となるように, アンペア計 A_0 で監視する必要がある.

(3) つぎに, スイッチ S を標準抵抗 R の側に転じ, 転換器 S_0 で電流を一方向に通じたときと, 逆方向に流したときとの G の偏れ d_2' および d_2'' を読み, これを平均して d_2 を定める.

(4) d_1, d_2 および R の値を次式に入れて, 求める抵抗 r を算出する.

---

* III. §1. g) 参照.

$$r = \frac{d_1}{d_2} R\ \Omega.$$

（5） 可変抵抗器Pをいろいろ変化し，そのたびごとに，まえと同様にしてrを定め，それらの平均値を求める結果とする．

（6） 試料の針金ABを木台から取りはずし，端子で止めた2点間の長さlmをメートル尺で測り，さらに数個所の断面につき縦横の直径をネジ・マイクロメータで測って，その平均直径Dmを求め*，次式から針金の抵抗rを求める．ただし，その比抵抗$\sigma\Omega\cdot$mは巻末の付録の表から見出す．

$$r = \sigma\frac{l}{S} = \sigma\frac{4l}{\pi D^2}\ \Omega.$$

これと，(5) に求めた結果とを比較する．

注 意　Kelvinの複橋 (double bridge)　図33-3はその原理を示すもので，測る低抵抗DFと標準低抵抗HLとを抵抗の小さい接続導体Bで連接し，電池Eによりこれに電流を通じ，別に接点D, FおよびH, Lを電圧接点として4個の抵抗P, pおよびq, Qを図のように接続し，接点M, N間に検流計Gを橋渡す．いま，上の4個の抵抗と電圧接点H, Lとを変化して，Gの偏れが零となり平衡が保たれたと仮定する．この際，D, F間とH, L間およびF, H間の抵抗とそれに流れる電流などを，図示の記号で表すものとすれば，

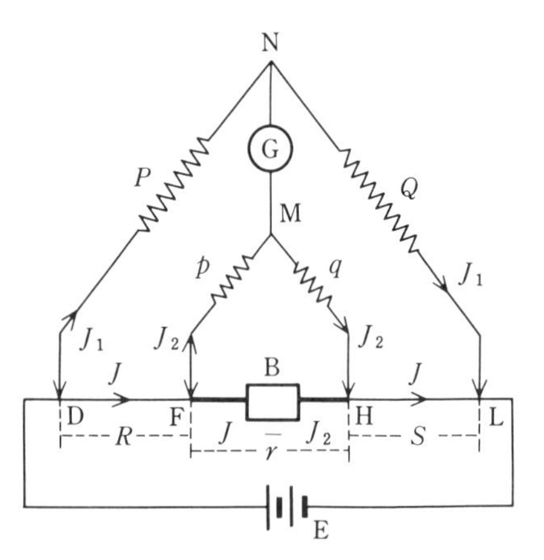

図 33-3　Kelvinの複橋

FBHとFMHとの電位降下について　$(J-J_2)r = J_2(p+q)$,　(33·3)

DNとDFMとの電位降下について　$J_1P = JR+J_2\,p$,　(33·4)

NLとMHLとの電位降下について　$J_1Q = J_2\,q+JS$.　(33·5)

さて，(33·3) 式から，

$$J_2 = \frac{r}{p+q+r}J.$$

(33·4) および (33·5) 式の比をとり，これに上式を代入すれば，

---

* 実験6，注意1 参照

$$\frac{P}{Q}=\left(R+\frac{r}{p+q+r}p\right)\Big/\left(S+\frac{r}{p+q+r}q\right).$$

$$\therefore\quad \frac{R}{S}=\frac{P}{Q}+\frac{r}{S}\frac{q}{p+q+r}\left(\frac{P}{Q}-\frac{p}{q}\right). \tag{33·6}$$

したがって，$P/Q=p/q$ の関係が成立する場合には，

$$R=(P/Q)S. \tag{33·7}$$

これから，P/Q および S が既知ならば未知抵抗 R の値が求められる．もし，$P/Q=p/q$ の関係が正しく成立しない場合は，標準抵抗 S に対して r をできるだけ小さくする必要がある．それでも，なお S に対して r を無視し得ないときは，つぎの式から R を定める．

$$R=\frac{P}{Q}S+\frac{rq}{p+q+r}\left(\frac{P}{Q}-\frac{p}{q}\right). \tag{33·8}$$

実用の複橋では，$P/Q=p/q$ の関係を常に保つように装置し，$R=(P/Q)S$ の関係から R を求めるが，その構造上から，S を一定にして P/Q（したがって p/q）を変化して平衡を保たせる方式のものと，S と P/Q（あるいは p/q）とをともに変化して平衡を保たせる方法をとるものとがある．

可変比例抵抗を用いる複橋の一例として，Y. E. W.*製のものを示す．図 33-4 はその接続を，図 33-5 はその外観を示す．図から明らかなように，比例抵抗の一方の P したがって p は，ともに 0.1，1，10，100 Ω の 10 個ずつの 4 組の抵抗系からなり，これらの抵抗系は 0〜10 まで目盛した 4 個のダイヤルを回転することにより，連動的に接触子が動き，P と p とは相等しい抵抗で変化する．したがって，4 個のダイヤルを回転すれば，P と p とを 0〜1111 Ω までの間の任意の相等しい抵抗値とすることができる．また，比例抵抗の他方の Q，したがって q は，同様な 1 個のダイヤルで連動的にそれぞれ 10, 100, 1000 Ω の抵抗を持つように，3 段に切換えられる．

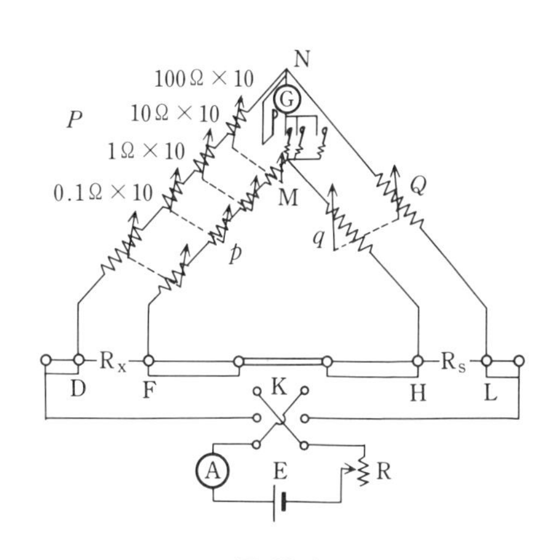

図 33-4

G_2, G_1, G_0, G_s は検流計 G 用のスイッチで，G_2, G_1 を押せば，それぞれ 50 kΩ, 2.5 Ω の保護抵抗が検流計に直列に入り，G_0 を押せば抵抗なしに連結される．また

＊ 横河電機製作所.

G_s を押せば，検流計の両端子が短絡され，電流計の動コイルの振動に制動を効かすことになる．K は電池 E の電流の方向転換器である．

この複橋の使用に際しては，端子 R_x には試料の針金を，端子 R_s には 0.1Ω の標準抵抗を，いずれも太い導線でつなぐ．また，端子 Gal には動コイル型反照検流計を，端子 Bat には容量の大きな 2〜4 V の蓄電池，可変抵抗器および電流計を直列に連結する．検流計を調節したのち，方向転換器 K を一方に倒し，可変抵抗器を加減して 0.2〜0.3 A 程度の電流を通ずるようにする．

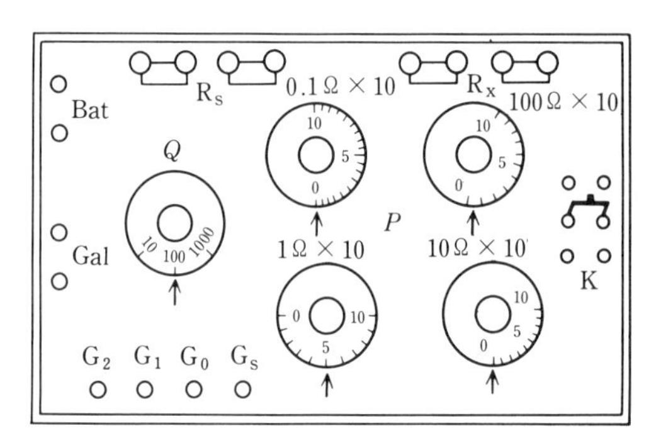

図 33-5

まず，Q のダイヤルの目盛 10 を標線に合わせて $Q=10\Omega$ とし，P の 4 個のダイヤルの目盛 0 をそれぞれ標線に合わせて $P=0$ としたのち，G_2 を一瞬間押して検流計の偏れの方向を見る．つぎに，4 個のダイヤルの目盛 10 をそれぞれ標線に合わせ，すなわち $P=1111\Omega$ として，G_2 を同様に押して偏れの方向を確かめる．前後の偏れの方向が相反するならば，試料の抵抗 R は 0 と $(1111/10)\times 0.1\Omega$ との間の値を持つことがわかる．このようにして，P の値の過大，過小による検流計の偏れの方向を見定めたのち，P の 4 個のダイヤルで P の値を加減し，そのたびに G_2 を押して，偏れが減少するようにダイヤルを調節する．偏れが微小となったら，G_1 さらに G_0 を押して，P の値を僅かずつ加減する．

もし，　　$P=3.8\sim 3.9\Omega$　　で偏れが反対となれば，

$$R=\left(\frac{3.8}{10}\times 0.1\right)\sim\left(\frac{3.9}{10}\times 0.1\right)\Omega.$$

つぎに，Q 円板の目盛を 100 に切換えて $Q=100\Omega$ とし，P 円板を $P=38\sim 39\Omega$ の範囲で調節して，まえと同様に G_2, G_1 および G_0 を順次押して，偏れの方向を調べる．

かりに，　　$P=38.2\sim 38.3\Omega$　　で偏れが反対となれば，

$$R=\left(\frac{38.2}{100}\times 0.1\right)\sim\left(\frac{38.3}{100}\times 0.1\right)\Omega.$$

最後に，Q 円板の目盛を 1000 に切換えて $Q=1000\Omega$ とし，$P=382\sim 383\Omega$ の間で P のダイヤルを調節し，G_2, G_1 および G_0 を押して，偏れの方向を調べる．

かりに，　　$P=382.5\sim 382.6\Omega$　　で偏れが反対となれば，

$$R=\left(\frac{382.5}{1000}\times0.1\right)\sim\left(\frac{382.6}{1000}\times0.1\right)\ \Omega.$$

すなわち，$R=0.03825\sim0.003826\,\Omega$ であることがわかる．もし，左右の偏れが読み取ることができれば，内挿法によって求めて，Rの値を定める．

なお，方向転換器Kを他方の側に倒し，電流の方向を逆にして測定をくり返し，前後の結果を平均して，求める抵抗値とする．Kを切換えて測定をくり返すことは，熱起電力と接続部の抵抗との影響を除く意味で，大切なことである．

実験 34. Kohlrausch電橋を用いる電解質の抵抗の測定

a) 説　明

電解質の抵抗は，Wheatstone 電橋の接続を利用して測られる．しかし，電解質溶液に直流を通すと，電解して逆起電力を生じ，いわゆる**分極作用**（polarization）を呈するために電流は弱まり，見かけ上 抵抗が増す．故に，電解質溶液の抵抗はふつうの導体のように，直流を使用しては測定できない．しかし，周波数の大きな交流を用いれば，電解して生じた物質は反対方向の電流で消失し，分極作用の影響は除かれるため，測定が可能となる．ただし，この場合の Wheatstone 電橋においては，検流計の代わりに交流に感ずる受話器を使用する．このように，交流を用いて電解質溶液の抵抗を測る装置を **Kohlrausch 電橋**という．この実験では，電解質の水溶液の濃度とその抵抗との関係を調べる．

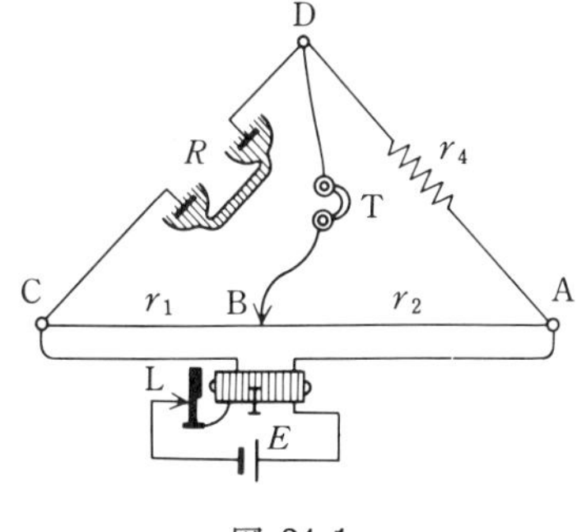

図 34-1

b) Kohlrausch 電橋および用具

これは，交流電源として**小型の誘導コイル**を利用した一種のスライド線型電橋*である．線型電橋を使用するのは，操作が簡便であることよりも，交流を用いる関係上，巻線抵抗を極力避けて，自己誘導と分布容量とをなるべく少なくするためである．図 34-1 は原理を示し，図 34-2 は実用上の構造を示す．

r_1 および r_2: 一様な太さの針金 AC からなる比例辺．

B: スライド接触子．　この位置によって，r_1/r_2 が加減される．比例辺を構成する針金 AC に沿って目盛板があり，B の指示する目盛から r_1/r_2 の

* 実験31. a) 参照.

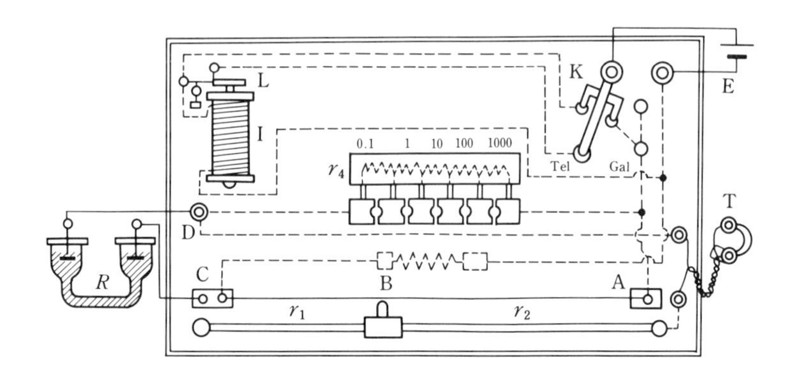

図 34-2　Kohlrausch 電橋

値が直読される.

r_4: 0.1, 1, 10, 100, 1000Ω を備えた可変抵抗辺.

I および L: 誘導コイルおよびその振動片型断続器.

K: 切換スイッチ.　Tel 側に投じて使用する. もし, K を Gal 側に投ずれば, I は除かれ, 電池 E は直接 A, C 間に入り, そのとき受話器 T の代わりに検流計を用いれば, ふつうのスライド線型 Wheatstone 電橋として利用される.

T: 数千 Ω の高抵抗の**受話器**.　その導入線は無誘導にするために, より合わす.

R: 白金電極を有する**電解器**.　電解器としては, 図 34-3 のようなH型のものを用いれば, 溶液の比抵抗を測るのに都合がよい. 極板と導線との連結は, 図のように水銀接触とするのが本式であるが, 便宜上端子のネジで止めてもさしつかえない.

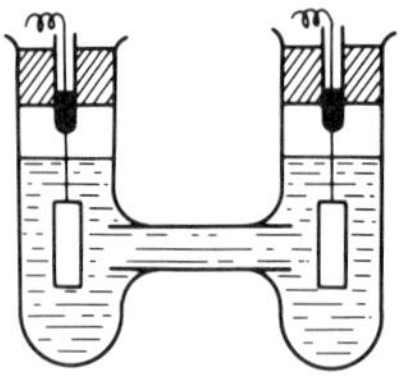

図 34-3

c) **方　法**

(1) Kohlrausch 電極の指定の端子に所定の部品を図 34-2 のように連結する. 電解器には, 第二塩化銅の溶液を入れ, 電極への導入線はなるべく短く, かつ直線状とする (何故か).

(2) つぎに, 切換スイッチ K を Tel 側の端子に転ずれば, 受話器 T にハム音が聞こえる．もし，断続器 L が動作せず，音が聞こえなければ，L を指で軽くはじき，または L に接触するネジを加減する．

（3） 可変抵抗辺 r_4 のうちの 1 つのプラッグを抜き，接触子 B を左右に動かし，音の最も弱くなる位置を求める．この際，r_4 のプラッグを抜き換えて，B の位置がなるべく抵抗線 AC の中央部にくるようにする（何故か）．すると，電橋が平衡を得たことになるから，電解器内の溶液の抵抗を R とすれば，

$$r_1/r_2 = R/r_4, \qquad \therefore \quad R = (r_1/r_2)r_4. \tag{34·1}$$

故に，r_1/r_2 の値を接触子 B の指示する目盛から読み，これに抜いたプラッグの抵抗 r_4 を掛ければ，R が定められる．

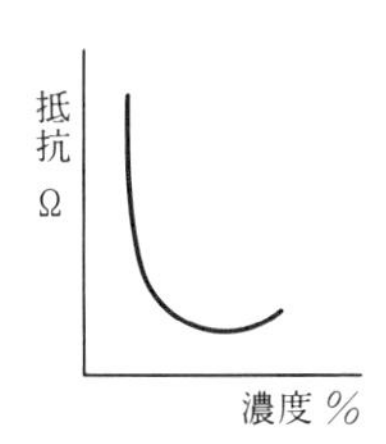

図 34-4

（4） 濃度の異なった第二塩化銅の溶液を電解器に入れて抵抗を測り，濃度と抵抗との関係を示す図を描き，抵抗の最小となる濃度を調べる．溶液の入れ換えの際は，かならず電極をうけ台にのせておき，破損しないように保護する．

注意 液体の抵抗は容器により異なる．故に，液体の抵抗を論ずる場合は，ふつうその液の比抵抗 σ または比伝導度 κ を問題とする．σ または κ を測るには，図 34-3 の容器が便利である．まず，これで抵抗 R を測り，側管の長さ l，断面積 S を測れば，次式から σ, κ が決定される．

$$R = \sigma\frac{l}{S} = \frac{1}{\kappa}\frac{l}{S}. \tag{34·2}$$

実験 35. 電池の起電力の測定

a） 説　明

一様な導線 PQ と電池 B の両極に結び，PQ に一定の電流 J を通じ，別に起電力 E_0 および E_x の電池の正極を P に，負極を切換スイッチ S に連結し，さらにこれを検流計 G をへてスライド接触子 C に結ぶ．いま S を電池 E_0 の側に投じ，C を PQ に沿って滑らせ，G の偏れが零となり，電路 GSE_0 に電流が流れないときの接触子の位置 C_0 を求め得たとすれば，

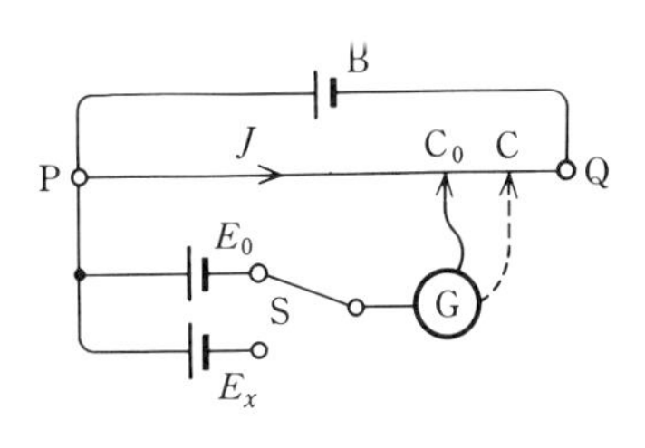

図 35-1

PC_0 間の電位差　$Jr_0 = E_0$,　ここに，r_0 は PC_0 の抵抗.

つぎに，S を電池 E_x の側に切換え，前と同様に調節して得た位置を C とすれば，

PC 間の電位差　$Jr = E_x$,　ここに，r は PC の抵抗.

$$\therefore\quad E_0/E_x = r_0/r = PC_0/PC. \qquad (35\cdot1)$$

したがって，一方の電池の起電力が既知ならば，他方の電池の起電力が求められる．また，後者の代わりに電位差のある2点に結べば，その電位差が測られる．このように，電位を平衡させて電流を流さずに電位差を測る装置を，一般に**電位差計**（potentiometer）という.

b)　装　置　配線図を図 35-2 に示す.

PQ：長さ約1mの**目盛尺つきの木台**上に張られた細い一様な Ni 線.

B：2～4V の**蓄電池**または**直流安定化電源**.

A：**アンペア計**（0～1A）.

R：0～20Ω のスライド型**可変抵抗器**.

G：**動コイル型指針検流計**.

E_0：**標準電池**.

N：**開閉スイッチ**.

E_x：未知起電力の**電池**（乾電池）.

S：**切換スイッチ**.

K：G に対する保護用の抵抗を納めた**スイッチ盤**．K_2, K_1 を押せば，それぞれ 10 000 および 400Ω の抵抗が G に直列に入り，K_0 を押せば保護用の抵抗なしに G が直結される．K_s は G の両極の短絡用のスイッチで，これを押せば動コイルの振動に電磁制動が働き，指針の振動は速やかに止まる.

C：絶縁柄（え）を有する**スライド接触子**.

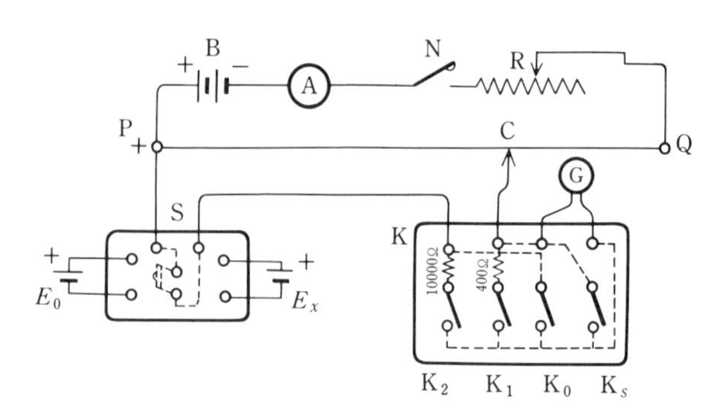

図 35-2

c) 方 法

（1） 図35-2のように配線する．ただし配線中はNおよびSを開いておく．また，標準電池と測ろうとする電池（乾電池）との正負の極を誤らないよう注意する．乾電池では，中央の極が正である．

（2） Nを閉じ，かつ抵抗Rを加減して，Ni線PQにその両端の電位差が1.8〜2.0Vとなる程度の電流を通ずる．PQのNi線が相当に細ければ，0.15Aくらいが適当である．

（3） 切換スイッチSをE_0の側に投じ，検流計Gとスイッチ盤Kとを利用し，接触子CをPQに沿って動かし，Gの偏れが零となる位置C_0を求める．すなわち，

（i） まず，K_2を開閉しながら接触子の位置を移動して，GがK_2の開閉にかかわらず，少しも偏れない点を求める．ただし，接触子を動かすときは，必ずK_2を開いておく．

（ii） つぎに，接触子の位置をそのままにして，K_1を押して見る．もし，Gが偏れれば，K_1を開閉しながらまえと同様接触子を微細に移動して，Gの偏れが零となる位置を求める．

（iii） 最後に，接触子の位置をそのままとし，K_0を押す．もし，Gが偏れば前同様の調節を行う．この際の調節は，まえよりも一層微細に行う必要がある．このときの接触子の位置が，求める位置C_0となる．C_0の位置を読み，PC_0の長さを定める．

以上の操作中，Gの指針の振動を速やかに止めるには，K_sを押せばよい．ただしこの際，K_2, K_1, K_0は開いておく．

（4） つぎに，SをE_xの側に投じ，まえと同様な調節を行って，Gの偏れない接触子の位置Cを求め，PCの長さを読む．

（5） 再び，SをE_0の側に投じ，前同様にC_0の位置を定めて，PC_0の長さを測り，これと(3)に求めた値との平均値を求める．

（6） 以上の結果を次式に入れて，電池の起電力を求める．

$$E_x = E_0(\mathrm{PC}/\mathrm{PC}_0). \qquad (35\cdot2)$$

E_0は標準電池の起電力である．与えられた他の電池についても，同様にして

起電力を求める．

注意 1　標準電池　電圧測定に際し一定の起電力を与える電池を**標準電池** (standard cell) として使用するが，一般に **Westone 電池（カドミウム電池）**が標準電池として使用される．図 35-3 はこの電池の構造を示す．

Westone 電池の特徴は，起電力の温度係数が極めて小さいこと，長年月にわたり起電力が安定なこと，また誤って短絡しても，相当時間後に回復する性質を有することなどである．しかし，運搬に注意を要し，これを大きく傾けたり転倒すれば，内部に混乱を生じ，2 度と使えなくなることが欠点である．故に，Westone 電池を取扱う際は，この点に充分な注意を要する．また保管に当たっては，日光の直射をさけ，安全な場所をえらぶ必要がある．

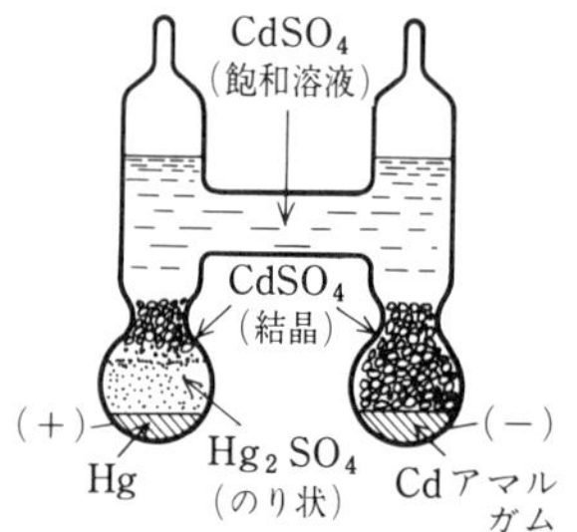

図 35-3

Westone 電池は，20°C において 1.0183 V の起電力をもち，0°C ないし 40°C の間の温度 t°C においては，その起電力 E_t は次式で示される．

$$E_t = 1.0183 - 0.000\,040\,6(t-20) - 0.000\,000\,95(t-20)^2 + 0.000\,000\,01(t-20)^3 \text{ V}.$$

したがって，温度係数は僅か 4/100 000 V にすぎない．ふつうの実験では，上式右辺の第 2 項までとればよい．

注意 2　精密な電位差計もある．

問題　測定した電池をテスター（電圧計）で測って見よ．両者の測定値が異なるのはどうしてか．

実験　36．電流の熱作用による熱の仕事当量の測定

a）説　明

抵抗線の両端の電位差を V ボルト，これに流れる電流を A アンペアとすれば，t 秒間に抵抗線を通る電気量は At クーロン であるから，この間に電流のする仕事を W とすれば，

$$W = VAt \text{ V·C} = VAt \text{ J}. \tag{36·1}$$

この仕事は，電流の発熱作用だけに費される．故に，この間に発生する熱量を H cal とし，熱の仕事当量を J J/cal とすれば，エネルギー保存の原理から，

$$JH = VAt. \tag{36·2}$$

$$J = \frac{VAt}{H} \text{ J/cal}. \tag{36·3}$$

したがって V, A, t を測り，H を熱量計で測れば，J が求められる．

b）装　置

図 36-1 は装置の概略を示す．

G：魔法びんの**水熱量計**.

T：コルクせんで支持した**水銀温度計**.

R：太い導入線 N_1B および N_2C の下端に取りつけた**抵抗線**.

K_1, K_2：**開閉スイッチ**.

A：**アンペア計**（0～3 A).

V：**ボルト計**（0～10 V).

S：**直流安定化電源**.

このほか，**上さら天びん**，**ビーカ**，**ガス・バーナー**などを使用する.

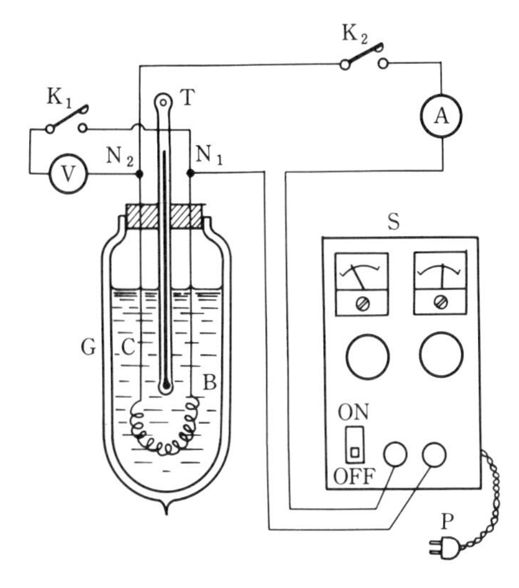

図 36-1

c）**方　法**

（1） 水熱量計（魔法びん）Gの質量を測り，その中に適当量の水を入れ，ふたたび質量を測って，その差から水の質量 Mg を求める.

（2） 水熱量計内に抵抗線 R，温度計 T を入れ，導入線の上端の端子 N_1, N_2 間に，開いたスイッチ K_2，アンペア計 A，直流安定化電源 S の出力端子を，太い導線で直列に連結し，また開いたスイッチ K_1 とボルト計 V とを別に直列に結んで，かつ抵抗線 R に並列に結ぶ．ただし，V に押ボタン式のスイッチがついていれば，K_1 は不要である.

（3） 配線に誤りがないかを確かめ，電源Sの電圧，電流ツマミを最小にし，S の差込みプラッグ P を交流電源受口に差込む．つぎに K_2 および K_1 を閉じ，電源 S のスイッチを ON にし，A と V との指示を見ながら抵抗線 R への入力を数 Watt 程度とするように電源 S の電圧電流ツマミを加減し，そののち K_1, K_2 を開く.

（4） 抵抗線Rを上下に動かして，水をよくかきまぜたのち，水の温度 θ_1°C を温度計 T で読む，つぎに，K_2 を閉じて電流を流し始めると同時に，時刻 T_1，電流計の読み A をとり，かつ K_1 を一時閉じてボルト計の読み V を読む．K_1

はボルト計の読みをとるときだけ閉じ，そのほか不用のときは開いておく．

（5）　3分間ごとに電流計およびボルト計の読み A および V をとり，水温が約 10 °C 上昇したとき K_2 を開き，電流を断つとともに時刻 T_2 を読む．またそのとき水をよくかきまぜて水の温度 θ_2°C を測る．そして忘れないうちに電源のスイッチ S を OFF にして差込みプラッグ P を電源から抜き取っておく．

（6）　最後に，水熱量計 G の水当量 w kg を測る*.

（7）　前記の A の平均値 A アンペア，V の平均値 V ボルトを求め，また電流を通した時間を $T_2-T_1=t$ 秒として求める．そして，Mg および wg の値とともに次式に入れて，J の値を算出する．

$$J=\frac{VAt}{H}=\frac{VA(T_2-T_1)}{(M+w)(\theta_2-\theta_1)}\ \text{J/cal}.$$

注 意　この実験では，発生したジュール熱 H を測るのに，熱量計法を用いている．したがって，熱量計の水当量を測定する面倒もあり，これが結果の誤差の原因となりやすい．これに反して，H を測る方法として**流水法**を用いれば，このような面倒も，誤差の懸念も少なく，便利である．

実験 37.　熱電対による温度の測定

a）説　明

熱電対（thermocouple）の両接合点 J_0, J_t の温度がそれぞれ t, $t+\mathrm{d}t$ のとき，生ずる**熱起電力**を $\mathrm{d}E$ とすれば，$\mathrm{d}E/\mathrm{d}t$ は両接合点に単位の温度差を与えたときの熱起電力を示す．これを熱電対の温度 t における**熱電能**（thermoelectric power）という．実験の結果によれば

$$\frac{\mathrm{d}E}{\mathrm{d}t}=a+bt. \qquad (37\cdot1)$$

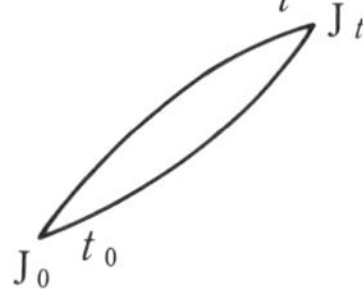

図 37-1

ここに，a および b は熱電対の金属の組合せによって定まる定数を示す．ゆえに，J_0, J_t の温度がそれぞれ t_0 および t のときに生ずる熱起電力は，

$$E=\int_{t_0}^{t}\frac{\mathrm{d}E}{\mathrm{d}t}\mathrm{d}t. \qquad \therefore\quad E=a(t-t_0)+\frac{b}{2}(t^2-t_0{}^2). \qquad (37\cdot2)$$

とくに，$t_0=0$ のときは，

$$E=at+bt^2/2. \qquad (37\cdot3)$$

故に，低温接合点 J_0 の温度 t_0 を一定に保ち，高温接合点 J_t の温度 t を次第に変化する

---

* 実験 12. a) 参照.

とき，E と t との関係は E-t 図において放物線で示される（図 37-2).

E の最大の温度を t_n とすれば，$\mathrm{d}E/\mathrm{d}t = 0$ の条件から

$$t_n = -a/b. \qquad (37\cdot4)$$

この温度をその熱電対の**中立温度**（neutral temperature）という．また，E の方向が逆転する温度 t_i を**逆変温度**（temp. of inversion）という．t_n は t_0 に無関係に一定であるが，t_i は t_0 によって変化する．

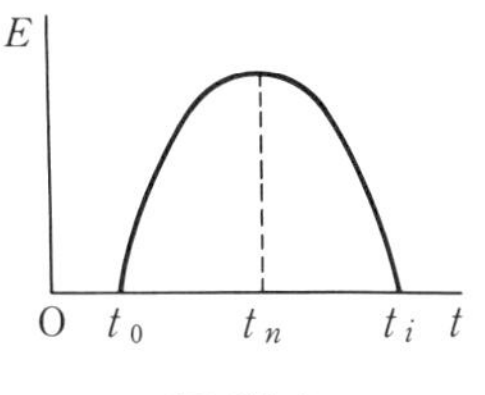

図 37-2

このように，t_0 を一定に保ち，t と E との関係をあらかじめ求めておけば，逆に E を測って未知の J_t の温度 t を定めることができる．ただし，温度測定用の熱電対としては，中立温度の高いものが望ましい．この場合は，a に比べて b が小さく，広い範囲にわたって E と t とは直線的関係 $E = a(t-t_0)$ を保つから，測定に都合がよい．この実験では，上記の理にしたがい，錫の融解点を測る．

熱起電力の測り方 熱電対の起電力は，組合わす金属の種類と両接合点の温度とによって定まるが，実験によると，一方の接合点，例えば低温接合点を分離して，その間に別な金属を入れても，両端のつぎ目の温度さえもとと等しければ，その熱起電力に変わりがない．これを**中間物質の法則**という．またこの法則は，必ずしも一方の接合点に限らず，熱電対のどの部分を切り開いて他の金属を入れても，同様に成り立つ．故に，図 37-3 のように，低温接合点を分離してミリボルト計 mV をそこに導線でつないでも，また図 37-4 のように，任意の部分を切り開いてつないでも，その読みから熱起電力が測られる．

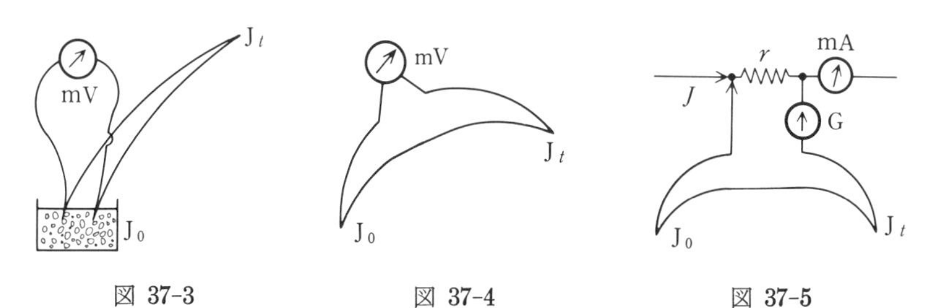

図 37-3　図 37-4　図 37-5

しかし，この実験では，図 37-5 のように，熱電対の一部に検流計 G と標準抵抗器 r とを連結して，別の電源で r に電流 J を流し，J を加減して G の偏れを零にして熱電対の起電力 E を測る方法を用いる．この場合は，E は明らかに r による電圧降下 Jr に等しいから，r の値にミリアンペア計 mA の読みをかけて，E が求められる．この方法は，熱電対に電流を流さない**零位法**を利用するため，測定は精密となる．

このほかに，電位差計を利用する測定法もある．

b）**装置および用具**（図37-6）

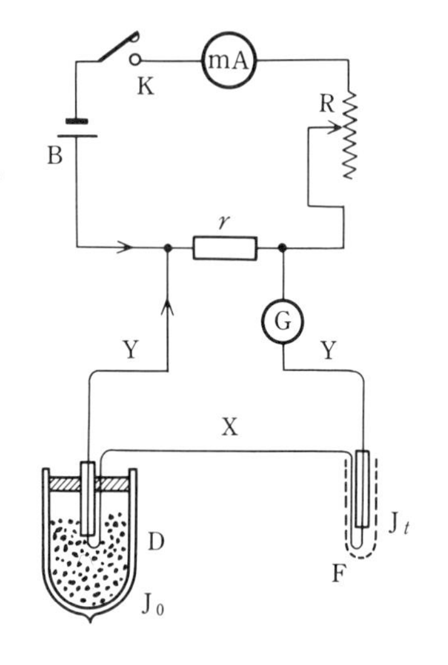

図 37-6

XY: Cu·constantan または alumel·Chromel，その他適当な2種の針金からなる**熱電対**．高，低両接合点 J_t，J_0 の近くでは，両方の針金の接触を避けるため，針金にガラスまたは磁製の細い管をはめておく．

D: J_0 を一定の温度に保つための，氷水を容れた**魔法びん**．

F: 磁製または水晶製の**保護管**3本．

r: 1Ω の**標準抵抗器**．

G: **動コイル型指針検流計**．

B: 2～4V の**蓄電池**，または**直流安定化電源**．

K: **開閉スイッチ**．　　R: 5kΩ の**可変抵抗器**

mA: **ミリアンペア計**（0～30mA）．

このほかに，**温度計**，**ガス・バーナー**，**アスベスト付金網**，小型の**ビーカ**，**小型ジムロート冷却器付200ccの三角フラスコ（側口付）を2組**，**スタンド**などを用意し，温度の定点を定めるため，水のほかに，**シクロヘキサノン**，**グリセリン**，また温度測定用にるつぼに入れた試料の錫を準備する．

c）**方　法**

（1） まず，図37-6にしたがって，部品，用具を配置，配線する．この際，抵抗 r の両端には，電源Bによる起電力と熱電対XYによる熱起電力とが，同じ方向に加わるようにXYを連結しなければならない．XYの起電力の方向が不明のときは，つぎの（2）の方法でそれを確かめればよい．配線が終わったならば，一応電源および回路の点検を行い，Kを閉じRを加減して，mAの読みを1～2mA程度とする．そののちKを開いておく．

（2） D内の水温すなわち低温接合点 J_0 の温度 θ_1°C を測る．また，金網上のビーカの水中に高温接合点 J_t を浸す．この際，J_t がビーカに触れないように，磁製の細管をスタンドで軽く支持するとよい．ガス・バーナーでビーカ内の水を徐々に熱し，水をかきまぜながら温度計の示度を注視し，水温が50°Cとなったとき，つぎの方法でXYの熱起電力を測る．

Kを閉じRを加減して, Gの偏れが零となるようにmAに流れる電流を調節する．このとき，mAの読みが2～3mAを越えても，なおGの偏れが零とならずに大きくなるようならば，rの両端に加わる起電力の向きが逆になるように，XYの連結をし直して調節する．そうすれば，J_tの温度が50°Cのときの熱起電力E'_{50}はmAの読みにrの値1Ωをかけて求められる．この測定は，水温が50°Cとなるまえに予備実験を行い，XYの連結を正しく，かつ観測の順序になれておく必要がある．

（3） 引きつづきビーカ内の水を徐々に熱して，水温が75°Cとなり，さらに100°Cとなって沸騰するまで, (2) と同様にして熱起電力E_{75}', E_{100}'を測る．そののち加熱を中止し，徐々に冷却して，水温が25°Cずつ降下するごとに熱起電力E_{100}'', E_{75}'', E_{50}''を測り，同じ水温における値を平均して，各温度tに対する熱起電力E_{50}, E_{75}, E_{100}を求める．

（4） 三角フラスコの1つにシクロヘキサノン*を入れ（突沸を防ぐ沸騰石を入れておく）ジムロート冷却器を組立て，冷却水用ゴム管を取りつける．側口からゴム栓を通して保護管を試料中に差し入れ，J_tを保護管の先まで差込んでおく．ガス・バーナーの炎を小さくして静かに熱し沸騰させれば，シクロヘキサノン中のJ_tの温度は156.5°Cとなるから，このときのXYの熱起電力E_{157}を測る．別の冷却器付三角フラスコに試料グリセリン*を入れ，まえと同様にJ_tの温度がグリセリンの沸騰点290°Cになったときの熱起電力E_{290}を測る．

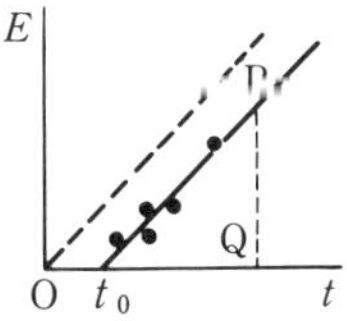

（5） ふたたび, D内の水温θ_2°Cを測り, 初めに (2) で測ったθ_1°Cとの平均値を測定中のJ_0の温度t_0°Cとする．

図 37-7

（6） 横軸に高温接合点J_tの温度t, 縦軸に熱起電力

* 液体有機物の蒸気は人体に有害なものが多いので，発生した試料の蒸気は，もれることなく冷却器を通して三角フラスコ内に回収する．

Eをとり，いままでの測定結果を図上に示し，図37-7のように，これらの点の出入りが平均する滑らかな曲線を描く．これはXYの熱起電力に対する温度目盛を示す較正曲線である．

（7）つぎに，錫を入れたるつぼをレトルト台にのせてガス・バーナーで加熱し，錫が融解し終わったならば，J_tを磁製の保護管Fで蔽い，これをスタンドで支持して，融解中の錫の中に浸し，少時後バーナーの炎を消し，錫を冷却させながら前記の方法でXYの熱起電力E_tを測る．これには，錫が凝固し始めるまでおよびその後もしばらく引続き，ときどき熱起電力を測り，図37-8のような冷却曲線を描いたうえで，一定温度を示す融解点に対するE_tを定める．なお，この実験中はJ_0の温度がまえと変わっていないかを確かめておく．最後に，バーナーで少時錫を熱し，J_tを保護管Fとともに無理なく抜き取っておく．

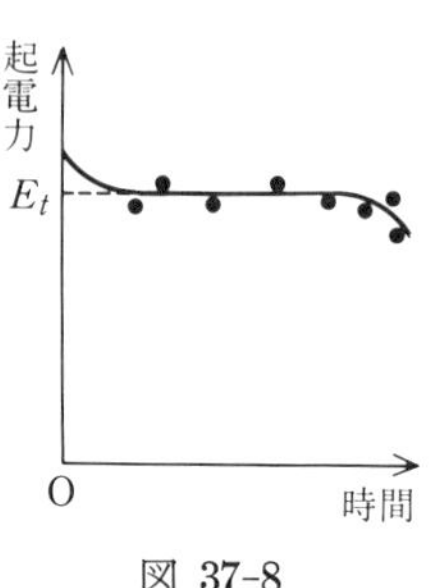

図 37-8

（8）(6) に求めた較正曲線上で，$E_t = \mathrm{PQ}$を縦座標とする点Pを求め，P点の横座標OQから錫の融解点を定める．

注 意　熱電対は，高温接合点J_tの体積も熱容量も極めて小さく，したがって局部的な温度を測り，または温度変化を遅れなく測る場合などに都合がよい．これがその特徴である．しかし，熱電対は熱伝導率が大きく，熱をそれに沿って導き去るため，測る物体によっては，そのために温度が低下し，測定誤差を生ずる．熱電対用の針金としては，この意味で細いのが望ましいが，あまり細い針金は不均質になり易く，また抵抗を増し測定に不便となる．故に，このような誤差を避けるには，太さの異なる熱電対でそれぞれ温度を測り，外挿法で正しい温度を定めるようにすればよい．

問 題　実験中にD内の水温が (5) の温度t_0と違っていた場合は，どのようにすれば錫の正しい融解点が求められるか．

実験 38．コンデンサ（蓄電器）の容量の測定*

a） 説　明

電気容量がそれぞれC_1, C_2である2個の蓄電器を起電力Eの同じ電池で充電す

* あらかじめ，動コイル型衝撃検流計（III. §5.参照）に関する知識を豊富にしておく．

るとき，各蓄電器に蓄えられる電気量を Q_1 および Q_2 とすれば，

$$C_1 = Q_1/E,\ \ C_2 = Q_2/E. \tag{38·1}$$

$$\therefore \quad C_1/C_2 = Q_1/Q_2. \tag{38·2}$$

つぎに，2 つの蓄電器を順次同じ衝撃検流計 BG*を通して放電し，このときの BG の最初の偏れの角をそれぞれ φ_1 および φ_2 とすれば，BG の最初の偏れは放電電気量に比例するから，

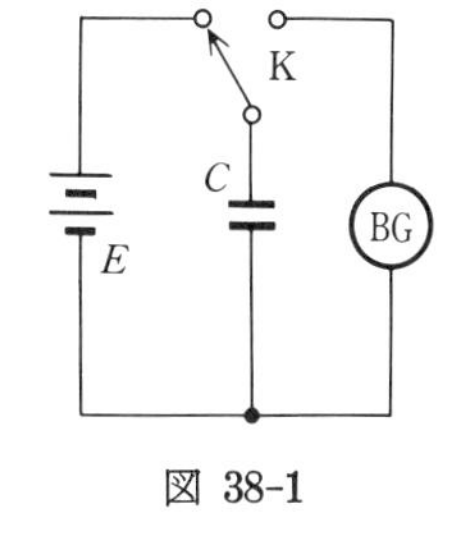

図 38-1

$$C_1/C_2 = Q_1/Q_2 = \varphi_1/\varphi_2. \tag{38·3}$$

いま，BG の鏡と目盛尺との距離を L，望遠鏡を通して望む目盛像の偏れをそれぞれ d_1 および d_2 とすれば，

$$\tan 2\varphi_1 = d_1/L, \quad \tan 2\varphi_2 = d_2/L. \tag{38·4}$$

それで，BG の偏れの角が小さい場合は，

$$C_1/C_2 = d_1/d_2. \tag{38·5}$$

故に，一方の蓄電器の容量が既知ならば，他方の容量が求められる．蓄電器の容量は，ふつう μF（microfarad）単位で表す．

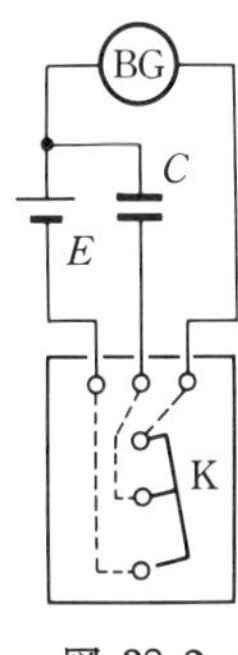

図 38-2

b）**装　置**　　図 38-2 で示される装置を使用する．

C(C_1, C_2)：**蓄電器**（0.1 μF の蓄電器）．

BG：**動コイル型衝撃検流計**．

E：**電池**または**整流電源装置**（2～4 V）．

K：**切換スイッチ**（押せば充電，放せば放電する）．

このほかに，**望遠鏡**と**目盛尺**を用意する．

c）**方　法**

（1）標準蓄電器 C_1，検流計 BG（ふつうの検流計を代用してもよい），電池 E，切換スイッチ K を図のように連結する．そののち，検流計の調節を行う．

（2）K を押して，蓄電器を一定時間（10～20 秒）充電したのち，K を放して蓄電器の電気量を BG を通して放電させ，そのときの BG の最初の偏れを測る．この測定を 5 回繰返して，その平均値 d_1 を求める．

（3）つぎに，他の蓄電器 C_2 についても同様な測定をして，偏れの平均値 d_2 を求め，次式から C_2 の値を定める．ただし，C_1 としては与えられた蓄電器 C_1 の指定容量を標準として計算する．

*　第 I 編 §5.a) 参照．

$$C_2 = \frac{d_2}{d_1} C_1.$$

（4）　つぎに，C_1, C_2 を直列に連結して同様な実験を行い，そのときの偏れ d_s を測り，この場合の電気容量 C_s を求め，つぎの計算上から求めた結果の C_s' と比較する．すなわち，

$$\text{実測値}\qquad C_s = \frac{d_s}{d_1} C_1, \qquad \text{計算値}\qquad C_s' = \frac{C_1 C_2}{C_1 + C_2}.$$

（5）　さらに C_1, C_2 を並列に連結して実験し，そのときの偏れ d_p を測り，この場合の電気容量 C_p を求め，次の計算で求めた C_p' と比較する．すなわち

$$\text{実測値}\qquad C_p = \frac{d_p}{d_1} C_1. \qquad \text{計算値}\qquad C_p' = C_1 + C_2.$$

実験 39.　コイルの自己誘導係数の測定

a）説　明

コイルに流れる電流 J を変化するとき，コイルにはその変化を妨げる方向に，電流の変化の速さ $\mathrm{d}J/\mathrm{d}t$ に比例する起電力を生ずる．故に，この**誘導起電力**を E とすれば，

$$\text{誘導起電力}\qquad E = -L(\mathrm{d}J/\mathrm{d}t). \tag{39·1}$$

ここに L はコイルの形，大きさ，巻数および鉄心の有無などによって定まる定数を示し，これを**自己誘導係数** (coefft. of self-induction)，または**自己インダクタンス** (self-inductance) という．実用上では，電流を毎秒1Aの割合で変化するとき，1Vの起電力を生ずるコイルの自己インダクタンスを単位とし，これを1 **henry** (H) と呼ぶ．

自己インダクタンスはいろいろな方法で測られるが，この実験では，コイルの**インピーダンス** (impedance) を測って，それから計算する方法を用いる．

いま，図39-1のように，自己インダクタンス L H，抵抗 $R\Omega$ のコイルの両端に，

$$\text{交流電圧}\qquad E = E_0 \sin\omega t \qquad \mathrm{V} \tag{39·2}$$

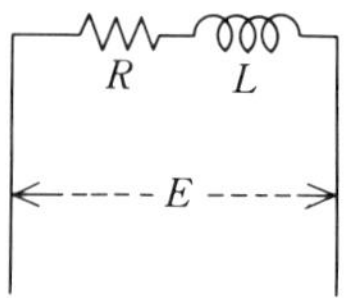

を加える．ここに，E_0 V は電圧の最大値，ω は角周波数を示す．もし，交流の周期を T s，**周波数**を ν Hz とすれば，$\omega = 2\pi/T = 2\pi\nu$ となる．

R　L　E

図 39-1

この場合，コイルに流れる電流を J A とすれば，

$$E - L(\mathrm{d}J/\mathrm{d}t) = JR. \tag{39·3}$$

これを解けば，J が定まる．

J は，コイルに加えた電圧の周波数に等しい交流であることが明らかであるから，

$$J = J_0 \sin(\omega t - \varphi) \tag{39·4}$$

とおき，これから (39·3) を満足するように J_0 と φ とを定めれば，

$$J_0 = E_0/\sqrt{R^2+L^2\omega^2}, \qquad \varphi = \tan^{-1}(L\omega/R). \qquad (39\cdot5)$$

$$\therefore \quad J = \frac{E_0}{\sqrt{R^2+L^2\omega^2}}\sin(\omega t-\varphi). \qquad (39\cdot6)$$

ここに，φ は電圧に対する電流の位相の遅れの角を示す．故に，電圧および電流の実効値を E_e および J_e として表せば，(39·2) および (39·6) から，

$$E_e = \left\{\left(\int_0^T E^2 \mathrm{d}t\right)\Big/T\right\}^{\frac{1}{2}} = \frac{E_0}{\sqrt{2}}, \qquad (39\cdot7)$$

$$J_e = \left\{\left(\int_0^T J^2 \mathrm{d}t\right)\Big/T\right\}^{\frac{1}{2}} = \frac{J_0}{\sqrt{2}} = \frac{E_0}{\sqrt{2(R^2+L^2\omega^2)}}. \qquad (39\cdot8)$$

$$\therefore \quad E_e/J_e = Z = \sqrt{R^2+L^2\omega^2}.$$

ここに，Z はコイルのインピーダンスを表し，その単位は抵抗と同じく実用上では Ω を用いる．ふつうの交流用の電圧計，電流計などは実効値を示すから，これらの計器で，コイルに加わる電圧とそれに流れる電流とを測れば，その比からコイルのインピーダンスが求められる．したがって，コイルの抵抗 RΩ が既知である場合，流れる交流の周波数 νHz を測れば，コイルの自己インピーダンス LH は，次の式から計算される．

$$L = (Z^2-R^2)^{\frac{1}{2}}/\omega = \{(E_e/J_e)^2-R^2\}^{\frac{1}{2}}/2\pi\nu \ \mathrm{H}. \qquad (38\cdot9)$$

なお，インピーダンス Z に対する抵抗 R と**リアクタンス** $L\omega$ との関係は，直角三角形の斜辺に対する他の 2 辺の関係にあるから，Z を斜辺とし，既知抵抗 R を 1 辺とする直角三角形を，図 39-2 の作図にしたがって描き，図上で $L\omega$ を求め，これから L を定めることもできる．

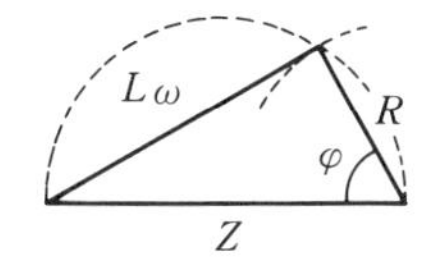

図 39-2

b) **装　置**　　使用する装置の配線を図に示す．

L: 試料の**コイル**(鉄心を抜き差しできるもの).

V: **交流電圧計** (0～150 V).

A: **交流電流計** (0～2.5 A).

F: **フレケンシ・カウンタ**.

T: **電圧調整器**.

P: 差込みプラグ.

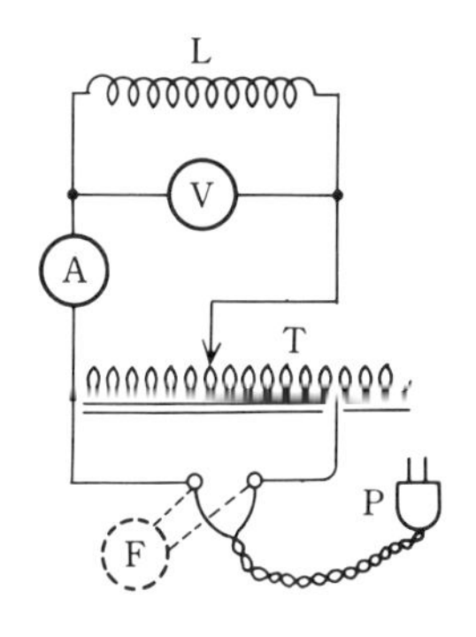

図 39-3

c) **方　法**

(1) まず，カウンタ F により交流電源の周波数 ν Hz を測る．交流電源の周波数は安定しているので 60 Hz (場所により 50 Hz) として用いてもよい．

(2) 配線に誤りのないことを確かめてから，電圧調整器 T のつまみの標線

を目盛零に合わせたのち，差込みプラグPを交流電源に差込む．電圧計Vの読みが零のとき，電流計Aの指示が零となることを確かめてから，Tのつまみを静かに回して，コイルに加わる電圧をだんだん高め，電圧計の読み10, 20, …, 70 V に対する電流計の読みをとる．つぎに，つまみを少しずつもどし，電圧計の読みを70, 60, …, 10, 0 V とし，それらの読みに対する電流計の読みをとる．そののち，電源からPを抜き取る．Pは，いつもコイルにかかる電圧を零にしたのちに抜きとることが大切である（何故か）．

（3）（2）の電圧計の同じ読みに対する電流計の前後2度の読みの平均値をおのおの求め，コイルに加わる電圧 E_e と流れる電流 J_e との関係を方眼紙上に図示すれば，図 39-4の直線が得られる．この直線の電流軸に対する傾きから，図示の作図によりコイルのインピーダンスを求める．

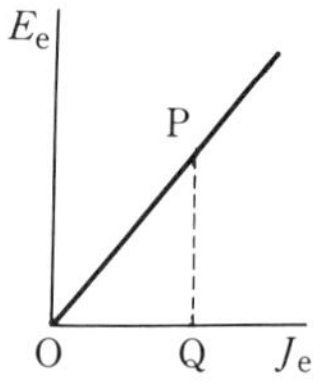

$$PQ/OQ = E_e/J_e = Z = \sqrt{R^2+L^2\omega^2}\ \Omega.$$

図 39-4

（4）コイルの抵抗 $R\Omega$ が既知ならば（未知の場合は測る），その値とまえに求めた ν Hz および $Z\Omega$ とをつぎの式に入れて，L および φ を計算する．

$$L = \{Z^2-R^2\}^{\frac{1}{2}}/2\pi\nu\ \mathrm{H}, \qquad \tan\varphi = (2\pi\nu L)/R = \sqrt{Z^2-R^2}/R.$$

（5）コイルに鉄心を入れて，いままでと同様な実験を行い，この結果と(4)の値とを比較する．両方の場合の自己インダクタンスの比から，鉄心の比透磁率 μ の影響を調べよ．

実験 40.　二極管の特性の測定

a）説　明

二極管（diode）は真空度の特に高いガラス管球内に，電流で加熱されて**熱電子**を放射する**フィラメント**（filament）と呼ばれる陰極Fと，それを囲んで熱電子を捕集するための筒状の**プレート**（plate）と呼ばれる陽極Pとを封じたものである．Fはふつう Sr, Ba などの酸化被膜のニッケル線を用い，熱電子の放射面を広くするため，V字形に張ってある．このように，Fに**ヒーター**と陰極との役目を兼ねさせた**直熱型**のほか，両方の役目を別にして，ヒーターに絶縁物を隔てて，酸化被膜をもつニッケル円筒の陰極を着せた**傍熱型**のものもある（図 40-1）．また，Pは円形または長円形のニッケルの筒であり，熱の放散をよくするため，表面に炭素粉末を焼きつけしたものもある．一般に，小型の二極管では，F（ヒーターと陰極）とPとの導入線は，管のベースの脚に連結されている．

いま，二極管を図 40-2 のように接続して，F を A 電池によって一定の電流 J_f で加熱し，P には B 電池によって F に対して**陽極電圧** E_a を加えれば，管内に熱電子の流れを生じ，PFB 回路に**陽極電流** J_a を生ずる．この場合，E_a を次第に高めて，E_a と J_a との関係を調べると，まず E_a の低い範囲においては，F の近くで熱電子は，その電荷の影像力によって F から受ける引力と，以前に放射されて F, P 間に存在する熱電子からうける反発力との作用により，そこに停滞，雲集して，**空間電荷** (space charge) をつくる．故に，この空間電荷を突破するに充分な速度をもって F から放射した熱電子と，空間電荷をつくる一部の電子とが P に引きつけられて J_a を生ずる．そして，E_a がさらに高くなれば，空間電荷は減少して J_a は増し，ついに E_a がある値に達すれば，F から放射した熱電子は全部 P に捕集され，そののちは E_a が高まっても，J_a はそれ以上に増し得ず**飽和電流** J_s となる．図 40-4 はこのような，いわゆる E_a-J_a **特性曲線**を示す．図において，曲線 OA は空間電荷のために J_a が制限をうける範囲を示し，この**空間電荷領域**における E_a と J_a との関係は，つぎの式で表される．

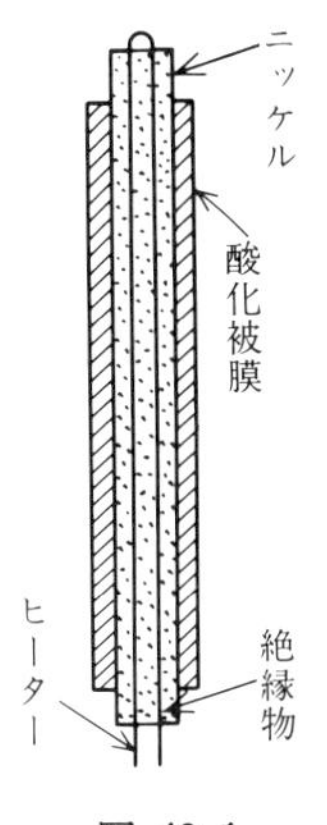

図 40-1

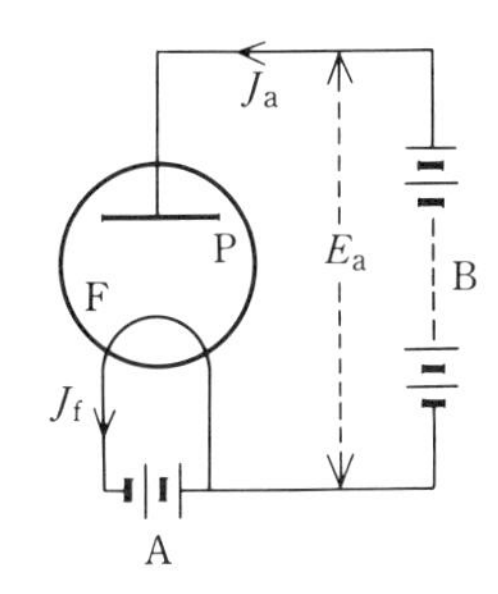

図 40-2

$$J_a = kE_a^{\frac{3}{2}}. \qquad (40\cdot1)$$

ここに，k は F および P の形状，間隔によって定まる定数を示す．これを **3/2 乗則** (three halves power law) という．また，曲線 AB は F から放射する全熱電子によって生ずる飽和電流 J_s の領域を示す．理論上の研究によれば，J_s はつぎの式で示される．

$$J_s = AST^2e^{-B/T}. \qquad (40\cdot2)$$

ここに，A はある普遍定数，B は陰極の物質に関する定数，S は面積，T は絶対温度を示す．故に，F の加熱電流 J_f を増して温度を高めれば，J_s は著しく増し，E_a-J_a 曲線は OA′B′ となる．しかし，F の温度を高めると，管の寿命を短くするから，規定の電流以上で加熱してはならない．

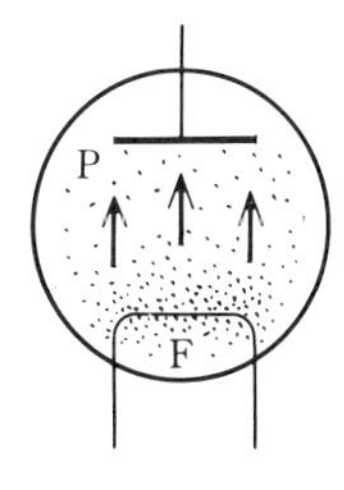

図 40-3

また，E_a が負の場合は，熱電子には F に引戻す力が働くから，陽極電流 J_a は流れない．ただし，熱電子が F から放射する初速度によって，$E_a = 0$ において $J_a = 0$ にはならない．

E_a-J_a 曲線から明らかなように，二極管は F に対して P が正の電圧のとき J_a を流すが，負の電圧のときはほとんど流さない．したがって，整流作用を行う．二極管は従来整流管としてよく用いられたが，現在ではこれより他の整流器が使用されている．（注意参照）

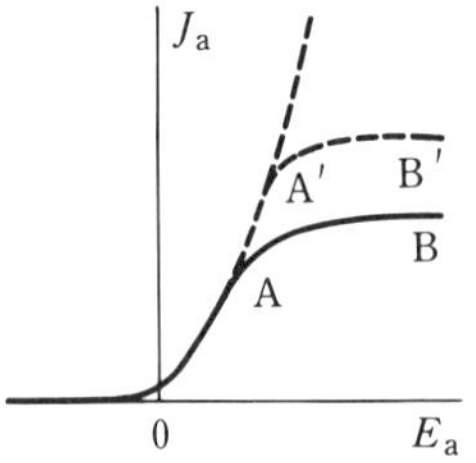

b）**装　置**　　使用する装置の配線図を図 40-5 に示す．

D：**二極管**（便宜上，傍熱型三極管 UY-76 の格子 G と陽極 P とを連結して代用するが，直熱型二極管を用いる方が，特性がはっきりしてよい）．

図 40-4　二極管の特性曲線

E：**蓄電池**（6 V），または**交流電源**（6·3 V）．

R_1：**可変抵抗器**（0～60 Ω）．

R_2：電位差計型**分圧器**．

V：**電圧計**（0～12，0～120 V 2 段読み）．

A：**電流計**（0～1 A）

mA：**ミリアンペア計**（0～30 mA）．

S_1, S_2：**開閉スイッチ**．

電源：100 V 直流安定化電源．

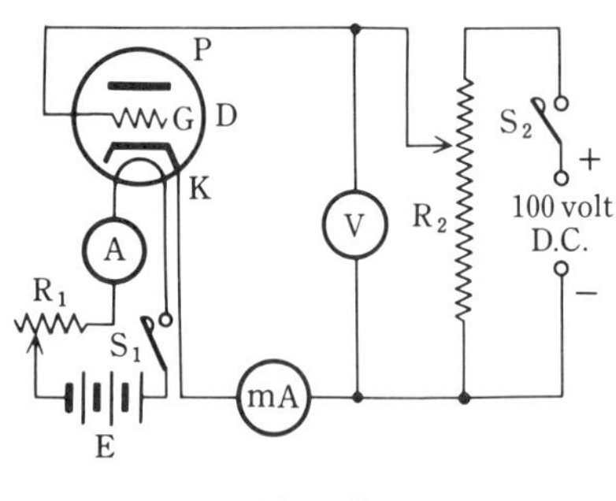

図 40-5

c）**方　法**

（1）まず，配線が正しいことを確かめたのち，S_1 を閉じ，R_1 を加減して A の読み，すなわち J_f を 200 mA とする．管が傍熱型であるから，A の読みが安定するまでに 1～2 分待つ必要がある．つぎに，V の読み，すなわち E_a が零となる位置に R_2 の接触子を移したのち，S_2 を閉じ，接触子を動かして順次 $E_a = 1, 2, 3, 5, 7, 10, 15$ V として，初めは小刻みに，そののちはあらく

$E_a = 20, 30, \cdots, 100\,\mathrm{V}$ とし，そのたびごとに mA の読み，すなわち J_a を測る．以上の結果を，E_a-J_a 図上に曲線として表す．

（2） さらに，R_1 を調整して，$J_f = 220, 240, 260\,\mathrm{mA}$ として，そのたびごとに (1) と同様な測定を行い，その結果を基として E_a-J_a 曲線を描く．

（3） 空間電荷領域においては (40·1) が成り立つから，その両辺の対数をとれば，

$$\log J_a = \log k + (3/2)\log E_a. \tag{40·3}$$

故に，$\log J_a$ と $\log E_a$ との関係は直線的となり，その直線の傾きは3/2となる．空間電荷領域の測定値を両対数方眼紙上に図示し，(40·3) の示す関係が成り立つかどうかを吟味する．

注 意　**半導体ダイオード**　二極管のように，加える電圧の極性によって電流が非常に異なるものには整流作用がある．ある種類の半導体と金属との接合による**亜酸化銅整流器**や**セレン整流器**は旧くから用いられて来た．シリコンやゲルマニウムの N 形半導体*と P 形半導体を接合したものなども同様の性質をもち，単に**ダイオード**と呼ばれて現在広く用いられている．その種類と特性は多様である．

実験 41．三極管の特性曲線および三定数の測定

a） 説 明

三極管 (triode) は二極管**の陽極（プレート）P と陰極（フィラメント）F との間に**格子**（グリッド；grid）と呼ばれる第3の電極 G を備えたもので，ふつうこれらの電極の導入線は，管のベースの脚に接続されているが，絶縁をよくし，かつ電極間の容量を小さくする目的で，G または G と P との導入線を管の頭部に引出し，これに小さな口金をつけたものもある．G は多くの場合，ニッケル線をつる巻き形，または網状にして F の周りに近づけてある．故に，三極管を図 41-1 (a) のように接続して，F を一定の電流 J_f で加熱し，P に陽極電圧 E_a を加えると，E_a が一定であっても，G はその電圧 E_g（**格子電圧**）により空間電荷**を制御して，陽極電流 J_a を著しく変化させる．例えば，E_g を負の電圧で少し低くすれば $J_a = 0$ となるが，E_g を順次に高めれば，G は空間電荷を減らして J_a を次第に強める．E_g をある正の電圧まで高めると，空間電荷はなくなり，F から放射された熱電子は全部 P に引きつけられて飽和電流となる．E_g をさらに高くすれば，G に捕えられる熱電子が多くなり，**格子電流** J_g を生じることになって，J_a はかえって弱まる．図 41-1 (b) は，E_a を一定に保ち E_g を変化するとき

---

* 実験 42．a）参照．

** 実験 40．a）参照．

の J_a の変化の有様および J_g を示す．

このように，G は E_g のわずかな範囲内の変化により J_a を容易に制御するため，G を特に**制御格子**（controlling grid）とも呼ぶ．G が J_a に対して制御作用をもつことが，三極管の特徴であり，三極管が増幅，検波，発振の作用を行うのは，このためである．

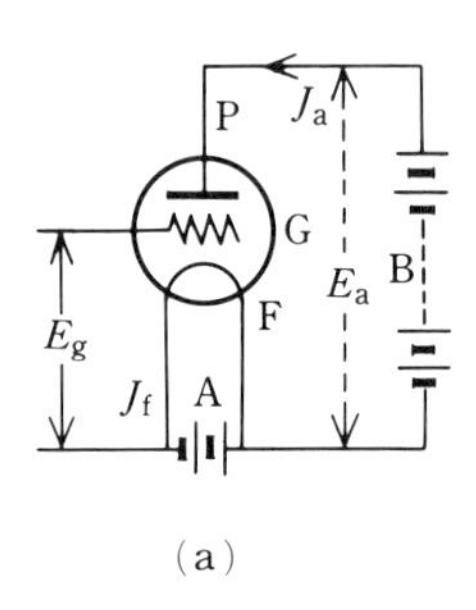

(a)

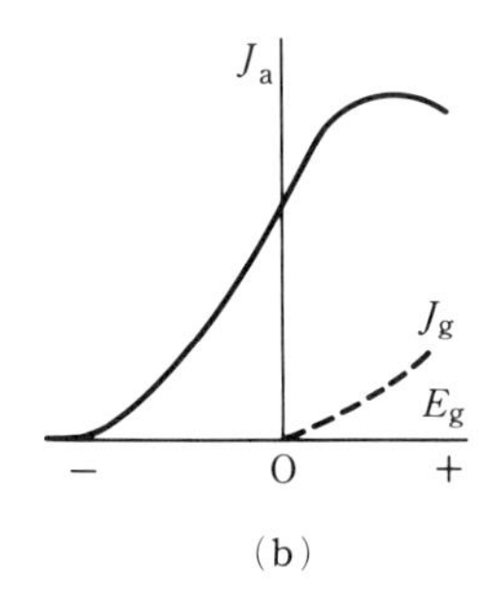

(b)

図 41-1

さて，三極管の特性は E_g, E_a および J_a の関係を知ることにより明らかになるが，その主要な特性は E_a をパラメーターとしたときの E_g と J_a との関係および E_g をパラメーターとしたときの E_a と J_a との関係から定まる．前者の関係を示す曲線を **E_g-J_a 特性曲線**といい，E_a の値によりそれぞれ同様な曲線が得られる．また後者の関係を表わす曲線を **E_a-J_a 特性曲線**といい，E_g の値に応じて類似な曲線が得られる．図 41-2 および図 41-3 はこれらの特性曲線を示す．なお三極管の特性は，つぎの 3 つの定数からも推定される．

（1） **電圧増幅率**あるいは**増幅率**（amplification factor）　これは，J_a におよぼす E_a の作用と E_g の作用との比を表すもので，つぎの式で定義される．

$$\mu = (\partial J_a/\partial E_g)_{E_a}/(\partial J_a/\partial E_a)_{E_g} = -(\partial E_a/\partial E_g)_{J_a},$$
$$\{\because \ J_a = f(E_a, E_g)\}. \qquad (41\cdot1)$$

すなわち，μ は同じ値だけ J_a を変化さすに必要な E_a の変化と E_g の変化との比を表す．換言すれば，J_a の変化に対して，E_g の変化は E_a の変化に比べると，μ 倍だけ有効に作用することを示す．G が F の近くにあるほど，その値は大きくなる．

μ は図 41-2 の E_g-J_a 曲線から定められる．すなわち，E_g 軸に平行な直線を引き，陽極電圧 E_{a1} および E_{a2} の曲線につき，同じ J_a を与える点 A_1, A_2

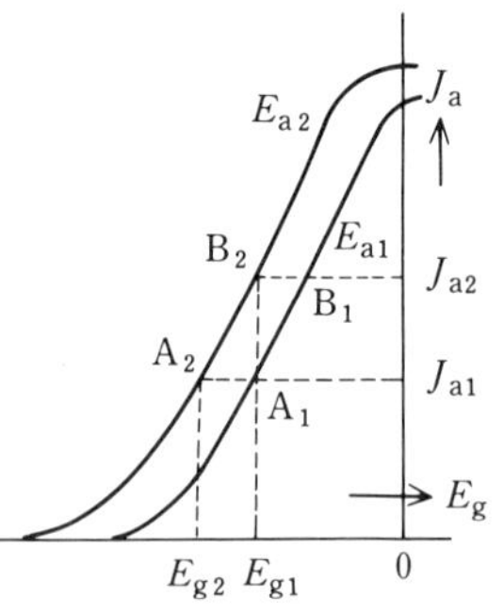

図 41-2　E_g-J_a 特性曲線

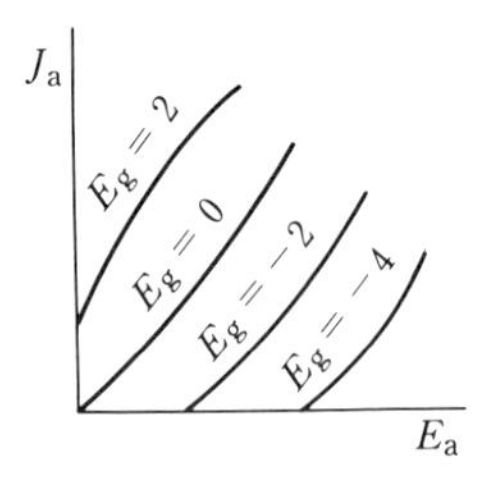

図 41-3　E_a-J_a 特性曲線

を定め，それぞれの E_g を図上で求めれば，つぎの式から定められる．

$$\mu = -(\Delta E_a/\Delta E_g)_{J_a} = (E_{a2}-E_{a1})/(E_{g1}-E_{g2}). \qquad (41\cdot2)$$

（2） **相互伝導度** (mutual conductance)　これは，E_a を一定に保ち，E_g を変化するときの J_a の変化する割合 $\partial J_a/\partial E_g$，すなわち E_g-J_a 曲線の E_g 軸に対する傾きを示す重要な定数で，ふつう g_m の記号で表し，micro-siemens (μS) 単位で示す．

$$g_m = (\partial J_a/\partial E_g)_{E_a}. \qquad (41\cdot3)$$

陽極の面積が大きく，電極間の距離が小さいほど，この値は大きくなる．

g_m も E_g-J_a 図上で曲線の傾きとして容易に求められる．すなわち，陽極電圧 E_{a2} の曲線上の 2 点 A_2, B_2 に相当する J_a を J_{a1}, J_{a2} とし，これに対する E_g をそれぞれ E_{g2}, E_{g1} とすれば，

$$g_m = (\Delta J_a/\Delta E_g)_{E_a} = (J_{a2}-J_{a1})/(E_{g1}-E_{g2}). \qquad (41\cdot4)$$

（3） **内部抵抗** (internal resistance)　これは，E_g を一定にしたときの E_a と J_a との関係を示し，E_a-J_a 曲線の J_a 軸に対する傾き $\partial E_a/\partial J_a$ であり，kΩ 単位で示す．

$$r_i = (\partial E_a/\partial J_a)_{E_g}. \qquad (41\cdot5)$$

これは，陰陽両極の表面積，格子陰極間の距離などによって異なる．

r_i は E_a-J_a 曲線の傾きから求められるが，E_g-J_a 曲線からも定められる．いま，E_g を一定に保ち，E_a を E_{a1} から E_{a2} に変化すれば，J_a は J_{a1} から J_{a2} に変化する．

故に，
$$r_i = (\Delta E_a/\Delta J_a)_{E_g} = (E_{a2}-E_{a1})/(J_{a2}-J_{a1}) \qquad (41\cdot6)$$

以上の μ, g_m および r_i は**三定数**と呼ぶが，実は E_g, E_a, J_a の値によって変化する．図 41-4 は三極管 UY-76 につき，$E_a = 250$ V のとき J_a の値により三定数の変化する有様を示す．電圧を変えれば，これらの曲線もまた多少異なる．しかし，μ は大体一定の値となるが，g_m および r_i はかなり変化するため，ふつう特性曲線の直線部分の中央に相当する値で示す．

なお，三定数は (41·1)，(41·3) および (41·5) から明らかなように，つぎの関係にある．

$$\mu = g_m r_i. \qquad (41\cdot7)$$

故に，三定数のうちの 2 つを知れば，他の 1 つは上式から求められる．

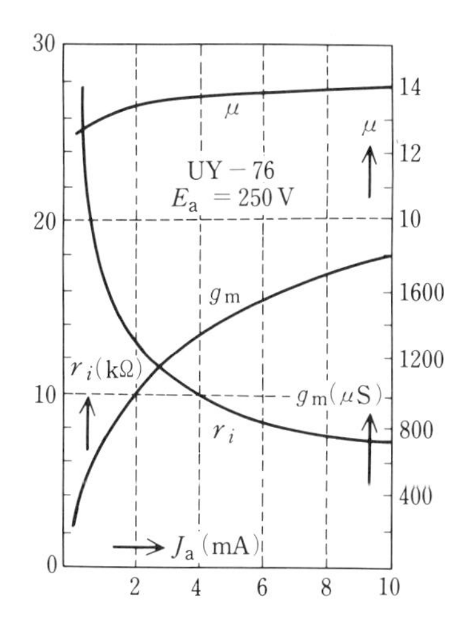

図 41-4　三極管の三定数

b） **装置および用具**　使用する装置の接続を図 41-5 に示す．

電源は二極管整流装置（セット A），出力の陽極電圧は 250 V，格子偏倚電圧

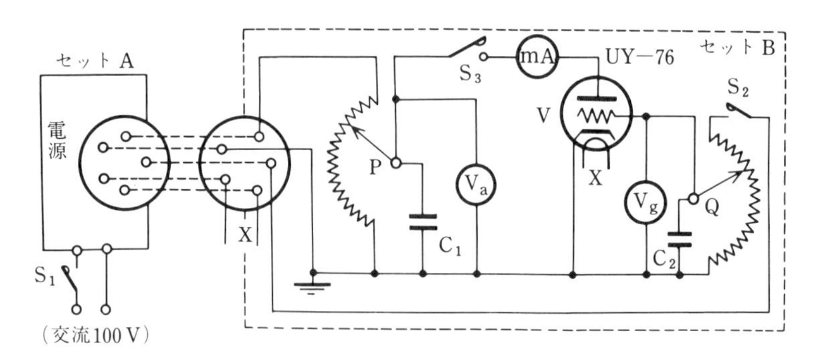

図 41-5

は−15 V である．**測定用三極管** V として UY-76 を使用する．

S_1, S_2, S_3：**開閉用スイッチ．**　　P：**陽極電圧用分圧器**（10 kΩ, 10 W).

Q：**格子電圧用分圧器**（10 kΩ, 0.8 W).

V_a：**ボルト計**（0〜350 V).　　mA：**ミリアンペア計**（0〜15 mA).

V_g：**ボルト計**（0〜30 V).　　C_1, C_2：**蓄電器**（0.1 μF).

c）**方　法**

（1） まず，測定回路（セット B）を整流電源装置（セット A）に連結してスイッチ S_1 を閉じれば，V は点火し，V_a の指針が偏れる．もし偏れなければ，P のつまみを少し回してみる．つぎに，S_2 を閉じ Q のつまみを回して V_g が 12V を示指するように調節する．そののち S_3 を閉じ, P のつまみを回して V_a の読みを 150V とする．このようにすれば，格子には−12 V，陽極には 150 V の電圧が加わったことになる．

（2） つぎに，V_a の指針が常に 150 V を指示するように，P のつまみを調節しながら，Q のつまみを少しずつ回して格子電圧を順次変化し，そのたびごとに V_g と mA との読みを取る．mA の読みが 10 mA となるまでこの測定を続ける．V_g と mA との読みを方眼紙上の E_g-J_a 図にそれぞれ点として示し，これらの点の出入りを平均するような滑らかな曲線を描けば，$E_a = 150$ V に対する E_g-J_a 曲線を得る．

（3） 再び，Q のつまみを回して，V_g の読みが 15 V 以上となるように戻してから，P のつまみで V_a の指針が 175 V を指すように調節する．(2) と同様にして，$E_a = 175\,\mathrm{V}$ に対する E_g–J_a 曲線を描く．さらに前と同様にして，$E_a = 200, 225, 250\,\mathrm{V}$ に対する E_g–J_a 曲線を描く．いずれの場合にも，mA の読みが最大 10 mA 程度で観測を中止する．観測が終わったときは，スイッチ S_3, S_2, S_1 を，この順に必ず開いておく．

（4） $E_a = 250\,\mathrm{V}$ に対する E_g–J_a 特性曲線を利用し，三極管の三定数 μ, g_m および r_i を求める．μ は，r_i, g_m から (41·7) に従って算出してもよい．$E_a = 250\,\mathrm{V}$ として，J_a のいろいろな値に対する三定数を求めれば，図 41-4 に見るように，μ はほとんど変らないが，g_m および r_i は J_a の値によってかなり変化することがわかるであろう．J_a の値による変化の模様を図に示してみるがよい．また，$E_a = 250\,\mathrm{V}$ としたときの $J_a = 6\,\mathrm{mA}$ に対する μ, g_m, r_i の値を三定数として求める．この場合，E_g–J_a 曲線はすべて平行と見なされるから，$E_a = 250\,\mathrm{V}$ に対する曲線の近くに，それより ΔE_a だけ異なる電圧に対するほかの曲線を仮定して，目的の三定数を定めればよい．

実験 42.　トランジスタの特性の測定

a） 説　明

半導体は導体と絶縁体との中間の性質をもつが，温度の上昇，不純物の混入により電気伝導度を増加する．例えば，半導体としてよく用いられる Si や Ge は 4 価の原子であり，純粋な結晶では各原子は相隣る原子と 4 個の価電子のうち 1 個ずつ計 2 個の電子を間において共有結合し規則正しく配列している．しかし，これらの結晶に図 42-1 に示すように，Sb や As のような 5 価の原子が不純物として混入すると，その 1 個の価電子が余分になるため遊離して動き回り，これが**伝導電子**の役目をする．このような伝導電子により伝導度を高める半導体を **N 形半導体**という．また，図 42-2 のように不純物として Al や In のような 3 価の原子が混入するときは，その原子に 1 個の結合電子が不足するため，そこに近くの電子を捕り込み安定な状態にならうとする．すなわち，そこには

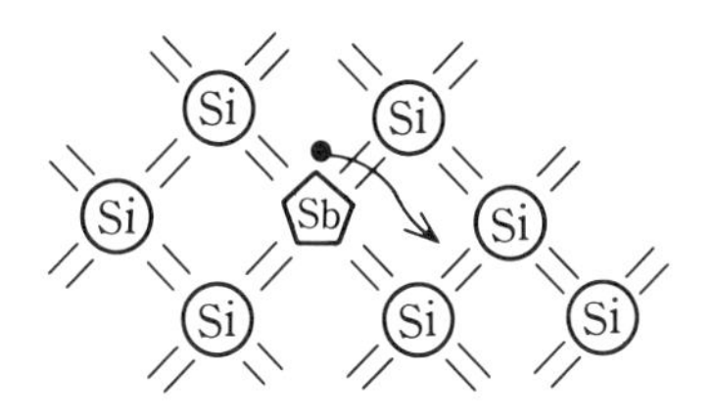

図 42-1　Si 共有結合

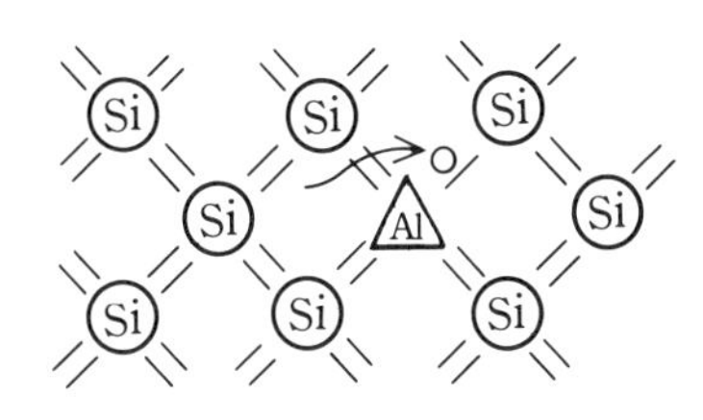

図 42-2　Si 共有結合

正の電荷をもつ抜け孔があると考えられる．この孔を**正孔**という．この正孔に他の電子が入り込めば，電子を失った原子に正孔を生じ，正孔はつぎに移動する．このように正孔の移動により伝導度を高める半導体を **P 形半導体**という．N 形の伝導電子や P 形の正孔は電流の荷ない手となるため，これを総称して**キャリア** (carrier) とも呼ぶ．

1) トランジスタ (transister)　これは N 形と P 形の半導体を組合わせたもので，極く薄い N 形半導体を挟んで両側に P 形半導体を接合したものと，薄い P 形半導体を中間にして両側に N 形半導体を接合したものとがある．これをそれぞれ **PNP 形**および **NPN 形トランジスタ**という．図 42-3 の (a), (b) はこれらのトランジスタの構造と記号を示す．

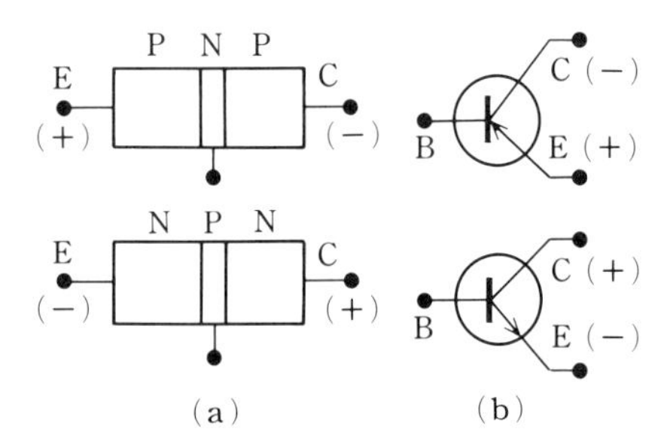

図 42-3　トランジスタ

トランジスタを使用するとき，一方の接合面にはその両側の半導体のキャリアが互いに再結合して電流を通ずる方向，すなわち順方向に電圧を加え，他方の接合面には両側のキャリアが互いに離反して電流を流さない方向，すなわち逆方向に電圧を加える．順電圧を加える側を**エミッタ** (E)，逆電圧を加える側を**コレクタ** (C) という．薄い中央部を**ベース** (B) という．エミッタはキャリアを注入し，コレクタはこれを集める意味の名称である．

E, B, C のうちどの極を接地するかによって接続法は異なるが，E 接地の接続がよく使われる．この実験ではトランジスタの E 接地の特性について検討する．

2) エミッタ接地の特性　図 42-4 は NPN 形トランジスタの E 接地の動作原理を示す．EB 間に順電圧 E_B を加え，BC 間に逆電圧 E_C を与える．電圧 E_B が小さくても E 内の大量のキャリア（伝導電子）は B 内に注入し，そのうちの小部分は B の薄層内の少数のキャリア（正孔）と再結合して電流 J_B を流がす．しかし，大部分は B の薄層を拡散して通り抜け C 内に進入し，電圧 E_C に集められて電流 J_C を生ずる．J_B は微弱であるから，$J_C \fallingdotseq J_E$．したがって，$\Delta J_C/\Delta J_E \fallingdotseq 1$ となる．また，J_C は J_B に比べて非常に大きいから，$\Delta J_C/\Delta J_B$，すなわち**電流増幅率** $\beta(=h_{fe})$ は大きく，したがって，大きい**電流利得**が得られる．

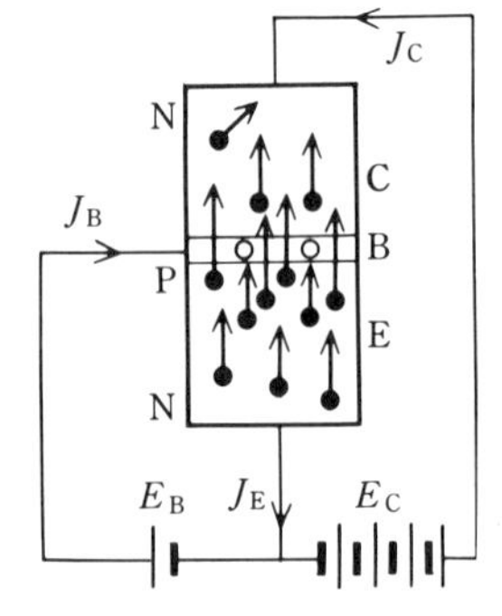

図 42-4　トランジスタの接続

トランジスタでは出力側のみならず入力側にも電流が流れるから，入力側と出力側の特性を調べる必要がある，図 42-5 は E_C をパラメータをした入力側の **E_B-J_B 特性曲線**を示し，図 42-6 は J_B をパラメータとした出力側の **E_C-J_C 特性曲線**を示す．図 42-5 から入力インピーダンスや入力ひずみを知ることができる．ま

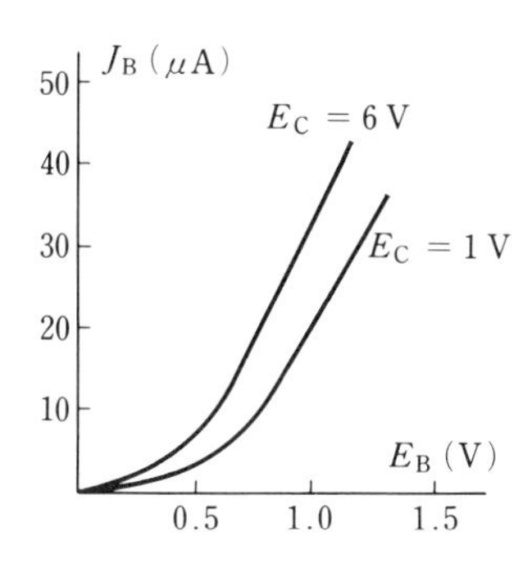

図 42-5　E_B-J_B 特性曲線

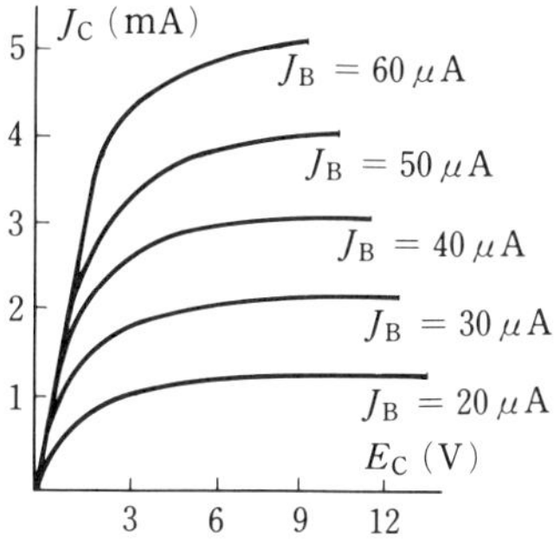

図 42-6　E_C-J_C 特性曲線

た図 42-6 によれば，曲線が等間隔と見られる範囲では出力ひずみが少なく，電流増幅率 β も一定することがわかる．E_C のある値に対する β の値は，

$$\beta = h_{fe} = |\Delta J_C/\Delta J_B|_{E_C} = (J_{C_2} - J_{C_1})/(J_{B_2} - J_{B_1}) \qquad (42\cdot1)$$

として求められる．β の値はトランジスタの種類によって異なるが，20〜200 程度である．

なお，この場合の**出力インピーダンス** R_{out} は，

$$R_{out} = \Delta E_C/\Delta J_C.$$

したがって，E_C-J_C 特性曲線の傾斜から求められる．この値は E_C, J_C の値によって変化するが，平均値は 50 kΩ 程度である．

b）装置および用具

トランジスタは温度の上昇により著しく性能を低下するから，過負荷を避け，最大規格値を越えないように注意する．この実験では，東芝の 2SC 1815（NPN

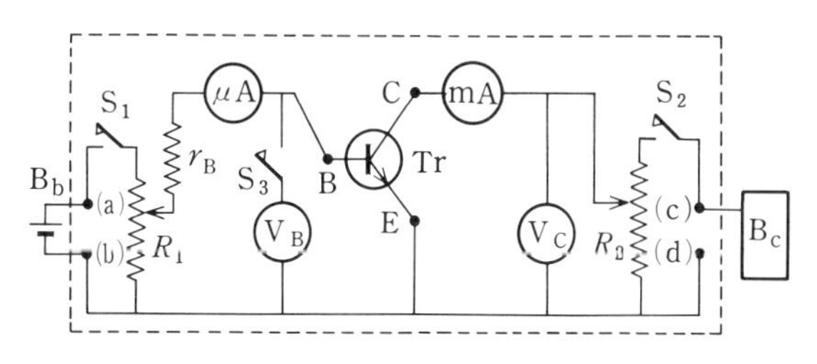

Tr：2SC 1815（NPN 形）
μA：マイクロアンペア計（0〜100 μA）
mA：ミリアンペア計（0〜15 mA）
V_B：ボルト計（0〜5 V）
V_C：ボルト計（0〜10 V）
R_1, R_2：電圧分圧器（500 Ω，1.5 W 巻線形）
S_1, S_2, S_3：スイッチ
B, E, C：トランジスタ接続端子
(a)(b)(c)(d)：電源接続端子
B_b：単 1 乾電池 1.5 V
B_c：定電圧電源（0〜20 V）

図 42-7　測定用セット

形）トランジスタを使用する．あらかじめ，その規格をよく調べ，それに相応する測定計器や用具を選定する．図 42–7 に示すセットを用い E 接地の場合の入力および出力特性を調べる．

c）**方　法**

（1）まず，セットの配線をよく調べる．スイッチ S_1, S_2 を開き計器の零点を確かめたのち，電源端子（a）（b）および（c）（d）にそれぞれ 1.5 V の乾電池 B_b および電源 B_c をつなぐ．

（2）電圧分圧器 R_1, R_2 の接触子を動かし，トランジスタに加わる電圧を最小にしてスイッチ S_1, S_2 および S_3 を閉じる．

（3）R_2 の接触子を静かに動かし，V_C の読み E_C を 1 V に保ちながら，R_1 の接触子を少しずつ動かし，そのたびごとに V_B の読み E_B と μA の読み J_B をとり，図 42–5 のように，$E_C = 1\,\mathrm{V}$ に対する E_B-J_B 特性曲線を画く．同様に R_2 および R_1 の接触子を調整し，$V_C = 6\,\mathrm{V}$ に対する E_B-J_B 特性曲線を画く，2 本の曲線について直線と見なされる部分の傾斜 $\Delta E_B/\Delta J_B$ から入力インピーダンスを求める．

（4）次に，スイッチ S_3 を開き電圧分圧器 R_1 を調節して μA の読み J_B を $10\,\mu$A に保ちながら，電圧分圧器 R_2 の接触子をトランジスタ Tr にかかる電圧が最低となる位置から少しずつ動かし，その都度 V_C の読み E_C と mA の読み J_C をとり，$J_B = 10\,\mu\mathrm{A}$ に対する E_C-J_C 特性曲線を画く．同様にして $J_B =$ 20, 30, 40, 50 μA に対する E_C-J_C 特性曲線を画けば，図 42–6 に示すような曲線群が得られる．曲線の等間隔と見なされる範囲について，Ec のある値に対する

$$\text{電流増幅率}\quad \beta = h_{fe} = \left|\frac{\Delta J_C}{\Delta J_B}\right| = \frac{J_{C_2} - J_{C_1}}{J_{B_2} - J_{B_1}}$$

を求める．E_C の他の値に対する β の値も求め，それらの平均値を求める．

（5）E_C-J_C 特性曲線の E_C 軸に対する傾きは E_C と J_C との値によって異なるが，各曲線の直線部の傾斜から，

$$\text{出力インピーダンス}\quad R_{out} = \Delta E_C/\Delta J_C$$

を求め，これらの平均値を求める．

問題　もし，$\alpha = \Delta J_C/\Delta J_E$ とすれば，α と $\beta = \Delta J_C/\Delta J_B$ との間に次式の成立することを証明せよ．

$$\beta = \alpha/(1-\alpha).$$

実験 43. オシロスコープを使用する観測

a) 説　明

(I) オシロスコープ (Oscilloscope)　これは**ブラウン管**を利用して周期的に変化する電気現象を観察する装置である．

図 43-1 はブラウン管の構造を示す．熱陰極 K から出た電子ビームは，まず制御グリッド G の電圧でその強さが加減されたのち，陽極 A で加速，集束され A の小孔を通って蛍光面 S の O 点に達し輝点をつくる．K, G および A の部分を総称して**電子銃**と呼ぶ．

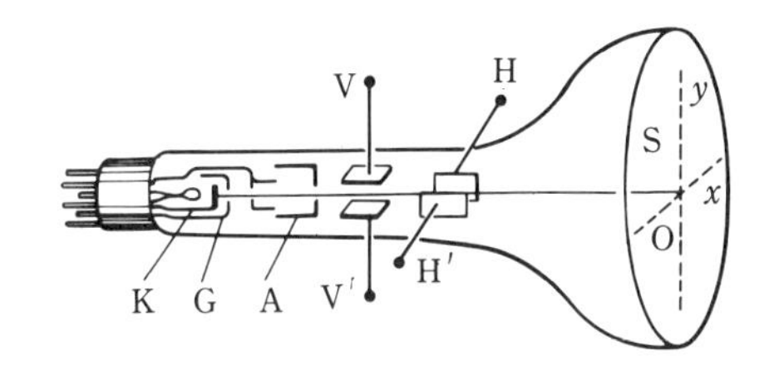

図 43-1　ブラウン管

A の前方に電子ビームを偏向させるため上下，左右の方向の 2 組の電極 VV′ と HH′ がある．S 上の輝点は偏向電圧に比例して時間的な遅れなしに上下（y 軸），左右（x 軸）の方向に運動するから，VV′ に調べる振動電圧をかけ，HH′ に時間とともに増大する電圧を加えれば，輝点の y 軸方向の振動は x 軸方向に引き動かされて波形を画く．y 軸方向を**現象軸**，x 軸方向を**時間軸**と呼ぶ．時間軸に次のような振動電圧を加えると，輝点の画く波形，あるいは図形を進行させせずに静止させて観測することができる．

i）**のこぎり波時間軸の方法**　現象軸に調べる電圧，例えば，周波数 f_v の正弦波形の電圧をかけ，時間軸に周波数 $f_h = f_v/n$（n は整数）ののこぎり歯形の電圧（図 43-2 参照）を加えれば，図 43-3 に示すように，両電圧の合成結果として輝点は正弦波の波形を S 面上に画くことになる．すなわち，のこぎり波の**掃引期間**（t_1）に輝点の画く波形は左から右に掃引 (sweep) され，**帰線期間**（t_2）に輝点は帰線を画きながら出発点に戻る．t_2 が短いほど帰線のために波形の右端の欠ける部分が少なくなる．t_2 が極めて小さければ，

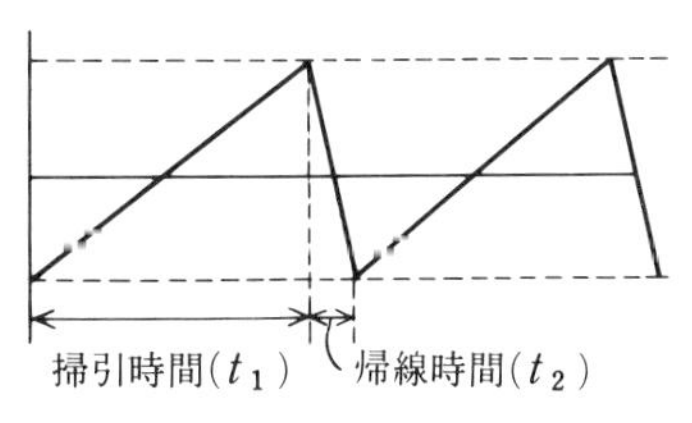

図 43-2　ノコギリ波

帰線はほとんど水平となり，しかも暗く目立たなくなる．出発点に戻った輝点はそののち同様な運動を繰返すため，S 面上に静止した波形が認められる．図 43-3 の場合は $f_v/f_h = 2/1$ であり静止波形は 2 個現われている．一般に $f_v/f_h = n/1$ ならば n 個の静止波形が現われる．n を 1～5 くらいの整数にすると観測に都合がよい．f_v に対して f_h を調整

して f_h を f_v/n (n: 整数) として静止波形を得ることを**同期する**という．

ii) **正弦波時間軸の方法**　現象軸に正弦波の電圧がかかるとき，時間軸にも正弦波形の電圧を加えれば，輝点は互いに直角な方向の単振動の合成運動をする．両軸に周波数と振幅の等しい電圧を加えれば，輝点は両振動の位相差 θ によって図 **43-4** に示すように直線，だ円，あるいは円を画く．図 **43-5** は位相差 θ が $\pi/2$ のとき，円を画くことを示す．

もし，f_v/f_h が簡単な整数比となるとき，輝点は**リサジュー** (**Lissajous**) **の図形**を画く．図 **43-6** は $f_v/f_h=3/2$，および $3/1$ の図形を示す．この図形から，一般に左右の方向と上下の方向とに現われる山の数の比が f_v/f_h に等しいことが判る．したがって．一方の周波数が既知ならば，他方の周波数を知ることができる．

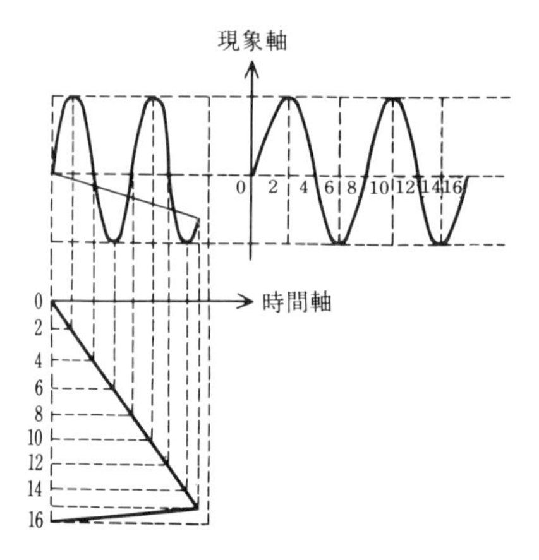

図 43-3　輝点の画く波形

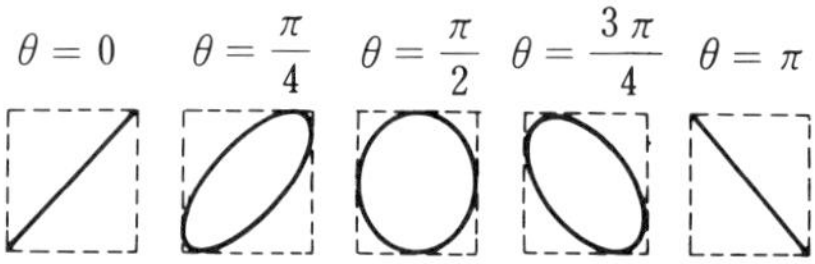

$\theta=0$　$\theta=\frac{\pi}{4}$　$\theta=\frac{\pi}{2}$　$\theta=\frac{3\pi}{4}$　$\theta=\pi$

図 43-4　$f_v/f_h=1/1$ の図形

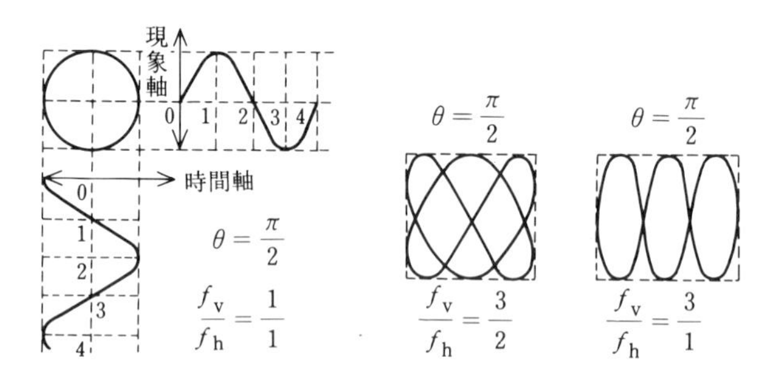

図 43-5　輝点の画く円　　図 43-6　リサジュー図形の例

iii) **実用のオシロスコープ**　垂直現象軸にかかる電圧波形を観測，測定し易くするため，数多くの半導体を用いたいろいろな回路が内蔵されている．図 **43-7**，図 **43-7′** は使用する**オシロスコープ***の前面パネル上の各種の調整ツマミと接続端子の配置を示す．

---

*　菊水電子，557 A 形

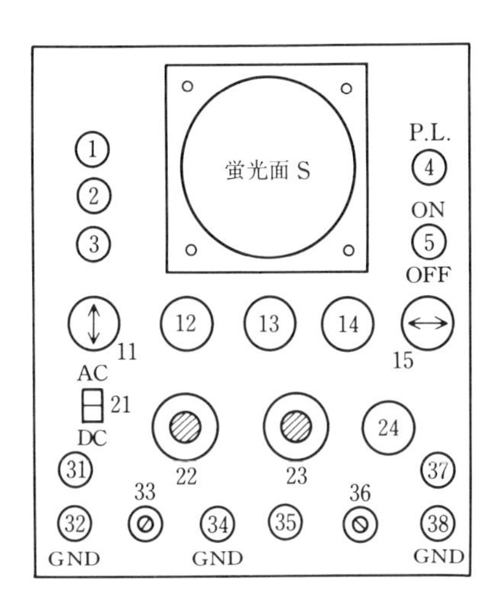

①②③：電圧感度較正用の方形波出力端子
④：パイロット・ランプ
⑤：電源スイッチ
⑪：垂直方向の位置調整ツマミ
⑫：焦点調整ツマミ
⑬：輝度調整ツマミ
⑭：同期の切換ツマミ
⑮：水平方向の位置調整ツマミ
㉑：入力回路の結合切換えツマミ
㉒：垂直軸の感度切換えツマミ
㉓：水平軸の掃引周波数切換えツマミ
㉔：水平軸増幅器の感度調整ツマミ
㉛㉜：垂直軸の入力端子
㊲㊳：水平軸の入力端子

図 43-7　オシロスコープ前面パネル

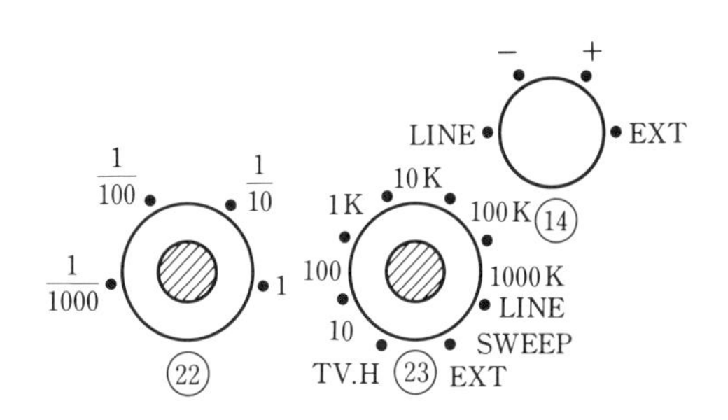

図 43-7′　⑭㉒㉗の拡大図

⑭：**LINE**：同期信号に電源周波数を使う．

INT±：垂直軸周波数から同期信号をとるとき，＋または－の信号が選べる．

EXT：外部同期となる．信号は㉞㉟端子から入れる．観測中の波形と同じか，整数分の一の周波数に等しいことが必要である．

㉒：黒ツマミ：垂直軸への入力電圧を段階的に粗調整する．　**1** は減衰なく，他は **1/10, 1/100, 1/1000** に減衰する．

赤ツマミ：感度を連続的に微調整する．

㉓：黒ツマミ：水平軸の掃引周波数（のこぎり波）の切り換え用のツマミ．

TV. H：テレビ調整用（**15750 Hz**）でここでは使用しない．

(**10～100**), (**100～1 k**), … の中間点に回すと，それぞれの周波数範囲ののこぎり波電圧が水平軸に加わる．

LINE SWEEP：電源周波数の電圧がかかる．

EXT：水平増幅器の入力を ㊲ ㊳ 端子に接続する．この場合，㊲ ㊳ にはのこぎり波以外に加えたい外部電圧をつなぐ．感度の調整は ㉔ で行ない，㉓ の赤ツマミは無関係である．

[II] 低周波発振器　オシロスコープの垂直軸にかかる電圧の周波数の測定，波形の観測などに**低周波発振器**がよく用いられる．図 43-8 は使用する低周波発振器*の前面パネル上にあるツマミと端子の配置を示す．

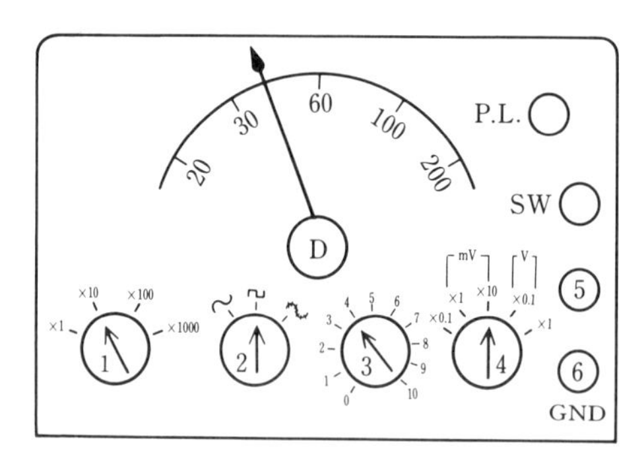

Ⓓ　ダイアル
①　周波数切換ツマミ
②　波形選択ツマミ
③　出力電力微調整ツマミ
④　出力電力切換ツマミ
⑤　プラス出力端子
⑥　アース側出力端子
SW　電源スイッチ
P. L.　パイロット・ランプ

図 43-8　低周波発振器前面パネル

Ⓓ：目盛 20～200 に相当する周波数の低周波を発振する．① を目盛×1 から 1 段換えるごとに発振周波数は 10 倍ずつ増大する．

①：目盛×1，×10，×100，×1000 の 4 段に切換えられる．この切り換えと Ⓓ の微調整とにより 20 Hz から 200 kHz までの任意の周波数の発振ができる．

②：目盛 ∿ 印は正弦波を，目盛 ⊓⊔ 印は方形波を発振する．また，目盛 [合成波記号] 印に切換えると，60 Hz の正弦波に ① および Ⓓ によって決まる周波数の正弦波の重なった合成波を発振する，

③：目盛に比例して 1 から 10 まで出力が増大する．しかし，出力の粗調整は ④ の切換えによって行われる．

④：mV 単位には目盛×0.1，×1，×10，　V 単位には×0.1，×1 があって出力を 5 段階に粗調整できる．1 段ごとの出力は ③ を並用して微調整できる．例えば，④ の目盛が×10 mV のとき，③ を目盛 3 に合わすと，3×10 = 30 mV の出力となる．

⑤ ⑥：出力端子である．

b）装置および用具

オシロスコープ [I] および**低周波発振器** [II] を使用し，音声の波形を観

* TRIO，AG-10 形

測するために**クリスタル・マイクロフォン**を準備する．もし，室内の AC 100 V 電源の電圧が変動する恐れがある場合には，**定電圧装置**を使えばよい．この実験ではこれを使用しない．

c） 方　法

まず注意すべきことは，オシロスコープ [I] のツマミやその操作は複雑であるから，図 43-6 や図 43-7 を参照して，あらかじめツマミとその操作の意味をよく理解しておくことである．無方針にツマミを回したり，指示レンジを越えて回しては器械の性能を低下し，寿命を短縮してしまう．低周波発振器 [II] についても同様である．

（A） **リサジューの図形の観測**　これには [I] の水平時間軸と垂直現象軸とに正弦波電圧を加えればよい．

（1） まず，[I] と [II] の電線コードを室内の AC 100 V 電源に接続し [I] の⑤を ON にすると，④の P. L. が点燈する．

（2） [I] の水平時間軸に電源の 60 Hz の正弦波電圧を加えるために，[I] の㉓を LINE に合わせる．このとき㉒を 1, 1/10, 1/100, 1/1000 のいずれかに合わせ，他のツマミはどこに合っていてもよい．これで [I] の水平時間軸に $f_h = 60$ Hz の交流電圧が加えられたことになる．

10 数秒後に [I] の蛍光面に輝点，または輝線が現われる．出なければ⑬を時計方向に回せば現われる．現われたら適当な明るさで止める．輝点を長く一ヶ所に止め置かないようにする．⑫を回して明瞭な細い輝線が見えるようにしたのち，⑪と⑮を使って輝線が蛍光面の中央に位置するように調整する．輝度を必要以上に明るくすると輝線は細くならない．

（3） [II] から 60 Hz の正弦波を発振し，これを [I] の垂直現象軸に加える．このため [II] の SW を入れ，P. L. の点燈を確認したのち [II] の出力端子⑤⑥をそれぞれ [II] の垂直軸入力端子㉛㉜に連結する．次に，[II] の②を～印に合わせ，④を 0.1 に，③を 5～7 程度とし，また①を×1 に回しⒹを 60 の目盛に合わせる．一方 [I] の㉒を 1/10 に合わす．

以上で [I] の垂直現象軸に適当な強さの $f_v = 60$ Hz の正弦波電圧がかかったことになる．

（4） **$f_v/f_h = 1/1$ のリサジュー図形の観測**　以上の操作ののち，[I] の ㉒ 赤と ㉔ とを回して図形の上下，左右の大きさを等しい長さ（約8cm）にし，図形が変動しないように同期する．これで $f_v/f_h = 1/1$ の図形（直線，だ円，円，図 43-4 参照）が得られる．

㉓ 赤を回して位相差による図形の変化を観測する．ただし，電源の波形は必ずしも正弦波でなく，また，[II] の Ⓓ の目盛も正確でないから，Ⓓ の指す目盛60から幾らか外れて同期し，図形も少しく歪むこともある．

（5） **その他のリサジューの図形の観測**　[II] の Ⓓ の指す目盛を120, 90, 180, 90 と変えて静止したリサジューの図形を出し，その都度 ㉓ 赤を回して位相の違いによる図形の変化を観測する．(4) および (5) で見た図形を周波数の比を添えて記録し報告する．

（B） **波 形 の 観 測**　この場合は [I] の水平時間軸にのこぎり波，垂直現象軸に観測波の電圧を加える．

（1） まず，[I] の ㉒ を 1, 1/10, 1/100 のいずれかに，㉓ は 10～100 K のいずれかに，また ⑭ は EXT. 以外のどこかに合わせる．これで水平時間軸にのこぎり波電圧がかかったことになる．

（2） **正弦波形の観測**　[II] により $f_v = 600$ Hz の正弦波を発振し，これを [I] の垂直現象軸に加える．

[II] では，② を～印に，① は×1 に，Ⓓ は目盛60 に合わす

[I] では ㉒ を 1/10 に，㉓ は（100～1 K）に，⑭ は INT（－）か（＋）のいずれかに合わす．

㉓ 赤で同期すると幾つかの正弦波が現われるから，㉓ 赤を回わして波の数を変えてみる．この際に帰線をよく観察する．また，⑭ の INT（＋）（－）を切り換えて図形の違いを見る．次に，㉓ をそのままにして，1 波長分の波形が出るように ㉓ 赤を調節し固定する．そののち [II] の発振周波数を変えて $f_v =$ 1200 とし，それらの図形を比較する．観察した図形を周波数も添えて記録し，報告する．

（3） **方形波の波形の観測**　[II] からいろいろな周波数の方形波を発振し，[I] の垂直現象軸に加える．まず，[II] の ② を ⊓⊔ 印に切り換えて，60 か

ら 6000 Hz のいろいろな方形波を出し，[I] も ㉓ を 10 から 10 K の間に変えて静止した幾つかの方形波を観測する．ツマミの位置と波形，それに帰線もよく見て，これらを記録し，報告する．

（4） **混合波形の観測**　[II] から混合波電圧を出し，それを [I] の垂直現象軸に加える．[II] の ② を 印に切換えれば，[II] は電源の 60 Hz と Ⓓ の指す目盛の周波数との 2 つの混合波を発振する．[I] の ㉓ を（10～100）に固定し，[II] から 60, 120, 180, 6000 Hz を発振させ，㉓ 赤を回して静止した混合波形を出す．以上を記録し，報告する．波形が途切れる場合は調整が不良である．とくに，60, 120, 180 の場合の波形の相互の違いの特徴を見きわめる．

（5） **音声波形の観測**　[II] を [I] から切り離し，備えつけのマイクを正負の極を間違いないように [I] の ㉛ ㉜ に接続する．マイクに向って成るべく一定の強さで“アー”とか“イー”と発声し，(B) の (2) のようにして，静止した 1 つづきの波形を現わし，これを記録して報告する．この際は ㉒ を 1 または 1/10 に，㉓ は（10～100）あるいは（100～1 K）に合わすとよい．なお，蛍光面上の波形の大きさが不適当ならば，㉒ 赤と ㉔ で調節する．もし，波形が 2 重 3 重に現われるなら，調節が不良である．

注 意　この方法で音叉の音波形を見ると，音声と異なり単純な正弦波となる．音叉の音が純音として澄んだ音に聞えるのはこのためである．

問 題　上記の方法で 2 個の音叉のうなりの波形を観測したい．振動数がどのように違う音叉を選べばよいかを考究せよ．

実験 44.　ガス入り二極管を利用する気体の電離電圧の測定

a） 説 明

（1） 熱陰極放電管の陽極電圧・電流特性

熱陰極 F と陽極 A とをもつガス入り二極管を図 44-1 のように連結し，陽極電圧 E_a を零から順次高めて陽極電流 J_a の変化を調べると，図 44-2 に示すような特性曲線をうる．すなわち，E_a の低い範囲では二極管および三極管の場合と同様に，J_a は空間電荷* の存在により制限されて 3/2 乗則**にしたがい，図上で曲線 HL に沿って変化する．し

*　実験 40. a）参照.

**　同上.

かし，E_a を管内の気体に特定な，ある電圧 E_i 以上に高めれば，F または空間電荷から出て A に向かって加速されながら進む電子は，A の手前である限度以上の速度をえるため，気体の分子に衝突すれば，それから電子をたたき出して，分子をイオン化する．

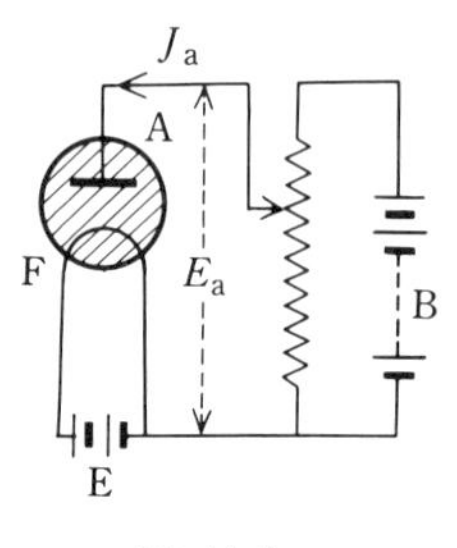

図 44-1

一般に，電子が気体の分子または原子に衝突して，これを電離するための最小の速度を**電離速度**といい，電離速度を与えるために電子に加えなければならない加速電圧を，その気体の**電離電圧** (ionization potential) という．故に，電子の質量を m，電荷を e，電離速度を v_i とすれば，気体の電離電圧 E_i は，

$$mv_i^2/2 = eE_i \qquad (44\cdot1)$$

として示される．ふつう，E_i は V 単位で表す．つぎの表に，二，三の気体の電離電圧を示す．

さて，E_a を管内の気体の電離電圧 E_i 以上に高めれば，電離によって生じた陽イオンは，電子とは反対にFに向かって運動するが，電子に比べて質量が大きく，運動が緩慢であるため，電流としては直接に役立たない．しかし，F の近くの空間電荷を中和するから，F からの電子の流れを増加し，間接に J_a を強める．故に，J_a を示す曲線は図 44-2 において 3/2 乗則から外れて，上方に LM となって曲がる．

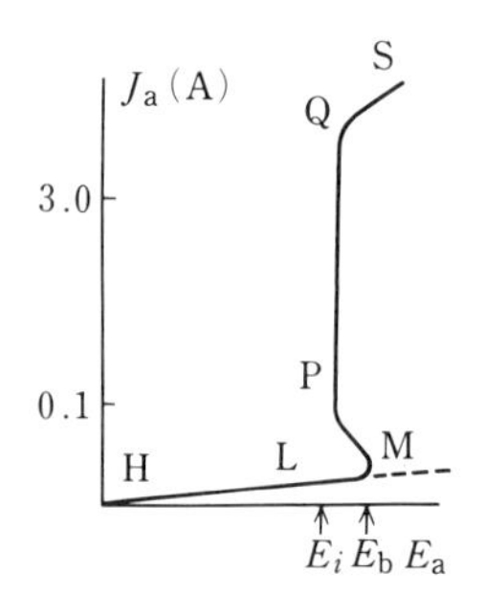

図 44-2　ガス入り二極管の特性

気　体	電離電圧 E_i (V)
アルゴン	15.7
ネオン	21.5
水　素	24.6
窒　素	29.4
水銀蒸気	10.4

E_a が高まるほど，電子が電離速度をもつために加速される距離が短くなる結果，F から出た 1 次的な電子だけでなく，電離によって生じた 2 次的な電子も，A に向かって進む間に**衝突電離** (ionization by collision) を行う．故に，E_i よりも少し高い電圧 E_b となれば，盛んに衝突電離がくり返し行われて，ねずみ算的に電子とイオンとの数が増加し，ついに管内の気体は**破壊** (breakdown) される．このときの電圧 E_b を**破壊電圧** (breakdown potential) という．このような状態となれば，もともと電離の盛んに行われるところはイオンの**再結合** (recombination) のよく行われるところであるから，その部分から**グロー** (glow) を発する．

この部分のように，気体が高度に電離して，電子と陽イオンとがほとんど同数存在するところを**プラズマ** (plasma) と呼ぶ．そこは導体化していて，電位の勾配が小さいから，管内の電位の分布は図 44-3 のようになる．故に，プラズマのため，ちょうど陽極 A が陰極 F に対するプラズマの端まで移ったと同等の結果となり，J_a は著しく増す．

そして，さらに J_a が増す場合は，プラズマは伸びて，その陰極側の端はますます陰極に近づく結果，管は負性抵抗の性質を呈し，E_a を減じても J_a は増加するようになり，ついに J_a の強さに応じて，陰極とプラズマとの間の**陰極暗界**（cathode dark space）に相当する部分の厚さが自動的に調整されて，J_a に無関係に E_a が一定となる状態，すなわち図 44-2 では PQ で示される状態に移ってゆく．

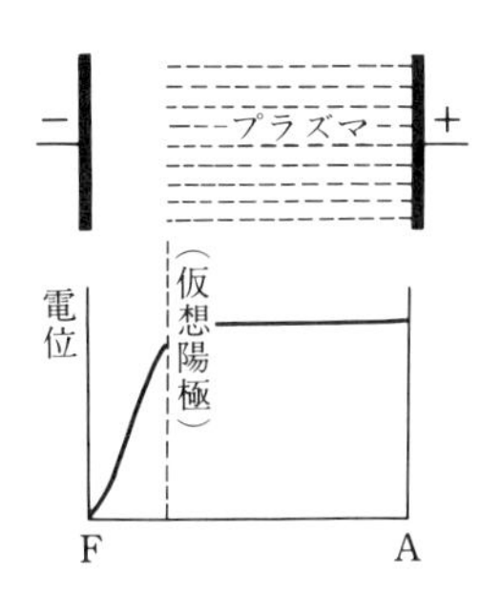

図 44-3

この状態は，J_a が F から放射される全電子の流れと等しくなるまで続くが，そののちは，J_a を増すためには，E_a を高めて陽イオンを加速して陰極に強く打ちつけ，陰極からさらに電子をたたき出すようにしなければならない．故に，図 44-2 において，J_a の曲線は QS に沿って右方に曲って高まる．

ふつうの熱陰極放電管は，グローを発する以前の**無光放電**の範囲で使用される．

(2) 無光放電の範囲における陽極電流

いま，図 44-4 (a) に示すように，ガス（アルゴン）入りの三極管の格子 G と陽極 P とを連結して，二極管に代用して配線し，グローを発しない程度の E_a を加えて J_a を実測した結果を示すと，(b) の特性曲線を得る．

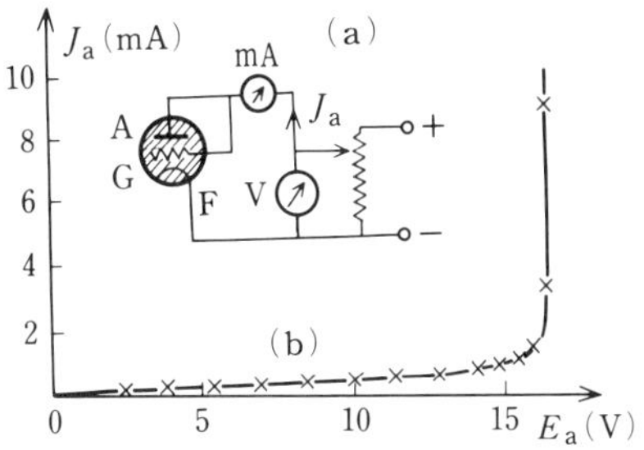

図 44-4

J_a が空間電荷の制限をうける範囲については，3/2 乗則すなわち，

$$J_a = kE_a^{\frac{3}{2}} \quad (44\cdot2)$$

が成り立つから，(44·2) の両辺の対数をとれば，

$$\log J_a = \log k + (3/2)\log E_a. \qquad (44\cdot3)$$

故に，図 44-5 のように，縦軸に $\log J_a$，横軸に $\log E_a$ をとって，測定結果を図示すれば，$\log E_a$ と $\log J_a$ との関係は，図上で直線として示される．

しかし，E_a を管内の気体の電離電圧 E_i（15.7 V）以上に高めれば，J_a は 3/2 乗則から外れて次第に増し，E_a が破壊電圧 E_b (16.8 V) に近づけば，J_a は急激に増加するから，図 44-5 上での $\log E_a$ と $\log J_a$ との関係は，直線から外れて上に曲がり，そののちの曲線はいよいよ傾斜を増して上昇する．したがって，直線が曲線に移り変る P 点に相当する $\log E_a$ の値を求めれば，それから管内の気体（アルゴン）の電離電圧が定められる．

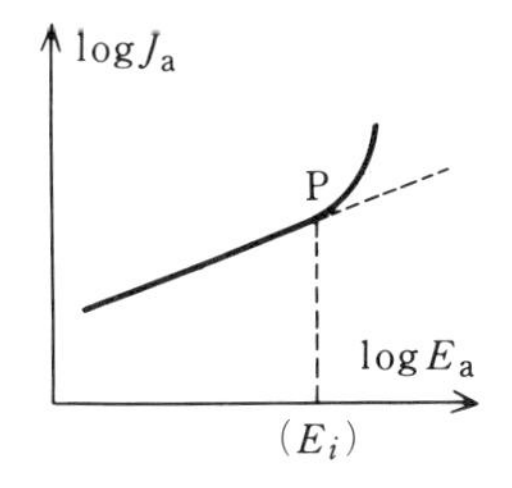

図 44-5　$\log E_a$-$\log J_a$ の関係

b）**装　置**

図44-6は使用する装置の配線図である.

V：**ガス入り二極管**　この実験では，ガス（試料の**アルゴン**）入り三極管 TY-66G の格子 G と陽極 P とを連結し，二極管として代用する.

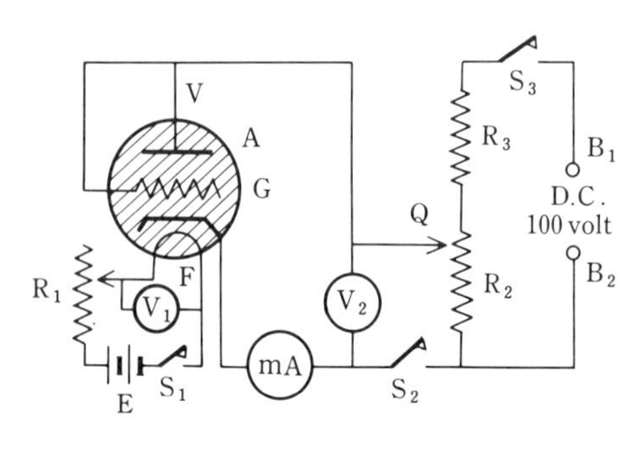

図 44-6

R_1：20Ω 程度の**可変抵抗器**.　V_1：**ボルト計**（0～7.5V）.

R_2：100Ω 程度の**分圧器**.　V_2：**ボルト計**（0～30V）.

R_3：400Ω 程度の**固定抵抗器**.　E：6V の**蓄電池**.

mA：**ミリアンペア計**（0～50mA）.　S_1, S_2, S_3：**開閉スイッチ**.

B_1, B_2：直流 100V の電源.

c）**方　法**

（1）配線図に従って，部品，計器を接続する．この際，必ずスイッチを開いておく.

（2）接続に誤りのないことを確かめたのち，R_1 の抵抗を最大にし，スイッチ S_1 を閉じ，ボルト計 V_1 の指針が 4.0V を指すまで R_1 を調節する．約1分ののちに，管球の陰極 F は，加熱されて僅かに赤味を帯びる.

（3）つぎに，分圧器 R_2 の接触子 Q を移動して，陽極電圧 E_a が零となるようにしたのちスイッチ S_2 および S_3 を閉じ，Q を動かして $E_a = 6$V（V_2 の読み）程度として，V_2 および mA の読みをとる．さらに，Q を移動して順次 $E_a = 8, 10, 12, 14, 15$V として，そのたびごとに V_2 および mA の読みをとる．そののちは，Q の移動を小刻みにし，少しずつ E_a を高め，E_a と J_a（mA の読み）との値をくわしく測る．E_a を高めて J_a が 30mA 程度になったならば，観測を中止し，スイッチ S_2 および S_3 を開く.

（4）そののち，R_1 を調節して陰極 F の加熱電圧（V_1 の読み）を順次 4.5,

5.0, 5.5, 6.0 V に高め，それぞれの加熱電圧に対して，(3) に示したと同様な観測をくり返す.

（5） 方眼紙上に縦軸に $\log J_a$，横軸に $\log E_a$ をとり，以上の観測の結果の対数値を図上に点示し，陰極 F の各加熱電圧について，$\log E_a$ と $\log J_a$ との関係を示す特性曲線を描く(図 44-7)，この場合，両対数方眼紙を利用すれば，観測値の対数を求める手間がはぶける.

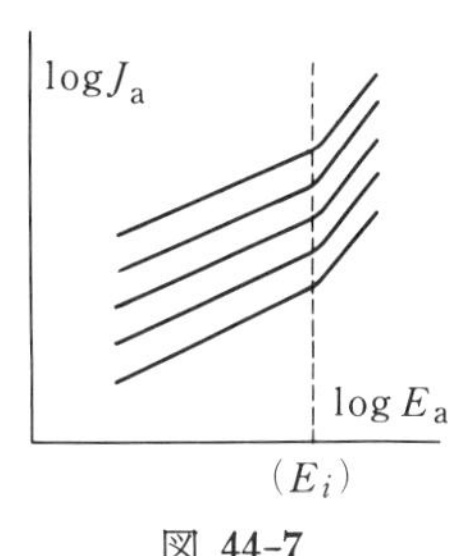

図 44-7

（6） 図上の各曲線について，3/2 乗則の破れる点，すなわち，直線から曲線に移る点を定め，これらの点列を連ねるような，縦軸に平行な直線（図上の点線）を描けば，これが横軸を切る点に相当する E_a の値 E_i が，管球内の気体（試料のアルゴン）の求める電離電圧となる.

注 意 厳密には，E_a を気体（アルゴン）の電離電圧 (15.7 V) まで高めなくても，それより少し低い電圧（約 15 V）において，管内に電離が多小起こり，J_a は 3/2 乗則から外れる．これは，つぎの理由による.

ふつうの原子は電子の衝突により**励起状態** (excited state) に移っても，不安定なため，この状態に止まる期間は極めて短く，10^{-10}～10^{-7} 秒後には安定な低い**エネルギー準位** (energy level) の状態にもどり，その際余分になったエネルギーを，光量子として放射する．しかし，水銀そのほかの不活性気体の原子においては，寿命の短いふつうの励起状態のほかに，10^{-4}～10^{-2} 秒も止まりうる寿命の長い励起状態がある．このような状態を**準安定状態** (metastable state) という．準安定状態にある原子は，ふつうの励起状態にあるときと異なり，原子自ら準位の低い状態，または，**基底状態** (ground state) にもどり，その際に光量子を放射するような移り方をしない．準安定状態では寿命が長いから，寿命の終らない間に原子はかならず他の原子，電子から衝突をうけ，そのうえで初めてふつうの励起状態または電離の状態に移り変わる，そして，この場合の電離は，準安定状態として，すでに原子のエネルギー準位がそれだけ高くなっているから，基底状態の原子を電離する場合よりも，電離し易い.

アルゴンについては，一番低い励起状態は準安定状態に相当し，そのエネルギー準位は 11.5 V である．故に，$E_a = 11.5$ V となれば，準安定状態の原子が現われ，これがそののち引き続きうける衝突により電離することになるため，$E_a = 15.7$ V 以下の電圧であっても，管内で電離が起こりうる．この意味で，前記の方法で電離電圧を定める場合は，多少の誤差は避けられない.

実験 45. Franck-Hertz の実験

a) 説　明

1913年以降に Franck と Hertz は，原子構造に関する Bohr の量子論を実験によって検証し，その後の量子物理の発展に大きい貢献をした．

Bohr はそれまでの理論では未解決であった原子の安定性と発光スペクトルに関して新しい仮設を導入した．すなわち，その1つは「電子の円運動は定常状態とよばれる特定の軌道のみが許される」であり，その2は「光の放射または吸収は，ある定常状態（エネルギー E_1）から他の定常状態（エネルギー E_2）に電子が遷移する際に生じ，その光の振動数 ν は，光量子のエネルギー $h\nu = |E_2 - E_1| = \Delta E$（$h$: Planck 定数）によって定まる」である．これで原子の安定性が保証されると共に水素原子の線スペクトルが見事に説明された．もし，この説が正しいならば，原子のエネルギーの授受が，光に限らず，たとえば加速された電子との非弾性衝突による場合でも同様になるはずで，加速された電子は，非弾性衝突によって，ΔE だけの運動エネルギーを失うことになる．これを実験によって確かめたのが Franck-Hertz の実験とよばれるものである．

現在では，原子の電子状態はその後に発展し，確立した量子力学によって取扱われ，**エネルギー準位**とよばれる．通常，原子は最低のエネルギーの**基底状態**にあるが，より高いエネルギーの**励起状態**への遷移には，エネルギー差 ΔE だけの**励起エネルギー**が必要である．励起状態は数多く存在するが，この実験では最底の励起状態への遷移に注目して観測する．

図45-1はこの実験のブロック図を示す．ガラスの封入管の中に単原子分子気体の不活性元素 (inert gas) Ne, Ar, He, および Hg の内の1つが封入してある．K はヒータを持つ熱陰極，G_1, G_2 は加速電圧を加えるグリッド，P は電子を捕集する陽極であり，陽極電流 J_P が測定される．G_2 と P との間には逆向きの小電圧 V_P が加えてあり，原子との衝突で運動エネルギーを失った電子が P に到達しないようにしてある（図45-2).

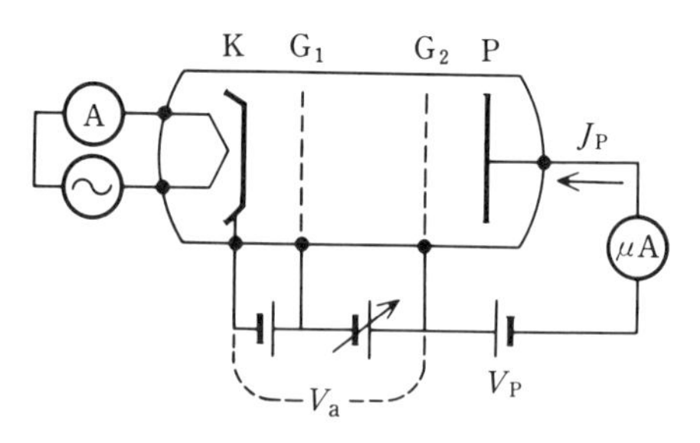

図 45-1　Franck-Hertz の実験

加速電圧 V_a を次第に増すと，3/2 乗則*に従って J_P も増加する．しかし，電子の運動エネルギーが原子の励起エネルギー ΔE よりも大きくなると，電子は封入してある原子と衝突した際に原子を励起して自らのエネルギーを失って遅くなり P に到達できなくなるので，図45-3のように J_P が減少する．さらに V_a を増すと電子は加速されて再び

*　実験40. a) 参照.

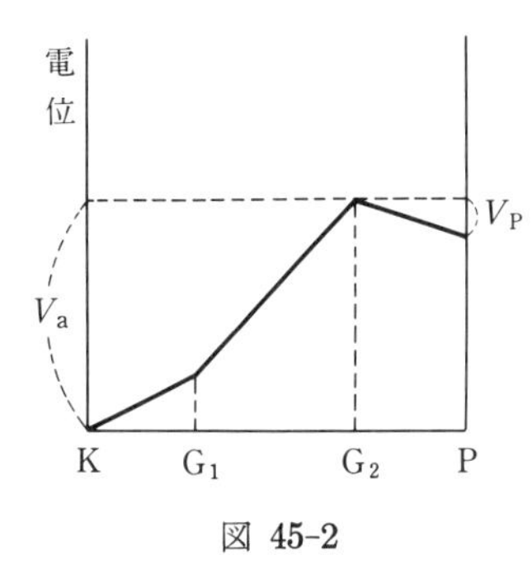

図 45-2

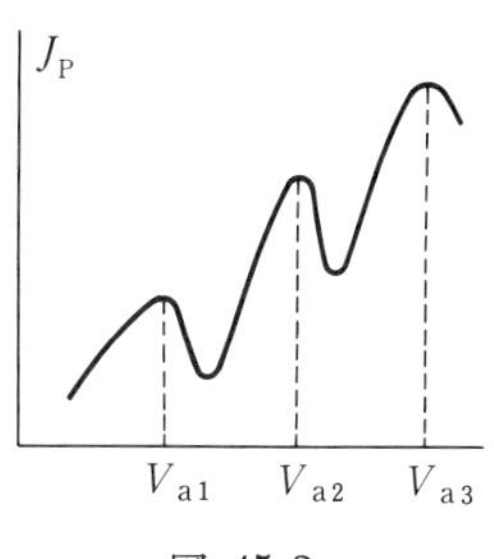

図 45-3

P に到達できるようになり J_P が増加するが，運動エネルギーが ΔE を超えるようになると，再び非弾性衝突によって運動エネルギーを失い J_P が減少する．V_a をさらに増すと同様の現象が繰り返される．そこで J_P 極大のときの V_a の値を V_{a1}, V_{a2}, V_{a3}, …… とすれば，電子の電荷を $-e$ として，

$$\Delta E = e(V_{a2} - V_{a1}) = e(V_{a3} - V_{a2}) = \cdots\cdots.$$

なお，最初の V_{a1} には，K と G が異種の物質であるための接触電位差などが含まれるので $eV_{a1} = \Delta E$ とはならない．

b) 装　置

Franck-Hertz 実験器 (以下本体とよぶ).

ボルト計 (0～100 V): 加速電圧 V_a の測定用.

マイクロアンペア計 (0～100 μA): 陽極電流 J_P 測定用.

交流アンペア計 (0～1 A): ヒータ電流測定用.

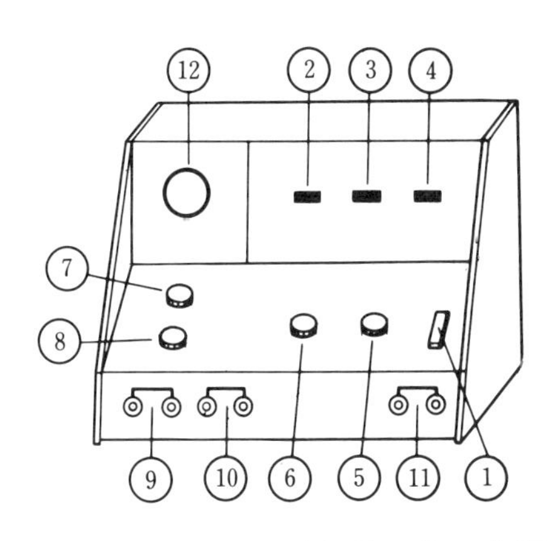

① 電源スイッチ
② メータとオシロスコープの切換スイッチ
③ 手動と自動の切換スイッチ
④ Inert Gas 管と Hg 管の切換スイッチ
⑤ 加速電圧調節ツマミ (Hg 管用)
⑥ 加速電圧調節ツマミ (Inert Gas 管用)
⑦ μA 計 (陽極電流) の零調節ツマミ
⑧ ヒータ電流調節ツマミ
⑨ 加速電圧測定端子
⑩ 陽極電流測定端子
⑪ ヒータ電流測定端子
⑫ 封入管を観測するのぞき窓

図 45-4　Franck-Hertz 実験器

c）**方　法**

（1） 本体の所定の端子にボルト計，μA 計，交流アンペア計を連結する．Ne 管が ⑫ の位置にあることを確認する．本体の切換スイッチ ② をメータ側に，③ を手動側に，④ を Inert Gas 管側にする．加速電圧調節つまみ ⑥ とヒータ電流調節ツマミ ⑧ は左一ぱいに回しておく．

（2） 本体の電源コードをコンセントに差し込み，電源スイッチ ① を閉じる．2〜3 分して安定した後，ツマミ ⑦ を回して μA 計の零調節をする．ヒータ電流調節ツマミ ⑧ を回して，交流アンペア計によってヒータ電流を約 650 mA にする（この値は使用ガス管によって異なるから所定の指示に従うこと）．

（3） 加速電圧 V_a 調節ツマミ ⑥ を徐々に回して，μA 計の J_P が図 45-3 のように変化することを第 4 の極大が現われるまで確かめる．このとき第 1 の極大を超えるとのぞき窓 ⑫ から原子の励起に伴う発光が観察できる．（この実験中に J_P が急に非常に大きくなったときは管中で放電を生じたのであるから，⑥ を素早く左へ回して V_a を零にして放電を止める．⑧ を回してヒータ電流を小さくしてから実験を行う）．

（4） V_a-J_P 特性曲線を描く．特にピークの近傍を詳しく測定する．測定終了後，⑧，⑥ のツマミを左へ一ぱいに回し電源スイッチ ① を開き，本体のコードをコンセントから抜き取る．

（5） V_a-J_P 特性曲線のピークの V_a の値 V_{a1}, V_{a2}, V_{a3}, V_{a4} を求める．これらから次の平均法を用いて最小励起エネルギー ΔE 電子ボルト（eV）を求める．

物質	最小励起エネルギー（eV）
Ne	16.7
Ar	11.6
He	21.2
Hg	4.9

$$\Delta E=\frac{1}{2}\left\{\frac{1}{2}(V_{a3}-V_{a1})+\frac{1}{2}(V_{a4}-V_{a2})\right\}\ \text{eV}.$$

（6） 他のガス管と取り換えて同様の実験を行う．（このとき V_a の値を変える必要があるときは本体裏側の端子にボルト計をつなぎ所定の半固定ツマミを回して V_P を指示値にしなければならない．なお Hg 管は Hg の蒸気圧を高めるため温度を高めねばならない．そのための実験セットが必要である．）

実験 46. GM 管による放射線計測

a) 説　明

Geiger Müller 計数管（GM 管）を用いて，自然計数，逆二乗則の実験，吸収率の測定を行う．

（1） **G M 管**　構造は，図 46-1 に示すように，円筒形の**陰極**とその中心の軸上にある細い線状の**陽極**との間に，アルゴンのような不活性ガスとハロゲンまたは無水アルコールなどが約 10 : 1 の割合で 10 cmHg 程度封入されている．細い線状の陽極は図 46-2 に示すようにコンデンサ C を通じ増幅器に連絡され，また一方，高抵抗 R，高圧電源をへて接地されている．放射線が GM 管内のガス中を通ると，ガスの分子をイオン化して正イオンと電子を作る．両極の間に高電圧がかけられてあるため，電子は強く加速され，中性の分子と衝突し，次々に新しいイオンと電子を作り，中心線近くの強い電界で急激に多くの電子（**電子なだれ**）が増殖（**ガス増殖**）する．n 個の電子が全部電極に達し，電極間の静電容量を C とすると，$\Delta V = ne/C$（e：電子の電荷）の信号電圧が生ずる．電源電圧 V を増していくときの信号電圧 ΔV の変化を図 46-3 に示す．

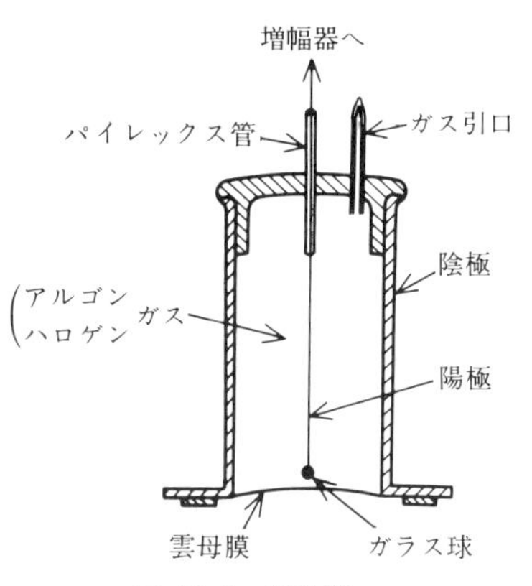

図 46-1　GM 管

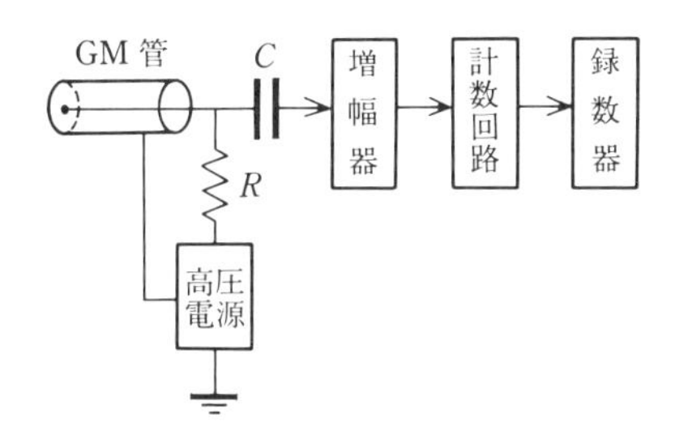

図 46-2　実験装置

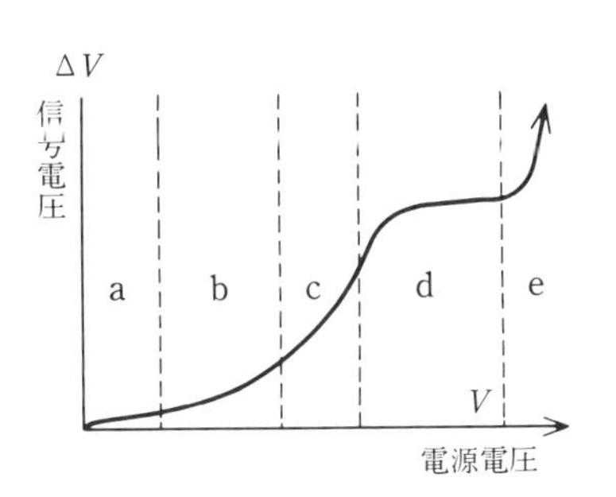

a：再結合の生ずる領域
b：粒子のエネルギー損失に比例する信号を生ずる領域（イオン箱）
c：ガス増殖の領域（比例計数管）
d：一定の大きさの信号を生ずる領域（GM 管）
e：連続放電を生ずる領域

図 46-3

この図の一定の大きさの信号を生ずる領域（**プラトー領域**）で GM 管の測定を行う．増殖された電子によって発生した信号電圧が自動的に止まり，次の放射線の入射を待つ状態にもどるのは，封入されているガスが放電を止める働きをするのと，もしアルコールガスのない GM 管では外部回路の抵抗 R を大きくして，GM 管にかかる電圧を降下させて放電を止めるようにしてあることによる．

また，GM 管が 1 つの放射線を受けてカウントした後，管内のイオンがほとんど取り除かれて元の状態にもどるまで，新たに入って来た放射線をカウントすることはできない．この時間は 10^{-4} s 程度で**不感時間**という．

放射性元素の崩壊は無作意におこるから，GM 管の使用電圧，その他の条件を一定にしても，放射線の計数値は測定するたびに一定でなく，確率の法則に支配される．計数値 N が充分大きいとき**標準偏差**は $\sqrt{N}$ となる．

GM 管の**雲母膜**の質量厚さは 2～3 mg/cm² である．

（2）**デカトロン計数器** (GM-D 形*)，**放射線計数装置** (RMS-6 形*)．

図 46-4 にデカトロン計数器を示す．高電圧電源(0～600 V)，振幅選別器，デカトロン計数放電管 4 個を内蔵していて，GM 管から送られて来たパルスをカ

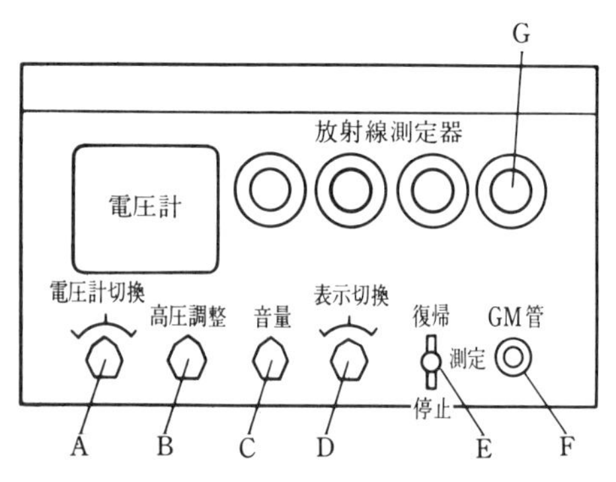

図 46-4　デカトロン計数器 (GM-D)

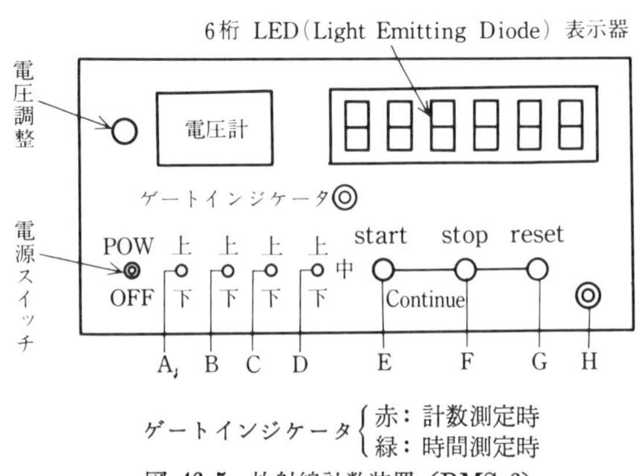

図 46-5　放射線計数装置 (RMS-6)

*　島津理化器械株式会社

ウントするようになっている．

図 46-5 に放射線計数装置を示す．高電圧電源（100～560 V），6 桁の LED 表示器などを内蔵している．以下，必要なつまみの位置を示す．

A を上；GM 管のパルス測定

B を上；6 桁の表示器

C を上；スタート後 1 分間ゲートが閉じる

D を上；パルスカウントして，6 桁で表示する計数装置として働く．

F：ゲート切換スイッチで，上にすると 1 分間で止る．下にすると連続してカウントする．

G：初期状態にもどすとき用いる．積算のときはこれを押さずに再び E を押す．

（3）**GM 管スタンド**

図 46-6 のように，GM 管固定筒と 7 段の棚溝をもつ樹脂製の箱からできている．蓋の端の数字は GM 管の窓からの距離を示す．

（4）**放射線源**　図 46-7 のような半円形透明樹脂（2 個）に埋め込まれた 2 μCi 未満の ${}^{137}_{55}$Cs で半減期 30.0 年で，β 線（電子）と γ 線（電磁波）を出す．少量の密封線源なので法律上の規制は受けないが，取扱いには充分な注意を要する．線源を借出すときには，使用記録簿に氏名を記入し，返却のときには教員立合いのもとで再度記名する．

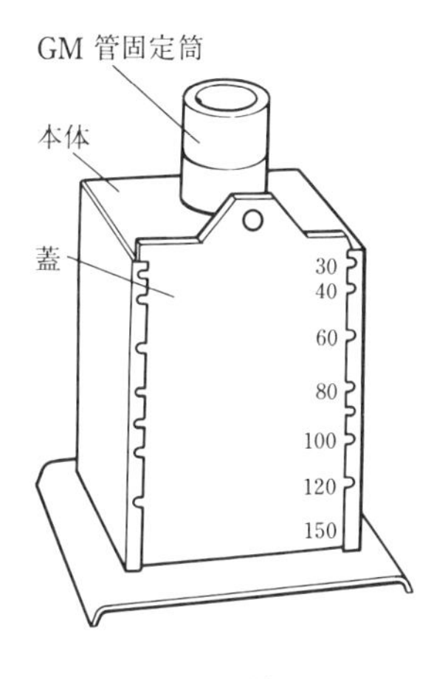

図 46-6　GM 管スタンド

b）**装置および用具**

end window 型 β 線用 GM 管，**デカトロン計数器**（GM-D 形）または**放射線計数装置**（RMS-6 形），**放射線源，時計**（ストップ・ウオッチ）．

このほかに，両対数方眼紙，片対数方眼紙を用意する．

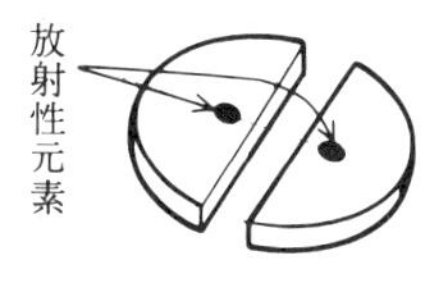

図 46-7

c）**方　法**

次の点に特に注意して実験を行う．

（i）放射線源の取扱いについては特に教員の注意を守り，眼を近づけたり，線源の表面にさわったり，きずをつけたりしてはならない．

（ii）GM 管の窓は薄くて破れ易いものであるから，手や物が触れないようにする.

(iii)　高圧の電気回路を使用しているので，感電に注意し，湿気をさける.

(iv)　計数器の使用順序を厳守する．指示されていないつまみには手を触れてはいけない.

(ｖ)　実験終了後には必ず手を洗う.

(1)　測 定 準 備

デカトロン計数器（図 46-4）の場合.

(イ)　電源（電圧計切換 A）を断にして，高圧（B），音量（C）調整つまみを最小にしておく.

(ロ)　表示切換つまみ D を「デカトロン」にし，スイッチ E を停止の状態で，GM 管を F に接続する.

(ハ)　つまみ A を「電源電圧」にすると，電圧計内部のランプが点灯し，メーターが 90～110 V の間を指示する.

(ニ)　スイッチ E を「復帰」にすると，デカトロンの表示はすべて零になる.

(ホ)　次に，つまみ A を「直流高圧」にし，高圧調整つまみ B を右にまわして指示を 400～500 V（プラトー領域）くらいにする.

(ヘ)　スイッチ E を「測定」にすると，デカトロンはカウントを始め，「停止」にするとカウントを停止する.

放射線計数装置（図 46-5）の場合.

(イ)　GM 管プローブを H に接続し，電源スイッチを入れる.

(ロ)　切換スイッチ A, B, C, D を上に，F を下（continue）にし，GM 電圧を 450 V に設定する.

(ハ)　スタートボタン E を押すと，ゲートインジケータが赤に点灯し，計数を開始する．E を押してからの時間とそのときの計数値を読む．次の測定をするときは，リセットボタン G を押す．もし，計数率（cpm: count per minute）を直読したいときは，F を上（stop）にすればゲートは 1 分間で閉じて，表示器に（cpm）が示される．これを数回測って平均値を求めるとよい.

(2)　測 定 実 験

(イ)　**自然計数**　天然には，あらゆる物体（例えば，土）の中に放射性物質があり，宇宙線も来ているので，実験のための線源がなくても常に放射線は存在している．この放射線による計数値を自然計数値という．これを測定するには，線源や夜光時計などを遠ざけた後に，約5分間計数し，平均計数率 b(cpm) を求める．

（ロ）**線源からの距離の影響**　GM 管の窓から距離 l_i (30 mm, 40 mm, 60 mm, 80 mm, 100 mm, 120 mm, 150 mm) にあるスタンドの棚板に線源を置き，その計数値 N_i とそれを得る時間 t を測り，これより見かけの計数率 n_i (cpm) を求める．計数値 N_i は1000カウント以上にする（大きい程よい）．n_i と l_i とを両対数方眼紙に図示し，ほぼ勾配が−2 の直線となることを確める．

問題　この直線は n_i と l_i とのどんな関係をあらわしているか．

（ハ）**放射線の吸収率の測定**　放射線は原子や分子と衝突すると，そのエネルギーの一部を失って次第に弱くなる．これはエネルギーの一部が吸収されたり，散乱されたり，変換されたりするからである．

一般に，α 線は最も吸収され易く，β 線がこれに次ぎ，γ 線が最も吸収され難い．また，同種の放射線については，通過する物質の厚さと密度との積（**質量厚さ**）に応じて吸収が増加する．

実験は，GM 管の窓から 60 mm のところに線源を置き，30 mm のところに穴のあいた棚板を置く．棚板には次の吸収体を適当に組合せて置いて，それぞれ計数値 N_k と時間 t を測り，計数率 n_k (cpm) を求める．ここに，種々の吸収体の質量厚さを一例として示す．片対数方眼紙の普通目盛に質量厚さ x（横

	吸　収　体	数　　量	質量厚さ　mg/cm²
(1)	アルミ箔(8枚重ね)	1組	32.1
(2)	アルミ箔(8枚重ね)	2組	64.2
(3)	アルミ箔(8枚重ね)	3組	96.3
(4)	アルミ板	0.5mm, 1枚	135
(5)	アルミ板	0.5mm, 1mm 各1板	405
(6)	鉛　板	0.5mm, 1板	590
(7)	鉛　板	1　mm, 1板	1130

軸）をとり，対数目盛に計数率 n_k（縦軸）を図示する．以上の実験終了後，線源を速やかに返却する．

問題　片対数方眼紙上のグラフの意味を考えよ．n_k と x との関係を導け．

（3）　修正および計算

（イ）　**不感時間の補正**　GM 管に不感時間 Γ があるので，いま1分間に n 個の放射線が計数されたとすると，延べ不感時間は $n\Gamma$ で正味の計数時間は $1-n\Gamma$（分）となる．したがって，補正計数率 n' (cpm) は，

$$n' = \frac{n}{1-n\Gamma} \fallingdotseq n+n^2\Gamma \text{ (cpm)}. \qquad (46\cdot1)$$

この実験では，$\Gamma = 1.5\times10^{-6}$（分）として，$n_i'$, n_k' を求める．

（ロ）　**正味の計数率**　n' から自然計数率 b を差引いた n'',

$$n'' = n'-b \qquad (46\cdot2)$$

が正味の計数率である．実験で求めた n_i, n_k より n_i'', n_k'' を求めて，両対数方眼紙，片対数方眼紙に赤で図示し，n_i, n_k のグラフと比較する．

（ハ）　**β 線の計数率**　放射線の吸収実験で求めた片対数方眼紙のグラフで勾配の急な部分は β 線と γ 線の和に相当し，水平に近い部分は γ 線のみに相当すると考えてよい．したがって，両計数率の差が β 線のみによる計数率と考えられる．この差 β は，吸収体の質量厚さ x に対して，ほぼ次の式に従うことを確かめる．ここで β_0 は吸収体のないときの計数率で，μ は吸収率である．

$$\beta = \beta_0 \exp(-\mu x). \qquad (46\cdot3)$$

これより，吸収率 μ を求める．

（ニ）　**線源の強さ**　線源を点と仮定し，GM 管の窓の面積を a，線源と GM 管との距離を l，β 線計数率を β_0，GM 管の計数効率を η とすると，線源の崩壊率 D (dpm; disintegration per minute) は次式で与えられる．

$$D = \frac{1}{\eta}\frac{4\pi l^2}{a}\beta_0/\text{min}. \qquad (46\cdot4)$$

$a = 63.6\,\text{mm}^2$, $\eta = 0.90$ として，D を求めよ．また，崩壊率が 3.7×10^{10} (dps) の線源の強さを 1 Ci（キュリー）という．使用した線源はいく Ci かを求める．

問題　各計数値をいつも同じ値，例えば1000カウントにするのはどうしてか．

付　　録

（定数表および数表）

（1）諸　定　数

万有引力の定数 ……………………………… $G = 6.672\,59 \times 10^{-11}\,\mathrm{N \cdot m^2/kg^2}$

重力の加速度（標準）……………………… $g_\mathrm{n} = 9.806\,65\,\mathrm{m/s^2}$

1気圧（定義値）…………………………… $p_0 = 1.013\,25 \times 10^5\,\mathrm{N/m^2}$

氷点の絶対温度 …………………………… $T_0 = 273.15\,\mathrm{K}$

1モルに対する気体定数 ………………… $R = 8.314\,510\,\mathrm{J/(mol \cdot K)}$

1モル中の分子数（Avogadro 数）…… $N_\mathrm{A} = 6.022\,136\,7 \times 10^{23}/\mathrm{mol}$

Boltzmann 定数 ………………………………… $k = R/N = 1.380\,658 \times 10^{-23}\,\mathrm{J/K}$

1モルの理想気体の体積（0°C，1気圧）　$22.414\,10\,l$

1 $\mathrm{cm^3}$ 中の理想気体分子数（0°C，1気圧）　$2.686\,762 \times 10^{19}/\mathrm{cm^3}$

熱の仕事当量（定義値）…………………… $J = 4.186\,05\,\mathrm{J/cal}$

真空の誘電率 ………………………………… $\varepsilon_0 = 8.854\,187\,82 \times 10^{-12}\,\mathrm{F/m}$（$= 10^7/4\pi c^2$）

真空の透磁率 ………………………………… $\mu_0 = 1.256\,637 \times 10^{-6}\,\mathrm{H/m}$（$= 4\pi/10^7$）

Faraday 定数 ………………………………… $F = 96\,485.309\,\mathrm{C/mol}$

電子の電荷（素電荷）……………………… $e = 1.602\,177\,33 \times 10^{-19}\,\mathrm{C}$

電子の静止質量 …………………………… $m = 9.109\,389\,7 \times 10^{-31}\,\mathrm{kg}$

電子の比電荷 ……………………………… $e/m = 1.758\,819\,62 \times 10^{11}\,\mathrm{C/kg}$

1原子量の質量（原子質量単位）………… $u = 1.660\,540\,18 \times 10^{-27}\,\mathrm{kg}$

陽子と電子の質量比………………………………… 1 836.15

Planck 定数 ………………………………………… $h = 6.626\,075\,5 \times 10^{-34}\,\mathrm{J \cdot s}$

光の速度（真空中）（定義値）……………… $c = 2.997\,924\,58 \times 10^8\,\mathrm{m/s}$

Rydberg 定数（水素原子に対する）…… $R_\mathrm{H} = 109\,677.576/\mathrm{cm}$

1電子ボルト（eV）のエネルギー ………… $1.602\,177\,33 \times 10^{-19}\,\mathrm{J}$

1電子ボルトに対する波長…………………… $1\,239.842\,4\,\mathrm{nm}$

1原子量に対するエネルギー……………… $931.494\,322\,\mathrm{MeV}$

Bohr 磁子 …………………………………………… $9.274\,015\,4 \times 10^{-24}\,\mathrm{J/T}$

光が真空中を1秒間に進む距離 L

1メートル（m）$= L/299\,792\,458$

$^{133}\mathrm{Cs}$ 原子の超微細準位間の遷移（F = 4，M = 0 および F = 3，M = 0）

による放射線の周期 T_Cs

1秒（s）$= 9\,192\,631\,770 \times T_\mathrm{Cs}$

(2) 単位とその換算表

量	SI 単位		CGS 単位	その他の単位
	名　称	記号と定義		
長さ	メートル	1 m	$= 10^2$ cm	$= 10^{10}$ Å オングストローム
体積	立方メートル	1 m^3	$= 10^6$ cm^3 (cc)	$= 10^3$ l リットル
質量	キログラム	1 kg	$= 10^3$ g	$= 10^{-3}$ t トン
力	ニュートン	1 N $= 1$ kg·m/s^2	$= 10^5$ dyn ダイン	$= (9.8065)^{-1}$ kgwt (kgf) キログラム重
圧力，応力	パスカル	1 Pa $= 1$ N/m^2	$= 10$ dyn/cm^2	$= 10^{-5}$ bar バール $= (101325)^{-1}$ atm 気圧 $= (760/101325)$ mmHg
エネルギー，仕事	ジュール	1 J $=$ 1N·m	$= 10^7$ erg エルグ	$= (1.60219)^{-1} \times 10^{19}$ eV 電子ボルト $= (4.18605)^{-1}$ cal カロリー（計量法）
仕事率	ワット	1 W $= 1$ J/s		
温度	ケルビン	1 K		-273.15°C セルシウス
放射能	ベックレル	1 Bq $= 1$/s		$= (3.7)^{-1} \times 10^{-10}$ Ci キューリー
吸収線量	グレイ	1 Gy $= 1$ J/kg		$= 10^2$ rad ラッド
	SI 単位（有理 MKSA）		CGS 静電単位*	CGS 電磁単位
電流	アンペア	1 A	$= c \times 10^{-1}$ $(c \simeq 3 \times 10^{10})$	$= 10^{-1}$
電荷	クーロン	1 C $= 1$ A·s	$= c \times 10^{-1}$	$= 10^{-1}$
電位差，起電力	ボルト	1 V $= 1$ W/A	$= c^{-1} \times 10^8$	$= 10^8$
電束密度		1 C/m^2	$= 4\pi c \times 10^{-5}$	$= 4\pi \times 10^{-5}$
電場の強さ		1 V/m	$= c^{-1} \times 10^6$	$= 10^6$
電気抵抗	オーム	1 Ω $= 1$ V/A	$= c^{-2} \times 10^9$	$= 10^9$
コンダクタンス	ジーメンス	1 S $= 1/\Omega$	$= c^2 \times 10^{-9}$	$= 10^{-9}$
電気容量	ファラッド	1 F $= 1$ C/V	$= c^2 \times 10^{-9}$	$= 10^{-9}$
誘電率		1 F/m	$= 4\pi c^2 \times 10^{-11}$	$= 4\pi \times 10^{-11}$
磁束	ウェーバー	1 Wb $= 1$ V·s	$= c^{-1} \times 10^8$	$= 10^8$ Mx マクスウェル
磁場の強さ		1 A/m	$= 4\pi c \times 10^{-3}$	$= 4\pi \times 10^{-3}$ Oe エルステッド
磁束密度	テスラー	1 T $= 1$ Wb/m^2	$= c^{-1} \times 10^4$	$= 10^4$ G ガウス
インダクタンス	ヘンリー	1 H $= 1$ Ω·s	$= c^{-2} \times 10^9$	$= 10^9$
透磁率		1 H/m	$= (4\pi c^2)^{-1} \times 10^7$	$= (4\pi)^{-1} \times 10^7$

* ガウス単位系は，電気的量は CGS 静電単位，磁気的量は CGS 電磁単位を用いる．

（3） 元素の密度（g/cm³）（×10³ kg/m³）

元素	温度(°C)	密度	元素	温度(°C)	密度	元素	温度(°C)	密度
亜鉛	20	7.14	臭素(液)	20	3.12	ニッケル	20	8.90
アルゴン(気)	0	*1.784	ジルコニウム	25	6.53	ネオン（気）	0	*0.900
アルゴン(液)	−186	1.40	水銀(液)	0	13.595	ネオン（液）	−206	1.20
アルミニウム	20	2.69	水銀(固)	−38.9	14.2	白金	20	21.4
アンチモン	17	6.69	水素(気)	0	*0.090	バリウム	20	3.6
硫黄(斜方)	20	2.07	水素(液)	−253	0.071	ヒ素(灰色)	15	5.73
硫黄(単斜)	20	1.96	スズ（白色）	20	7.31	ヒ素(無定形)	15	3.7
硫黄(無定形)	20	1.92	スズ（灰色）	20	5.8	フッ素（気）	0	*1.71
インジウム	20	7.31	ストロンチウム	—	2.6	フッ素（液）	−187	1.11
ウラン	—	18.7	セシウム	20	1.9	ヘリウム(気)	0	*0.179
塩素（気）	0	*3.22	セレン(灰色)	25	4.82	ヘリウム(液)	−269	0.126
塩素（液）	−35	1.56	セレン(赤色)	25	4.5	ベリリウム	20	1.84
カドミウム	20	8.65	蒼鉛(ビスマス)	20	9.8	ホウ素(無定形)	—	2.5
カリウム	20	0.86	タングステン	20	19.3	マグネシウム	20	1.74
カルシウム	20	1.55	炭素(金剛石)	20	3.51	マンガン	20	7.2
キセノン(気)	0	*5.85	炭素(石墨)	20	2.26	モリブデン	20	10.2
金（固）	20	19.32	チタン	20	4.54	ヨウ素	20	4.94
金（液）	1063	17	窒素(気)	0	*1.250	ラジウム	—	5?
銀（固）	20	10.50	窒素(液)	−196	0.81	ラドン（気）	0	*9.96
銀（液）	961	9.4	鉄	20	7.86	リチウム	20	0.53
クロム	20	7.20	鉄（液）	1530	6.9	リン（黄）	20	1.83
ケイ素(結晶)	18	2.33	銅	20	8.93	リン（赤）	20	2.2
ケイ素(無定形)	15	2.35	銅（液）	1083	8.3	ルビジウム	20	1.53
ゲルマニウム	20	5.4	トリウム	—	11.5	ルビジウム(液)	38.5	1.47
コバルト	20	8.9	ナトリウム	20	0.97	ロジウム	20	12.3
酸素（気）	0	*1.429	ナトリウム(液)	98	0.93			
酸素（液）	−183	1.14	鉛	20	11.34			

* 印をつけたのは，気体の密度で，1気圧，　単位は g/l

（4） 物質の密度（室温，g/cm³）（×10³ kg/m³）

物質	密度	物質	密度	物質	密度
液体　†印は20°Cにおける密度		けやき	0.70	石綿紙	1.2
アニリン	1.022 †	黒檀	1.1～1.3	セメント	3.0～3.15
アルコール(エチル)	0.789 †	杉	0.40	セルロイド	1.35～1.60
アルコール(メチル)	0.791 †	竹	0.31～0.40	繊維(麻，実質)	1.50～1.52
海水	1.01～1.05	チーク	0.58～0.78	繊維(絹　実質)	1.30～1.37
過酸化水素	1.442	ひのき	0.46	繊維(人絹実質)	1.51～1.52
ガソリン	0.66～0.75	松	0.52	繊維(羊毛実質)	1.28～1.33
牛乳	1.03～1.04	**固体**		繊維(綿　実質)	1.50～1.55
グリセリン	1.261 †	アスファルト	1.04～1.40	象牙	1.8～1.9
クロロフォルム	1.489 †	エボナイト	1.1～1.4	大理石	2.52～2.86
醋酸（純）	1.049 †	花崗岩	2.6～2.7	ナフタリン	1.16
重水（純）	1.105 †	紙（洋紙）	0.7～1.1	パラフィン	0.87～0.94
重油	0.85～0.90	[illegible]	[illegible]	ファイバー	1.2～1.5
硝酸（純）	1.513 †	ガラス（フリント）	2.9～6.3	ベークライト(純)	1.20～1.29
石油（灯用）	0.80～0.83	ガラス(パイレックス)	2.25	方解石	2.71
テレビン	0.87	ゴム（弾性ゴム）	0.91～0.96	骨	1.7～2.0
菜種油	0.91～0.92	氷（0°C）	0.917	木炭	0.3～0.6
二硫化炭素	1.263 †	コルク	0.22～0.26	木炭(実質)	1.4～1.9
パラフィン油	約 0.8	砂糖（実質）	1.59	ポリエチレン	0.90
ベンゼン	0.879 †	磁器（一般）	2.0～2.6	ポリスチレン	1.056
硫酸（純）	1.831 †	食塩（実質）	2.17		
木材　空気中で乾燥したもの		樟脳（10°C）	0.99		
きり	0.31	水晶	2.65		
		石英ガラス（透明）	2.22		
		石炭	1.2～1.5		
		石綿（実質）	2.0～3.0		

(5) 水の密度 (g/cm³) (×10³kg/m³)

温度(°C)	0°	1°	2°	3°	4°	5°	6°	7°	8°	9°
	0.	0.	0.	0.	0.	0.	0.	0.	0.	0.
0°	99984	99990	99994	99996	99997	99996	99994	99990	99985	99978
10	99970	99961	99949	99938	99924	99910	99894	99877	99860	99841
20	99820	99799	99777	99754	99730	99704	99678	99651	99623	99594
30	99565	99534	99503	99470	99437	99403	99368	99333	99297	99259
40	99222	99183	99144	99104	99063	99021	98979	98936	98893	98849
50	98804	98758	98712	98665	98618	98570	98521	98471	98422	98371
60	98320	98268	98216	98163	98110	98055	98001	97946	97890	97834
70	97777	97720	97662	97603	97544	97485	97425	97364	97303	97242
80	97180	97117	97054	96991	96927	96862	96797	96731	96665	96600
90	96532	96465	96397	96328	96259	96190	96120	96050	95979	95906

(6) 水銀の密度 (g/cm³) (×10³kg/m³)

温度(°C)	0°	1°	2°	3°	4°	5°	6°	7°	8°	9°
0°	13.5951	.5926	.5902	.5877	.5852	.5828	.5803	.5778	.5754	.5729
10	13.5705	.5680	.5655	.5631	.5606	.5582	.5557	.5533	.5508	.5483
20	13.5459	.5434	.5410	.5385	.5361	.5336	.5312	.5287	.5263	.5238
30	13.5214	.5189	.5165	.5141	.5116	.5092	.5067	.5043	.5018	.4994
40	13.4970	.4945	.4921	.4896	.4872	.4848	.4823	.4799	.4774	.4750
50	13.4726	.4701	.4677	.4653	.4628	.4604	.4580	.4555	.4531	.4507
60	13.4483	.4458	.4434	.4410	.4385	.4361	.4337	.4313	.4288	.4264
70	13.4240	.4216	.4191	.4167	.4143	.4119	.4095	.4070	.4046	.4022
80	13.3998	.3974	.3949	.3925	.3901	.3877	.3853	.3829	.3804	.3780
90	13.3756	.3732	.3708	.3684	.3660	.3635	.3611	.3587	.3563	.3539

温度	密度	温度	密度	温度	密度	温度	密度	温度	密度	温度	密度
−38.9°	13.692	100°	13.352	150°	13.232	200°	13.113	250°	12.994	300°	12.875
−30	670	110	328	160	208	210	089	260	970	310	851
−20	645	120	304	170	184	220	065	270	946	320	827
−10	620	130	280	180	160	230	041	280	922	330	803
0	595	140	256	190	137	240	018	290	899	357	737

(7) 空気の密度 (g/cm³) (×10³kg/m³)

°C ＼ mmHg	690	700	710	720	730	740	750	760	770	780
	$\times10^{-3}$	$\times10^{-3}$	$\times10^{-3}$	$\times10^{-3}$	$\times10^{-3}$	$\times10^{-3}$	$\times10^{-3}$	$\times10^{-3}$	$\times10^{-3}$	$\times10^{-3}$
0°	1.174	1.191	1.208	1.225	1.242	1.259	1.276	1.293	1.310	1.327
5	1.153	1.169	1.186	1.203	1.220	1.236	1.253	1.270	1.286	1.303
10	1.132	1.149	1.165	1.182	1.198	1.214	1.231	1.247	1.264	1.280
15	1.113	1.129	1.145	1.161	1.177	1.193	1.209	1.226	1.242	1.258
20	1.094	1.109	1.125	1.141	1.157	1.173	1.189	1.205	1.220	1.236
25	1.075	1.091	1.106	1.122	1.138	1.153	1.169	1.184	1.200	1.215
30	1.057	1.073	1.088	1.103	1.119	1.134	1.149	1.165	1.180	1.195

（8） 国内各地の重力加速度の実測値 g $(\mathrm{cm/s^2} = \mathrm{Gal})$ $(\times 10^{-2}\,\mathrm{m/s^2})$

地　名	北　緯	高　さ	g	地　名	北　緯	高　さ	g
旭　川	43°46′	112 m	980.522	岐　阜	35°24′	15 m	979.746
礼　幌	43　4	15	980.478	名古屋	35　9	45	979.733
弘　前	40 35	50	980.261	京　都	35　2	60	979.708
秋　田	39 44	20	980.176	静　岡	34 58	10	979.741
盛　岡	39 42	153	980.190	姫　路	34 50	39	979.730
仙　台	38 15	140	980.065	浜　松	34 42	33	979.735
山　形	38 15	170	980.014	大　阪	34 41	50	979.70
新　潟	37 55	18	979.973	岡　山	34 41	3	979.712
福　島	37 45	68	980.008	広　島	34 22	2	979.659
富　山	36 42	10	979.867	高　松	34 19	12	979.699
金　沢	36 34	60	979.858	山　口	34　9	17	979.659
松　代	36 33	434	979.770	松　山	33 50	34	979.595
前　橋	36 24	110	979.830	福　岡	33 36	31	979.629
松　本	36 15	611	979.654	高　知	33 34	17	979.625
福　井	36　3	9	979.838	熊　本	32 49	23	979.552
甲　府	35 40	273	979.706	長　崎	32 43	25	979.588
東　京	35 39	28	979.763	鹿児島	31 36	4	979.472
境　港	35 33	2	979.808	那　覇	26 14	15	979.099

（9） 慣　性　能　率 I（質量 m, 密度均一）

物　体	大　き　さ	回　転　軸	慣 性 能 率 I
細い棒	長さ　$2a$	中心を通り棒に直角 一端を通り棒に直角	$ma^2/3$ $4ma^2/3$
薄い方形板	長さ $2a$, 幅 $2b$	重心を通り板に直角 重心を通り幅 $2b$ に平行	$m(a^2+b^2)/3$ $ma^2/3$
角　柱	各辺 $2a, 2b, 2c$	重心を通り $2a$ 辺に平行	$m(b^2+c^2)/3$
薄い円板	半径　r	中心を通り板に直角 直　径	$mr^2/2$ $mr^2/4$
円　柱	長さ $2l$, 半径 r	円柱の軸 重心を通り軸に直角	$mr^2/2$ $m(4l^2+3r^2)/12$
中空円筒	長さ　$2l$ 外半径　R 内半径　r	円筒の軸 重心を通り軸に直角	$m(R^2+r^2)/2$ $\dfrac{m\{4l^2+3(R^2+r^2)\}}{12}$
球	半径　r	直　径	$2mr^2/5$
中空の球	外半径 R, 内半径 r	直　径	$2m(R^5-r^5)/5(R^3-r^3)$
楕円体	3径　$2a,\ 2b,\ 2c$	$2a$ の径	$m(b^2+c^2)/5$
薄い三角板	3辺　a, b, c	重心を通り板に直角	$m(a^2+b^2+c^2)/36$

(10) 弾性に関する定数 ($1\,N/m^2 = 1\,Pa = 10\,dyn/cm^2$)

物 質	ヤング率 E (N/m^2)	剛性率 n (N/m^2)	ポアッソン比 σ	体積弾性率* k (N/m^2)
	$\times10^{10}$	$\times10^{10}$		$\times10^{10}$
亜鉛	12.5	3.8(1)	0.21(1)	—
アルミニウム(2)	7.05	2.67	0.339	7.46
インバール	14.1	5.72	0.259	9.94
カドミウム(鋳)	4.99	1.92*	0.30	4.12
ガラス(エナ・クラウン)	6.5~7.8	2.6~3.2	0.20~0.27	4.0~5.9
ガラス(エナ・フリント)	5.0~6.0	2.0~2.5	0.22~0.26	3.6~3.8
金	8.0	2.77	0.422	16.6
銀	7.90	2.87	0.379	10.9
ゴム(弾性ゴム)	(1.5~5.0) $\times10^{-4}$	(0.5~1.5) $\times10^{-4}$	0.46~0.49	—
コンスタンタン	16.3	6.11	0.325	15.5
真鍮(黄銅)(3)	9.7~10.2	約 3.5	0.34~0.40	10.65
スズ(鋳)	5.43	2.04*	0.33	5.29
青銅(4)(鋳)	8.08	3.43	0.358	9.52
石英糸	5.18	3.0	—	1.4
蒼鉛(ビスマス)(鋳)	3.19	1.20*	0.33	3.14
ジュラルミン	7.15	2.67	0.335	—
鉄(鋳)	約 15	約 6	—	11.0
鉄(鍛)	19~21	7.7~8.3	約 0.27	14.6
鉄(鋼)	19.5~21.6	7.9~8.9	0.25~0.33	18.1
銅	12.3~12.9	3.9~4.8	0.26~0.34	14.3
鉛(鋳)	1.62	0.562*	0.446	5.00
ニッケル(5)	20.2	7.70*	0.309	17.6
白金(鋳)	16.8	6.10	0.387	24.7
マンガニン(6)	12.4	4.65	0.329	12.1
木材(樫)	1.3	—	—	—
洋銀(7)	11.6	4.3~4.7	0.37	13.2
リン青銅(8)	12.0	4.36	0.38	—

(1) 1% Pb (2) 0.5% Fe, 0.4% Cu (3) 66 Cu, 34 Zn (4) 85.7 Cu, 7.2 Zn, 6.4 Sn
(5) 97 Ni, 1.4% Co, 1 Mn (6) 84 Cu, 12 Mn, 4 Ni (7) 60 Cu, 15 Ni, 25 Zn
(8) 92.5 Cu, 7 Sn, 0.5 P. * 印は計算値，その他は実測値.

(11) 水の表面張力 T ($\times10^{-3}\,N/m$) (dyn/cm)

t(°C)	T	t(°C)	T	t(°C)	T	t(°C)	T	t(°C)	T
−5	76.40	16	73.34	21	72.60	30	71.15	80	62.60
0	75.62	17	73.20	22	72.44	40	69.55	90	60.74
5	74.90	18	73.05	23	72.28	50	67.90	100	58.84
10	74.20	19	72.89	24	72.12	60	66.17	110	56.89*
15	73.48	20	72.75	25	71.96	70	64.41	120	54.89*

* 印をつけたのは水蒸気に対する値，その他は空気に対する値である.

(12) 物質の表面張力 T ($\times 10^{-3}$ N/m) (dyn/cm)

物　質	接触する気体	温度(°C)	T	物　質	接触する気体	温度(°C)	T
アルコール(エチル)	空　気	20	22.3	クロロフォルム	空　気	20	27.3
アルコール(メチル)	空　気	20	22.6	水　銀	空　気	15	487
アンモニア水[1]	空　気	15	64.7	石　油	空　気	18	26
エーテル(エチル)	その蒸気	20	16.5	二硫化炭素	空　気	20	35.3
オリーブ油[2]	空　気	20	32	パラフィン油[3]	空　気	25	26.4
グリセリン	空　気	20	63.4	ベンゼン	空　気	20	28.88

(1) 比重 0.96　(2) 0.91　(3) 0.847

(13) 接　触　角（温度は室温）

接触両物質	角　度	接触両物質	角　度
水とガラス	8～9°	水銀とガラス	約 140°
水とよく磨いたガラス	0	水銀と鋼	154
有機液体とガラス	0	水銀と銅アマルガム	0

(14) 水の粘性係数 η (N·s/m²) (×10 dyn·s/cm²)

温度(°C)	η	温度(°C)	η	温度(°C)	η	温度(°C)	η	温度(°C)	η
	$\times 10^{-4}$		$\times 10^{-4}$		$\times 10^{-4}$		$\times 10^{-4}$		$\times 10^{-4}$
−10	26.0	20	10.09	50	5.49	80	3.57	120	2.32
0	17.94	30	8.00	60	4.70	90	3.17	140	1.96
10	13.10	40	6.54	70	4.07	100	2.84	160	1.74

(15) 水銀の粘性係数 η (N·s/m²) (×10 dyn·s/cm²)

温度(°C)	−20	0	20	50	100	150	200	250	300	350
η	$\times 10^{-4}$ 18.5	$\times 10^{-4}$ 16.8	$\times 10^{-4}$ 15.5	$\times 10^{-4}$ 13.9	$\times 10^{-4}$ 12.1	$\times 10^{-4}$ 10.9	$\times 10^{-4}$ 10.1	$\times 10^{-4}$ 9.6	$\times 10^{-4}$ 9.2	$\times 10^{-4}$ 9.0

(16) 物質の粘性係数 η (N·s/m²) (×10 dyn·s/cm²)

物　質	温度(°C)	η
液　体（1 気 圧）		
アルコール		$\times 10^{-4}$
(エチル)	0	17.7
〃 (〃)	20	12.0
〃 (メチル)	0	8.08
〃 (〃)	20	5.93
エーテル		
(エチル)	0	2.84
〃 (〃)	20	2.33
四塩化炭素	0.6	13.3
〃	21.2	9.52

物　質	温度(°C)	η
		$\times 10^{-4}$
テレビン	0	22.5
〃	20	14.9
ベンゼン	20	6.47
グリセリン	20	14560
気 体（圧力に無関係）		
		$\times 10^{-7}$
アルゴン	23	221
塩　素	12.7	129
空　気	0	171

物　質	温度(°C)	η
		$\times 10^{-7}$
空　気	20	181
酸　素	23	204
水蒸気	100	127
水　素	23	88.2
炭酸ガス	23	147
窒　素	23	176
ネオン	0	297
ヘリウム	14	194
メタン	0	102

(17) 元素の比熱 c (cal/g·K) (×4.186 J/(g·K))

元素	温度(°C)	比熱 c	元素	温度(°C)	比熱 c
		$\times 10^{-2}$			$\times 10^{-2}$
亜鉛	20	9.25	スズ(灰色)	20	5.1
アルミニウム	20	21.1	セレン(無定形)	20.5	7.7
アルミニウム	100	22.4	蒼鉛(ビスマス)	25	2.9
アンチモン	20	5.0	タングステン	20	3.21
硫黄(斜方)	15~96	17.6	炭素(金剛石)	20	12.1
硫黄(単斜)	0~38	17.9	炭素(石墨)	20	16.7
インジウム	0~100	7.9	チタン	20	14.4
ウラン	0~100	2.8	鉄	20	10.7
カドミウム	20	5.52	銅	20	9.19
カリウム	3	17.7	トリウム	0~100	2.8
カルシウム	20~304	16.1	ナトリウム	20	29
金	20	3.09	鉛	20	3.04
銀	20	5.60	ニッケル	20	10.5
クロム	20	10.5	白銀	20	3.16
ケイ素	20	17.6	バリウム	−185~+20	6.8
コバルト	20	10.0	マグネシウム	20	24.3
水銀(液)	0	3.352	マンガン	0	10.7
水銀(液)	20	3.330	モリブデン	0~100	6.1
水銀(液)	100	3.29	リン(黄)	9	17.7
スズ(白色)	20	5.41	リン(赤)	9	19.0

(18) 物質の比熱 c (cal/g·K) (×4.186 J/(g·K))

物質	温度(°C)	比熱 c	物質	温度(°C)	比熱 c
合金			ベンゼン	27	0.414
鋼鉄(炭素鋼)	0~100	0.11~0.12	硫酸(純)	25~45	0.338
コンスタンタン	18	0.097	硫酸(25%水溶液)	25~45	0.800
真鍮(亜鉛20%)	18~100	0.0924	**固体**		
白金イリジウム	20~100	0.0323	石綿	0~100	0.19
はんだ	10~100	0.041	紙	0~100	0.28~0.32
マンガニン	18	0.097	ガラス	室温	0.14~0.22
洋銀	0~100	0.095	岩塩	0	0.204
リン青銅	20~100	0.087	固形炭酸	−80	0.305
液体			ゴム(弾性ゴム)	15~100	0.27~0.48
アセトン	24	0.514	氷	0	0.487
アニリン	0	0.48	氷	−20	0.465
アルコール			コンクリート	室温	約0.20
(エチル)	21	0.570	砂糖(蔗糖)	20	0.30
〃(メチル)	19	0.597	磁器	20~200	0.17~0.21
エーテル(エチル)	17	0.551	水晶	20~96	0.191
オリーブ油	20~30	0.47	石英ガラス	20~97	0.188
海水(比重1.024)	17.5	0.94	石コウ	36	0.27
ギ酸	20~100	0.526	石材	室温	0.18~0.23
グリセリン	26	0.580	セメント	18~130	0.205
酢酸	20	0.487	大理石	0	0.203
食塩水(2%)	20	0.974	パラフィン	0~20	0.69
食塩水(4%)	20	0.951	方解石	0	0.182
石油	18~20	0.47	ホタル石	0	0.204
二硫化炭素	20	0.240	木材	室温	約0.30
			レンガ(耐火)	25~100	0.19~0.21

(19) 元素の融点および沸点（1気圧）

元　素	融点(°C)	沸点(°C)	元　素	融点(°C)	沸点(°C)
亜鉛	419.58	903	セレン（灰色）	220.2	684.9
アルミニウム	660.4	2486	蒼鉛（ビスマス）	271.4	1640
硫黄（斜方）	112.8	444.6	タングステン	3387	5927
硫黄（単斜Ⅰ）	119.0		炭素（黒鉛）	約3600	4918
インジウム	156.63	約2000	チタン	1675	3262
ウラニウム	1133	3887	窒素	−209.86	−195.8
カドミウム	321.1	764.3	鉄	1535	2754
カリウム	63.65	765.5	銅	1084.5	2580
カルシウム	848	1487	ナトリウム	97.81	881
金	1064.43	2710	鉛	327.5	1750
銀	961.93	2184	ニッケル	1455	2731
クロム	1890	2212	白金	1772	3827
ケイ素(シリコン)	1414	2642	フッ素	−219.62	−188.14
ゲルマニウム	959	2691	ヘリウム(26気圧)	−272.2	−268.9
コバルト	1494	2747	ベリリウム	1278	2399
酸素	−218.4	−182.97	ホウ素	2300	2527
臭素	− 7.2	57.9	マグネシウム	651	1097
水銀	− 38.86	356.7	モリブデン	2610	4804
水素	−259.14	−252.8	ヨウ素	113.6	182.8
スズ	231.97	2270	ラジウム	700	1137
ストロンチウム	769	1383	リン（黄）	44.1	279.8

(20) 元素の線膨張率 α (K^{-1})

元　素	温度(°C)	α ($\times 10^{-4}$)	元　素	温度(°C)	α ($\times 10^{-4}$)
亜鉛	40	0.2918	炭素(ガス・カーボン)	40	0.0540
アルミニウム	40	0.2313	鉄（鋳）	40	0.1061
アンチモン	40	0.1152	鉄（鍛）	−18～100	0.1140
カドミウム	40	0.3069	鉄（鋼）	40	0.1322
金	40	0.1443	銅	40	0.1078
銀	40	0.1921	ナトリウム	0～90	2.26
クロム	0～100	0.084	鉛	40	0.2924
スズ	40	0.2234	ニッケル	40	0.1279
セレン	40	0.3680	白金	40	0.089
蒼鉛（ビスマス）	40	0.1346	マグネシウム	40	0.2694
タングステン	27	0.0444	モリブデン	0～100	0.052
炭素（金剛石）	40	0.0118	ロジウム	40	0.0850

(21) 固体の線膨脹率 $\boldsymbol{\alpha}$ (K^{-1})

物　質	温度(°C)	α
合　金		$\times 10^{-4}$
活字金	16.6～254	0.1952
コンスタンタン	4～29	0.1523
真鍮(71 Cu+29 Zn)	0～100	0.1906
真鍮(66 Cu+34 Zn)	20	0.189
青銅 (3 Cu+1 Su)	16.6～100	0.1844
ニッケル鋼(10% Ni)	—	0.130
インバール	—	0.009
白金イリジウム	40	0.0884
砲銅	20	0.181
マンガニン	—	0.181
洋銀	0～100	0.1836
リン青銅	20	0.168
木材 (2～34°C)	繊維に平行	繊維に直角
	$\times 10^{-4}$	$\times 10^{-4}$
かし	0.0492	0.544
くり	0.0649	0.325
松	0.0541	0.341
マホガニ	0.0361	0.404
雑		$\times 10^{-4}$
エボナイト	25.3～35.4	0.842

物　質	温度(°C)	α
		$\times 10^{-4}$
花コウ岩	20	0.083
ガラス (クラウン)	0～100	0.0897
ガラス (クラウン)	50～60	0.0954
ガラス (フリント)	50～60	0.0788
温度計ガラス (エナ16‴)	0～100	0.081
〃 (エナ59‴)	0～100	0.058
岩塩	40	0.4040
氷	−10～0	0.507
ゴム (弾性ゴム)	16.7～25.3	0.770
磁器	0～100	0.031
水晶 (軸に平行)	0～80	0.0797
水晶 (軸に直角)	0～80	0.1337
石英ガラス	−190～16	0.0026
石英ガラス	0～1000	0.0054
セメント	20	0.10～0.14
大理石 (白)	15	0.014～0.035
方解石 (軸に平行)	0～80	0.2631
方解石 (軸に直角)	0～80	0.0544
レンガ	20	0.095

(22) 液体の体膨脹率 $\boldsymbol{\beta}$ (K^{-1})

物　質	温度(°C)	β
		$\times 10^{-3}$
アルコール(エチル)	20	1.12
アルコール(メチル)	20	1.199
エーテル	20	1.656
オリーブ油	20	0.721
グリセリン	20	0.505
醋酸	20	1.071
水銀	20	0.1819
水銀	0～100	0.1826
水銀	−20～0	0.1815

物　質	温度(°C)	β
		$\times 10^{-3}$
パラフィン油	18	0.90
ベンゼン	20	1.237
水	5～10	0.053
水	10～20	0.150
水	20～40	0.302
水	40～60	0.458
水	60～80	0.587
硫酸	20	0.558
硫酸(11% 水溶液)	20	0.387

(23) 物質の熱伝導度 k (cal/cm·s·K) (×4.186×10²W/(m·K)) とその温度係数 α (K⁻¹)*

金　属	温度 (°C)	k	α	金属その他	温度 (°C)	k	α
亜鉛	20	0.269	−0.15	銅	20	0.923	−0.19
アルミニウム	20	0.487	0.184	鉛	20	0.0838	−0.16
カドミウム	20	0.221	0.38	ニクロム	32	0.0325	
金	20	0.708	0.04	ニッケル	20	0.1391	−0.31
銀	20	0.998	−0.17	白金	20	0.168	0.53
コンスタンタン	20	0.0546	2.4	白金イリジウム	17	0.0741	
真鍮（黄銅）	20	0.258	1.5	白金ロジウム	17	0.0721	
水銀	20	0.0200	0	マグネシウム	20	0.370	0
スズ	20	0.154	−0.8	マンガニン	20	0.0524	2.7
蒼鉛(ビスマス)	20	0.0192	−1.97	モリブデン	20	0.346	−0.45
タングステン	20	0.382	−0.10	リン青銅	20	0.118	1.2
鉄	0	0.148		杉	20	0.0003	
鉄（鍛）	20	0.147	−0.34	ガラス	—	約0.002	
鉄（鋳）	20	0.151		コルク	—	約1×10^{-5}	
鉄（軟）	0	0.116		磁器	—	0.0036	
鉄（鋼）	20	0.04	−0.09	石綿	—	0.0007	

* α は 0～100°C の平均．　　温度の－印は室温

(24) 元素のスペクトル線の波長 (15°C，1気圧の乾いた空気中，nm)

H	Li	K	Cd	Hg	Ne
656.285 (H_α)	*670.786	*769.898	643.84696	690.716	650.653
486.133 (H_β)	*610.36	*766.491	632.519	623.437	640.225
434.047 (H_γ)	*460.20	*404.722	611.152	589.016	638.299
410.174 (H_δ)		*404.414	563.726	579.065	626.650
	Na		515.468	576.959	621.728
He	616.076	**Rb**	508.582	546.074	614.306
706.519	615.423	*420.18	479.992	491.604	588.190
667.815	*589.592		467.815	435.835	
587.562	*588.995	**Ca**	466.235	407.781	**Zn**
501.568	568.822	*558.874	441.463	404.656	636.235
492.193	568.266	*422.673			481.053
471.314	498.285	*396.847	**Sr**	**Ba**	472.216
447.148	497.851	*393.367	*460.734	*553.553	468.014

* 火炎で観測可能

(25) 物質の屈折率（D 線，波長 5893 Å に対する値）

物質	屈折率	物質	屈折率	物質	屈折率
固体*（18°C）		液体*（18°C）		気体**（0°C, 1 気圧）	
ガラス 軽クラウン	1.47～1.57	アニリン	1.586	亜硫酸ガス	1.000676
ガラス 重クラウン	1.57～1.69	アルコール(エチル)	1.362	アルゴン	284
ガラス 軽フリント	1.53～1.65	エーテル(エチル)	1.354	一酸化炭素	335
ガラス 重フリント	1.65～1.92	オリーブ油	1.46	空気	2918
カナダ・バルサム	1.53	グリセリン	1.474	酸素	270
岩塩	1.5443	四塩化炭素	1.460	水蒸気(計算値)	256
氷（−3°C）	1.31	セダ油	1.52	水素	1392
ダイヤモンド	2.417	テレビン	1.47	炭酸ガス	449
ホタル石	1.4339	二硫化炭素	1.630	窒素	297
		パラフィン油	1.44	ネオン	067
		ベンゼン	1.501	ヘリウム	0350
		水	1.333		

* 固体，液体は空気に対する値，** 気体は真空に対する値．

(26) 物質の比誘電率

（波長 100 m 以上の電磁波に対する値）

物質	比誘電率	物質	比誘電率	物質	比誘電率
固体（室温）		大理石	8.3	グリセリン(98%)	43
雲母	4.5～7.5	テレックス	5.5	クロロフォルム	5.0
エボナイト	2.7～2.9	天然ゴム	2.7～4.0	四塩化炭素	2.24
紙（乾燥）	2～2.5	ナイロン	5.0～14.0	石油	2.0～2.2
ガラス(クラウン)	5～9	パラフィン	1.9～2.3	テレビン	2.2～2.3
ガラス(フリント)	7～10	ピッチ	1.8	二硫化炭素	2.64
岩塩	6.2	ベークライト	5.1～9.9	パラフィン油	4.6～4.8
氷（−2°C）	94	方解石	8.3	ベンゼン	2.28
氷(−2°C, 波長 30m)	3.4	ホタル石(無色)	6.8	水	80
		ポリスチレン	2.5～2.7	ワセリン油	1.9
氷（−182°C）	3	松脂	2.5	気体（0°C, 1 気圧）	
磁器	4.4～6.8	液体（20°C）			
シェラック	2.7～3.7			空気	1.000585
水晶（軸に∥）	4.6	アルコール(エチル)	25	酸素	54
水晶（軸に⊥）	4.5	アルコール(メチル)	33	水素	26
石英ガラス	3.75	アニリン	7.2	炭酸ガス	98
石膏(劈開面に⊥)	6.3	エーテル(エチル)	4.33	窒素	60
セレン	6.13	オリーブ油	3.1～3.2	ヘリウム(静電的)	074

(27) 金属の比抵抗（抵抗率）σ (Ω·m)（$\times 10^2$ Ω·cm）と抵抗の温度係数 α (K^{-1})*

金　属	温度 (°C)	σ	α	金　属	温度 (°C)	σ	α
		$\times 10^{-8}$	$\times 10^{-3}$			$\times 10^{-8}$	$\times 10^{-3}$
亜鉛	20	5.9	4.2	セシウム	20	21	4.8
アルミニウム(軟)	20	2.75	4.2	蒼鉛（ビスマス）	20	120	4.5
アルメル	20	33	1.2	タングステン	20	5.5	5.3
アンチモン	0	39	4.7	ジュラルミン(軟)	—	3.4	
イリジウム	20	6.5	3.9	鉄（純）	20	9.8	6.6
インバール	0	75	2	鉄（鋼）	—	10～20	1.5～5
カドミウム	20	7.4	4.2	鉄（鋳）	—	57～114	
カリウム	20	6.9	5.1#	銅（軟）	20	1.72	4.3
カルシウム	20	4.6	3.3	トリウム	20	18	2.4
金	20	2.4	4.0	ナトリウム	20	4.6	5.5
銀	20	1.62	4.1	鉛	20	21	4.2
クロム（軟）	20	17		ニクロム	—	110	0.03～.4
クロメル	—	70～110	0.11～0.54	ニッケル（軟）	20	7.24	6.7
コンスタンタン	—	47～51	−0.04～+0.01	白金	20	10.6	3.9
真鍮（黄銅）	—	5～7	1.4～2	マグネシウム	20	4.5	4.0
水銀	0	49.08	0.99	マンガニン	—	34～100	−0.03～+0.02
スズ	20	11.4	4.5	モリブデン	20	5.6	4.4
ストロンチウム	0	30	3.8	洋銀	—	17～41	0.04～0.38
青銅	—	13～18	0.5	リン青銅	—	2～6	

* α は 0～100°C の平均．ただし，# 印は 0°C～融点間の平均．　温度—印は室温．

(28) 熱電対の起電力

（一接合点の温度 0°C，他の接合点の温度 t°C，単位 mV）

クロメル——アルメル				銅——コンスタンタン					
t(°C)	起電力	t(°C)	起電力	t(°C)	起電力	t(°C)	起電力	t(°C)	起電力
0	0.00	600	24.97	−200	−5.55	80	3.33	200	9.06
100	4.17	700	29.11	−100	−3.35	100	4.24	220	10.06
200	8.27	800	33.25	0	0.00	120	5.17	240	11.09
300	12.36	900	37.36	+20	+0.80	140	6.10	260	12.16
400	16.46	1000	41.27	40	1.61	160	7.06	280	13.27
500	20.73	1100	45.05	60	2.46	180	8.06	300	14.42

(29) 湿　度　表（乾湿球湿度計）

湿球温度(°C)	乾球と湿球との温度差(°C)																	
	0	1	2	3	4	5	6	7	8	9	10	11	12	13	14	15	16	17
−3*	100	75	54	36	22	10												
−2	100	76	55	38	24	13												
−1	100	77	57	40	27	15												
−0	100	77	58	42	29	18												
0	100	80	63	49	37	28	20	13	8	4	1							
1	100	81	65	51	40	30	22	16	11	7	4	1						
2	100	82	66	53	42	33	25	19	14	10	6	4	2	1				
3	100	82	67	55	44	35	27	21	16	12	9	6	4	3	2	2	1	
4	100	83	69	56	46	37	30	24	19	14	11	9	7	5	4	3	3	
5	100	84	70	58	48	39	32	26	21	17	13	11	9	7	6	5	5	
6	100	84	71	59	49	41	34	28	23	19	15	13	11	9	8	7	6	
7	100	85	72	61	51	43	36	30	25	21	17	15	12	11	9	8	8	
8	100	85	73	62	52	44	37	32	27	23	19	16	14	12	11	10	9	
9	100	86	74	63	54	46	39	33	28	24	21	18	16	14	12	11	10	9
10	100	86	74	64	55	47	41	35	30	26	23	20	17	15	14	12	11	11
11	100	87	75	65	56	49	42	36	32	28	24	21	19	17	15	13	12	12
12	100	87	76	66	57	50	43	38	33	29	26	22	20	18	16	15	13	12
13	100	87	76	67	58	51	45	39	34	30	27	24	21	19	17	16	14	13
14	100	88	77	68	59	52	46	40	36	32	28	25	22	20	18	17	15	14
15	100	88	78	68	60	53	47	42	37	33	29	26	23	21	19	18	16	15
16	100	88	78	69	61	54	48	43	38	34	30	27	25	22	20	19	17	16
17	100	89	79	70	62	55	49	44	39	35	31	28	26	23	21	20	18	17
18	100	89	79	70	63	56	50	45	40	36	32	29	27	24	22	20	19	17
19	100	89	80	71	63	57	51	46	41	37	33	30	28	25	23	21	20	18
20	100	89	80	72	64	58	52	47	42	38	34	31	28	26	24	22	20	19
21	100	90	80	72	65	58	53	47	43	39	35	32	29	27	25	23	21	19
22	100	90	81	73	66	59	53	48	44	40	36	33	30	28	25	23	22	20
23	100	90	81	73	66	60	54	49	45	40	37	34	31	28	26	24	22	21
24	100	90	82	74	67	60	55	50	45	41	38	34	31	29	27			
25	100	90	82	74	67	61	56	50	46	42	38	35	32	30	27			
26	100	91	82	75	68	62	56	51	47	43	39	36	33	30	28			
27	100	91	83	75	68	62	57	52	47	43	40	36	33	31	28			
28	100	91	83	75	69	63	57	52	48	44	40	37	34	31	29			
29	100	91	83	76	69	63	58	53	48	44	41	38	35	32	30			
30	100	91	83	76	70	64	58	53	49	45	41	38						
31	100	91	83	76	70	64	59	54	50	46	42	39						
32	100	91	84	77	70	65	59	54	50	46	43	39						
33	100	92	84	77	71	65	60	55	51	47	43	40						
34	100	92	84	77	71	65	60	55	51	47	43	40						
35	100	92	84	78	71	66	61	56	51	47	44	41						

* マイナスは湿球が氷結している場合.

(30) 四桁の対数表 1

	0	1	2	3	4	5	6	7	8	9	差
10	0000	0043	0086	0128	0170	0212	0253	0294	0334	0374	43—40
11	0414	0453	0492	0531	0569	0607	0645	0682	0719	0755	39—36
12	0792	0828	0864	0899	0934	0969	1004	1038	1072	1106	36—33
13	1139	1173	1206	1239	1271	1303	1335	1367	1399	1430	34—31
14	1461	1492	1523	1553	1584	1614	1644	1673	1703	1732	31—29
15	1761	1790	1818	1847	1875	1903	1931	1959	1987	2014	29—27
16	2041	2068	2095	2122	2148	2175	2201	2227	2253	2279	27—25
17	2304	2330	2355	2380	2405	2430	2455	2480	2504	2529	26—24
18	2553	2577	2601	2625	2648	2672	2695	2718	2742	2765	24—23
19	2788	2810	2833	2856	2878	2900	2923	2945	2967	2989	23—21
20	3010	3032	3054	3075	3096	3118	3139	3160	3181	3201	22—20
21	3222	3243	3263	3284	3304	3324	3345	3365	3385	3404	21—19
22	3424	3444	3464	3483	3502	3522	3541	3560	3579	3598	20—19
23	3617	3636	3655	3674	3692	3711	3729	3747	3766	3784	19—18
24	3802	3820	3838	3856	3874	3892	3909	3927	3945	3962	18—17
25	3979	3997	4014	4031	4048	4065	4082	4099	4116	4133	18—17
26	4150	4166	4183	4200	4216	4232	4249	4265	4281	4298	17—16
27	4314	4330	4346	4362	4378	4393	4409	4425	4440	4456	16—15
28	4472	4487	4502	4518	4533	4548	4564	4579	4594	4609	16—15
29	4624	4639	4654	4669	4683	4698	4713	4728	4742	4757	15—14
30	4771	4786	4800	4814	4829	4843	4857	4871	4886	4900	15—14
31	4914	4928	4942	4955	4969	4983	4997	5011	5024	5038	14—13
32	5051	5065	5079	5092	5105	5119	5132	5145	5159	5172	14—13
33	5185	5198	5211	5224	5237	5250	5263	5276	5289	5302	13
34	5315	5328	5340	5353	5366	5378	5391	5403	5416	5428	13—12
35	5441	5453	5465	5478	5490	5502	5514	5527	5539	5551	13—12
36	5563	5575	5587	5599	5611	5623	5635	5647	5658	5670	12—11
37	5682	5694	5705	5717	5729	5740	5752	5763	5775	5786	12—11
38	5798	5809	5821	5832	5843	5855	5866	5877	5888	5899	12—11
39	5911	5922	5933	5944	5955	5966	5977	5988	5999	6010	11
40	6021	6031	6042	6053	6064	6075	6085	6096	6107	6117	11—10
41	6128	6138	6149	6160	6170	6180	6191	6201	6212	6222	11—10
42	6232	6243	6253	6263	6274	6284	6294	6304	6314	6325	11—10
43	6335	6345	6355	6365	6375	6385	6395	6405	6415	6425	10
44	6435	6444	6454	6464	6474	6484	6493	6503	6513	6522	10—9
45	6532	6542	6551	6561	6571	6580	6590	6599	6609	6618	10—9
46	6628	6637	6646	6656	6665	6675	6684	[illegible]	6702	6712	10—9
47	6721	6730	6739	6749	6758	6767	6776	6785	6794	6803	10—9
48	6812	6821	6830	6839	6848	6857	6866	6875	6884	6893	9
49	6902	6911	6920	6928	6937	6946	6955	6964	6972	6981	9—8
50	6990	6998	7007	7016	7024	7033	7042	7050	7059	7067	9
51	7076	7084	7093	7101	7110	7118	7126	7135	7143	7152	9—8
52	7160	7168	7177	7185	7193	7202	7210	7218	7226	7235	9—8
53	7243	7251	7259	7267	7275	7284	7292	7300	7308	7316	9—8
54	7324	7332	7340	7348	7356	7364	7372	7380	7388	7396	8
55	7404	7412	7419	7427	7435	7443	7451	7459	7466	7474	8—7
	0	1	2	3	4	5	6	7	8	9	差

四桁の対数表 2

	0	1	2	3	4	5	6	7	8	9	差
55	7404	7412	7419	7427	7435	7443	7451	7459	7466	7474	8— 7
56	7482	7490	7497	7505	7513	7520	7528	7536	7543	7551	8— 7
57	7559	7566	7574	7582	7589	7597	7604	7612	7619	7627	8— 7
58	7634	7642	7649	7657	7664	7672	7679	7686	7694	7701	8— 7
59	7709	7716	7723	7731	7738	7745	7752	7760	7767	7774	8— 7
60	7782	7789	7796	7803	7810	7818	7825	7832	7839	7846	8— 7
61	7853	7860	7868	7875	7882	7889	7896	7903	7910	7917	8— 7
62	7924	7931	7938	7945	7952	7959	7966	7973	7980	7987	7
63	7993	8000	8007	8014	8021	8028	8035	8041	8048	8055	7— 6
64	8062	8069	8075	8082	8089	8096	8102	8109	8116	8122	7— 6
65	8129	8136	8142	8149	8156	8162	8169	8176	8182	8189	7— 6
66	8195	8202	8209	8215	8222	8228	8235	8241	8248	8254	7— 6
67	8261	8267	8274	8280	8287	8293	8299	8306	8312	8319	7— 6
68	8325	8331	8338	8344	8351	8357	8363	8370	8376	8382	7— 6
69	8388	8395	8401	8407	8414	8420	8426	8432	8439	8445	7— 6
70	8451	8457	8463	8470	8476	8482	8488	8494	8500	8506	7— 6
71	8513	8519	8525	8531	8537	8543	8549	8555	8561	8567	7— 6
72	8573	8579	8585	8591	8597	8603	8609	8615	8621	8627	6
73	8633	8639	8645	8651	8657	8663	8669	8675	8681	8686	6— 5
74	8692	8698	8704	8710	8716	8722	8727	8733	8739	8745	6— 5
75	8751	8756	8762	8768	8774	8779	8785	8791	8797	8802	6— 5
76	8808	8814	8820	8825	8831	8837	8842	8848	8854	8859	6— 5
77	8865	8871	8876	8882	8887	8893	8899	8904	8910	8915	6— 5
78	8921	8927	8932	8938	8943	8949	8954	8960	8965	8971	6— 5
79	8976	8982	8987	8993	8998	9004	9009	9015	9020	9025	6— 5
80	9031	9036	9042	9047	9053	9058	9063	9069	9074	9079	6— 5
81	9085	9090	9096	9101	9106	9112	9117	9122	9128	9133	6— 5
82	9138	9143	9149	9154	9159	9165	9170	9175	9180	9186	6— 5
83	9191	9196	9201	9206	9212	9217	9222	9227	9232	9238	6— 5
84	9243	9248	9253	9258	9263	9269	9274	9279	9284	9289	6— 5
85	9294	9299	9304	9309	9315	9320	9325	9330	9335	9340	6— 5
86	9345	9350	9355	9360	9365	9370	9375	9380	9385	9390	5
87	9395	9400	9405	9410	9415	9420	9425	9430	9435	9440	5
88	9445	9450	9455	9460	9465	9469	9474	9479	9484	9489	5— 4
89	9494	9499	9504	9509	9513	9518	9523	9528	9533	9538	5— 4
90	9542	9547	9552	9557	9562	9566	9571	9576	9581	9586	5— 4
91	9590	9595	9600	9605	9609	9614	9619	9624	9628	9633	5— 4
92	9638	9643	9647	9652	9657	9661	9666	9671	9675	9680	5— 4
93	9685	9689	9694	9699	9703	9708	9713	9717	9722	9727	5— 4
94	9731	9736	9741	9745	9750	9754	9759	9763	9768	9773	5— 4
95	9777	9782	9786	9791	9795	9800	9805	9809	9814	9818	5— 4
96	9823	9827	9832	9836	9841	9845	9850	9854	9859	9863	5— 4
97	9868	9872	9877	9881	9886	9890	9894	9899	9903	9908	5— 4
98	9912	9917	9921	9926	9930	9934	9939	9943	9948	9952	5— 4
99	9956	9961	9965	9969	9974	9978	9983	9987	9991	9996	5— 4
100	0000	0004	0009	0013	0017	0022	0026	0030	0035	0039	5— 4
	0	1	2	3	4	5	6	7	8	9	差

(31) 三角関数の真数表

	sin	cosec	tan	cot	sec	cos	
0°	0.000_{17}	∞ ···	0.000_{17}	∞ ···	1.000_{0}	1.000_{0}	90°
1	0.017_{18}	57.299···	0.017_{18}	57.290···	1.000_{1}	1.000_{1}	89
2	0.035_{17}	28.654···	0.035_{17}	28.636···	1.001_{0}	0.999_{0}	88
3	0.052_{18}	19.107···	0.052_{18}	19.081···	1.001_{1}	0.999_{1}	87
4	0.070_{17}	14.336···	0.070_{17}	14.301···	1.002_{2}	0.998_{2}	86
5	0.087_{18}	11.474···	0.087_{18}	11.430···	1.004_{2}	0.996_{1}	85
6	0.105_{17}	9.567···	0.105_{18}	9.514···	1.006_{2}	0.995_{2}	84
7	0.122_{17}	8.206···	0.123_{18}	8.144···	1.008_{2}	0.993_{3}	83
8	0.139_{17}	7.185_{793}	0.141_{17}	7.115_{801}	1.010_{2}	0.990_{2}	82
9	0.156_{18}	6.392_{633}	0.158_{18}	6.314_{643}	1.012_{3}	0.988_{3}	81
10	0.174_{17}	5.759_{518}	0.176_{18}	5.671_{526}	1.015_{4}	0.985_{3}	80
11	0.191_{17}	5.241_{431}	0.194_{19}	5.145_{440}	1.019_{3}	0.982_{4}	79
12	0.208_{17}	4.810_{365}	0.213_{18}	4.705_{374}	1.022_{4}	0.978_{4}	78
13	0.225_{17}	4.445_{311}	0.231_{18}	4.331_{320}	1.026_{5}	0.974_{4}	77
14	0.242_{17}	4.134_{270}	0.249_{19}	4.011_{279}	1.031_{4}	0.970_{4}	76
15	0.259_{17}	3.864_{236}	0.268_{19}	3.732_{245}	1.035_{5}	0.966_{5}	75
16	0.276_{16}	3.628_{208}	0.287_{19}	3.487_{216}	1.040_{6}	0.961_{5}	74
17	0.292_{17}	3.420_{184}	0.306_{19}	3.271_{193}	1.046_{5}	0.956_{5}	73
18	0.309_{17}	3.236_{164}	0.325_{19}	3.078_{174}	1.051_{7}	0.951_{5}	72
19	0.326_{16}	3.072_{148}	0.344_{20}	2.904_{157}	1.058_{6}	0.946_{6}	71
20	0.342_{16}	2.924_{134}	0.364_{20}	2.747_{142}	1.064_{7}	0.940_{6}	70
21	0.358_{17}	2.790_{121}	0.384_{20}	2.605_{130}	1.071_{8}	0.934_{7}	69
22	0.375_{16}	2.609_{110}	0.404_{20}	2.475_{119}	1.079_{7}	0.927_{6}	68
23	0.391_{16}	0.559_{100}	0.424_{21}	2.356_{110}	1.086_{9}	0.921_{7}	67
24	0.407_{16}	2.459_{93}	0.445_{21}	2.246_{101}	1.095_{8}	0.914_{8}	66
25	0.423_{15}	2.366_{85}	0.466_{22}	2.145_{95}	1.103_{10}	0.906_{7}	65
26	0.438_{16}	2.281_{78}	0.488_{22}	2.050_{87}	1.113_{9}	0.899_{8}	64
27	0.454_{15}	2.203_{73}	0.510_{22}	1.963_{82}	1.122_{11}	0.891_{8}	63
28	0.469_{16}	2.130_{67}	0.532_{22}	1.881_{77}	1.133_{10}	0.883_{8}	62
29	0.485_{15}	2.063_{63}	0.554_{23}	1.804_{72}	1.143_{12}	0.875_{9}	61
30	0.500_{15}	2.000_{58}	0.577_{24}	1.732_{68}	1.155_{12}	0.866_{9}	60
31	0.515_{15}	1.942_{55}	0.601_{24}	1.664_{64}	1.167_{12}	0.857_{9}	59
32	0.530_{15}	1.887_{51}	0.625_{24}	1.600_{60}	1.179_{13}	0.848_{9}	58
33	0.545_{14}	1.836_{48}	0.649_{26}	1.540_{57}	1.192_{14}	0.839_{10}	57
34	0.559_{15}	1.788_{45}	0.675_{25}	1.483_{55}	1.206_{15}	0.829_{10}	56
35	0.574_{14}	1.743_{42}	0.700_{27}	1.428_{52}	1.221_{15}	0.819_{10}	55
36	0.588_{14}	1.701_{39}	0.727_{27}	1.376_{49}	1.236_{16}	0.809_{10}	54
37	6.602_{14}	1.662_{38}	0.754_{27}	1.327_{47}	1.252_{17}	0.799_{11}	53
38	0.616_{13}	1.624_{35}	0.781_{29}	1.280_{45}	1.269_{18}	0.788_{11}	52
39	0.629_{14}	1.589_{33}	0.810_{29}	1.235_{43}	1.287_{18}	0.777_{11}	51
40	0.643_{13}	1.556_{32}	0.839_{30}	1.192_{42}	1.305_{20}	0.766_{11}	50
41	0.656_{13}	1.524_{30}	0.869_{31}	1.150_{39}	1.325_{21}	0.755_{12}	49
42	0.669_{13}	1.494_{28}	0.900_{33}	1.111_{39}	1.346_{21}	0.743_{12}	48
43	0.682_{13}	1.466_{26}	0.933_{33}	1.072_{36}	1.367_{23}	0.731_{12}	47
44	0.695_{12}	1.440_{26}	0.966_{34}	1.036_{36}	1.390_{24}	0.719_{12}	46
45	0.707	1.414	1.000	1.000	1.414	0.707	45
	cos	sec	cot	tan	cosec	sin	

索　　引

A

B

C

D

E

F

G

H

I

K

T

U

W

Y

Z

改訂新版 物理学実験

1982年3月　改訂新版　第1刷　発行
2024年2月　改訂新版　第30刷　発行

編　者　吉川泰三（よしかわ たいぞう）
発行者　発田和子
発行所　株式会社 学術図書出版社
〒113-0033　東京都文京区本郷5-4-6
TEL 03-3811-0889　振替 00110-4-28454
印刷　中央印刷（株）

定価はカバーに表示してあります.

ISBN978-4-7806-1186-1